入门·进阶·提高

CorelDRAW X4
平面设计入门、进阶与提高

卓越科技 编著

電子工業出版社
Publishing House of Electronics Industry
北京•BEIJING

内容简介

本书从实际应用出发，向读者详细介绍了CorelDRAW X4的操作方法和应用技巧，以及它在平面设计领域中的应用。

本书内容翔实、实例丰富、结构清晰，以入门、进阶、提高的结构循序渐进地进行讲述。第1章至第10章介绍了CorelDRAW X4软件的相关操作，包括绘制图形、颜色管理和填充、对象的操作、图形的编辑、文本的编辑、特殊效果的编辑、位图的编辑处理、位图的特殊效果、文件的输出和打印等内容。第11章至第14章以实例的形式介绍了CorelDRAW X4在平面设计中的应用方法。另外，随书附带的多媒体自学光盘可大大提高读者的学习效率。

本书适合各类培训学校、大专院校和中职中专院校作为相关课程的教材使用，也可供平面设计人员进行参考学习，通过本书读者能够快速成长为一名优秀的平面设计高手。

图书在版编目（CIP）数据

CorelDRAW X4平面设计入门、进阶与提高 / 卓越科技编著. — 北京：电子工业出版社, 2010.7
（入门·进阶·提高）
ISBN 978-7-121-10836-5

Ⅰ.①C… Ⅱ.①卓… Ⅲ.①图形软件，CorelDRAW X4 Ⅳ.①TP391.41

中国版本图书馆CIP数据核字（2010）第083705号

责任编辑：董　英
印　　刷：北京东光印刷厂
装　　订：三河市皇庄路通装订厂
出版发行：电子工业出版社
北京市海淀区万寿路173信箱　　邮编：100036
开　　本：787×1092　1/16　　印张：22.25　　字数：570千字
印　　次：2010年7月第1次印刷
定　　价：45.00元（含DVD光盘一张）

凡所购买电子工业出版社图书有缺损问题，请向购买书店调换。若书店售缺，请与本社发行部联系，联系及邮购电话：（010）88254888。

质量投诉请发邮件至zlts@phei.com.cn，盗版侵权举报请发邮件至dbqq@phei.com.cn。

服务热线：（010）88258888。

前　言

每位读者都希望找到适合自己阅读的图书，通过学习掌握软件功能，提高实战应用水平。本着一切从读者需要出发的理念，我们精心编写了《入门·进阶·提高》丛书，通过“学习基础知识”、“精讲典型实例”和“自己动手练”这三个过程，让读者循序渐进地掌握各软件的功能和使用技巧。随书附带的多媒体光盘更可帮助读者掌握知识、提高应用水平。

本套丛书的编写结构

《入门·进阶·提高》系列丛书立意新颖、构意独特，采用“书＋多媒体教学光盘”的形式，向读者介绍各软件的使用方法。本系列丛书在编写时，严格按照“入门”、“进阶”和“提高”的结构来组织、安排学习内容。

入门——基本概念与基本操作

快速了解软件的基础知识。这部分内容对软件的基本知识、概念、工具或行业知识进行了介绍与讲解，使读者可以很快地熟悉并能掌握软件的基本操作。

进阶——典型实例

通过学习实例达到深入了解各软件功能的目的。本部分精心安排了一个或几个典型实例，详细剖析实例的制作方法，带领读者一步一步进行操作，通过学习实例引导读者在短时间内提高对软件的驾驭能力。

提高——自己动手练

通过自己动手的方式达到提高的目的。精心安排的动手实例，给出了实例效果与制作步骤提示，让读者自己动手练习，以进一步提高软件的应用水平，巩固所学知识。

本套丛书的特点

作为一套定位于“入门”、“进阶”和“提高”的丛书，它的最大特点就是结构合理、实例丰富，有助于读者快速入门，提高在实际工作中的应用能力。

结构合理、步骤详尽

本套丛书采用入门、进阶、提高的结构模式，由浅入深地介绍了软件的基本概念与基本操作，详细剖析了实例的制作方法和设计思路，帮助读者快速提高对软件的操作能力。

快速入门、重在提高

每章先对软件的基本概念和基本操作进行讲解，并渗透相关的设计理念，使读者可以快速入门。接下来安排的典型实例，可以在巩固所学知识的同时，提高读者的软件操作能力。

图解为主、效果精美

图书的关键步骤均给出了清晰的图片，对于很多效果图还给出了相关的说明文字，细微之处彰显精彩。每一个实例都包含了作者多年的实践经验，只要动手进行练习，很快就能掌握相关软件的操作方法和技巧。

举一反三、轻松掌握

本书中的实例都是在大量工作实践中挑选的，均具有一定的代表性，读者在按照实例进行操作时，不仅能轻松掌握操作方法，还可以做到举一反三，在实际工作和生活中实现应用。

丛书配套光盘使用说明

本套丛书随书赠送多媒体教学光盘，以下是本套光盘的使用简介。

运行环境要求

操作系统	Windows 9X/Me/2000/XP/2003/NT/Vista/7简体中文版
显示模式	分辨率不小于800×600像素，16位色以上
光驱	4倍速以上的DVD-ROM
其他	配备声卡与音箱（或耳机）

安装和运行

将光盘印有文字的一面朝上放入电脑光驱中，几秒钟后光盘就会自动运行，并进入光盘主界面。如果光盘未能自动运行，请用鼠标右键单击光驱所在盘符，在弹出的快捷菜单中选择“打开”命令，然后双击光盘根目录下的“Autorun.exe”文件，启动光盘。在光盘主界面中单击相应目录，即可进入播放界面，进行相应内容的学习。

本书作者

参与本书编写的作者均为长期从事CorelDRAW平面设计的专家或学者，有着丰富的教学经验和实践经验，本书是他们多年科研成果和教学结果的结晶，希望能为广大读者提供一条快速掌握软件操作的捷径。参与本书编写的主要人员有刘泽兰、唐薇、郭今、傅红英、霍媛媛、罗晓文、韩继业、易翔、鲍志刚、冯梅、王英、彭春燕、万先桥、毛磊、刘万江等。由于作者水平有限，书中疏漏和不足之处在所难免，恳请广大读者及专家不吝赐教。

目　录

Chapter 1

第1章 CorelDRAW X4快速入门

本章要点

入门——基本概念与基本操作

- CorelDRAW X4的启动与退出
- CorelDRAW X4的工作界面
- 文件的基本操作
- 像素和分辨率
- 位图和矢量图
- 页面设置
- 辅助绘图工具
- 视图显示设置

进阶——典型实例

- 将矢量图转换为位图
- 将位图转换为矢量图

提高——将图像导出为TIF文件

本章导读

本章主要介绍CorelDRAW X4的基础知识，包括CorelDRAW X4的启动与退出、工作界面和文件的基本操作等。读者通过对这些知识的学习，可以为以后的图形绘制和编辑打下坚实的基础。

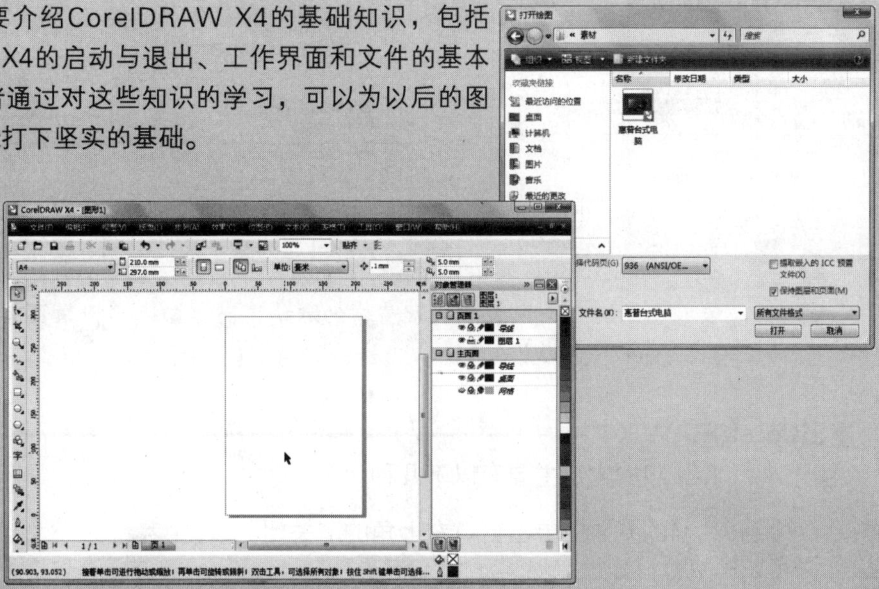

1.1 入门——基本概念与基本操作

CorelDRAW作为计算机图形图像处理领域最流行的矢量绘图软件和最好的平面设计平台之一，一直备受平面图形设计工作者的喜爱。在使用本软件之前，先对一些在该程序中需要用到的基础知识和软件的基本界面进行讲解，为后面的学习打好基础。

1.1.1 CorelDRAW X4的启动与退出

CorelDRAW X4的启动与退出方法与其他软件相似，下面进行详细介绍。

1. 启动CorelDRAW X4

在程序安装好以后，可以通过以下3种方法来启动CorelDRAW X4。

- 双击桌面上的快捷方式图标。
- 在Windows的“开始”菜单中，执行“开始”→“所有程序”→“CorelDRAW Graphics Suite X4”→“CorelDRAW X4”命令。
- CDR格式是CorelDRAW自带的文件格式，双击CDR格式文档后，在启动CorelDRAW X4应用程序的同时可打开该文档。

CorelDRAW X4软件启动界面如图1.1所示。软件启动后，可以看到全新的CorelDRAW X4欢迎窗口，用户通过欢迎窗口中的5个选项卡可以新建图形文件、观看教学视频、打开网络图库和更新软件等，如图1.2所示。

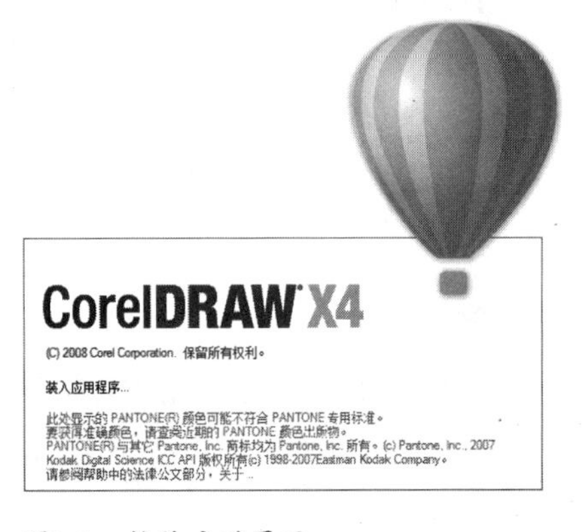

图1.1 软件启动界面

图1.2 欢迎窗口

提示 取消勾选欢迎窗口左下角的“启动时始终显示欢迎屏幕”复选框，下一次启动CorelDRAW X4时将不再出现该欢迎窗口。当切换到不同的选项卡时，如果需要将当前选项卡设置为欢迎窗口的默认页面，勾选“将该页面设置为默认的‘欢迎屏幕’页面”复选框即可。

2. 退出CorelDRAW X4

退出CorelDRAW X4的方法主要有以下几种。

- 在CorelDRAW X4的界面中单击窗口右上角的“关闭”按钮。
- 在菜单栏中执行“文件”→“退出”命令。
- 按下“Alt+F4”组合键。

1.1.2 CorelDRAW X4的工作界面

CorelDRAW X4的工作界面包括标题栏、菜单栏、标准工具栏、属性栏、工具箱、工作区、绘图页面、标尺、页面控制栏和状态栏等，如图1.3所示。下面将详细介绍一下其中的一些重要组成部分。

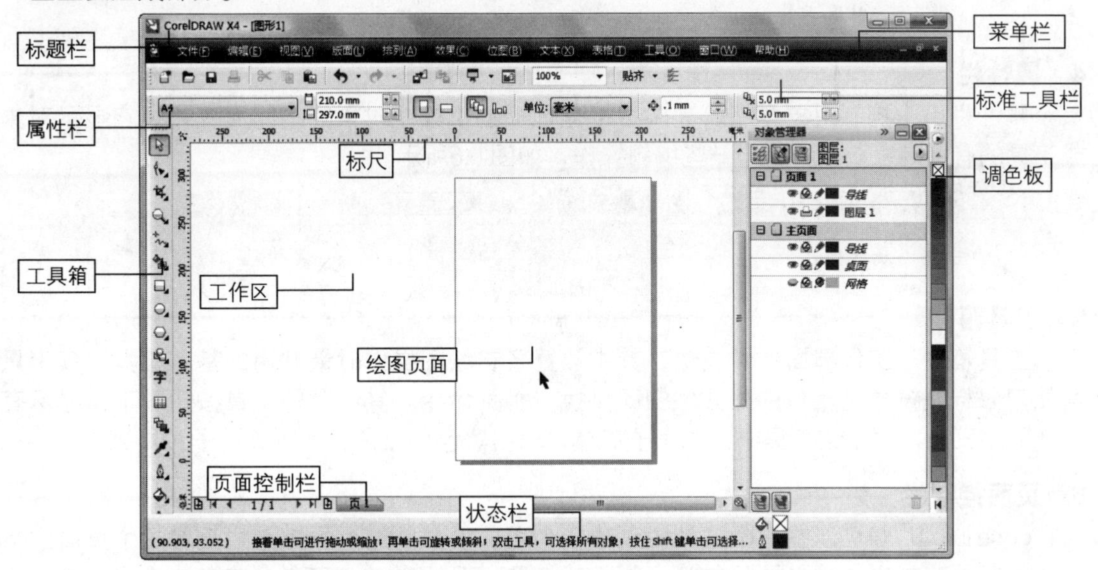

图1.3 CorelDRAW X4的工作界面

1. 标题栏

标题栏位于窗口的最上方，显示应用程序的名称和当前操作的文件名称，标题栏右边三个按钮的作用分别为最小化窗口、最大化（或还原）窗口和关闭窗口。

2. 菜单栏

菜单栏中包含了CorelDRAW X4的大部分命令，包括“文件”、“编辑”、“视图”、“版面”、“排列”、“效果”、“位图”、“文本”、“表格”、“工具”、“窗口”和“帮助”共12个菜单项。读者可以直接通过菜单项选择所要执行的命令，如图1.4所示。

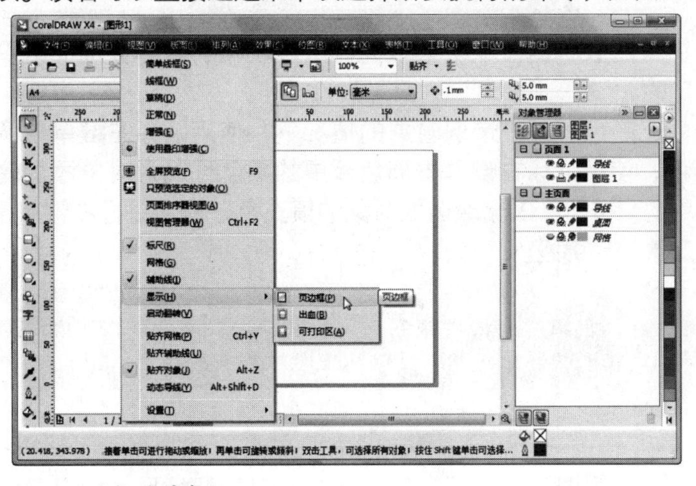

图1.4 选择菜单命令

3. 标准工具栏

标准工具栏中集合了很多常用的命令，读者只需使用鼠标左键单击现有的按钮即可执行相关命令。通过标准工具栏，可以大大简化操作步骤，提高工作效率，如图1.5所示。

图1.5 标准工具栏

4. 属性栏

属性栏用于控制对象属性，其内容根据选择的工具或对象的不同而变化，它显示对象或工具的有关信息，并可进行一些编辑操作，如图1.6所示。

A4 210.0 mm 297.0 mm 单位: 毫米 .1 mm 5.0 mm 5.0 mm

图1.6 属性栏

5. 工具箱

工具箱位于工作界面的最左边，其中放置了在绘图操作时最常用的基本工具。读者只需使用鼠标左键单击相应的工具按钮即可执行相关命令。其中有些工具按钮右下角显示有黑色的小三角，表示该工具中包含有子工具，单击黑色小三角，即可弹出子工具列表。

6. 页面控制栏

CorelDRAW X4可以在一个文档中创建多个页面，并通过页面控制栏查看每个页面的情况。在页面控制栏中单击鼠标右键，会弹出如图1.7所示的快捷菜单，在其中选择相应的命令即可增加或删除页面。

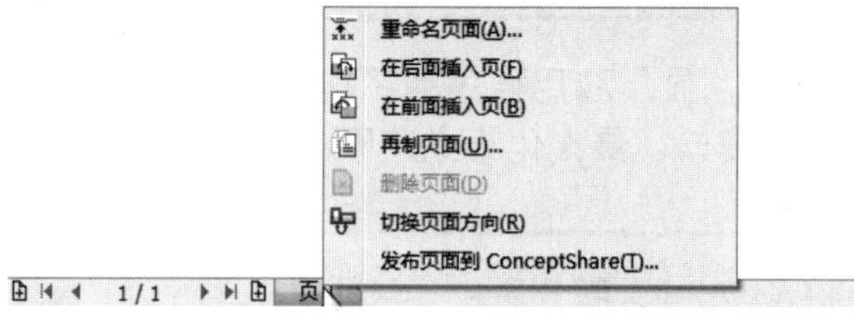

图1.7 页面控制栏

7. 调色板

调色板位于窗口的最右侧，默认呈单列显示，默认的调色板是根据四色印刷的CMYK模式的色彩比例设定的。

使用调色板填充颜色时，在选取对象的情况下，使用鼠标左键单击调色板中的颜色可以为对象填充颜色，使用鼠标右键单击调色板中的颜色可以为对象添加轮廓线。使用鼠标左键单击调色板中的☒按钮可以删除选取对象的填充色，使用鼠标右键单击调色板中的☒按钮可以删除选取对象的轮廓线。

提示 如果在调色板中的某种颜色上按住鼠标左键不放，CorelDRAW将显示一组与该颜色相近的颜色，用户可以从中选择更多的颜色。

8. 标尺

在菜单栏中执行“视图”→“标尺”命令，可以显示标尺。标尺可以帮助用户确定图形的位置，它由水平标尺、垂直标尺和原点设置三部分组成。用鼠标在标尺上单击并按住鼠标左键进行拖动，即可在绘图工作区绘制辅助线。

9. 状态栏

状态栏位于窗口的底部，分为两部分，左侧显示鼠标光标所在屏幕位置的坐标，右侧显示所选对象的填充颜色和轮廓颜色，随着选择对象的不同填充和轮廓属性会发生动态变化，如图1.8所示。在显示状态栏的状态下，在菜单栏中执行“窗口”→“工具栏”→“状态栏”命令，即可关闭状态栏。

(324.740, -26.294) 接着单击可进行拖动或缩放；再单击可旋转或倾斜；双击工具，可选择所有对象；按住 Shift 键单击可选择多个对象；按住 Alt 键单击...

图1.8 状态栏

1.1.3 文件的基本操作

图形文件的基本操作主要包括新建文件、打开文件、保存文件和关闭文件等，这些操作是在进行正式绘图前必须掌握的基础技能。

1. 新建文件

在菜单栏中执行“文件”→“新建”命令，或单击标准工具栏中的“新建”按钮，即可新建一个文件。系统默认新建文件的页面为A4大小，如果用户不满意，可以在属性栏中自定义页面大小。

2. 打开文件

在菜单栏中执行“文件”→“打开”命令，或单击标准工具栏中的“打开”按钮，将弹出如图1.9所示的“打开绘图”对话框。在该对话框中选择需要打开的文件，然后单击“打开”按钮即可打开文件。

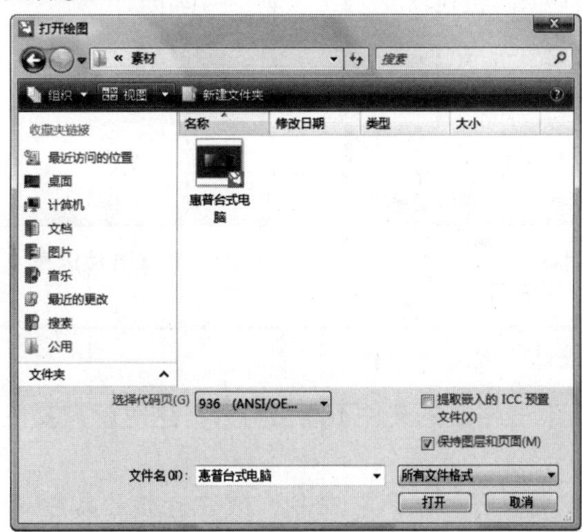

图1.9 “打开绘图”对话框

提示 如果需要打开多个文件，在“打开绘图”对话框的文件列表框中，按住“Shift”键选择连续的多个文件，或按住“Ctrl”键选择不连续的多个文件，然后单击“打开”按钮，即可按照文件排列的先后顺序将选取的文件全部打开。

3. 保存文件

在绘制图形后，需要及时保存修改后的文件信息。

保存文件

如果当前需要保存的是一个新创建的文件，那么在菜单栏中执行“文件”→“保存”命令，或单击标准工具栏中的“保存”按钮，将弹出如图1.10所示的“保存绘图”对话框。在“文件名”文本框中输入文件的名称，在“保存类型”下拉列表框中选择存储文件的格式，然后单击“保存”按钮，即可对当前文件进行保存。

提示 如果当前需要保存的是在已有的文件基础上进行修改的文件，那么执行“文件”→“保存”命令后，将不会弹出“保存绘图”对话框，系统将直接对该文件进行保存，覆盖之前的文件。

另存文件

对于在源文件基础上进行修改后需要保存的文件，只需执行“另存为”命令，即可对当前文件的格式、文件名和保存位置进行修改，而保留源文件。

设置自动保存

在CorelDRAW X4中，还可以设置对文件进行自动保存。在菜单栏中执行“工具”→“选项”命令，在弹出的“选项”对话框中单击左侧列表框中的“保存”选项，然后在右侧的界面中进行设置即可，如图1.11所示。

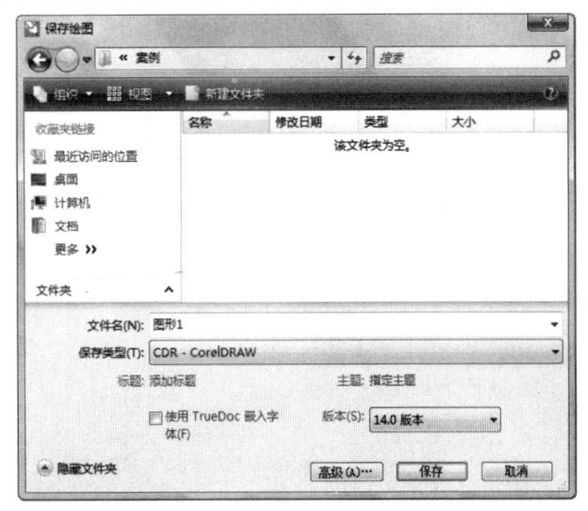

图1.10 “保存绘图”对话框

图1.11 设置自动保存

4. 导入与导出文件

导入文件

在CorelDRAW X4中，有些格式的文件不能被打开，这时就需要使用导入命令，对图形文件进行导入。

在菜单栏中执行“文件”→“导入”命令，或在标准工具栏中单击“导入”按钮，弹出“导入”对话框，在该对话框中选择需要导入的文件，然后单击“导入”按钮即可，如图1.12所示。

提示 单击“导入”按钮后，直接使用鼠标在页面中单击，将插入原始大小的图形；按住鼠标左键拖动4个角点上的控制柄，即可自定义导入位图的尺寸大小；按住“Alt”键的同时拖动图片4个角点上的控制柄，可以任意改变导入图形的长宽比例。

导出文件

在CorelDRAW X4中绘制图形时，可以将其导出为其他格式。在菜单栏中执行“文件”→“导出”命令，或在标准工具栏中单击“导出”按钮，弹出“导出”对话框。在该对话框的“文件名”文本框中输入文件名，然后在“保存类型”下拉列表框中选择要导出的文件类型，最后单击“导出”按钮即可，如图1.13所示。

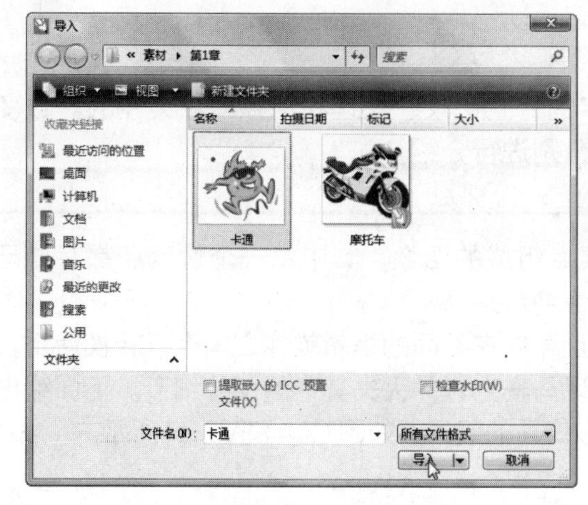

图1.12　“导入”对话框

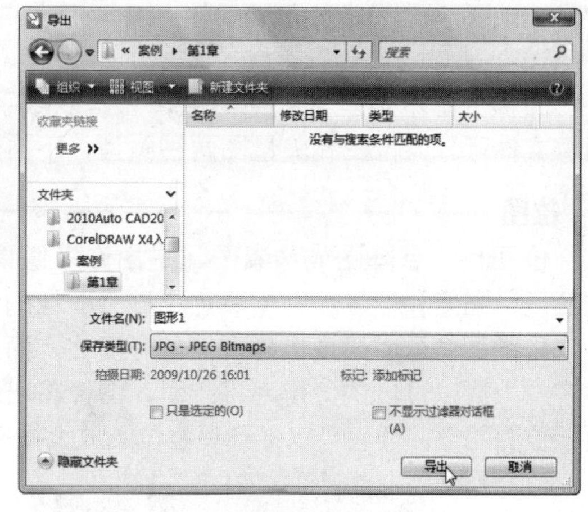

图1.13　“导出”对话框

提示　在“导出”对话框中，勾选“只是选定的”复选框，可以将选定的对象导出成为需要的文件类型。

5. 关闭文件

对文件进行存储后，在菜单栏中执行“文件”→“关闭”命令，即可关闭当前文件；执行“文件”→“全部关闭”命令，即可关闭程序中打开的所有文件。

1.1.4　像素和分辨率

像素和分辨率是图像文件的两个重要属性，它决定了图像的数据量。用户在更改分辨率时，图像像素也在发生变化，从而使图像的数据量保持不变。

1. 像素

像素是构成图像的基本单位，呈矩形网格显示，其中每个网格都分配有特定的位置和颜色值。文件中包含的像素越多，记录的信息也越多，图像就越清晰、逼真，效果也就越好。

2. 分辨率

分辨率是指单位长度或面积上像素的数目，通常用“像素/英寸”或“像素/厘米”表示。分辨率的多少直接影响着图像的效果，图像的分辨率越高，表示单位长度内所含的像素越多，图像就越清晰，同时图像文件也就越大，运行文件所占用的内存也越大，系统运行速度将可能降低。分辨率有多种类型，常见的有图像分辨率、显示器分辨率和打印分辨率。

- **图像分辨率：**是指图像中每单位长度所包含的像素数目，常以“像素/英寸”（ppi）为单位来表示。图像分辨率与图像的精细度和图像文件大小有关，同等尺寸的图像文件，分辨率越高，其所占的磁盘空间就越多，记录的像素信息也就越多。

- **显示器分辨率**：是指显示器上每单位长度显示的像素数目，常以“点/英寸”（dpi）为单位来表示。图像在屏幕上显示的大小取决于图像的像素大小、显示器大小和显示器的分辨率设置。
- **打印分辨率**：是指打印机、扫描仪或绘图仪等图像输出设备在输出图像时每英寸所产生的油墨点数。一般来说，每英寸的油墨点越多，得到的打印输出效果也就越好。通常打印分辨率设置为“300点/英寸（dpi）”即可达到高分辨率的输出需要。

1.1.5 位图和矢量图

图像的基本类型是数字图像，它是以数字的方式记录、处理和保存图像文件的。数字图像文件可分为位图和矢量图两种类型，下面分别进行介绍。

1. 位图

位图也叫点阵图或像素图，是由许多像素点组成的图像，其中每一个像素点都有自己的颜色、强度和位置，它们决定了整个图像的最终效果。

位图图像可以表现出丰富的色彩变化，而且可以在不同的编辑软件之间进行转换使用，但在放大或以过低的分辨率打印时，图像将出现马赛克，并丢失其中的部分细节。下面给出两张位图图像，读者可以仔细观察位图放大很多倍后的效果，如图1.14和图1.15所示。

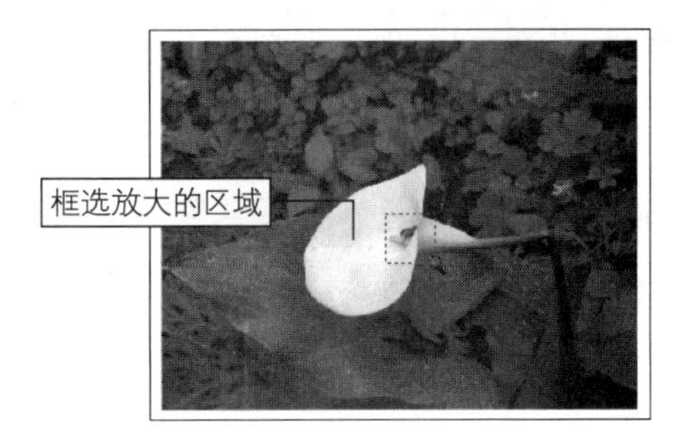

图1.14 位图

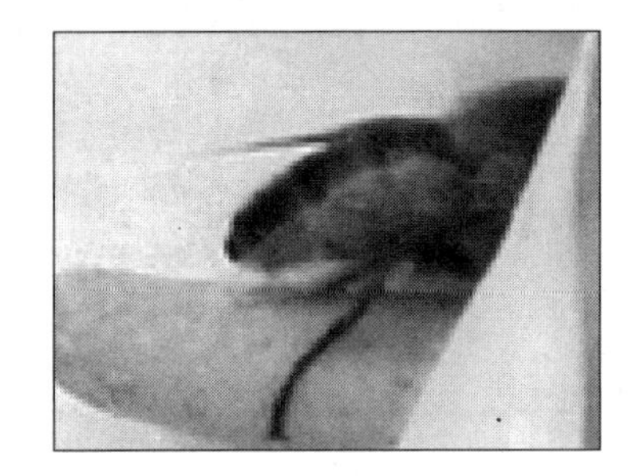

图1.15 放大后的效果

2. 矢量图

矢量图又称为向量图，是用一系列计算机指令来描述和记录的图像，它由点、线、面等元素组成，所记录的是对象的几何形状、线条粗细和色彩等。通常在Adobe Illustrator，Freehand 和CorelDRAW等绘图软件中绘制的图形都是矢量图。

矢量图可以被任意地放大或缩小，它的图形质量始终不会发生改变，而且文件占用的磁盘空间小，在任何分辨率下均能正常显示和打印，同时不损失图像的细节。矢量图在标志设计、图案设计、文字设计以及插画设计等领域占有很大的优势。

下面给出两张矢量图，读者可以看到放大前后的效果，如图1.16和图1.17所示。

图1.16 矢量图

图1.17 放大后的效果

1.1.6 页面设置

在CorelDRAW X4中编辑文件时，可以更改页面的大小、纸张的方向和排列方式，还可以添加或删除页面。

1. 设置页面类型

CorelDRAW X4中默认绘图页面为A4大小，在实际图形设计中，所编辑的图像文件常常具有不同的尺寸要求，设置页面类型的方法主要有以下3种。

- 如图1.18所示，在工作区绘图页面边缘的阴影上进行双击，即可弹出如图1.19所示的“选项”对话框。在该对话框中可以对绘图页面的方向、大小进行设置，设置完成后，单击“确定”按钮即可。

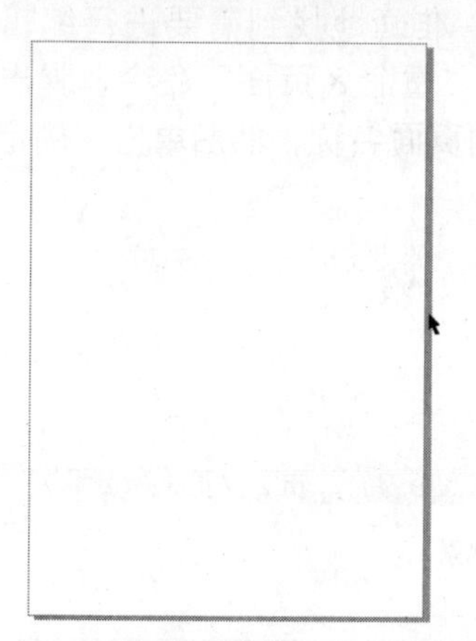

图1.18 双击页面边缘阴影

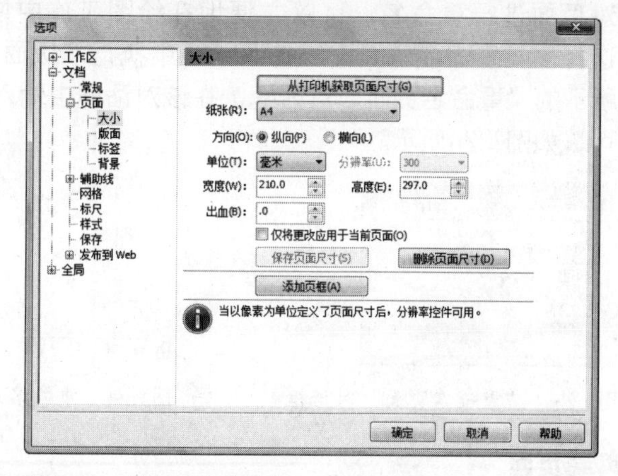

图1.19 “选项”对话框

- 在属性栏的数值框中直接输入自定义的页面尺寸，也可以快速定义页面的大小，并且能改变纸张的方向与排列方式，非常方便，如图1.20所示。

图1.20 使用属性栏设置页面

- 在菜单栏中执行“版面”→“页面设置”命令，也可在弹出的“选项”对话框中对页面进行设置。

2. 插入页面

插入页面是指在当前页面数量的基础上加入一个或多个页面。在菜单栏中执行“版面”→“插入页面”命令，可弹出如图1.21所示的“插入页面”对话框。在该对话框中，单击“插入”文本框后面的按钮或直接在文本框中输入数值，设置需要插入的页面数目，然后单击“确定”按钮即可插入设置的页面。

在状态栏的页面标签上单击鼠标右键，在打开的快捷菜单中选择相应的命令，也可完成页面的插入，如图1.22所示。

状态栏中 2/4 表示当前文件共有4页，当前显示的为第2页。单击◀按钮可以切换到前一页，单击|◀按钮可以切换到第一页，单击▶按钮可以切换到后一页，单击▶|按钮可以切换到最后一页。单击 页1 页2 页3 页4 等不同页面名称可以直接切换到对应的页面。

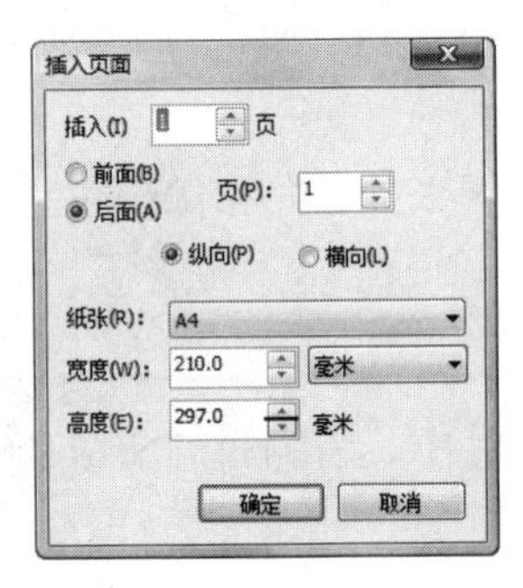

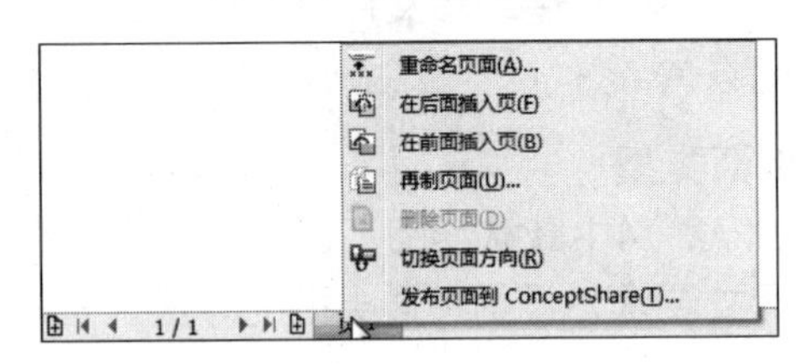

图1.21　“插入页面”对话框　　　图1.22　快捷菜单

3. 重命名页面

对页面进行重命名，可以方便地在绘图工作中快速、准确地找到需要进行编辑的页面。选择需要重命名的页面，在菜单栏中执行“版面”→“重命名页面”命令，弹出如图1.23所示的“重命名页面”对话框，在该对话框中输入新的页面名称，然后单击“确定”按钮即可，如图1.24所示。

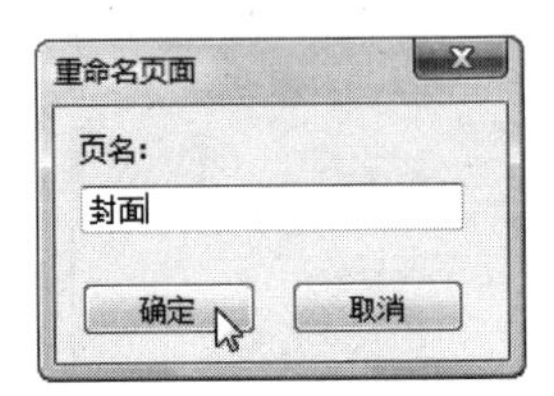

图1.23　“重命名页面”对话框　　　图1.24　重命名后的效果

4. 再制页面

通过再制页面可以对当前页面进行复制，从而得到一个具有相同页面设置或相同页面内容的新页面。在菜单栏中执行“版面”→“再制页面”命令，弹出如图1.25所示的“再制页面”对话框。在该对话框中，可以选择复制得到的新页面是插入在当前页面之前还是之后。选择“仅复制图层”单选项，则在新页面中将只保留原页面中的图层属性；选择“复制图层及其内容”单选项，则可以得到一个和原页面内容完全相同的新页面。设置完成后单击“确定”按钮即可。

5. 删除页面

在CorelDRAW X4中进行编辑时，如果需要删除页面可以通过以下两种方法来实现。

- 在菜单栏中执行“版面”→“删除页面”命令。
- 在需要删除的页面标签上单击鼠标右键，在弹出的快捷菜单中选择“删除页面”命令，如图1.26所示。

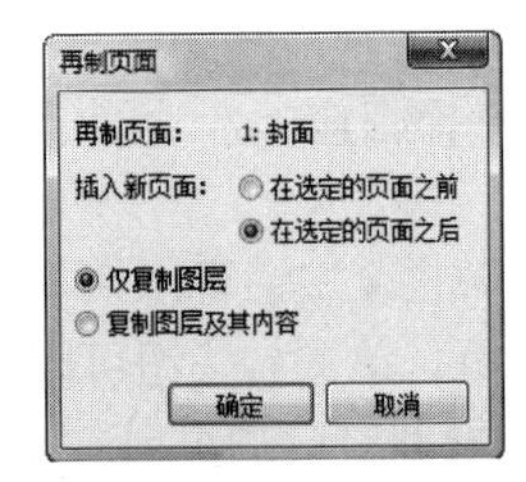

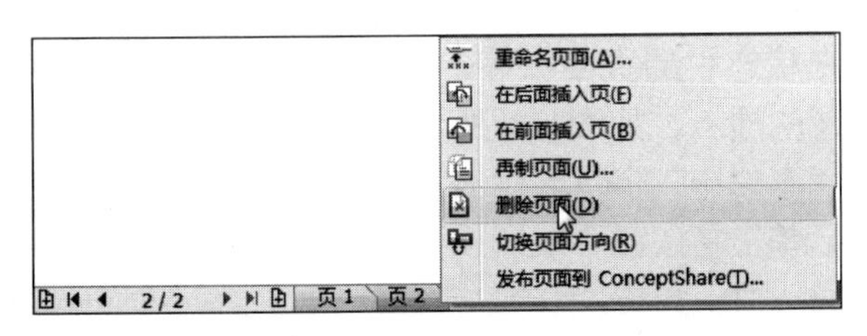

图1.25　“再制页面”对话框　　　图1.26　删除页面

1.1.7　辅助绘图工具

辅助绘图工具用于在图形绘制过程中提供参考或辅助作用，用户可以根据实际需要对页面进行设置，使创作工作更加得心应手。

1. 设定辅助线

在显示的标尺上按住鼠标左键并进行拖动，即可在绘图窗口中绘制辅助线。辅助线分为水平辅助线、垂直辅助线和倾斜辅助线三种，绘制这三种辅助线的方法分别如下。

- **绘制水平辅助线：** 将光标移动到水平标尺上，按下鼠标左键并向下进行拖动，将水平辅助线拖动到指定位置后释放鼠标左键即可，如图1.27所示。
- **绘制垂直辅助线：** 将光标移动到垂直标尺上，按下鼠标左键并向右进行拖动，将垂直辅助线拖动到指定位置后释放鼠标左键即可，如图1.28所示。
- **绘制倾斜辅助线：** 在绘制的水平或垂直辅助线上单击鼠标左键，当辅助线上出现 ↔ 双箭头时，按住鼠标左键对辅助线进行旋转，旋转到指定角度后释放鼠标左键即可，如图1.29所示。

图1.27　水平辅助线

图1.28　垂直辅助线

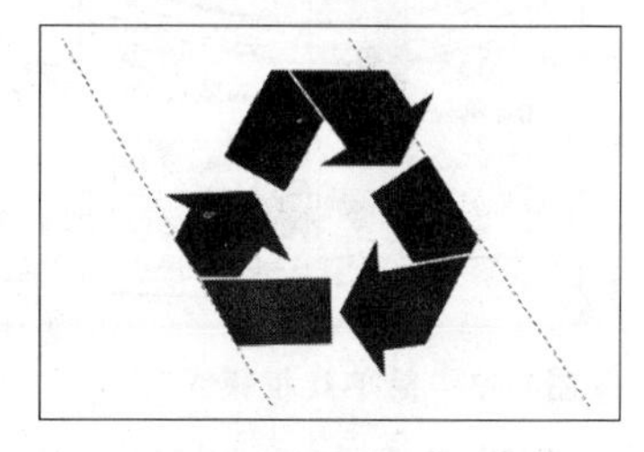

图1.29　倾斜辅助线

如果不需要在绘图窗口中显示辅助线，只需在菜单栏中执行“视图”→“辅助线”命令，取消对该命令的勾选，即可在绘图窗口中隐藏辅助线。

2. 设置网格

网格是由均匀分布的水平线和垂直线组成的，使用网格可以在绘制窗口中精确地对齐和定位对象。在菜单栏中执行“视图”→“网格”命令，即可在绘图窗口中显示网格，如图1.30所示。再次执行“视图”→“网格”命令，取消对该命令的勾选，即可在绘图窗口中隐藏网格，如图1.31所示。

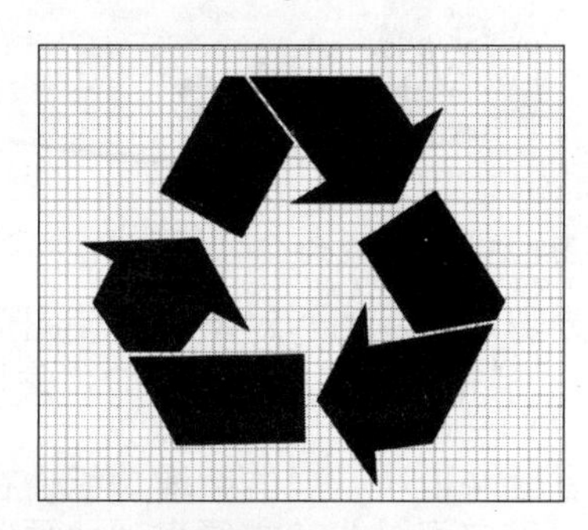

图1.30　显示网格

图1.31　隐藏网格

1.1.8　视图显示设置

在CorelDRAW X4中，通过在“视图”菜单中选择命令，可以对图形文件进行预览，也可以对选定区域中的对象进行预览，还可以进行分页预览。在预览绘制的图形前，首先需要指定预览模式。预览模式将影响图形的显示质量与显示进度。

1. 页面显示模式

CorelDRAW X4为用户提供了多种页面显示模式，可以在绘图过程中根据实际情况选择不同的模式，显示模式包括简单线框、线框、草稿、正常、增强和使用叠印增强。

- **简单线框模式：** 选择“简单线框”模式后，矢量图形只显示外框线。所有变形对象只显示原始图形的外框，位图显示为灰度图像。这种模式下的显示速度是最快的，如图1.32所示为选择“简单线框”模式后的页面显示效果。
- **线框模式：** 与“简单线框”模式相似，“线框”模式只显示立体模型、轮廓和中间调和形状，其中位图显示为单色，效果如图1.33所示。

图1.32　简单线框模式

图1.33　线框模式

- **草稿模式：** 以“草稿”模式显示的图形分辨率较低，填充色块以一种基本图案显示，滤镜效果以普通色块显示，渐变填充以单色显示，如图1.34所示。
- **正常模式：** 选择“正常”模式，图形将正常显示，位图将以高分辨率显示，其打开速度比“增强”模式快，但显示效果比“增强”模式差，如图1.35所示。

图1.34　草稿模式

图1.35　正常模式

- **增强模式：** 选择“增强”模式，系统将以高分辨率显示图形对象，并使图形对象尽可能地平滑，如图1.36所示。需要注意的是使用“增强”模式显示图形时，会耗费较多的内存和时间。
- **使用叠印增强模式：** “使用叠印增强”模式是CorelDRAW X4的新增功能，在“增强”模式的基础上，模拟目标图形被设置成叠印，用户可以非常方便直观地预览叠印的效果，如图1.37所示。

图1.36 增强模式

图1.37 使用叠印增强模式

2. 视图缩放

使用缩放工具可以放大或缩小对象的显示比例，以方便用户对图形的局部进行编辑和观察。在工具箱中单击缩放工具，当鼠标光标呈显示时，在图形页面中单击鼠标左键即可将页面逐级放大。

在页面上按下鼠标左键，并拖动出一个如图1.38所示的矩形框，然后释放鼠标左键，即可对图形局部进行放大，如图1.39所示。

图1.38 拖动出矩形框

图1.39 放大后的效果

单击缩放工具后，在属性栏中将会出现该工具的相关选项，如图1.40所示。

图1.40 缩放工具属性栏

其中各个图标的含义如下。

- **放大**：单击该按钮，在页面中单击鼠标左键可使页面放大两倍，在页面中单击鼠标右键页面将会缩小为原来的1/2。
- **缩小**：单击该按钮，页面将缩小为原来的1/2。
- **缩放选定范围**：单击该按钮，可将选定的对象最大化显示在页面上。
- **缩放全部对象**：单击该按钮，可将所有对象全部缩放在页面上。
- **显示页面**：单击该按钮，可将页面最大化显示。
- **按页宽显示**：单击该按钮，图形将会按页面宽度显示。
- **按页高显示**：单击该按钮，图形将会按页面高度显示。

3. 视图平移

视图平移是指在保持视图不被缩放的情况下，将视图向不同的方向移动。在工具栏中按住缩放工具不放，在展开的工具列表中单击手形工具，然后在屏幕上按住鼠标左键并拖动，即可任意移动画面的显示范围，前后效果如图1.41所示。

图1.41　视图平移

提示 在工作区中，单击水平方向或垂直方向上的滚动条，即可将视图按水平或垂直方向进行移动。单击手形工具后，在页面上双击，即可将页面放大2倍；在页面上单击鼠标右键，即可将页面缩小为原来的1/2。

4. 全屏预览

全屏预览是指将绘图窗口中显示的内容以全屏预览的方式显示出来，其中绘图窗口以外的工具栏将被隐藏。在菜单栏中执行“视图”→“全屏预览”命令，或按下“F9”快捷键，即可进行全屏预览，如图1.42所示。

图1.42　全屏预览

提示 全屏预览视图后，单击鼠标或按下键盘上的任意键，即可返回到应用程序窗口。

5. 只预览选中对象

在页面中选择一个或多个对象后，在菜单栏中执行“视图”→“只预览选定对象”命令，即可对选定的对象进行全屏预览，选定范围以外的对象将被隐藏，前后效果如图1.43所示。

图1.43 只预览选中对象

6. 页面排序器视图

页面排序器视图可以对一个文件中所包含的所有页面进行预览。在菜单栏中执行“视图”→“页面排序器视图”命令，即可对文件中的所有页面进行预览，如图1.44所示。

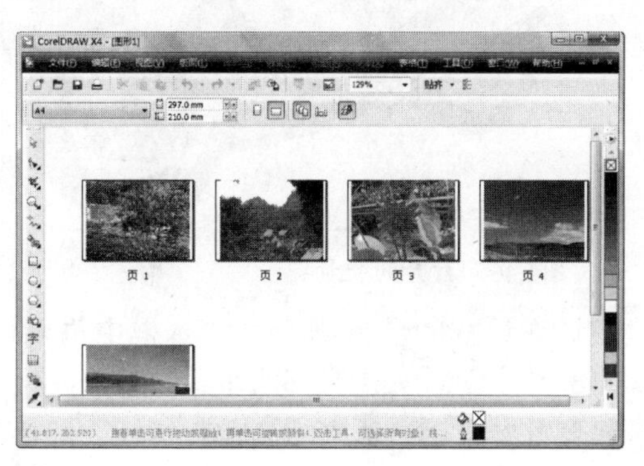

图1.44 页面排序器视图

1.2 进阶——典型实例

通过前面的学习，相信读者已经对CorelDRAW X4的基本概念有了一定的了解。下面将在此基础上，进行相应的实例练习。

1.2.1 将矢量图转换为位图

本例将一幅矢量图转换为位图，通过对本例的学习，读者能掌握矢量图转换成位图的方法和技巧。

最终效果

本例转换完成后的最终效果如图1.45所示。

解题思路

1 打开矢量图。
2 在CorelDRAW X4中执行“转换为位图”命令。
3 保存转换后的图形。

图1.45 最终效果

操作步骤

1 在CorelDRAW X4中，执行“文件”→“打开”命令，在弹出的“打开绘图”对话框中，选择“摩托车.cdr”图形文件，然后单击“打开”按钮将其打开，如图1.46所示。

2 在工具栏中单击挑选工具 并选择打开的矢量图，然后在菜单栏中执行“位图”→“转换为位图”命令，弹出“转换为位图”对话框，如图1.47所示。

图1.46 打开的矢量图

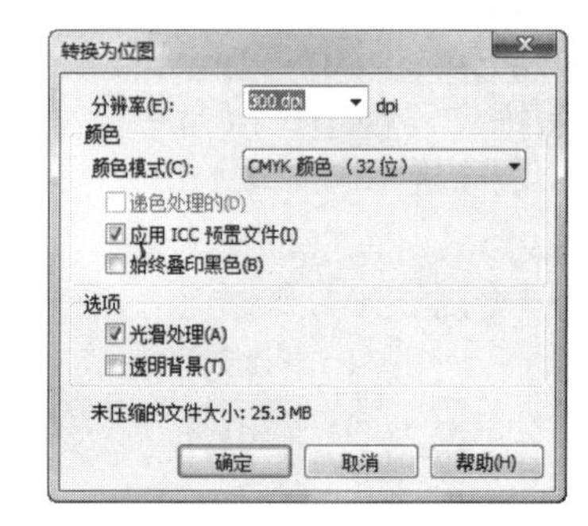

图1.47 “转换为位图”对话框

3 在该对话框的“分辨率”文本框中输入“350”，设置“颜色模式”为“CMYK颜色（32位）”，如图1.48所示。

4 设置好参数后，单击“确定”按钮，即可将所选的矢量图转换为位图，如图1.49所示。

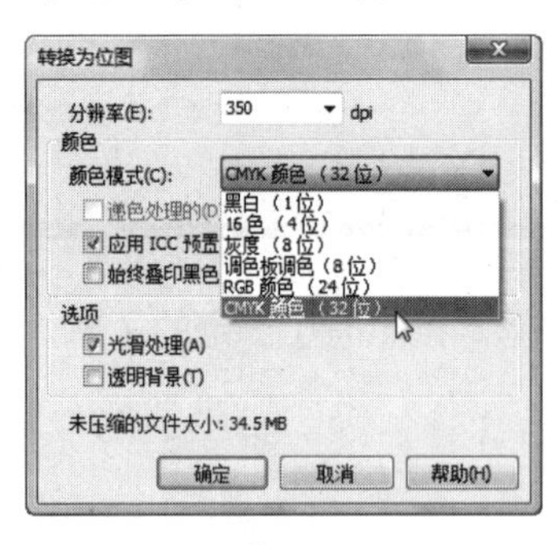

图1.48 设置参数

图1.49 转换为位图后的效果

5 在菜单栏中执行“文件”→“另存为”命令，将转换后的位图进行保存。

1.2.2 将位图转换为矢量图

本例将一幅位图导入并转换为矢量图，通过对本例的学习，读者能掌握位图的导入和转换成矢量图的方法和技巧。

最终效果

本例转换完成后的最终效果如图1.50所示。

图1.50　最终效果

解题思路

1 新建图形文件。
2 导入位图。
3 将位图转换为矢量图。
4 保存转换后的图形。

操作步骤

1 在CorelDRAW X4中，执行“文件”→“新建”命令，新建一个图形文件。
2 在菜单栏中执行“文件”→“导入”命令，在弹出的“导入”对话框中选择“卡通”图形文件，然后单击“导入”按钮，如图1.51所示。
3 单击“导入”按钮后，在返回的工作区域中单击并拖动，绘制出位图的导入框，如图1.52所示。

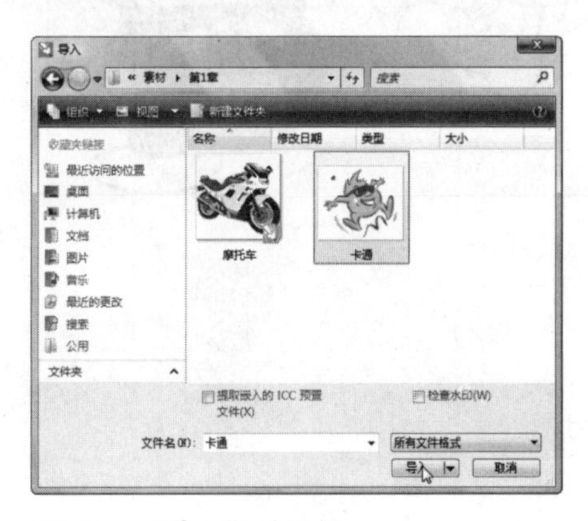

图1.51　“导入”对话框

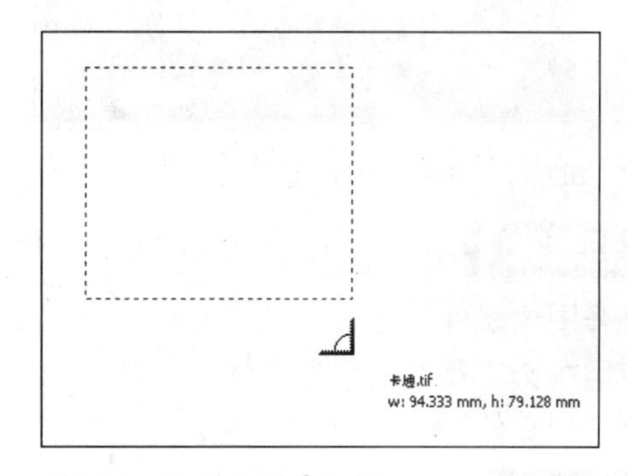

图1.52　绘制位图导入框

4 在工具箱中单击挑选工具并选择该位图，在菜单栏中执行“位图”→“快速临摹”命令。
5 经过一段时间后，转换成的矢量图将出现在CorelDRAW X4中与原位图一样的位置，将其从原图上移开，可以看到该图像已经转换为矢量图，如图1.53所示。
6 在菜单栏中执行“排列”→“取消群组”命令，解除群组后可以对组成矢量图的对象进行编辑，如编辑图形颜色，如图1.54所示。

图1.53　位图转换为矢量图

图1.54　编辑图形颜色

7 在菜单栏中执行“文件”→“保存”命令，保存转换后得到的矢量图。

1.3 提高——将图像导出为TIF文件

下面将进一步巩固本章所学知识并进行相关实例的演练，以达到提高读者动手能力的目的。

最终效果

本例制作完成前后的对比效果如图1.55所示。

图1.55　前后对比效果

解题思路

1 打开图像文件。
2 使用挑选工具选择图形文件中需要导出的部分。
3 执行“文件”→“导出”命令。

操作步骤

1 在菜单栏中执行“文件”→“打开”命令，打开如图1.56所示的图形文件。
2 在工具箱中单击挑选工具 ，选择如图1.57所示的需要导出的部分对象。

图1.56　打开图形文件

图1.57　选择部分对象

3 在菜单栏中执行“文件”→“导出”命令，弹出“导出”对话框，在“保存类型”下拉列表框中选择“TIF-TIFF Bitmap”选项，勾选“只是选定的”复选框，然后单击“导出”按钮，如图1.58所示。

4 弹出“转换为位图”对话框，在其中单击“确定”按钮即可完成图形文件的导出，如图1.59所示。

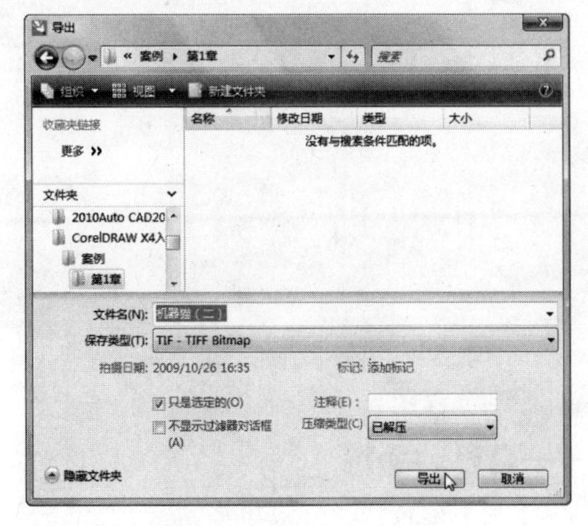

图1.58 “导出”对话框

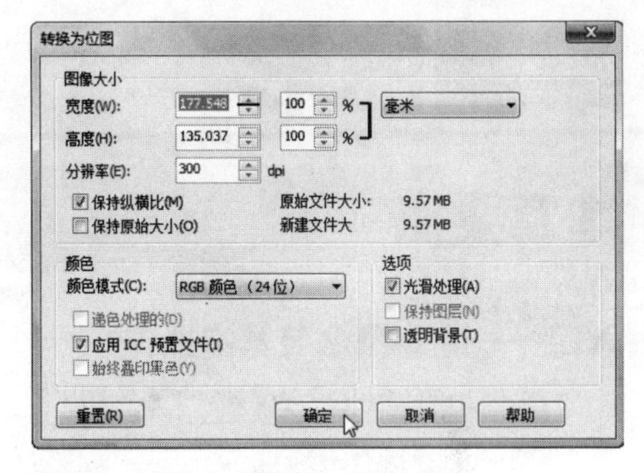

图1.59 “转换为位图”对话框

结束语

CorelDRAW Graphics Suite X4是一个以矢量绘图技术为核心、包含多款实用程序的软件包，CorelDRAW X4是其核心软件，被广泛用于平面设计、包装装潢和彩色出版等诸多领域。本章主要介绍了CorelDRAW X4的基本知识，包括CorelDRAW X4的启动和退出、工作界面和文件的基本操作等。通过本章的学习，读者应对整个软件有了一个基本的认识。

Chapter 2

第2章 绘制图形

本章要点

入门——基本概念与基本操作

- 认识CorelDRAW X4的工具箱
- 绘制几何图形
- 绘制基本形状
- 绘制线条

进阶——典型实例

- 图案设计
- 绘制流程图

提高——自己动手练

- 绘制手提袋
- 绘制可爱的图标

本章导读

绘制图形是学习CorelDRAW X4的基础，只有掌握了基本图形的绘制方法，才能创建更为复杂的图形。通过本章的学习，希望读者掌握绘制图形的基本操作方法，为后面的学习打下良好的基础。

2.1 入门——基本概念与基本操作

基本图形的绘制是CorelDRAW X4中最基本的绘图操作，只有熟练掌握了绘图工具的使用方法，才可以绘制出复杂的图形。

2.1.1 认识CorelDRAW X4的工具箱

在CorelDRAW X4中，工具箱发挥着非常重要的作用，它包含了常用的绘图和编辑工具，是进行图形绘制的基础。默认情况下，工具箱位于绘图窗口的右侧，如图2.1所示。

在工具箱中，工具按钮右下角显示黑色小三角表示可以展开工具列表。在有黑色小三角标记的工具上按下鼠标左键不放，即可展开其工具列表，如图2.2所示。

在展开的工具列表顶部的虚线控制条上，按住鼠标左键并进行拖动，即可将工具列表分离成独立的工具面板，如图2.3所示。单击面板上的“关闭”按钮，即可关闭工具面板的显示。

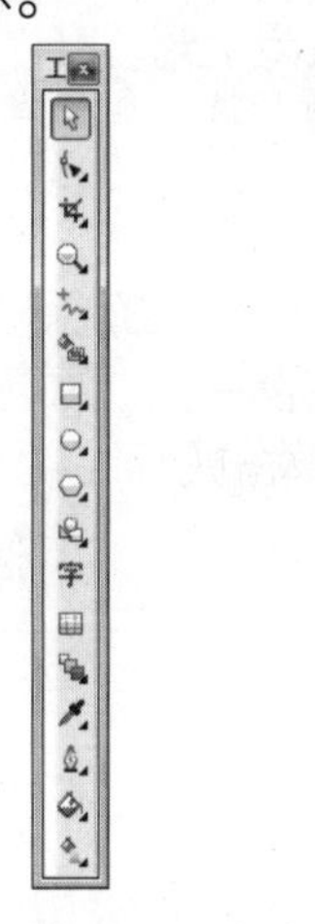

图2.1 工具箱

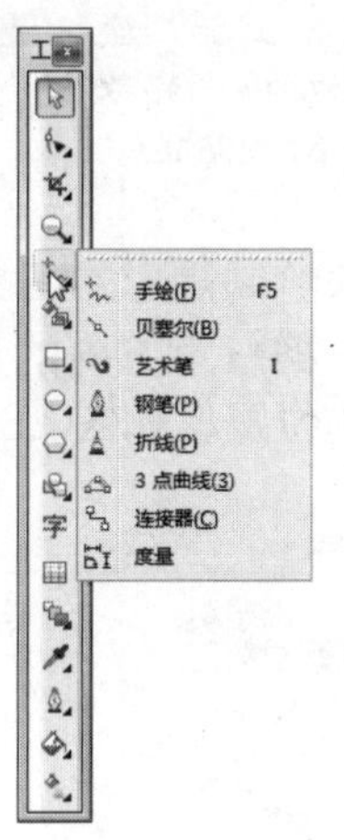

图2.2 展开工具列表

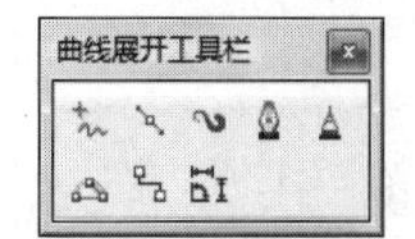

图2.3 独立的工具面板

2.1.2 绘制几何图形

在工具箱中集合了多种几何图形的绘制工具，使用它们可以方便地绘制出规则的几何图形，图形的相关属性可以在属性栏中进行修改。下面我们就来学习使用工具箱中的工具绘制规则的几何图形。

1. 绘制矩形

单击工具箱中的矩形工具，在工作区中按住鼠标左键并进行拖动，确定矩形大小后释放鼠标左键，即可完成矩形的绘制，如图2.4所示。

提示 在绘制矩形时按住“Shift”键，可以绘制出一个以中心为起点的矩形；按住“Ctrl”键，可以绘制出一个正方形；同时按住“Shift”键和“Ctrl”键，则可以绘制出一个以中心点为起点的正方形。

在绘制出矩形后，单击形状工具，选中矩形边角上的一个节点并按住鼠标左键进行拖动，即可绘制出具有弧度的圆角矩形，如图2.5所示。

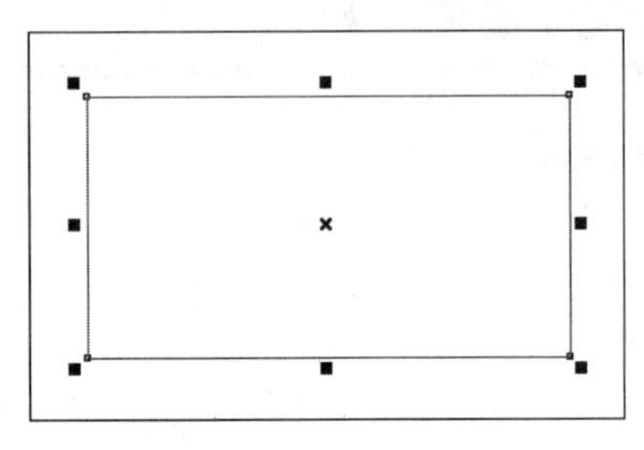

图2.4 绘制矩形

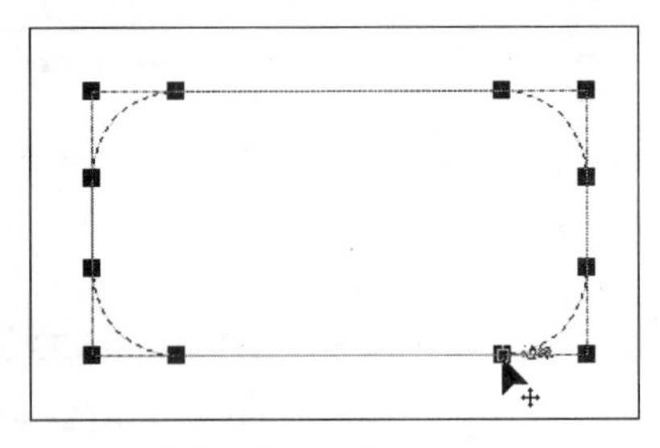

图2.5 绘制圆角矩形

用户也可以在属性栏的圆角值文本框中指定圆角角度来绘制圆角矩形，如图2.6所示。

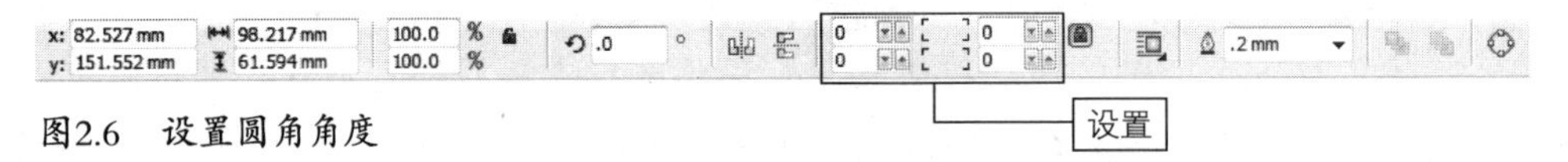

图2.6 设置圆角角度

提示 在属性栏中，当圆角值文本框右侧的“全部圆角”按钮呈按下状态时，设置某个角的圆角值后，其他三个角将一起改变；当“全部圆角”按钮呈弹起状态时，则可以单独设置某个角的圆角值。

3点矩形工具是通过创建3个位置点来绘制矩形的工具。在工具箱中单击3点矩形工具，在绘图区域中按住鼠标左键并拖动出一条任意方向的直线作为矩形的一边，如图2.7所示，释放鼠标左键后，将光标移动到适当的位置，如图2.8所示，再次单击鼠标左键，即可绘制出任意倾斜角度的矩形，如图2.9所示。

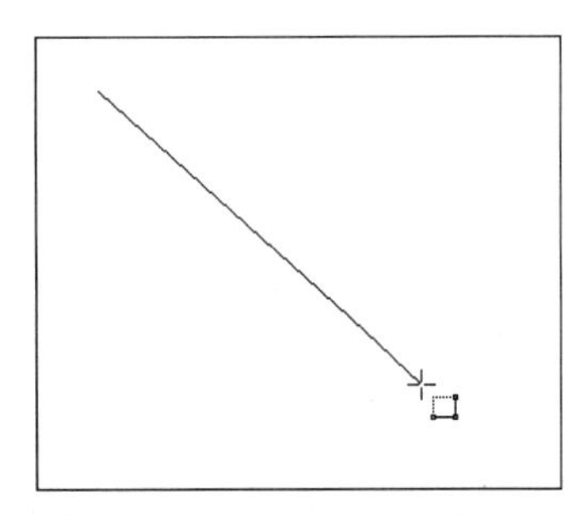

图2.7 绘制矩形的一条边

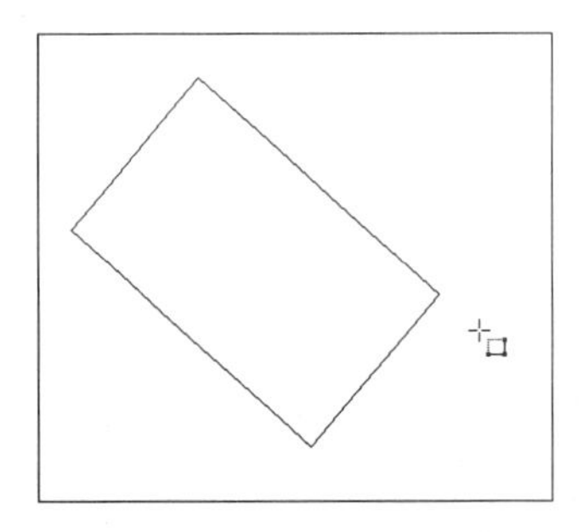

图2.8 确定矩形的另外三条边

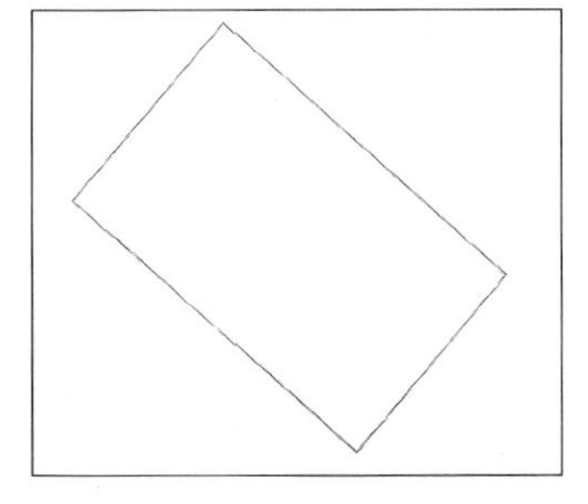

图2.9 绘制任意倾斜角度的矩形

2. 绘制椭圆

在工具箱中单击椭圆形工具，在绘图区域中按住鼠标左键进行拖动，确定椭圆的大小后，释放鼠标即可完成椭圆的绘制，如图2.10所示。

提示 在绘制椭圆时按住“Shift”键，可以绘制出一个以中心为起点的椭圆；按住“Ctrl”键，可以绘制出一个正圆形，如图2.11所示；同时按住“Shift”键和“Ctrl”键，则可以绘制出一个以中心点为起点的正圆形。

选中绘制好的椭圆形，然后单击属性栏上的“饼形”按钮，即可将椭圆形转换成饼形，如图2.12所示；单击属性栏上的“弧形”按钮，即可将椭圆形转换成弧形，如图2.13所示。

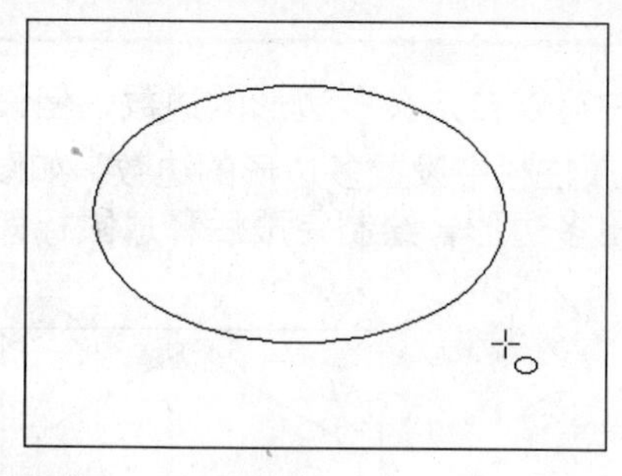
图2.10　绘制椭圆

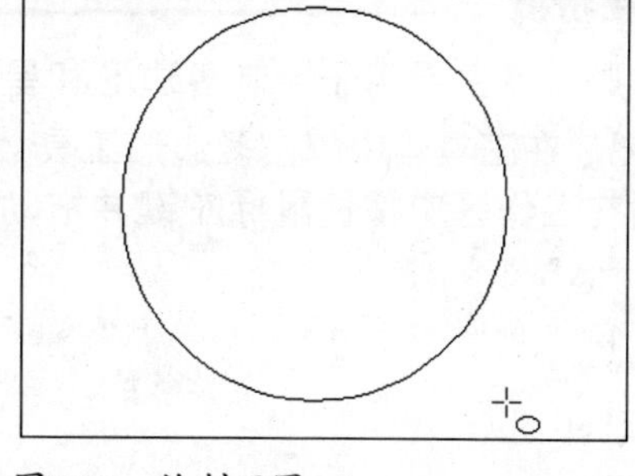
图2.11　绘制正圆

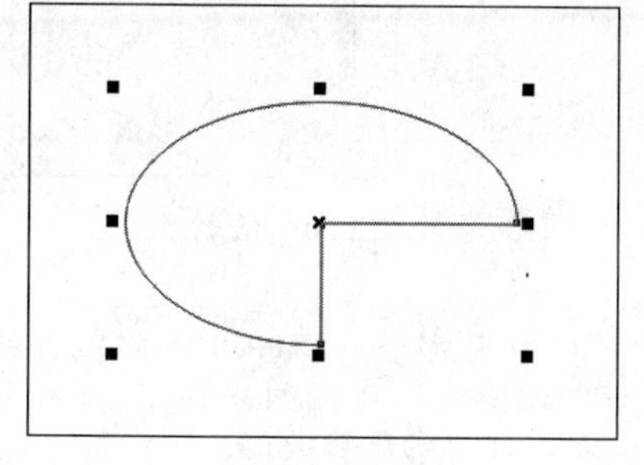
图2.12　绘制饼形

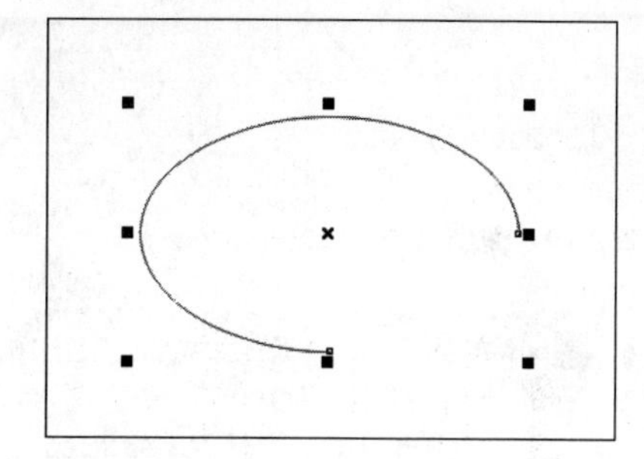
图2.13　绘制弧形

在属性栏的“起始和结束角度”文本框中可以设置饼形和弧形的起始和结束角度，如图2.14所示。选中饼形或弧形，然后单击属性栏中的“顺时针/逆时针饼形或弧形”按钮，即可得到所选饼形或弧形的另一半，如图2.15所示。

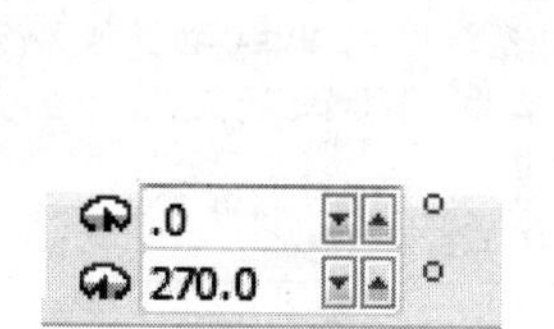

图2.14　设置起始和结束角度

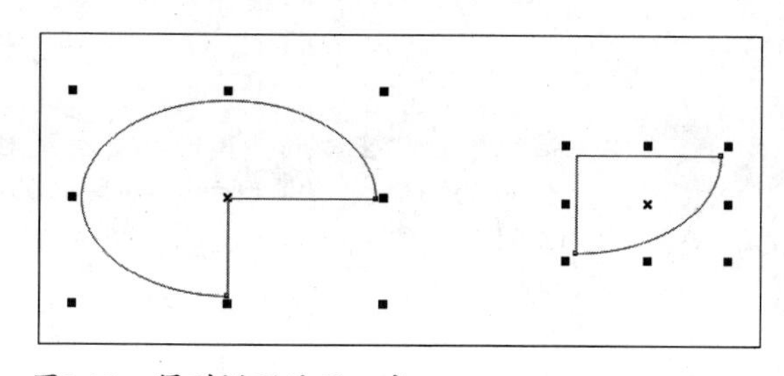
图2.15　得到饼形的另一半

3点椭圆形工具是通过指定3个位置点来绘制椭圆形的工具。在工具箱中单击3点椭圆形工具，在绘图区域中按住鼠标左键并拖动出一条任意方向的线段作为椭圆的中心轴，如图2.16所示，释放鼠标左键后，将光标移动到适当位置确定椭圆的形状，如图2.17所示，再次单击鼠标左键，完成任意角度椭圆的绘制，如图2.18所示。

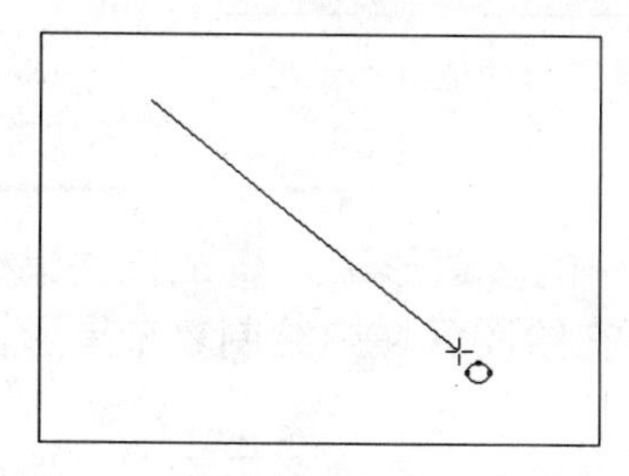
图2.16　绘制椭圆的中轴线

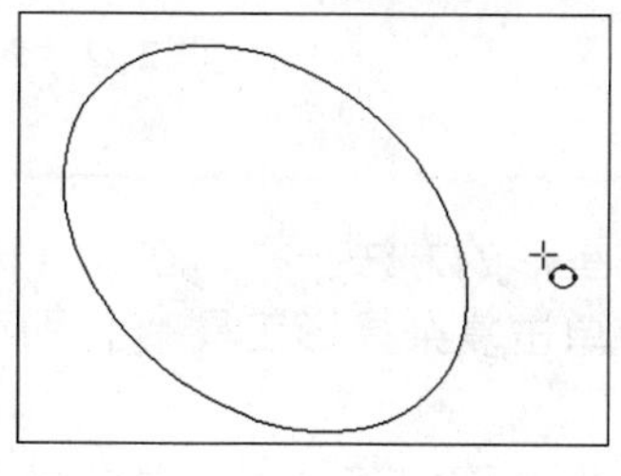
图2.17　拖动确定椭圆形状

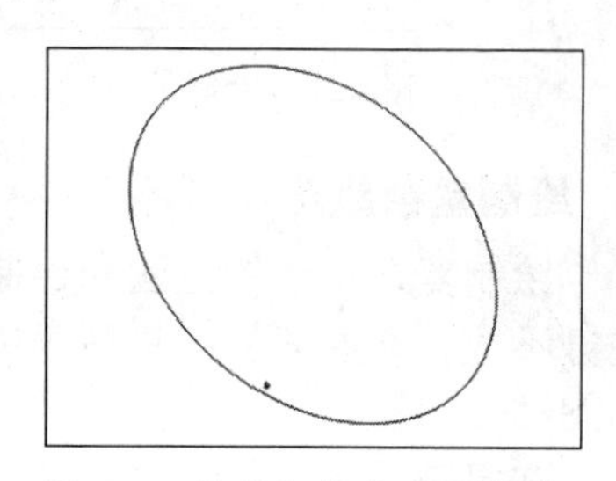
图2.18　绘制任意角度的椭圆形

3. 绘制多边形

多边形工具主要用于绘制多边形和星形。用户可以自定义多边形的边数，但设置的边数最少为3。在工具箱中单击多边形工具，并在属性栏中设置多边形的边数，如图2.19所示，然后在工作区中按住鼠标左键并拖动，绘制出多边形，绘制完成后释放鼠标即可，如图2.20所示。

图2.19 设置边数　　图2.20 绘制多边形

提示 在绘制多边形时按住“Shift”键，可以绘制出一个以中心点为起点的多边形；按住“Ctrl”键，可以绘制出一个正多边形；同时按住“Shift”键和“Ctrl”键，则可以绘制出一个以中心点为起点的正多边形。

4. 绘制星形

使用星形工具可以绘制出具有指定边数的星形。在工具箱中的多边形工具上按住鼠标左键不放，在展开的工具列表中单击星形工具，即可在绘图区域中绘制星形，如图2.21所示。

提示 在属性栏中，“多边形、星形和复杂星形的点数或边数”文本框用于控制创建星形的角的个数，“星形和复杂星形的锐度”文本框用于设置星形的尖角程度，值越大，尖角越尖，如图2.22所示。

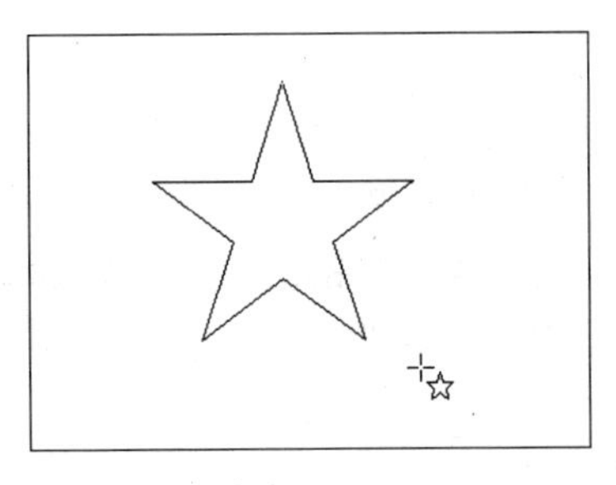

图2.21 绘制星形

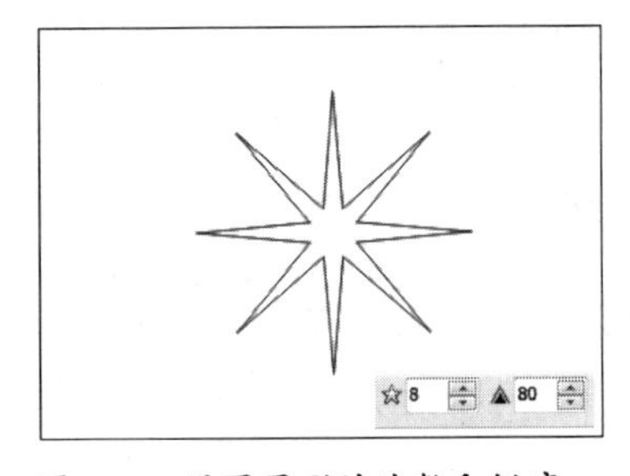

图2.22 设置星形的边数和锐度

5. 绘制复杂星形

绘制复杂星形的方法和绘制星形的方法一样，在工具箱中的多边形工具上按住鼠标左键不放，在展开的工具列表中单击复杂星形工具，即可在绘图区域中绘制复杂星形，如图2.23所示。

在复杂星形工具属性栏中，设置的边数不同，复杂星形的角的锐度也各不相同。端点数低于7的交叉星形，将不能设置尖角度。通常情况下，边数越多，复杂星形的尖锐度越高，如图2.24所示。

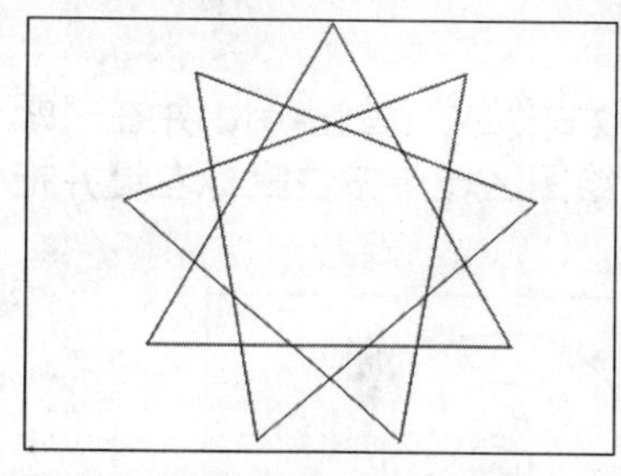

图2.23　绘制复杂星形

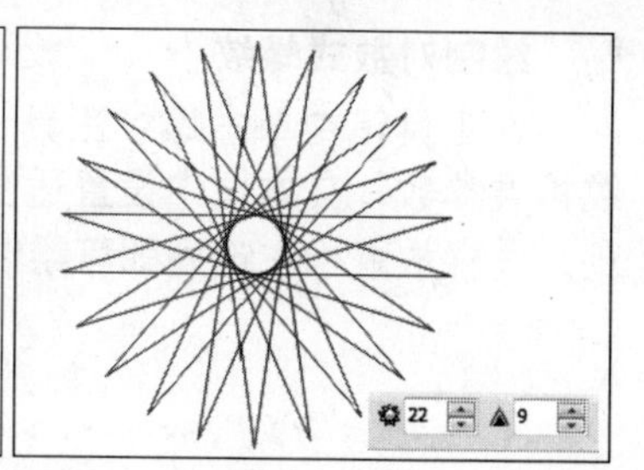

图2.24　不同边数和锐度的复杂星形效果

6. 绘制图纸

使用图纸工具可以绘制不同行数和列数的网格图形。使用图纸工具绘制的网格，由一组矩形组成，用户可以取消其群组，使其成为独立的矩形。

在工具箱中单击图纸工具，移动鼠标至绘图区域，按住鼠标左键沿对角线方向拖动鼠标到指定位置，然后释放鼠标即可绘制出网格，如图2.25所示。

提示　在工具箱中单击图纸工具后，可以在其属性栏的“图纸行和列数”文本框中输入数值，以改变网格的行数和列数，如图2.26所示。

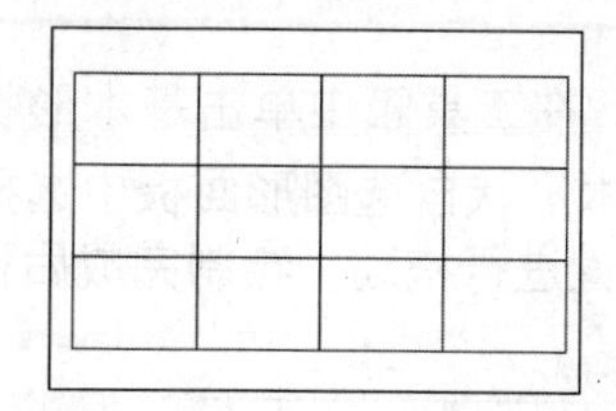

图2.25　绘制图纸

图2.26　设置图纸的行数和列数

7. 绘制螺纹

在CorelDRAW X4中，使用螺纹工具可以直接绘制出对称式螺纹和对数式螺纹。

- **对称式螺纹：** 对称式螺纹均匀扩展，每个回圈之间的距离相等。
- **对数式螺纹：** 对数式螺纹扩展时，回圈之间的距离由内向外逐渐增大。

绘制对称式螺纹

在工具箱中单击螺纹工具，然后在属性栏中单击“对称式螺纹”按钮，并在“螺纹回圈”数值框中输入螺纹的圈数，如图2.27所示。在绘图区域中按住鼠标左键并拖动鼠标左键，释放鼠标左键后即可绘制出对称式螺纹，如图2.28所示。

提示　在绘制对称式螺纹时，按住“Ctrl”键，即可绘制出圆形的对称式螺纹，如图2.29所示。

图2.27　设置螺纹圈数

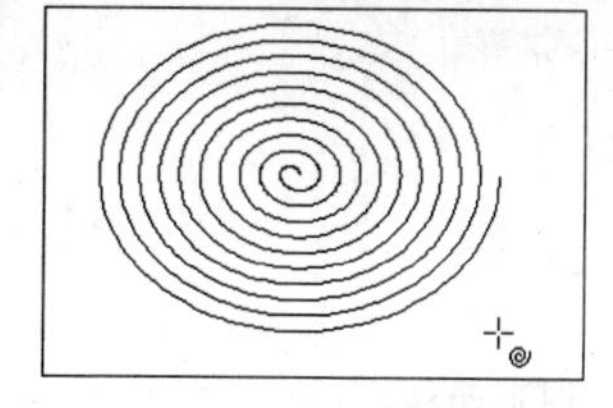

图2.28　绘制对称式螺纹

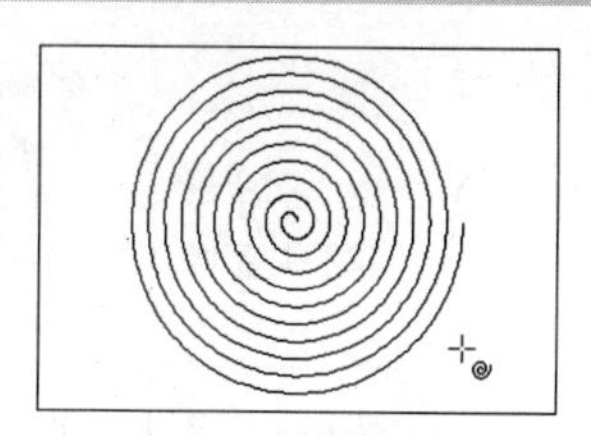

图2.29　绘制圆形的对称式螺纹

绘制对数式螺纹

在工具箱中单击螺纹工具，然后在属性栏中单击“对数式螺纹”按钮，并在“螺纹扩展参数”文本框中设置适当的扩充量，如图2.30所示。在绘图区域中按住鼠标左键并拖动，当释放鼠标左键后即可绘制出对称式螺纹，如图2.31所示。

图2.30 设置扩充量

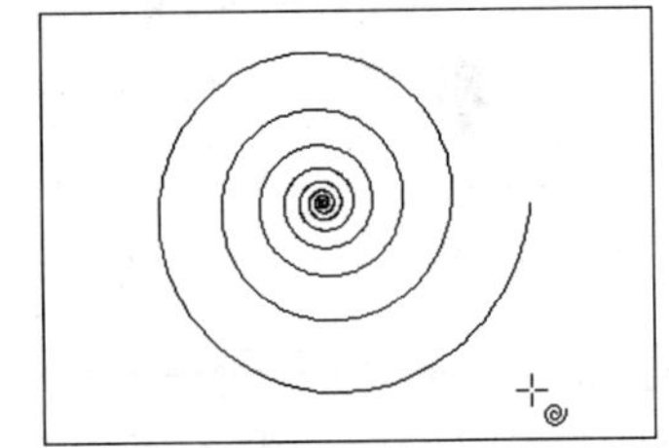

图2.31 绘制对数式螺纹

2.1.3 绘制基本形状

基本形状工具组为用户提供了5组基本形状样式，在工具箱中的“基本形状”按钮上按住鼠标左键不放，即可展开其工具列表，其中包括5组基本形状，如图2.32所示。

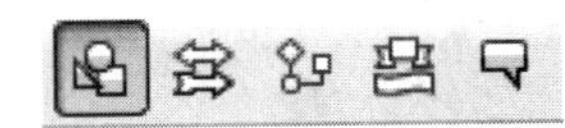

图2.32 5组基本形状

1. 基本形状

使用基本形状工具可以绘制笑脸、水滴和心形等图形。在工具箱中单击基本形状工具，在其属性栏中单击“完美形状”按钮，在打开的基本形状自选图形面板中选择自己需要的图形，如图2.33所示，然后在绘图区域中按住鼠标左键进行拖动，绘制完成后释放鼠标左键即可，如图2.34所示。

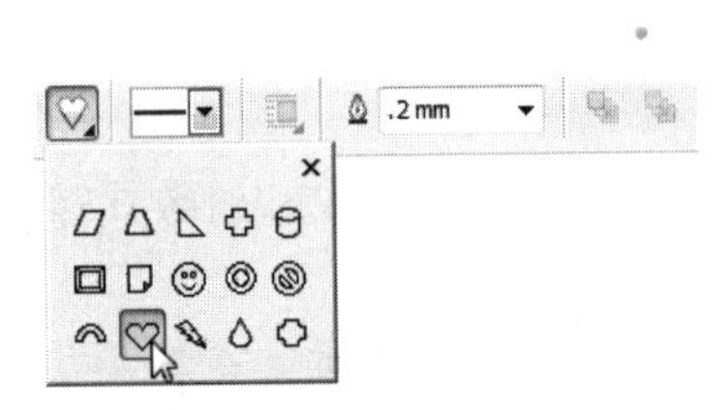

图2.33 基本形状自选图形面板

图2.34 绘制心形

2. 箭头形状

使用箭头形状工具可以方便地绘制出形状多样的箭头。在工具箱中按住基本形状工具不放，在打开的工具列表中单击箭头形状工具，然后单击属性栏中的“完美形状”按钮，在打开的箭头形状自选图形面板中选择自己需要的箭头图形，如图2.35所示，然后在绘图区域中按住鼠标左键进行拖动，绘制完成后释放鼠标左键即可，如图2.36所示。

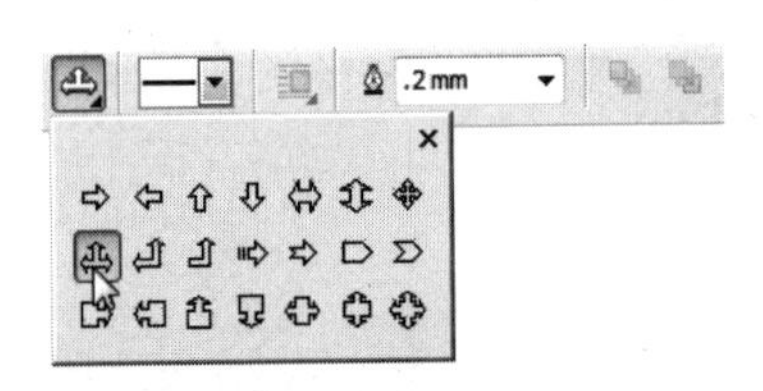

图2.35 箭头形状自选图形面板

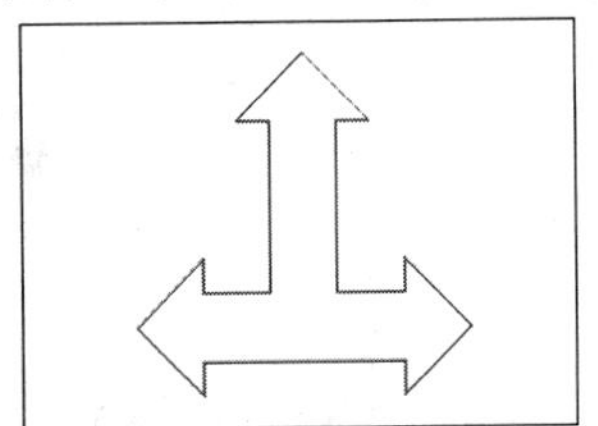

图2.36 绘制箭头图形

3. 流程图形状

使用流程图形状工具可以绘制出各种流程图形状。在工具箱中按住基本形状工具不放，在打开的工具列表中单击流程图形状工具。在其属性栏中单击“完美形状”按钮，在打开的流程图形状自选图形面板中选择自己需要的图形，如图2.37所示，在绘图区域中按住鼠标左键进行拖动，绘制完成后释放鼠标左键即可，如图2.38所示。

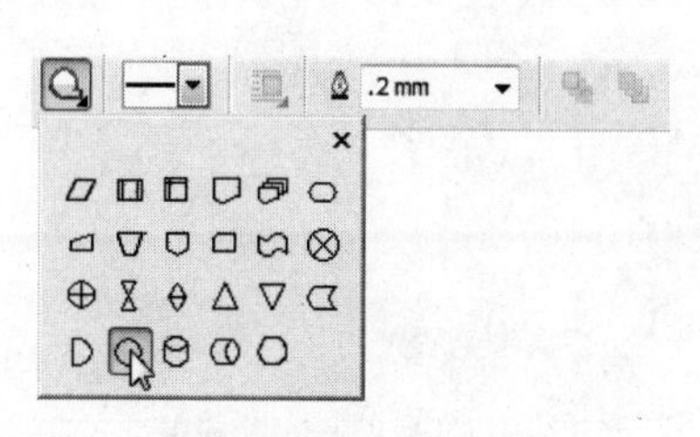

图2.37　流程图形状自选图形面板

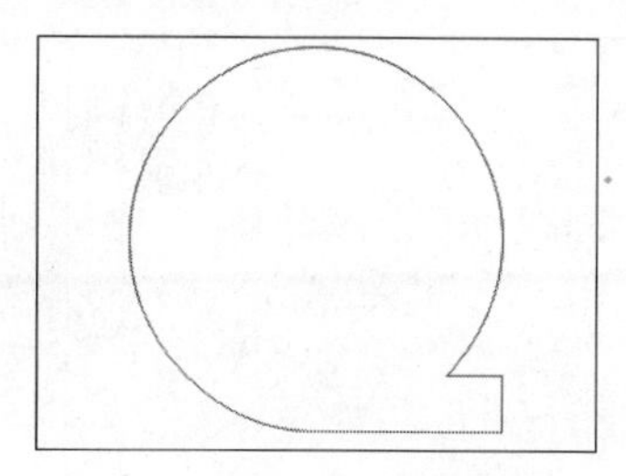
图2.38　绘制流程图图形

4. 标题形状

使用标题形状工具可以绘制出形状各异的标题形状图形。其绘制方法和前面讲的工具一样，单击标题形状工具后，可以在其对应的属性栏中查看自选图形面板，如图2.39所示，绘制出的图形如图2.40所示。

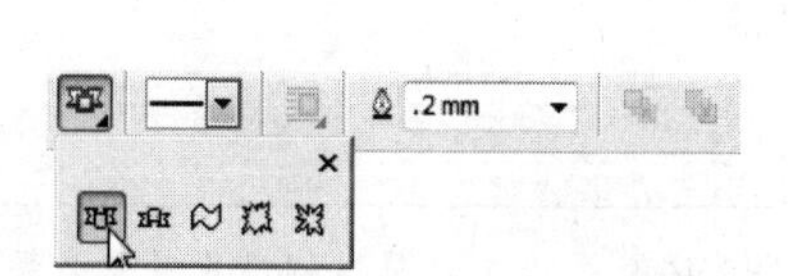

图2.39　标题形状自选图形面板

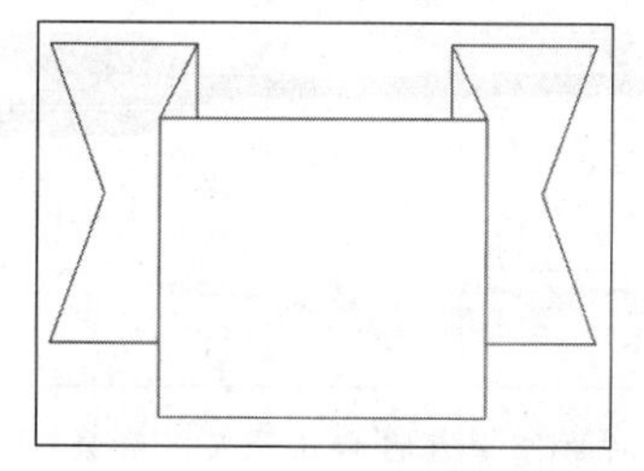
图2.40　绘制标题形状图形

5. 标注形状

使用标注形状工具可以方便地绘制出标注框。其绘制方法和前面讲的工具一样，单击标注形状工具后，可以在其对应的属性栏中查看自选图形面板，如图2.41所示，绘制出的图形如图2.42所示。

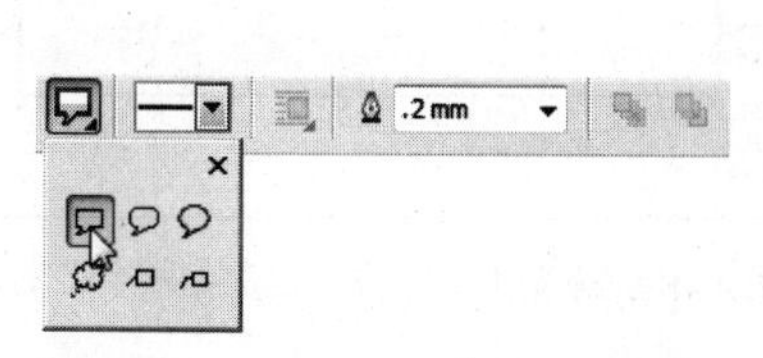

图2.41　标注形状自选图形面板

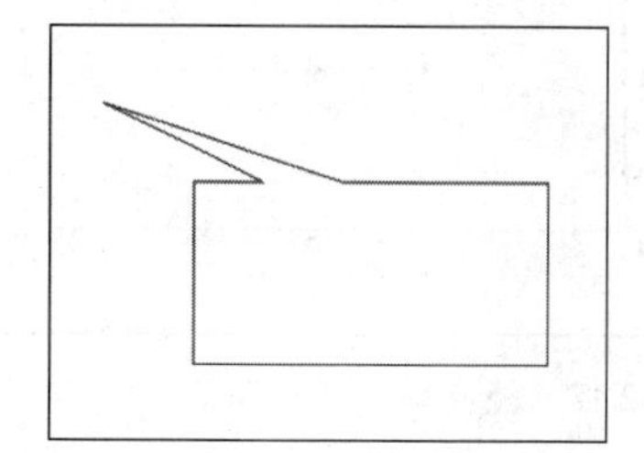
图2.42　绘制标注形状图形

2.1.4　绘制线条

在图形的绘制过程中，使用线条可以创造出各种不同的图形。下面主要介绍使用各种曲线工具绘制简单的线条和图形的方法，以及绘制工具的基本设置方法。

1. 手绘工具

在工具箱中单击手绘工具，当鼠标呈显示时，在绘图区域中单击鼠标，确定直线的起点，然后将鼠标移动到终点处单击，即可完成直线的绘制，如图2.43所示。

使用手绘工具除了可以绘制简单的直线外，还可以配合属性栏绘制不同粗细、形式的直线和箭头符号，如图2.44所示。

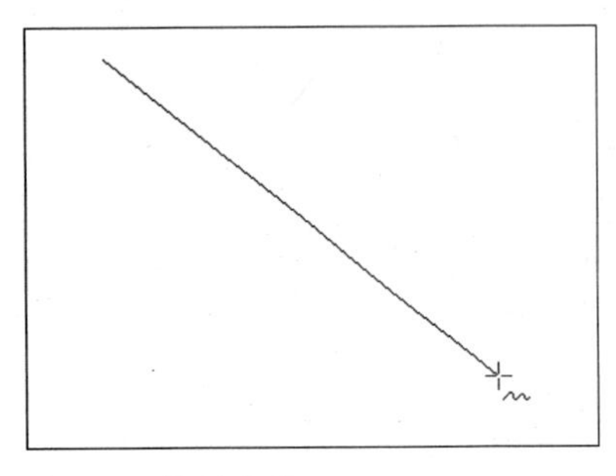

图2.43 绘制直线

图2.44 手绘工具属性栏

如图2.45和图2.46所示为使用手绘工具配合属性栏绘制出的箭头图形。

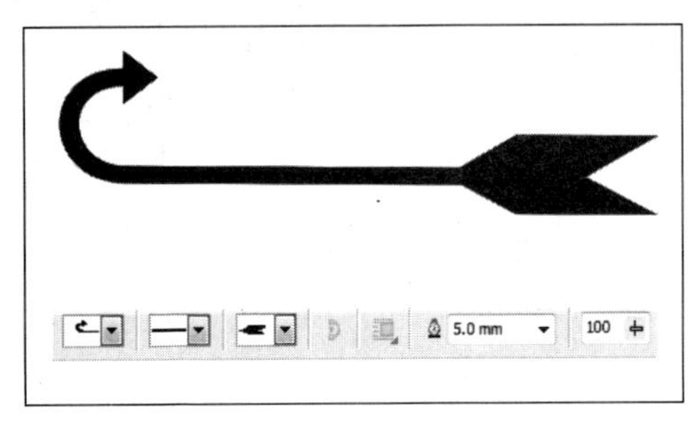

图2.45 手绘工具属性栏设置及其效果1

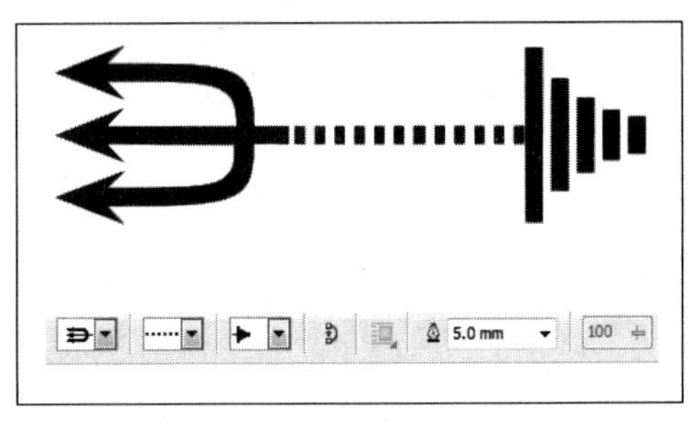

图2.46 手绘工具属性栏设置及其效果2

利用手绘工具也可以绘制封闭的图形，当线段的终点回到起点位置时，光标呈显示，如图2.47所示，此时单击鼠标左键，即可绘制出封闭的图形，如图2.48所示。

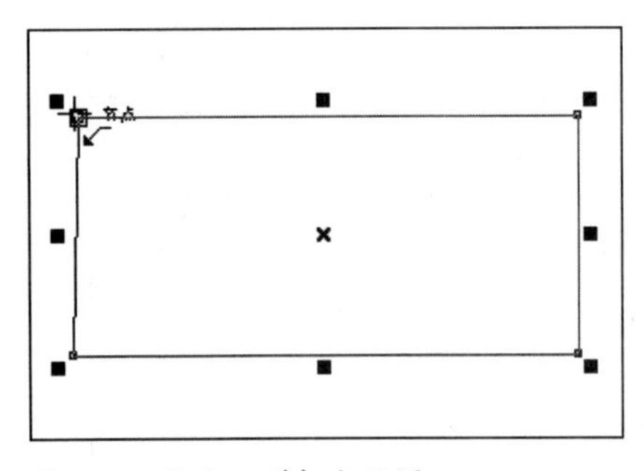

图2.47 终点回到起点位置

图2.48 绘制封闭图形

2. 贝济埃工具

使用贝济埃工具可以绘制平滑、精确的曲线，还可以通过对节点和控制点的编辑来改变曲线的形状，同时，使用贝济埃工具也可以绘制直线。

在工具箱中单击贝济埃工具，并在绘图区域中单击确定直线的起点，然后在其他位置单击确定直线的终点，即可绘制出一条直线，如图2.49所示。

在绘图窗口中连续单击，可绘制出如图2.50所示的直线段折线。

在绘制曲线时，首先在绘图区域中单击确定直线的起点，然后在其他位置确定另一点并按住鼠标左键进行拖动，两点之间直线变为曲线段，同时第二点出现控制手柄，如图2.51所示。

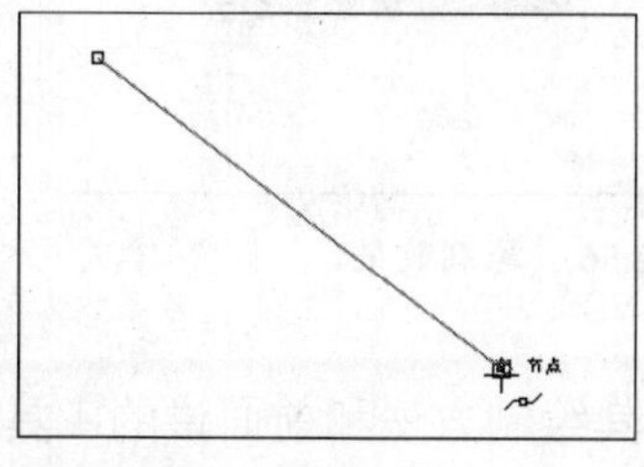
图2.49 绘制直线

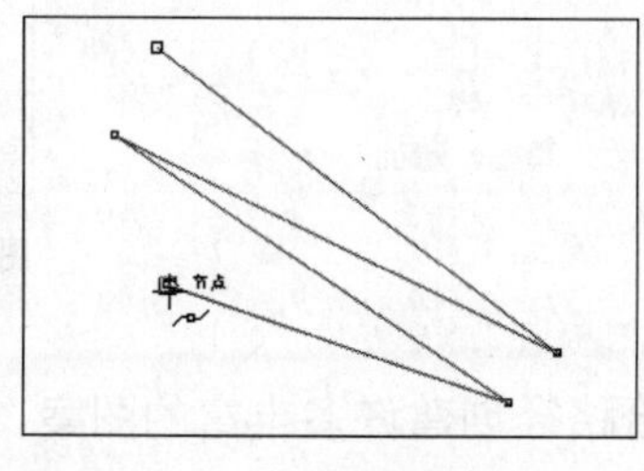
图2.50 绘制直线段折线

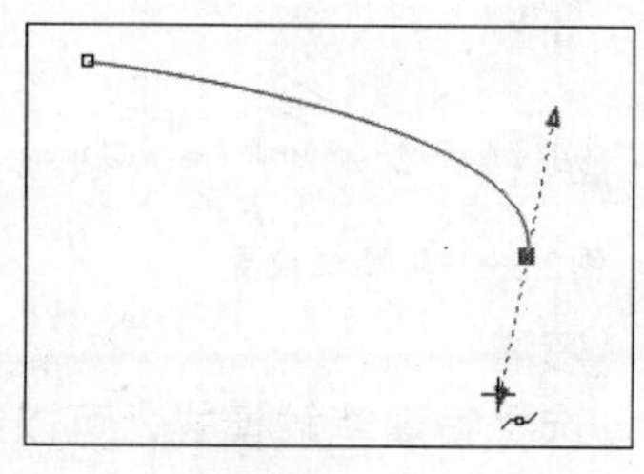
图2.51 绘制曲线

3. 艺术笔工具

使用艺术笔工具可以一次性绘制出系统提供的各种图案和笔触效果。在工具箱中单击艺术笔工具，其属性栏如图2.52所示，在属性栏中可以选择5种不同的笔触模式，下面将对这5种笔触样式进行详细的讲解。

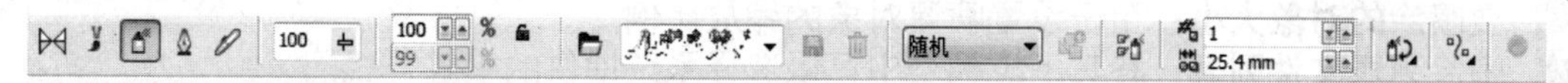

图2.52 艺术笔工具属性栏

预设

选择预设笔触模式，可以模拟笔触在开始和末端的粗细变化。单击工具箱中的艺术笔工具，在属性栏中单击“预设”按钮，并进行相应的参数设置，如图2.53所示，然后在绘图窗口中按住鼠标左键进行拖动，即可绘制出像毛笔一样的绘画效果，如图2.54所示。

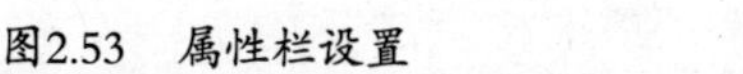

图2.53 属性栏设置

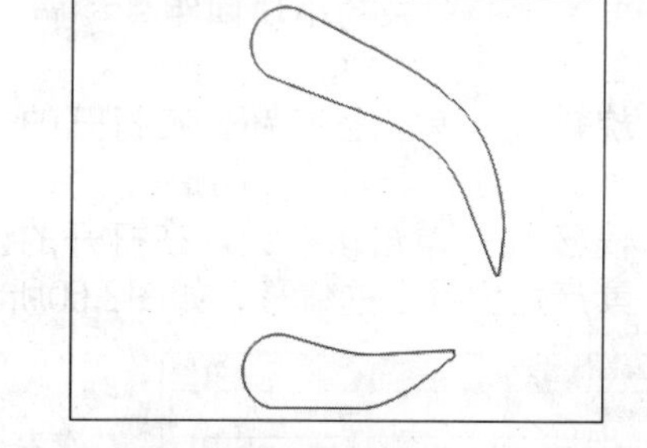
图2.54 预设笔触效果

提示 在创建预设笔触效果后，还可以给绘制的图形填充图案和颜色。

笔刷

选择笔刷笔触模式，可以模拟使用画笔绘图的效果。单击工具箱中的艺术笔工具，在属性栏中单击“笔刷”按钮，并进行相应的参数设置，如图2.55所示，然后在绘图窗口中按住鼠标左键进行拖动，即可绘制出像画笔一样的绘画效果，如图2.56所示。

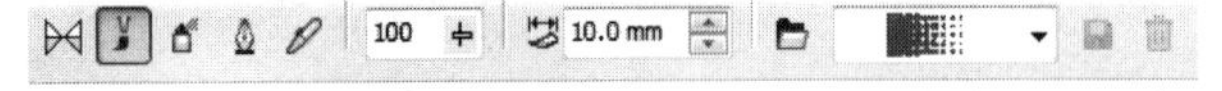

图2.55　属性栏设置

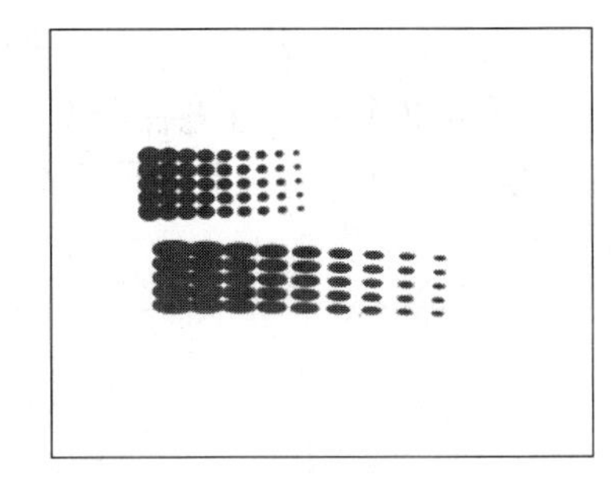

图2.56　笔刷效果

喷灌

选择喷灌笔触模式，可以给路径创建许多丰富的图案，其绘制方法和前面讲的工具一样，其属性栏如图2.57所示。

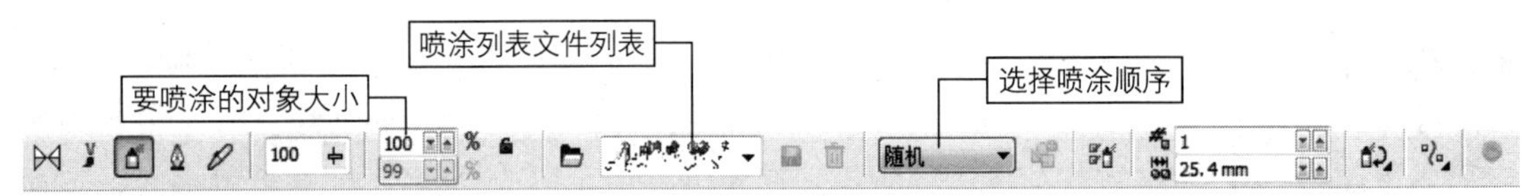

图2.57　喷灌笔触属性栏

- **要喷涂的对象大小：** 用于设置喷灌对象的缩放比例。
- **喷涂列表文件列表：** 在其下拉列表中可以选择系统提供的笔触样式。
- **选择喷涂顺序：** 在其下拉列表中提供了“随机”、“顺序”和“按方向”3个选项，选择其中一种喷涂顺序应用到对象上。
- **喷涂列表对话框：** 单击该按钮，弹出“创建播放列表”对话框，如图2.58所示，在该对话框中可以设置喷涂对象的颜色属性。
- **要喷涂的对象的小块颜料：** 在该数值框中指定数值，可以调整喷涂对象的颜色属性。
- **要喷涂的对象的小块间距：** 在该数值框中指定数值，可以调整喷涂样式中各个元素的间距。
- **旋转：** 单击该按钮，在打开的设置面板中进行相应设置，可以使喷涂对象按一定角度进行旋转，如图2.59所示。
- **偏移：** 单击该按钮，在打开的设置面板中进行相应设置，可以使喷涂对象中各个元素产生位置上的偏移，如图2.60所示。

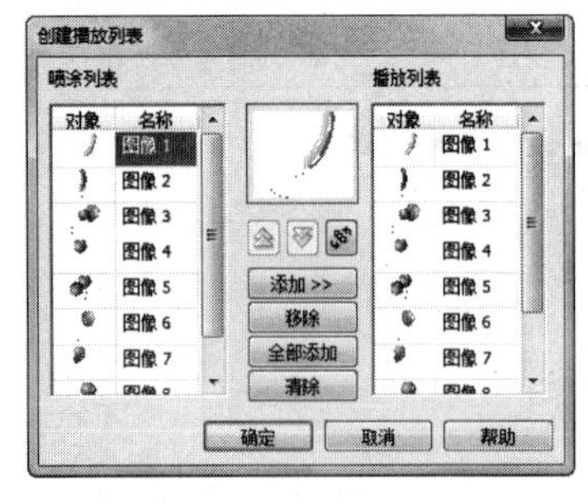

图2.58　“创建播放列表”对话框

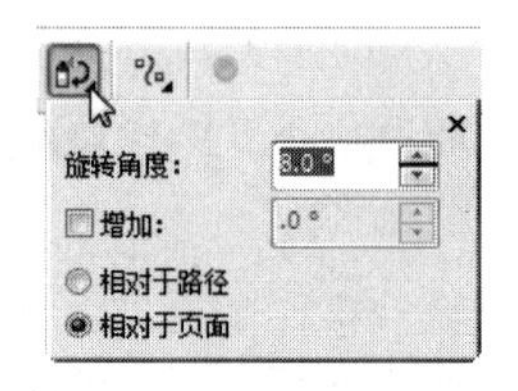

图2.59　“旋转”设置面板

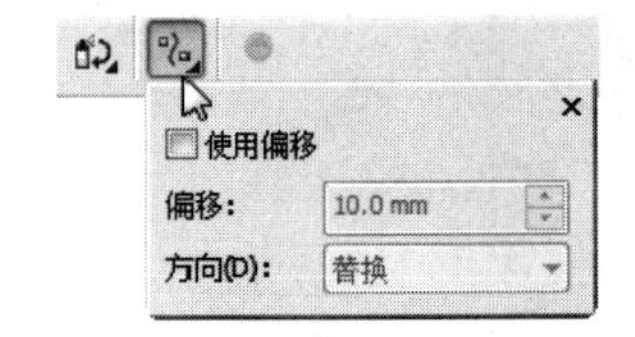

图2.60　“偏移”设置面板

书法

选择书法笔触模式，可以绘制出类似马赛克的效果，在艺术笔工具属性栏中单击“书法”按钮，其属性栏如图2.61所示。

图2.61 书法笔触属性栏

提示 在书法笔触属性栏中，通过“书法角度”参数值，可以设置图形笔触的倾斜角度。设置的“艺术笔工具宽度”是线条的最大宽度，线条的实际宽度由所绘制线条与书法角度之间的角度决定。

压力

选择压力笔触模式，可以绘制出自然的手绘效果，在这种模式下适合表现细致且变化丰富的线条，也可以对笔触进行填色。

4. 钢笔工具

使用钢笔工具可以绘制复杂的图形，对象可以是直线也可以是曲线，另外还能对绘制的图形进行修改。在工具箱中单击钢笔工具，其属性栏如图2.62所示。

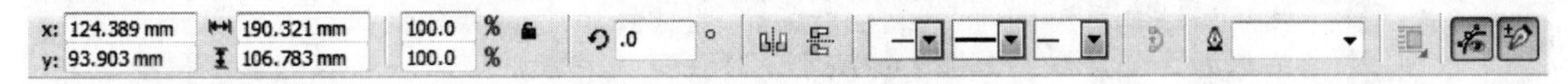

图2.62 钢笔工具属性栏

- **预览模式**：单击该按钮，在绘制曲线时，在确定下一节点之前，可以预览到曲线的当前形状。
- **自动添加/删除**：单击该按钮，在曲线上单击可自动添加或删除节点。

使用钢笔工具绘制直线非常简单，在工具箱中单击钢笔工具后，在绘图区域中某一位置单击鼠标左键，指定直线的起点，然后将鼠标移至适当位置，双击鼠标左键即可完成直线的绘制，如图2.63所示。

使用钢笔工具绘制曲线的方法与使用贝济埃工具相似。单击钢笔工具后，在绘图区域中某一位置单击鼠标左键，指定曲线的起始点，然后移动鼠标光标至另一个位置，按住鼠标左键并向另一个方向拖动鼠标，即可绘制出相应的曲线，如图2.64所示。

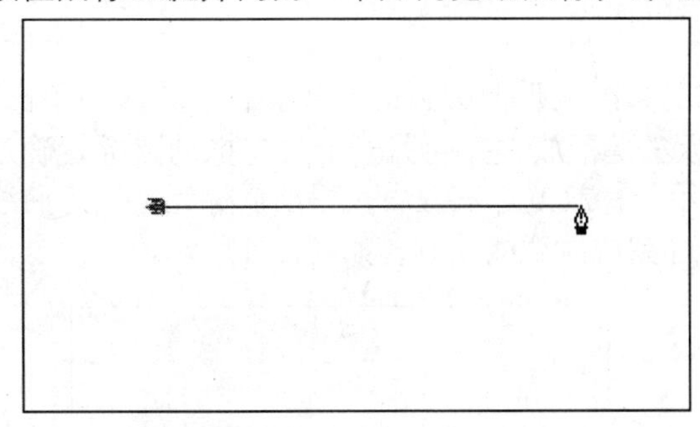

图2.63 绘制直线

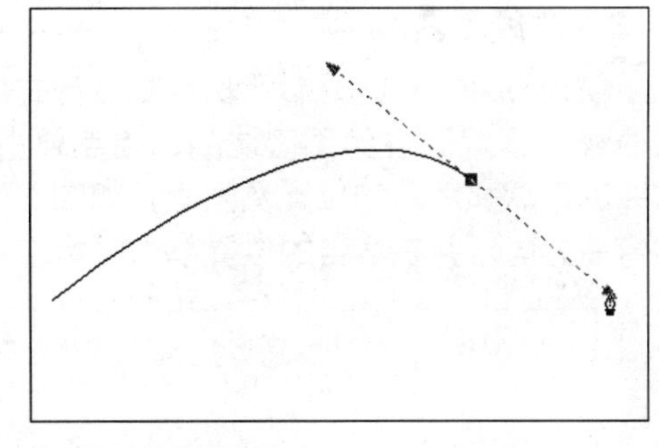

图2.64 绘制曲线

曲线绘制完成后，将钢笔工具移动到曲线上，当光标呈显示时单击鼠标左键，即可在曲线上添加节点，如图2.65所示。将钢笔移动到曲线的节点上，当光标呈显示时单击鼠标左键，即可删除曲线上的节点，如图2.66所示。

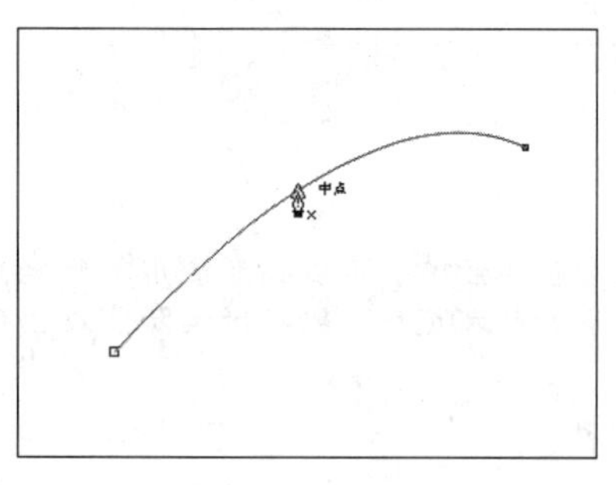

图2.65　添加节点

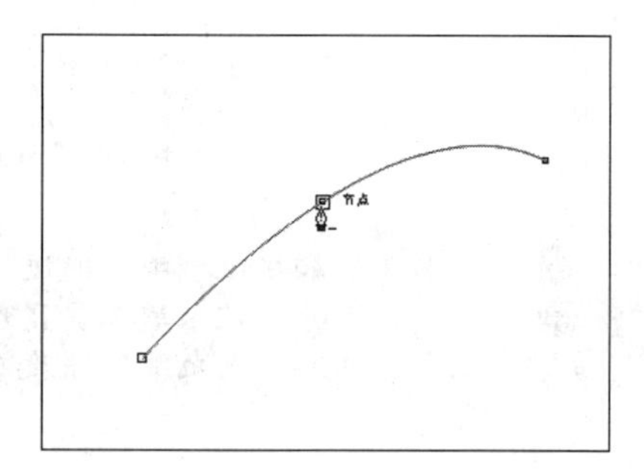

图2.66　删除节点

5. 折线工具

使用折线工具可以绘制出各种复杂的图形，包括直线、曲线、折线、多边形和任意形状的图形。折线工具最大的优点就是可以任意拖动鼠标绘制直线和曲线。在工具箱中单击折线工具，然后在绘图页面中依次单击鼠标，即可完成折线的绘制，如图2.67所示。

提示 使用折线工具绘图时，按住"Ctrl"或"Shift"键并拖动鼠标，可以绘制15°倍数方向的直线，如图2.68所示；按住鼠标左键并拖动，可以沿鼠标拖动轨迹绘制自由形状的曲线，如图2.69所示。

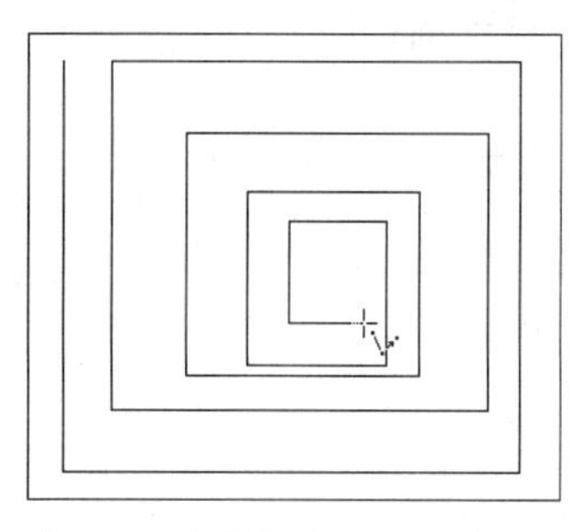

图2.67　绘制折线

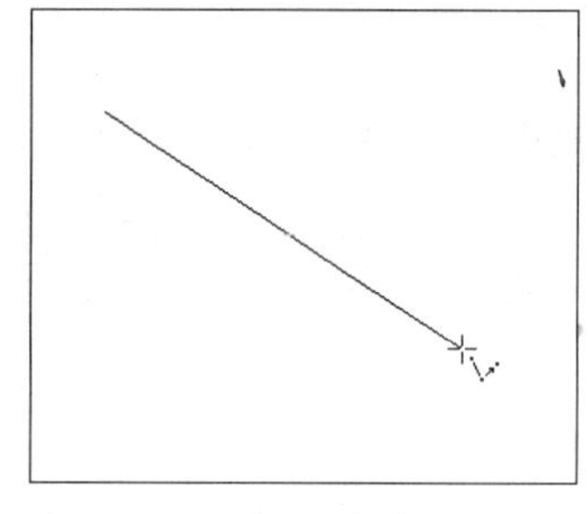

图2.68　绘制45°直线

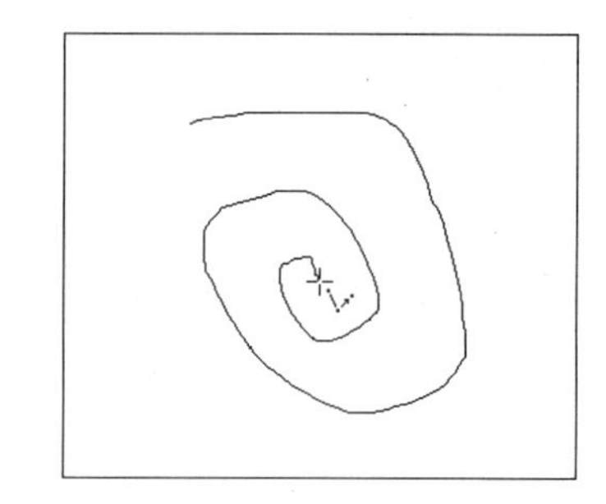

图2.69　绘制自由形状曲线

6. 3点曲线工具

使用3点曲线工具可以绘制出各式各样的弧线或近似圆弧的曲线。在工具箱中单击3点曲线工具，在绘图区域的起始点单击鼠标左键不放，并向另一个方向拖动鼠标，确定曲线的起点和终点的位置及间距，如图2.70所示。释放鼠标左键后，移动鼠标光标指定曲线的弯曲方向，并在适当的位置单击鼠标左键即可完成曲线的绘制，如图2.71所示。

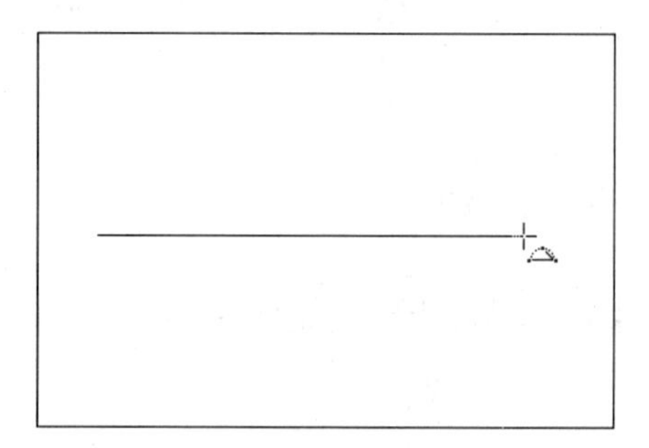

图2.70　确定曲线的起点和终点

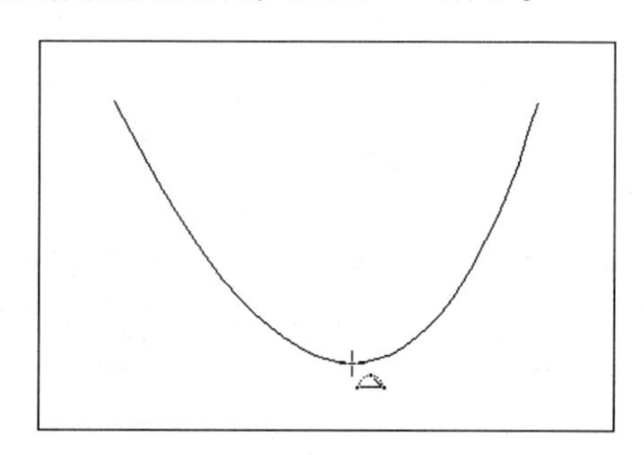

图2.71　指定曲线的弯曲方向

7. 交互式连线工具

使用交互式连线工具可以创建两个图形之间的连线，主要有直线和折线两种类型。在工具箱中单击交互式连线工具后，其属性栏设置如图2.72所示。

图2.72　交互式连线工具属性栏

- **成角连接器**：单击该按钮，图形对象将由绘制出的多条线段组成折线进行连接。
- **直线连接器**：单击该按钮，图形对象将由绘制出的直线进行连接。

在工具箱中单击交互式连接工具，在对象的中心位置单击鼠标左键，作为连线的起点，然后拖动鼠标到目标对象的中点位置，即可完成连接线的绘制，如图2.73所示。

连接线绘制完成后，移动被连接的对象，连接线会随之发生变化，说明连接线与对象之间是互为关联的，如图2.74所示。

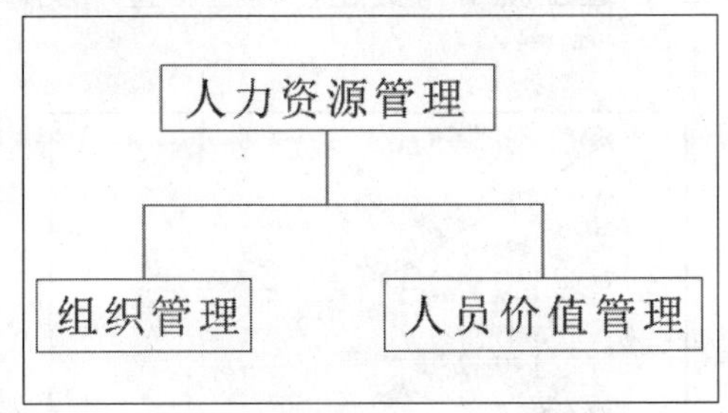

图2.73　绘制连接线

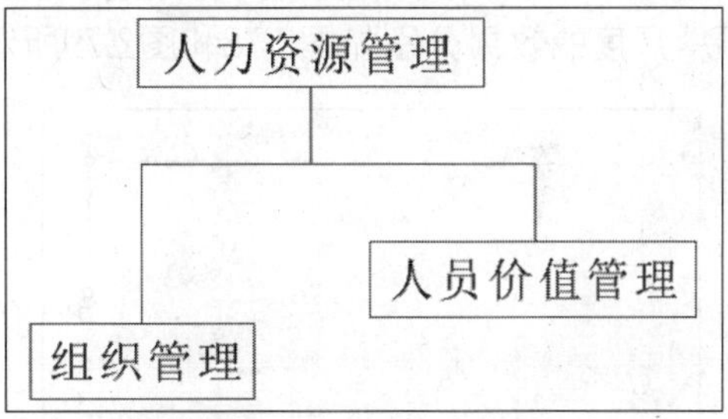

图2.74　移动连接线

提示　如果要删除绘制的连接线，只需使用挑选工具将其选中，然后按下“Delete”键即可。删除连接线中的一个图形对象时，连接线也将一起被删除。

8. 度量工具

使用度量工具可以快速测量出对象的水平、垂直以及倾斜角度等，一般常用于工程制图和建筑平面图中。在工具箱中单击度量工具，其属性栏如图2.75所示。

图2.75　度量工具属性栏

- **自动度量工具**：单击该按钮，可以创建水平或垂直标注线。
- **垂直度量工具**：单击该按钮，可以创建垂直标注线，用于标注垂直尺度。
- **水平度量工具**：单击该按钮，可以创建水平标注线，用于标注水平尺度。
- **倾斜度量工具**：单击该按钮，可以创建倾斜标注线，用于标注有角度的尺度。
- **标注工具**：单击该按钮，可以为对象添加注释。
- **角度量工具**：单击该按钮，可以为对象标注角度。

提示　按下“Tab”键可以在垂直度量工具、水平度量工具和倾斜度量工具三个工具之间相互切换。

在工具箱中单击度量工具，在需要标注的对象上单击确定标注的起点，然后移动鼠标在需要标注的地方单击确定终点，如图2.76所示。移动鼠标至适当位置并单击确定标注文本的位置，即可完成标注线的绘制，如图2.77所示。

图2.76　确定起点和终点

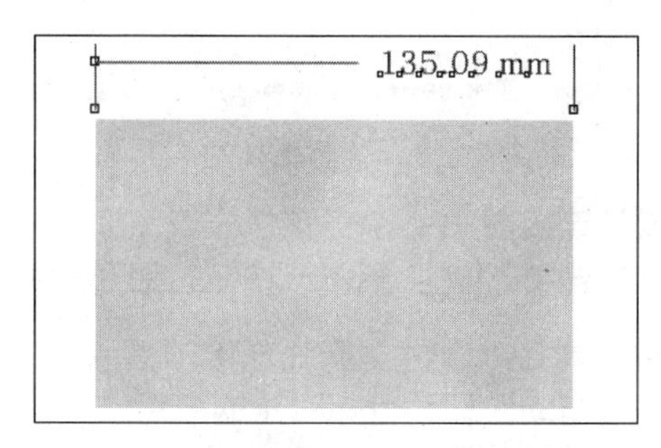

图2.77　标注水平尺度

创建水平、垂直和倾斜标注线的方法是一样的，这里就不再赘述，标注垂直尺度和标注倾斜尺度的效果分别如图2.78和图2.79所示。

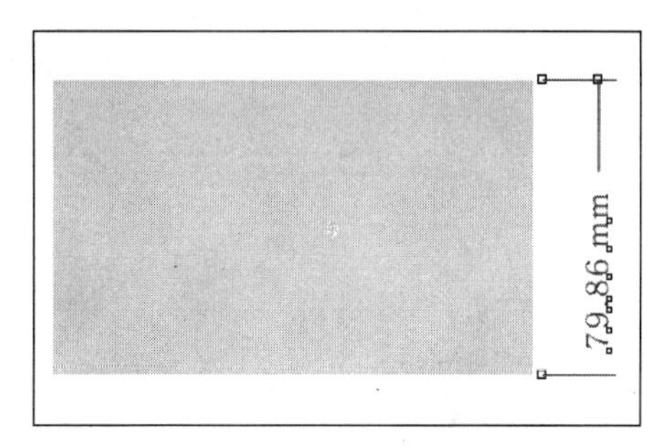

图2.78　标注垂直尺度

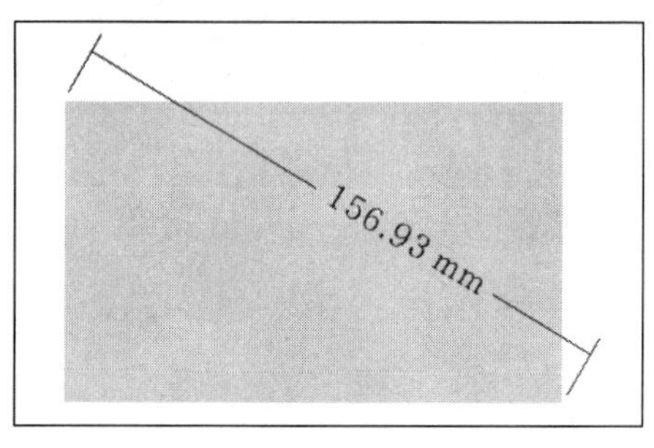

图2.79　标注倾斜尺度

在工具箱中单击度量工具，并在其属性栏中单击标注工具，移动鼠标至标注直线的起点位置，单击鼠标左键，光标变成如图2.80所示状态。将光标移动至直线终点并双击，光标变为文字输入状态，如图2.81所示，此时输入需要标注的文字即可，最终效果如图2.82所示。

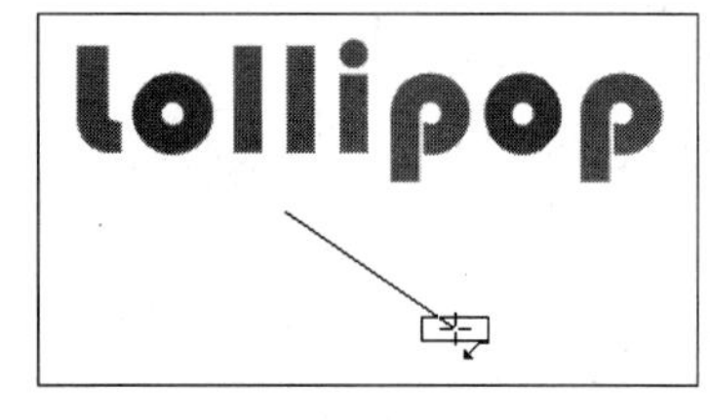

图2.80　单击后的光标状态

图2.81　文字输入状态

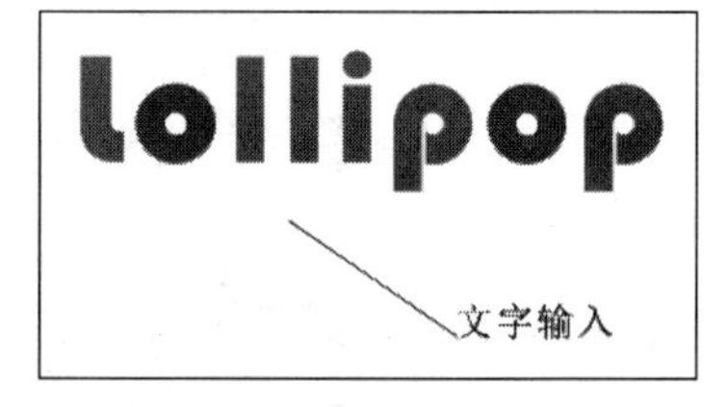

图2.82　完成的标注效果

提示 读者可以自定义注释中文字的字体、大小和颜色，同时也可以对标注线的属性进行设置，在对标注线进行设置时，需要首先按下“Ctrl+K”组合键将其拆分。

在工具箱中单击度量工具，并在其属性栏中单击“角度量工具”按钮，在需要标注角度的顶点单击鼠标左键，然后在标注角的一条边上单击，再移动鼠标至该角的另一条边上单击，如图2.83所示。移动鼠标，在适当的位置单击确定标注文本的位置，完成角度值的标注，如图2.84所示。

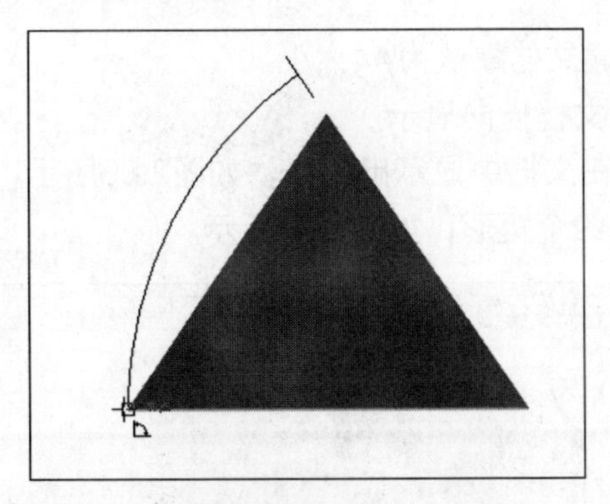

图2.83 单击标注角的边

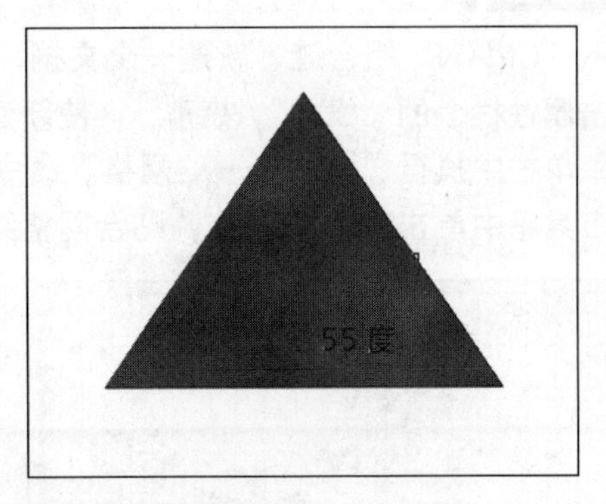

图2.84 角度值的标注

2.2 进阶——典型实例

通过前面的学习，相信读者已经对CorelDRAW X4中的绘图工具的基本概念与基本操作有了一定的了解。下面将在此基础上进行相应的实例练习。

2.2.1 图案设计

本例利用矩形工具和基本形状工具等基本绘图工具进行图案设计，让读者掌握图案设计的基本思路与技巧。

最终效果

本例制作完成后的最终效果如图2.85所示。

图2.85 最终效果

解题思路

1 利用辅助线，确定图案的大致形状。

2 使用矩形工具和椭圆形工具对图案进行设计。

3 对绘制的椭圆进行复制并旋转角度，最后放到合适的位置。

操作步骤

1 按下“Ctrl+N”组合键，新建一个文档，新建文档默认为A4大小。

2 单击属性栏上的“横向”按钮，使新建的文档横向显示。

3 在菜单栏中执行“视图”→“网格”命令，在文档中显示出网格，如图2.86所示。

4 在工具箱中单击矩形工具，贴合网格绘制四个矩形，如图2.87所示。

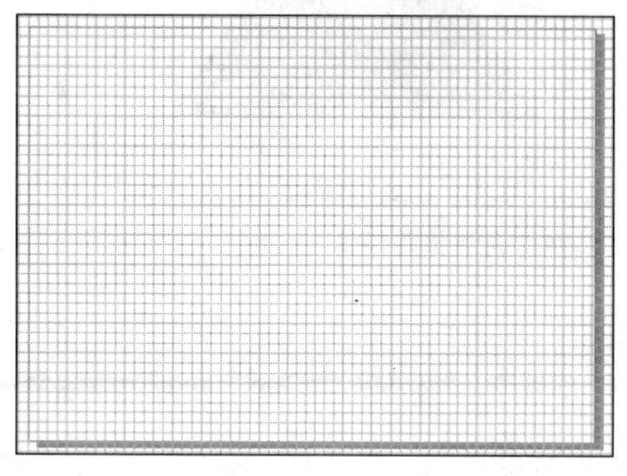

图2.86　显示网格

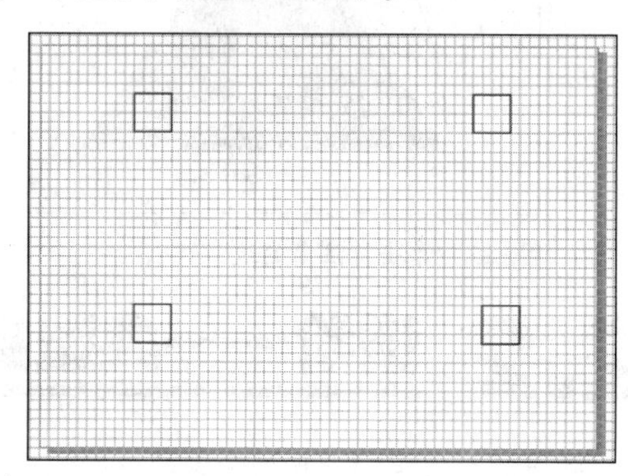

图2.87　绘制矩形

5 使用挑选工具，选中绘制的四个矩形，然后在调色板中的“粉”色块上单击鼠标左键，将矩形填充成粉色，如图2.88所示。

6 在调色板中的☒色块上单击鼠标右键，删除选中对象的外轮廓，如图2.89所示。

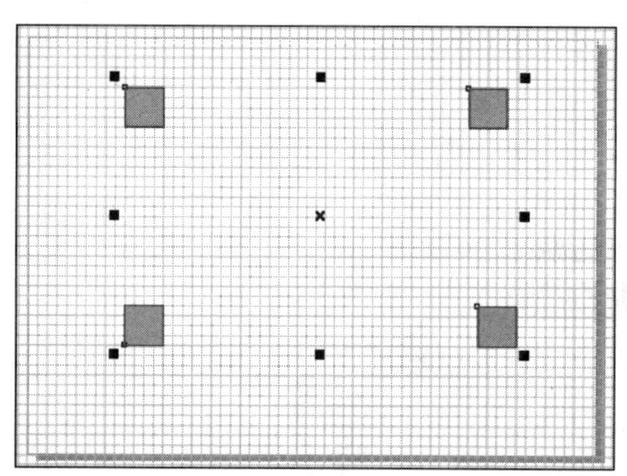

图2.88　填充矩形

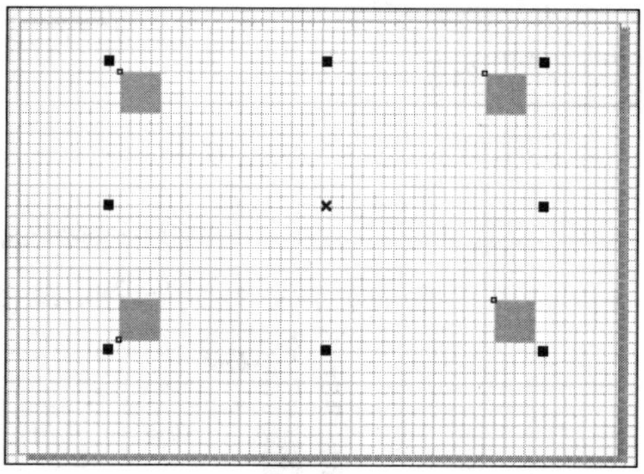

图2.89　删除外轮廓

7 在工具箱中单击矩形工具，绘制如图2.90所示的矩形。

8 使用挑选工具，选中绘制的所有矩形，然后在调色板中的“天蓝”色块上单击鼠标左键，将矩形填充成天蓝色，如图2.91所示。

9 在调色板中的☒上，单击鼠标右键，删除选中对象的外轮廓，如图2.92所示。

10 在工具箱中单击椭圆形工具，然后在绘图区域中绘制出一个椭圆形，如图2.93所示。

11 使用挑选工具，选中绘制的所有椭圆形，然后在调色板中的“黄”色块上单击鼠标左键，将椭圆形填充成黄色，如图2.94所示。

12 在调色板中的☒上，单击鼠标右键，删除选中对象的外轮廓，如图2.95所示。

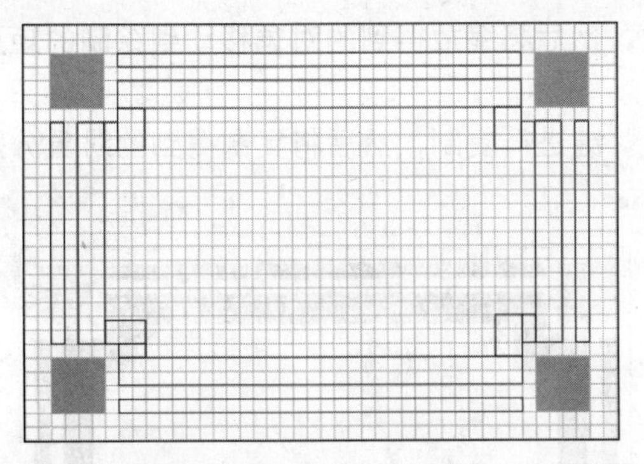
图2.90 绘制矩形

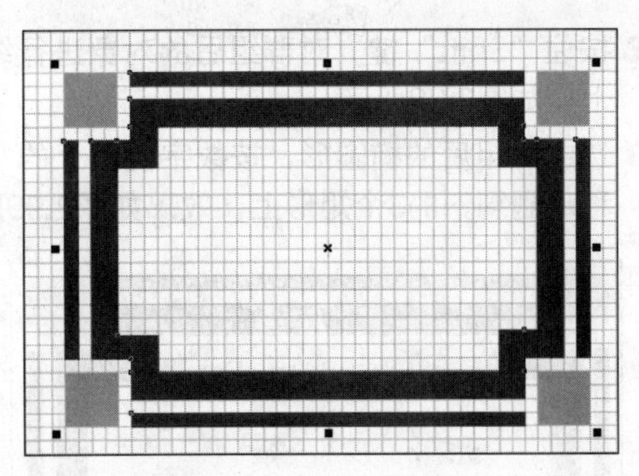
图2.91 填充矩形

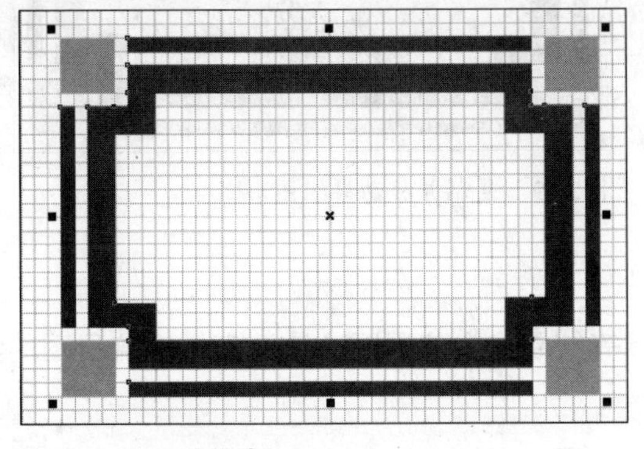
图2.92 删除外轮廓

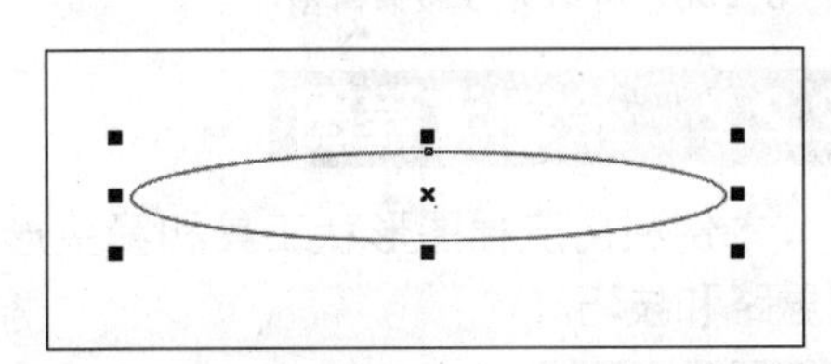
图2.93 绘制椭圆形

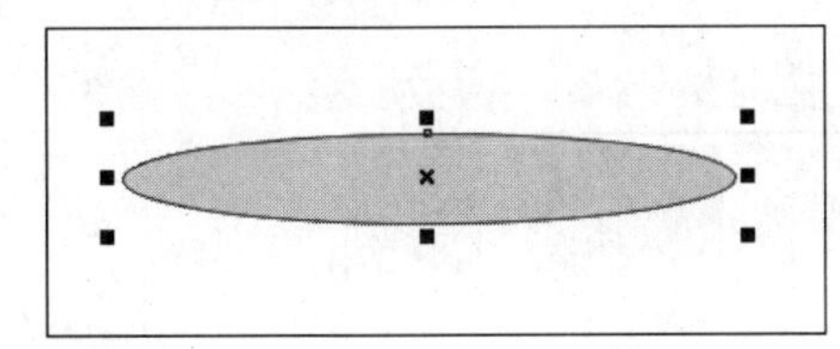
图2.94 填充椭圆形

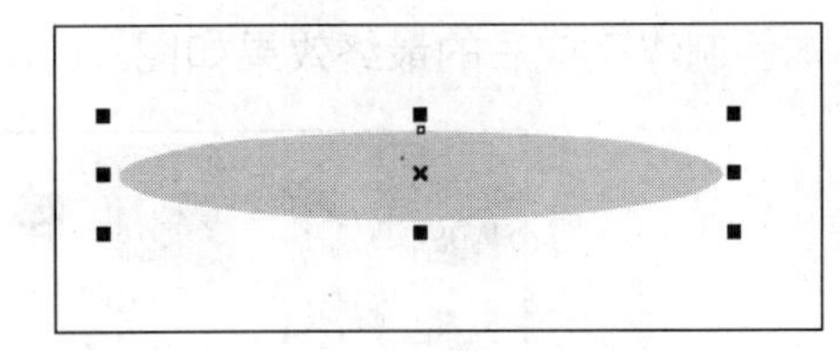
图2.95 删除外轮廓

13 选中绘制的椭圆形，按数字键盘上的“+”键复制，然后在属性栏的“旋转角度”文本框中输入“30°”，对复制的椭圆进行旋转，如图2.96所示。

14 使用同样的方法绘制椭圆形，并将复制的椭圆形分别以“60°”、“90°”、“120°”、“150°”进行旋转，效果如图2.97所示。

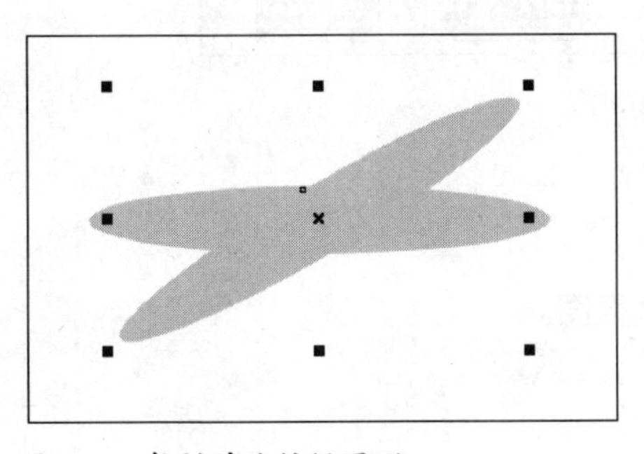
图2.96 复制并旋转椭圆形

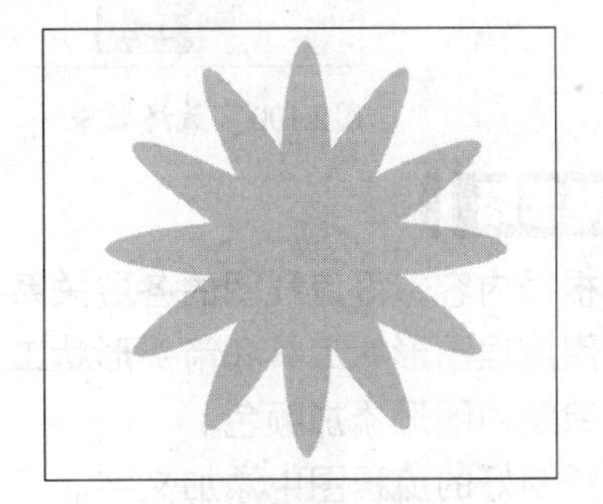
图2.97 复制并旋转后的最终效果

15 使用挑选工具，选中所有的椭圆形，然后按下“Ctrl+G”组合键，群组对象。

16 按住“Shift”键，对群组后的对象进行缩放，然后将缩放得到的对象移动到绘制的矩形上，如图2.98所示。

17 选中群组后的椭圆形，按数字键盘上的“+”键进行复制，然后将复制得到的对象分别移动到剩下的3个矩形上，效果如图2.99所示。

图2.98　群组并移动椭圆形

图2.99　复制并移动群组图形

2.2.2　绘制流程图

本例利用流程图形状工具和箭头形状工具等绘制一个流程图，让读者掌握流程图的绘制思路和技巧。

最终效果

本例制作完成后的最终效果如图2.100所示。

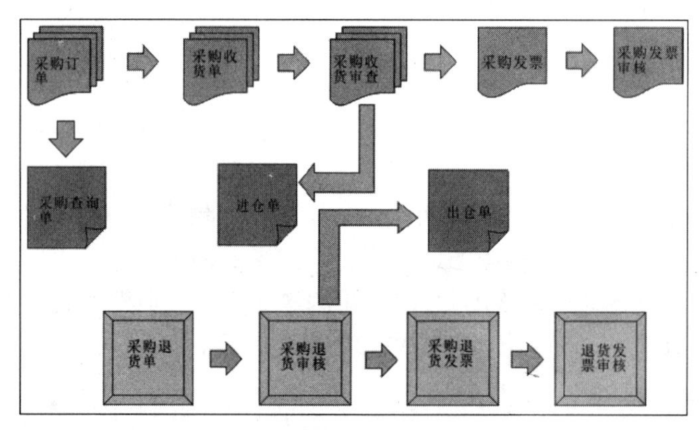

图2.100　最终效果

解题思路

1 先根据内容拟好流程图的各层关系。

2 使用流程图形状工具和箭头形状工具绘制流程图。

3 为绘制的图形添加颜色。

4 在绘制好的流程图中添加文字。

操作步骤

1 按下“Ctrl+N”组合键，新建一个文档，新建文档默认为A4大小。

2 单击属性栏上的“横向”按钮▭，使新建的文档横向显示。

3 在工具箱中按住基本形状工具不放，在打开的工具列表中单击流程图形状工具。

4 在其属性栏中单击“完美形状”按钮，在打开的基本形状自选图形面板中选择自己需要的形状，如图2.101所示。

5 在绘图区域中按住鼠标左键进行拖动，绘制完成后释放鼠标即可，如图2.102所示。

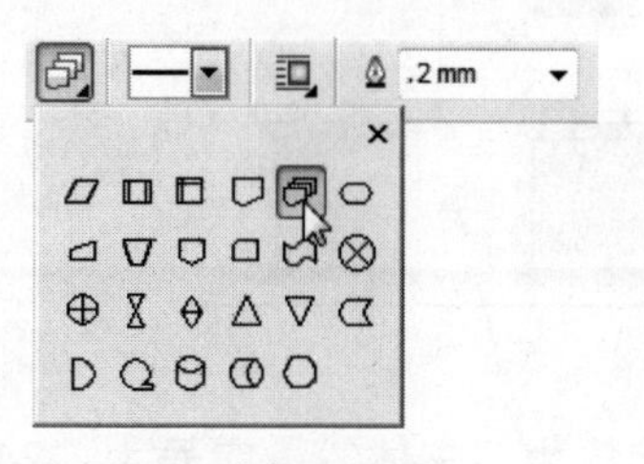

图2.101　选择形状

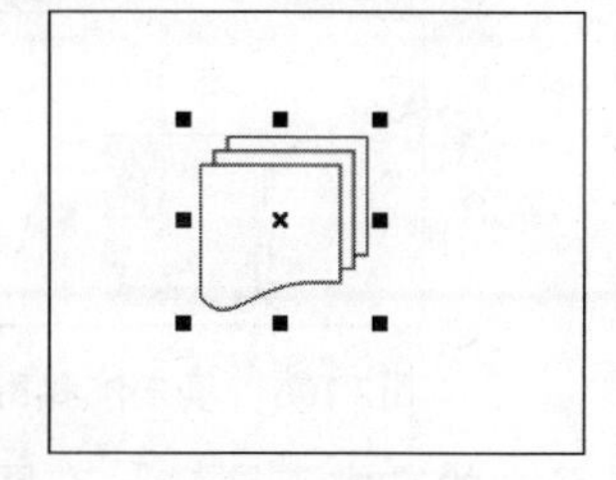
图2.102　绘制图形

6 选择绘制的图形，按数字键盘上的“+”键进行复制，并将复制得到的图形向右进行移动，效果如图2.103所示。

7 使用同样的方法，绘制好流程图中的其他图形，效果如图2.104所示。

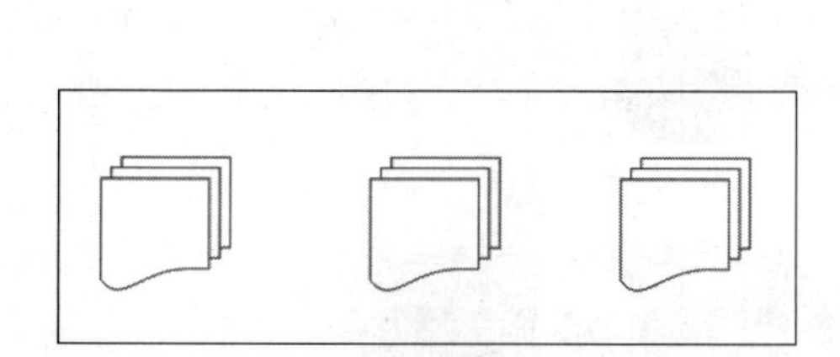
图2.103　复制并调整图形

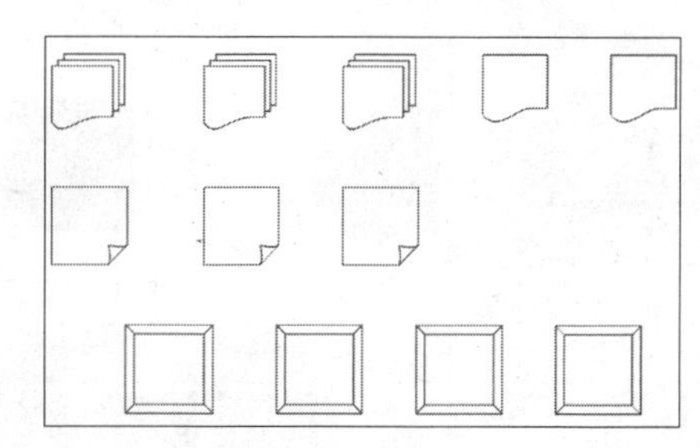
图2.104　绘制其他图形

8 在工具箱中按住基本形状工具不放，在打开的工具列表中单击箭头形状工具。

9 单击属性栏中的“完美形状”按钮，在打开的箭头形状自选图形面板中选择自己需要的图形，对绘制的流程图进行连接，效果如图2.105所示。

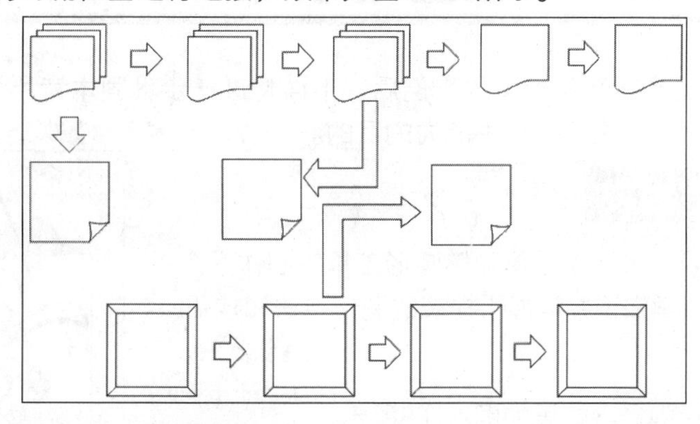
图2.105　连接流程图

10 选择绘制的图形，然后在页面右侧的调色板中选择颜色对流程图进行不同颜色的填充，效果如图2.106所示。

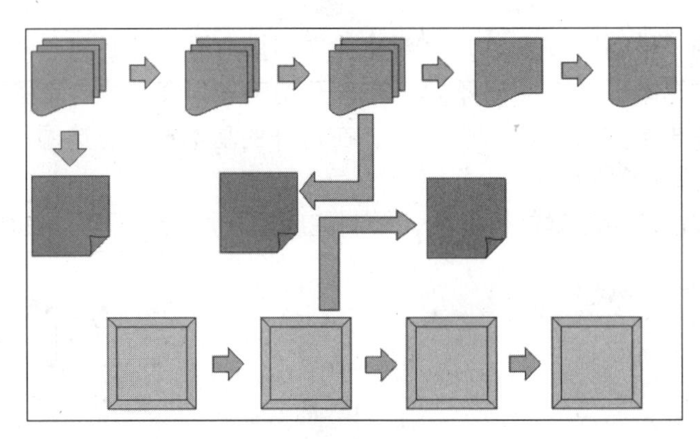

图2.106 填充流程图

11 单击工具箱中的文本工具字，在属性栏中设置字体为“宋体”、字号为“24”，然后在流程图中输入文字，效果如图2.107所示。

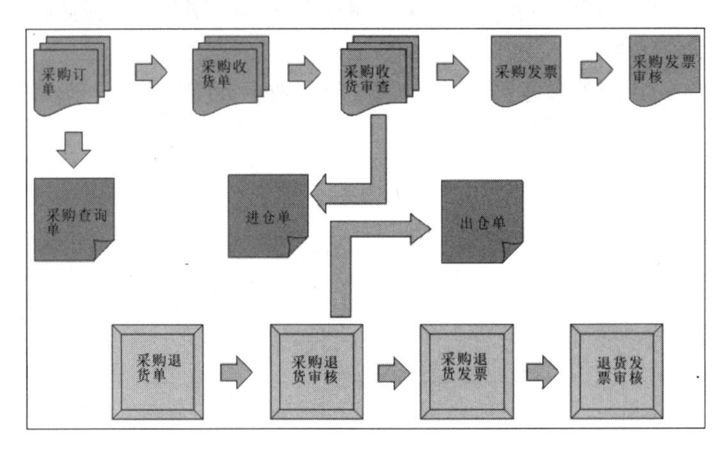

图2.107 输入文字

2.3 提高——自己动手练

利用基本绘图工具绘制了相关的实例后，下面将进一步巩固本章所学的知识并进行相关实例的演练，以达到提高读者动手能力的目的。

2.3.1 绘制手提袋

本例使用辅助线、贝济埃工具和椭圆形工具等制作一个手提袋，让读者巩固所学知识并掌握手提袋的制作方法和技巧。

最终效果

本例制作完成后的最终效果如图2.108所示。

图2.108 最终效果

解题思路

1 使用辅助线确定手提袋的大致形状。

2 使用贝济埃工具绘制手提袋的面。

3 导入图片，作为手提袋的正面。
4 为手提袋的其他面填充渐变色。
5 使用贝济埃工具、椭圆形工具制作手提袋的带子。

操作步骤

1 按下“Ctrl+N”组合键，新建一个文档。
2 在标尺上按住鼠标左键进行拖动，绘制如图2.109所示的辅助线。
3 单击工具箱中的贝济埃工具，绘制如图2.110所示的图形，作为手提袋的正面。

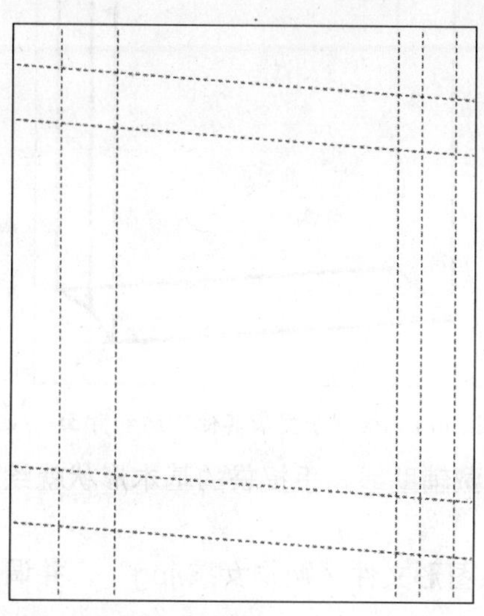
图2.109　绘制辅助线

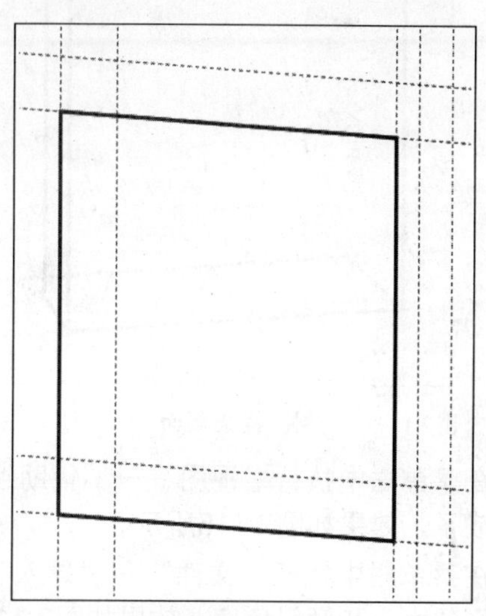
图2.110　绘制手提袋正面

4 选择绘制的图形，按数字键盘上的“+”键复制图形，然后单击工具箱中的形状工具，调整复制的图形形状，如图2.111所示。
5 选择调整后得到的图像，然后在属性栏的“轮廓样式选择器”下拉列表框中设置图形线条为虚线，效果如图2.112所示。

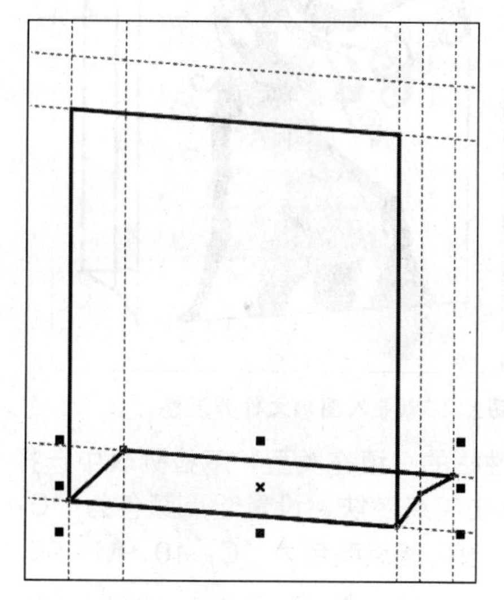
图2.111　复制并调整图像形状

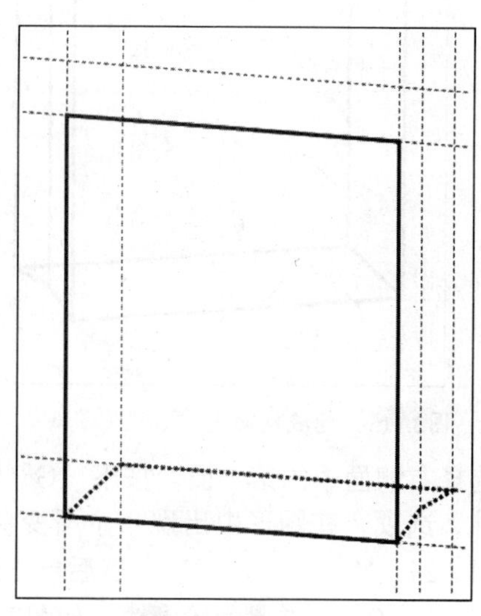
图2.112　设置轮廓样式

6 选择手提袋的正面，按数字键盘上的“+”键复制图形，然后单击工具箱中的形状工具，调整复制的图形，如图2.113所示。

7 重复执行上述步骤，绘制手提袋的其他侧面以及背面，最终效果如图2.114所示。

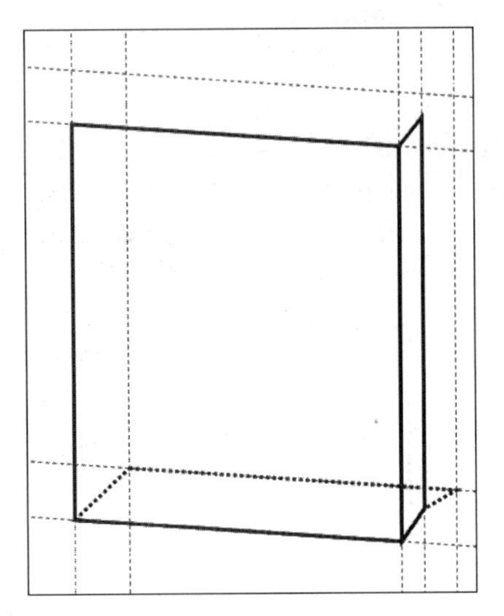
图2.113　绘制手提袋侧面

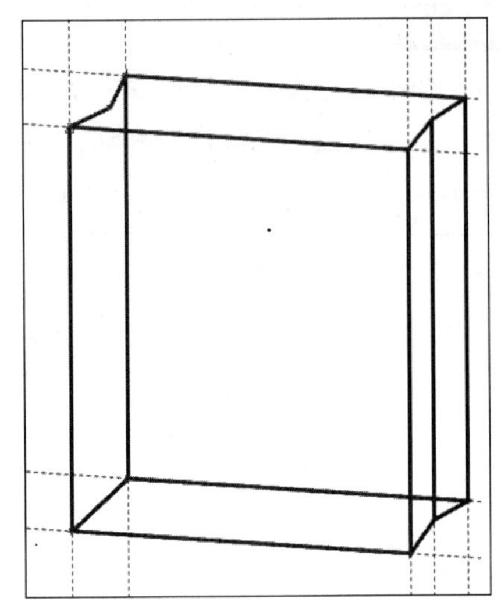
图2.114　绘制手提袋其他侧面和背面

8 在菜单栏中执行“视图”→“辅助线”命令，隐藏辅助线，手提袋的基本形状就绘制完成了，效果如图2.115所示。

9 在菜单栏中执行“文件”→“导入”命令，导入图形文件“购物女孩.jpg”，并调整图形的大小和倾斜角度，效果如图2.116所示。

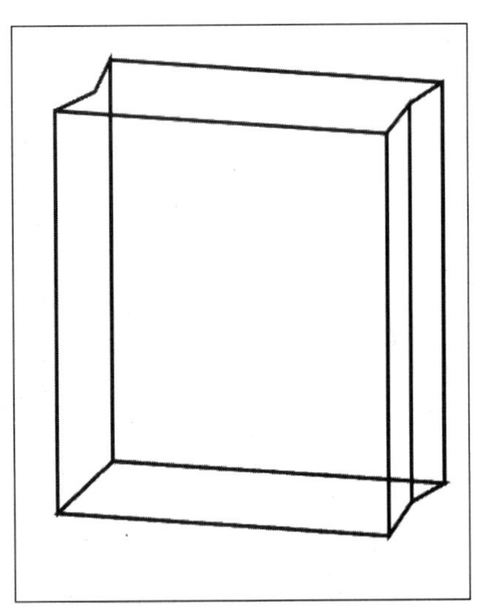
图2.115　隐藏辅助线

图2.116　导入图形文件并调整

10 选择右侧面中的第一面，按下“G”键，在属性栏的“填充类型”下拉列表中选择“线性”选项，在图形中出现一个渐变色彩轴，单击起点色块，设置起点颜色为“C：2，M：21，Y：12，K：0”，然后单击终点色块，设置终点颜色为“C：10，M：95，Y：12，K：0”，并删除轮廓线，如图2.117所示。

11 使用同样的方法，填充另一个侧面，设置起点颜色为“C：22，M：94，Y：19，K：0”，设置终点颜色为“C：0，M：50，Y：0，K：0”，如图2.118所示。

图2.117 填充右侧面

图2.118 填充另一侧面

12 选择手提袋的背面，然后在调色板的“粉”色块上单击鼠标左键，并删除轮廓线，效果如图2.119所示。

13 使用同样的方法，填充左侧面，设置颜色为“C：17，M：95，Y：24，K：0”，并删除轮廓线，如图2.120所示。

图2.119 填充背面

图2.120 填充左侧面

14 单击工具箱中的贝济埃工具，绘制如图2.121所示的曲线。

15 按下“F12”快捷键，弹出“轮廓笔”对话框，设置“宽度”为“2.5mm”，然后单击“确定”按钮，如图2.122所示。

图2.121 绘制手提袋带子

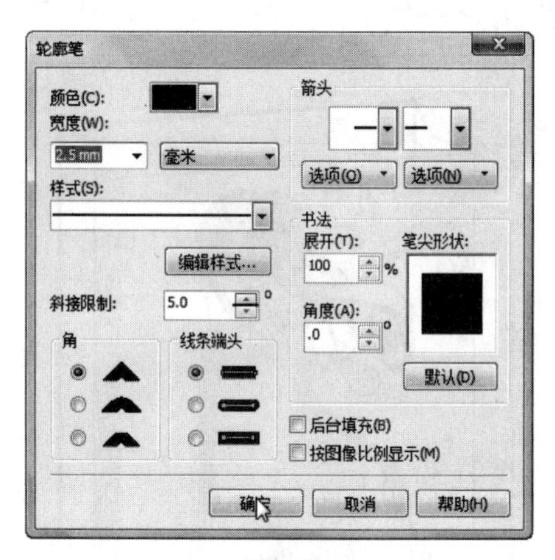

图2.122 设置轮廓线宽度

16 选择绘制的带子，按数字键盘上的“+”键进行复制，然后按下“Shift+PageDown”组合键，将带子移动到最下面一层，并将其移动到如图2.123所示的位置。

17 单击工具箱中的椭圆形工具，绘制两个椭圆形，并将其填充为粉色，删除轮廓线，手提袋最终效果如图2.124所示。

图2.123 复制带子

图2.124 手提袋最终效果

2.3.2 绘制可爱的图标

本例使用基本形状工具和贝济埃工具等绘制一个可爱的心形图标，让读者巩固所学知识并掌握图标的制作方法和技巧。

最终效果

本例制作完成后的最终效果如图2.125所示。

解题思路

1. 使用基本形状工具绘制心形。
2. 对绘制的心形进行填充并进行缩放。
3. 使用贝济埃工具绘制其余不规则图形，并对其进行填充。

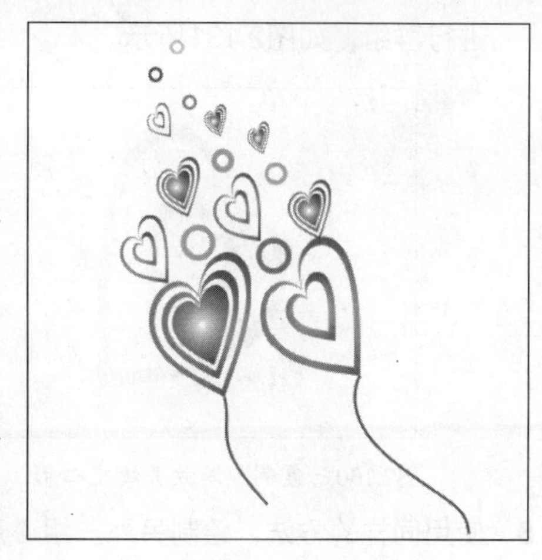

图2.125　最终效果

操作步骤

1. 按下"Ctrl+N"组合键，新建一个文档。
2. 单击工具箱中的基本形状工具，然后在其属性栏中单击"完美形状"按钮，在打开的基本形状自选图形面板中选择心形，并按住鼠标左键在桌面上进行绘制，如图2.126所示。
3. 双击绘制的心形，对其进行旋转，效果如图2.127所示。

图2.126　绘制心形

图2.127　旋转心形

4. 选择心形，按下"G"键，在属性栏的"填充类型"下拉列表中选择"射线"选项，在图形中出现一个渐变色彩轴，单击起点色块，设置起点颜色为"C：5，M：90，Y：0，K：0"，然后单击终点色块，设置终点颜色为"C：0，M：0，Y：0，K：0"，并删除轮廓线，如图2.128所示。
5. 选择绘制的心形，按数字键盘上的"+"键进行复制，然后按住"Shift"键，对复制得到的心形进行缩放，并将其填充成白色，如图2.129所示。

图2.128　填充心形

图2.129　复制并缩放心形

6. 使用同样的方法，对心形进行复制、缩放并填充，最终效果如图2.130所示。
7. 按下"Ctrl+A"组合键，选中所有的心形，然后按下"Ctrl+G"组合键，对选中的心形进行群组，如图2.131所示。

图2.130 复制、缩放并填充心形

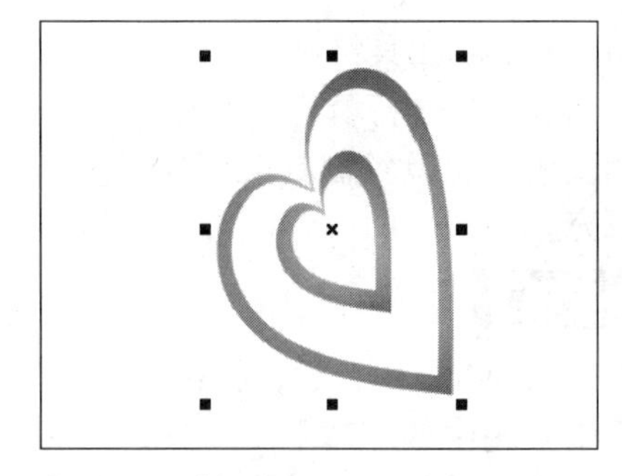

图2.131 群组心形

8 使用同样的方法，绘制另外一组心形，效果如图2.132所示。

9 单击工具箱中的贝济埃工具，绘制如图2.133所示的线条，并为其填充颜色。

图2.132 绘制另一组心形

图2.133 绘制线条

10 按下“F12”快捷键，弹出“轮廓笔”对话框，设置“宽度”为“1.0mm”，然后单击“确定”按钮，如图2.134所示。

11 使用同样方法为剩下的星形绘制线条，效果如图2.135所示。

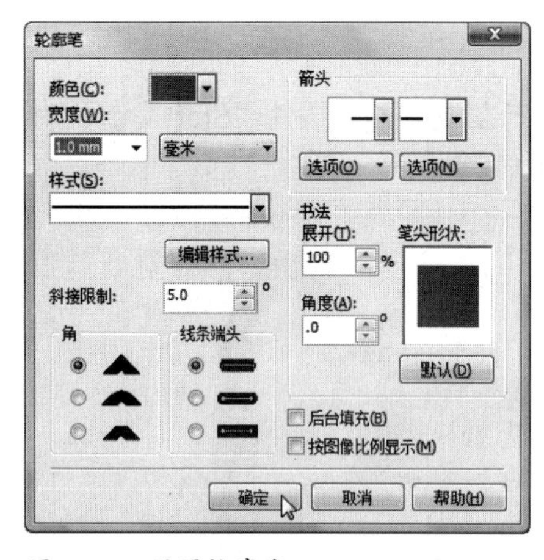

图2.134 设置轮廓线

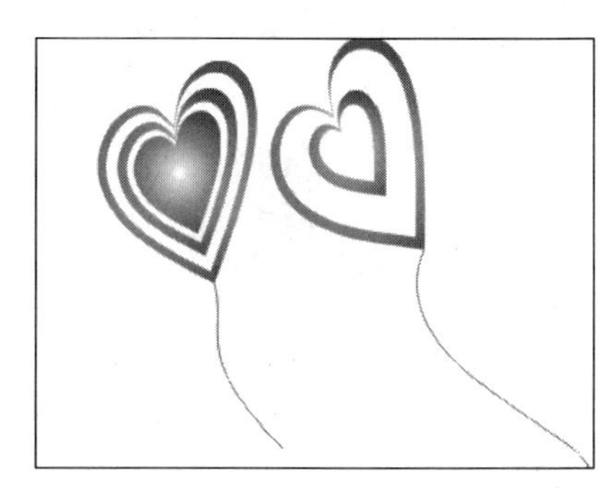

图2.135 绘制线条

12 选择群组后的心形，按数字键盘上的“+”键进行复制，复制多个图形后，改变它们的大小，然后放置在如图2.136所示的位置。

13 单击工具箱中的椭圆形工具，在图形中绘制正圆，并对圆形的轮廓线进行填充，完成图标的绘制，最终效果如图2.137所示。

图2.136　复制、缩放并放置图形

图2.137　绘制正圆并填充

结束语

本章介绍了在CorelDRAW X4中绘制图形的方法，掌握了本章的内容，就可以在CorelDRAW X4中绘制各种图形了。本章的难点是对象造型，不过只要读者经常练习，就能熟练地掌握它，达到游刃有余的地步。本章涉及的图形填充知识将在下一章进行详细的讲解，这里读者只需按照步骤操作即可。

Chapter 3

第3章 颜色管理和填充

本章要点

入门——基本概念与基本操作

- 颜色模式
- 颜色填充
- 渐变填充
- 图样填充
- 底纹模式
- PostScript填充
- 交互式填充
- 网状填充

进阶——典型实例

- 绘制立体按钮
- 绘制蝴蝶

提高——自己动手练

- 绘制保龄球瓶
- 制作春联

本章导读

在CorelDRAW X4中绘图填充颜色是很重要的一步，CorelDRAW X4提供了丰富的颜色填充效果，主要包括颜色填充、渐变填充、图样填充、底纹填充和交互式填充等。通过本章的学习，读者可以熟练地运用颜色对绘制的图形进行填充，使其更丰富、生动。

3.1 入门——基本概念与基本操作

在CorelDRAW X4中，提供了标准填充、渐变填充、图案填充和纹理填充等多种填充方式，下面我们就来进行详细的讲解。

3.1.1 颜色模式

在CorelDRAW X4中常用的颜色模式有CMYK，RGB，Lab，HSB和灰度模式等，下面将重点讲解几种常用的颜色模式。

1. CMYK模式

CMYK模式是常用的印刷模式，其中C，M，Y，K分别代表青、品红、黄和黑，在印刷中通常都要进行四色分色后再进行印刷。

2. RGB模式

RGB模式俗称三基色，属于自然色彩模式，RGB代表的是光源的三原色——红、绿和蓝。该模式以红、绿和蓝三种基本色为基础，进行不同程度的叠加，从而产生丰富的颜色，因此也被称为加色模式。

3. Lab模式

Lab模式是一种国家色彩标准模式，该模式将图像的亮度和色彩分开，由3个通道组成，其中L通道代表透明度，范围为0~100；a通道代表色相，色调由绿变红，取值范围为-128~127；b通道代表饱和度，色调由黄变蓝，取值范围为-128~127。

4. HSB模式

HSB模式是基于人眼对色彩的观察来定义的，由色相、饱和度和亮度表现颜色。其中H表示色相（Hue），S表示饱和度（Saturation），B表示亮度（Brightness）。

5. 灰度模式

灰度模式是用0~25的灰度值来表示图形中像素颜色的一种色彩模式，也是一种能让彩色模式转换为位图和双色调的过渡模式。彩色模式转换为灰度模式后，文件中的所有色彩信息将消失并不能被还原。

3.1.2 颜色填充

在CorelDRAW X4中颜色填充分为两个部分，即对象内部填充和轮廓线填充。在前面的内容中已经简单介绍了颜色填充的方法，下面将进行详细的介绍。

1. 对象的标准填充

标准填充是CorelDRAW X4最基本的填充方式，用户可以使用调色板和“均匀填充”对话框对封闭的图形文件进行填充。

通过调色板设置标准填充

CorelDRAW X4中预置了调色板，可以通过在菜单栏中执行“窗口”→“调色板”命令来进行调用。在绘图窗口中选中要填充的图形，然后在调色板中选定的色块上单击鼠标左键，即可使用单击的颜色填充对象，如图3.1所示。

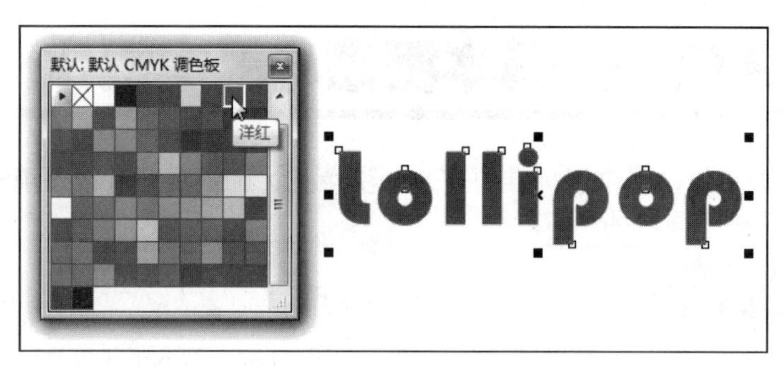

图3.1 使用调色板填充颜色

还可以在选中对象后，使用鼠标左键将调色板中的色块直接拖曳到图形对象上，鼠标光标呈如图3.2所示状态后释放鼠标左键，即可将颜色应用到对象上，如图3.3所示。

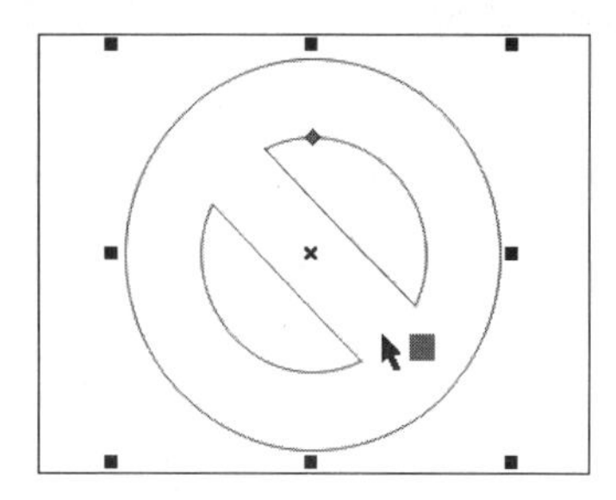

图3.2 拖曳鼠标填充图形

图3.3 对图形内部进行填充

提示 使用鼠标左键单击调色板中的☒按钮，即可去除对象的内部填充；使用鼠标右键单击调色板中的☒按钮，即可去除对象的外部轮廓。

自定义标准填充

在很多情况下，用户需要自行对标准填充所使用的颜色进行设置，这时就可以通过“均匀填充”对话框来实现，具体步骤如下。

1 选中需要填充的对象，然后单击工具箱中的填充工具，在打开的工具列表中单击均匀填充工具，弹出“均匀填充”对话框，如图3.4所示。

2 在对话框的颜色窗口中选择需要的颜色，或通过右侧的文本框输入颜色值设置颜色，然后单击“确定”按钮，即可应用所选的颜色对图形进行填充，如图3.5所示。

图3.4 “均匀填充”对话框

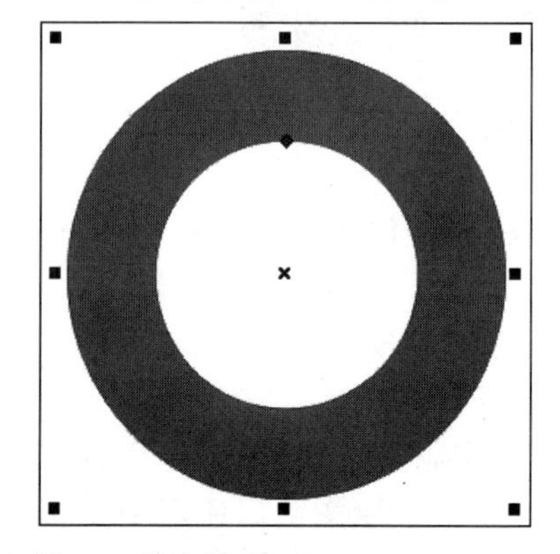

图3.5 填充图形

在“均匀填充”对话框中单击“混和器”选项卡，即可弹出如图3.6所示的“混和器”属性设置面板。

- **模型：**用于选择填充颜色的色彩模式。
- **色度：**用于决定显示颜色的范围以及颜色之间的关系，单击其右侧的下拉按钮，即可在打开的下拉列表框中选择不同的方式，如图3.7所示。

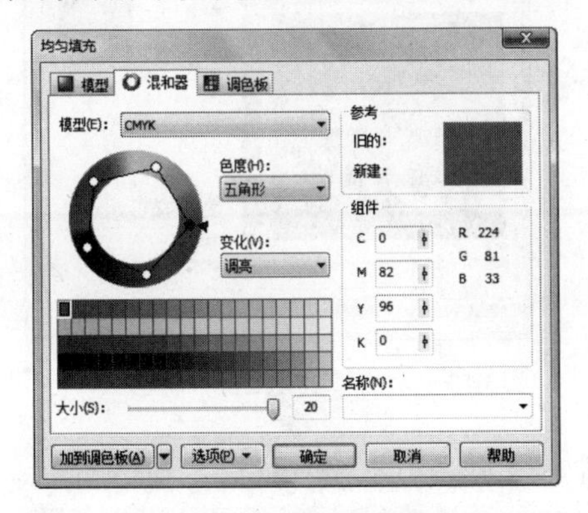

图3.6 “混合器”属性设置面板

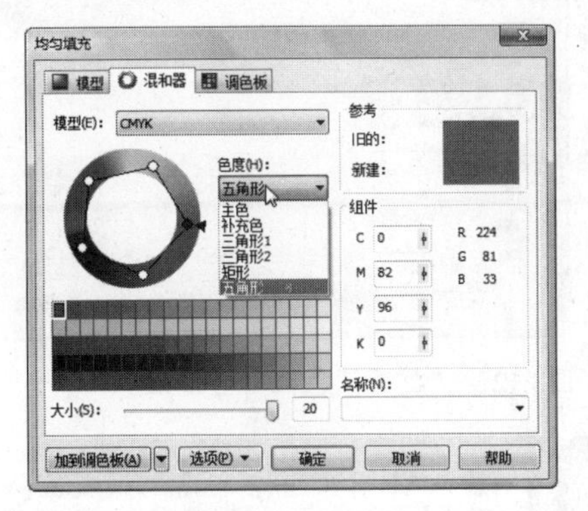

图3.7 “色度”下拉列表框

- **变化：**在其下拉列表框中选择不同的选项，用于决定颜色表的显示色调，如图3.8所示。
- **大小：**用于设置颜色所显示的列数，如图3.9所示为设置“大小”后的颜色表显示。

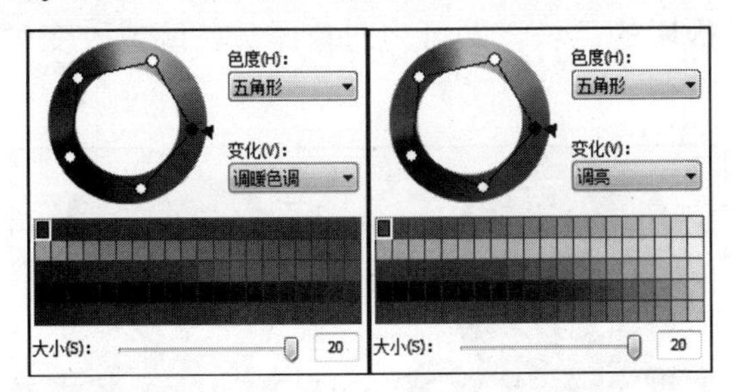

图3.8 设置“变化”后颜色的显示色调

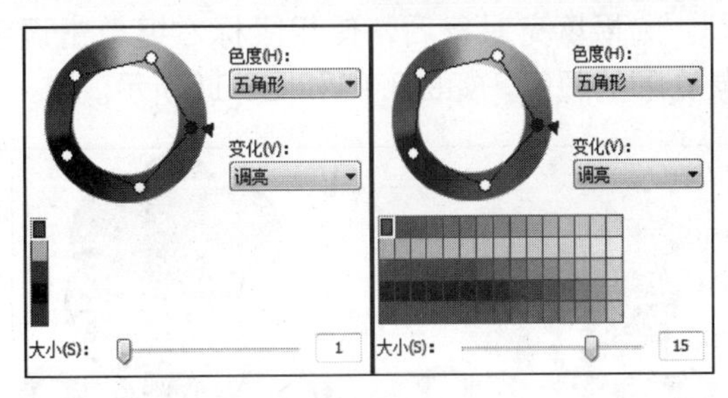

图3.9 设置“大小”后的效果

在“均匀填充”对话框中单击“调色板”选项卡，即可弹出如图3.10所示的“调色板”属性设置面板。

- **调色板：**单击其右侧的下拉按钮，即可在弹出的下拉列表框中选择系统提供的固定调色板类型。拖动右侧的滑动块，可以显示更多的调色板类型，如图3.11所示。

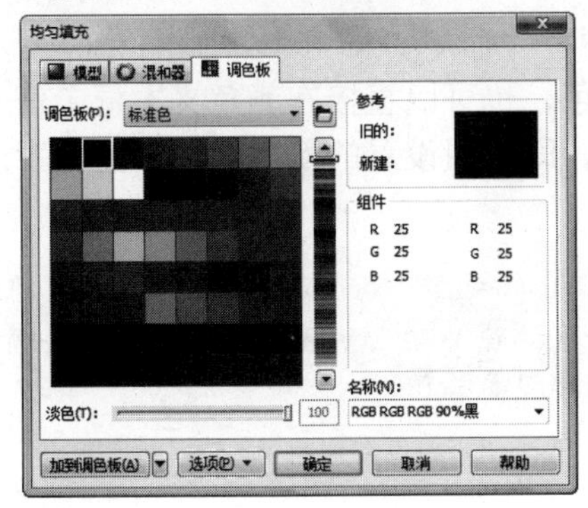

图3.10 “调色板”属性设置面板

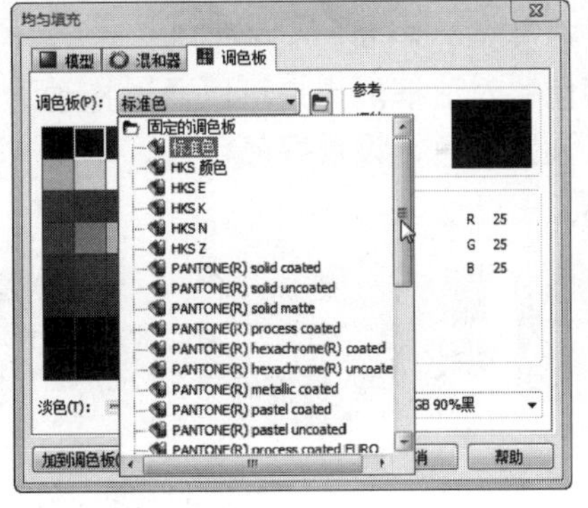

图3.11 “调色板”下拉列表框

- **打开调色板**：单击该按钮，弹出如图3.12所示的“打开调色板”对话框，在文件显示框中选择相应的调色板类型后，单击“打开”按钮即可打开选择的调色板类型，如图3.13所示。

图3.12 “打开调色板”对话框

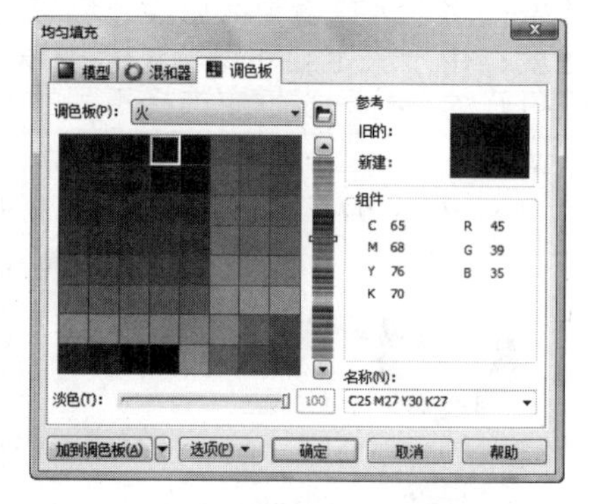

图3.13 打开“rFire.cpl”调色板

提示 在“调色板”属性设置面板中拖动纵向颜色条中的矩形滑动块，可以从中选择一个需要的颜色区域，在左边的矩形颜色窗口中将会对该区域中的颜色进行放大显示。

2. 对象轮廓的标准填充

选择填充对象后，使用鼠标右键单击调色板中的色块，即可为对象添加轮廓或改变对象轮廓的颜色，如图3.14和图3.15所示。

图3.14 添加轮廓线

图3.15 改变轮廓线颜色

选中需要设置轮廓填充的对象，单击工具箱中的轮廓工具，在打开的工具列表中单击轮廓颜色工具，即可弹出如图3.16的“轮廓颜色”对话框。在该对话框中设置对象的轮廓色，然后单击“确定”按钮即可。

在菜单栏中执行“窗口”→“泊坞窗”→“颜色”命令，即可弹出如图3.17所示的“颜色”对话框。用户可以通过拖动滑块来设置颜色，也可以直接在颜色文本框中输入数值来设置颜色，设置好颜色后，单击“轮廓”按钮，即可用设置的颜色对图形的轮廓进行填充。

提示 在“颜色”对话框中，可以同时设置对象的轮廓颜色和填充颜色，设置好颜色后，单击“填充”按钮即可将颜色填充到对象的内部。

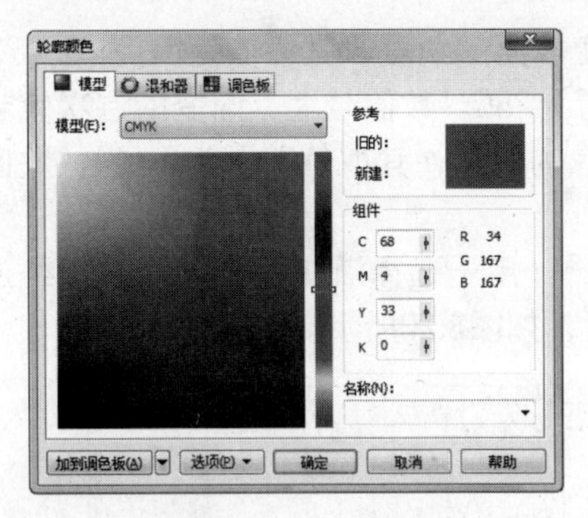

图3.16 “轮廓颜色”对话框

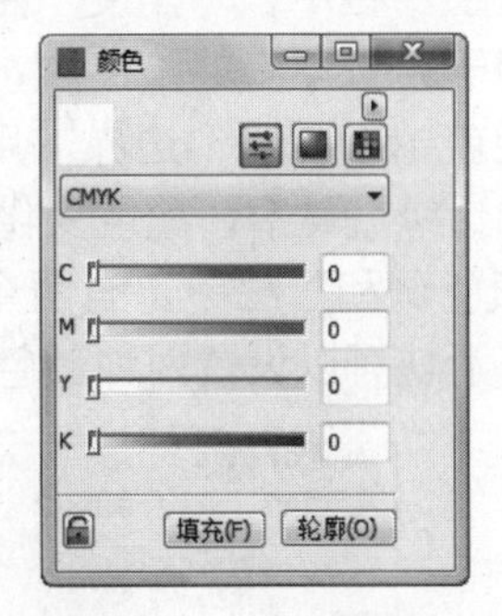

图3.17 “颜色”对话框

3.1.3 渐变填充

渐变填充为图形对象增加两种或两种以上颜色的平滑渐变色彩效果。CorelDRAW X4为用户提供了线性、射线、圆锥和方角4种渐变填充方式。颜色的调和方式主要提供了双色和自定义两种。其中双色调和用于简单的渐变填充，自定义调和用于多种渐变色的填充，需要在渐变轴上自定义颜色的控制点和颜色参数。

单击工具箱中的填充工具，在打开的工具列表中单击渐变填充工具，弹出“渐变填充”对话框，如图3.18所示。

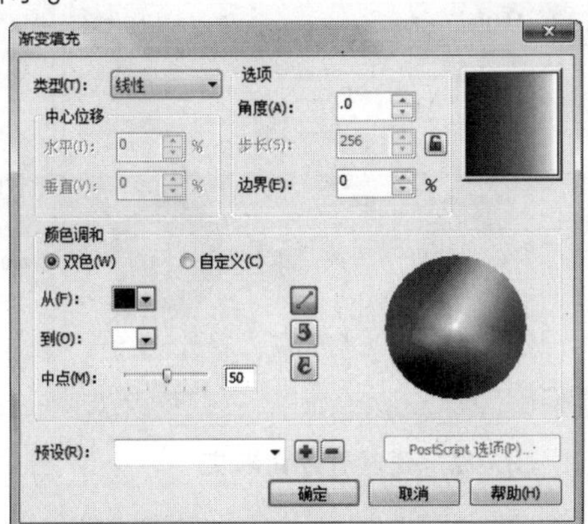

图3.18 “渐变填充”对话框

双色渐变填充

CorelDRAW X4为用户提供了线性、射线、圆锥和方角4种渐变填充方式，在“渐变填充”对话框中单击“类型”下拉按钮，然后在打开的下拉列表框中选择自己需要的渐变填充方式即可，如图3.19所示分别为双色填充的4种渐变效果。

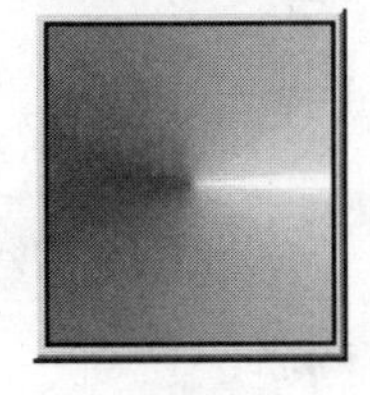

线性填充　　射线填充　　圆锥填充　　方角填充

图3.19 双色渐变填充效果

在“选项”栏中，“角度”用于设置渐变填充的角度，其取值范围为-360°～360°。“步长”用于设置渐变的阶层数，其默认设置为256，数值越大，渐变的层次就越多，对渐变色的表现就越细腻。“边界”用于设置边缘的宽度，其取值范围为0~49，数值越大，相邻颜色间的边缘就越窄，颜色变化就越明显。

在“颜色调和”栏中，有两个颜色挑选器，用于选择渐变填充的开始和终止颜色，拖动“中点”滑块可以设置两种颜色的中点位置，如图3.20所示。

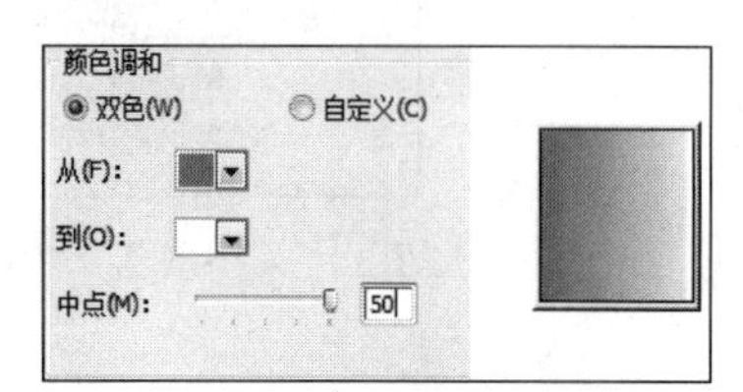

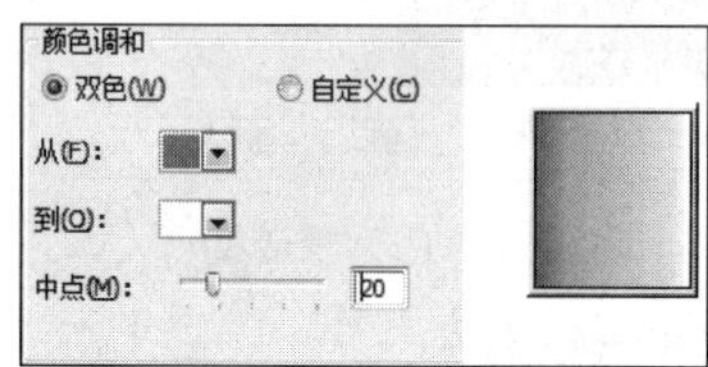

图3.20　不同中点的渐变效果

在“颜色调和”栏右侧为用户提供了选择颜色线性变化方向的三个按钮，单击相应的按钮，渐变的取色将由线条经过的路径进行设置。

- ：单击该按钮，在双色渐变中，颜色在色轮上以直线方向渐变，如图3.21所示。
- ：单击该按钮，在双色渐变中，颜色在色轮上以逆时针方向渐变，如图3.22所示。
- ：单击该按钮，在双色渐变中，颜色在色轮上以顺时针方向渐变，如图3.23所示。

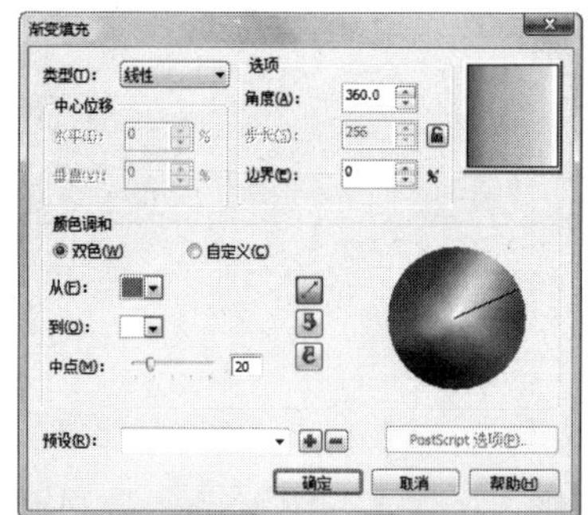

图3.21　直线方向渐变

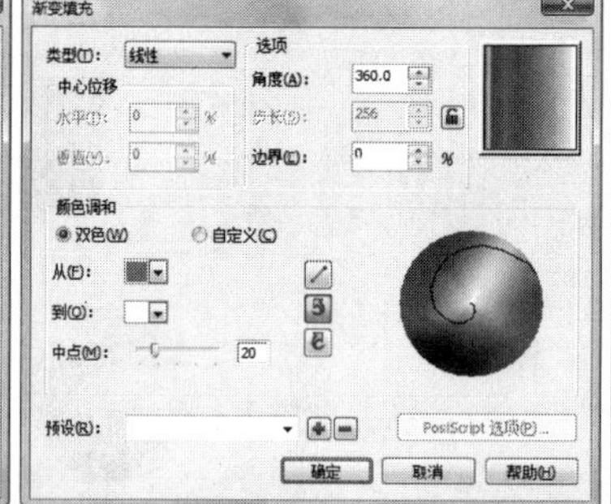

图3.22　逆时针方向渐变

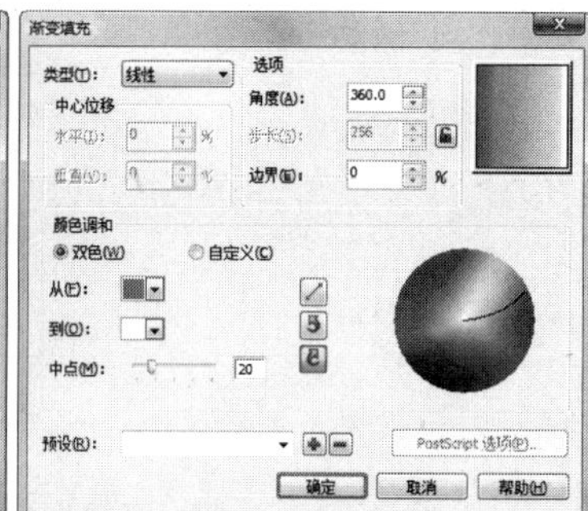

图3.23　顺时针方向渐变

自定义渐变填充

在“颜色调和”栏中选择“自定义”单选项，用户可以在渐变色轴上双击鼠标左键增加控制点，然后在其右侧的色板中选择颜色，如图3.24所示。

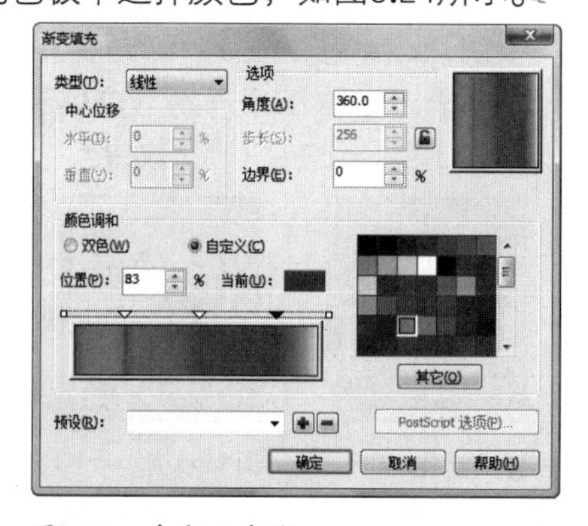

图3.24　自定义渐变

- **位置：**用于显示当前控制点的位置。
- **当前：**用于显示当前控制点的颜色。

在渐变色轴上双击鼠标左键，即可增加新的控制点；在三角形上双击鼠标左键，即可删除控制点。选中控制点，然后单击右侧的“其他”按钮，即可在弹出的“其他颜色”对话框中选择颜色，最后单击“确定”按钮即可。

3.1.4　图样填充

CorelDRAW X4提供了预设的图样填充，使用“图样填充”对话框可以直接为对象填充图样，也可以使用绘制的对象或导入的图形来创建图样进行填充。单击工具箱中的填充工具，在打开的工具列表中单击图样填充工具，弹出“图样填充”对话框，如图3.25所示。

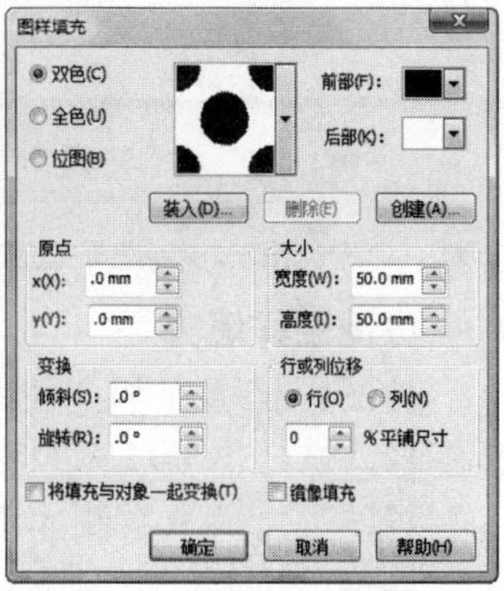

图3.25　“图样填充”对话框

CorelDRAW X4为用户提供了双色填充、全色填充和位图填充三种图样填充方式。在“图样填充”对话框中，用户可以设置平铺原点、修改图样填充的平铺大小和指定填充起始位置等，下面将分别对这3种填充方式进行详细的介绍。

双色图样填充

双色图样填充只包括两种颜色，实际上就是为简单的图像设置不同的前景色和背景色来形成填充效果，用户可以通过设置“前部”和“后部”的颜色，来修改双色图样的颜色。

选择需要填充的图形，单击图样填充工具，弹出“图样填充”对话框，选择“双色”单选项，再从右侧的下拉列表框中选择需要的图样样式，然后在“前部”和“后部”下拉列表框中选择颜色，并设置其他参数，如图3.26所示，最后单击“确定”按钮即可得到双色填充效果，如图3.27所示。

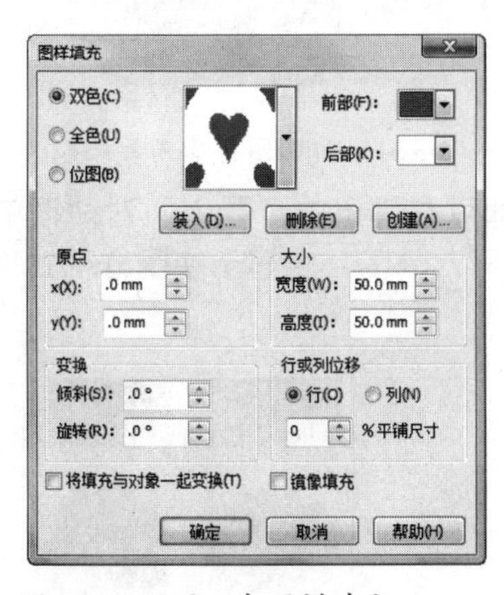

图3.26　设置双色图样填充

图3.27　双色图样填充效果

全色图样填充

使用全色图样填充可以将复杂的矢量图形填充到图形中。全色图样填充比双色图样填充的颜色丰富、图案更精细。

选择需要填充的图形，单击图样填充工具，弹出“图样填充”对话框，选择“全色”单选项，再从右侧的下拉列表框中选择需要的图样样式，如图3.28所示，最后单击“确定”按钮即可得到全色填充效果，如图3.29所示。

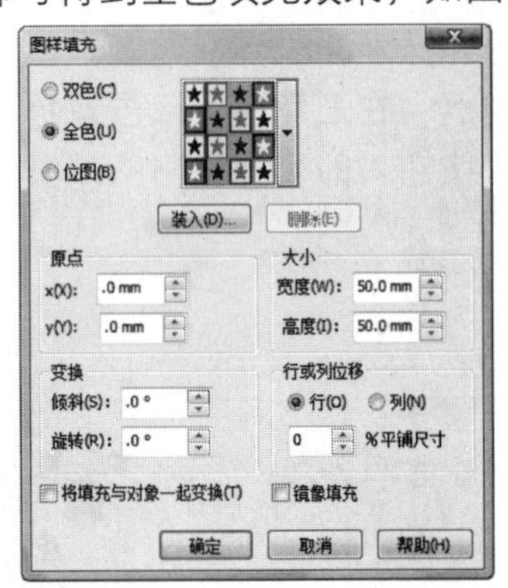

图3.28　设置全色图样填充

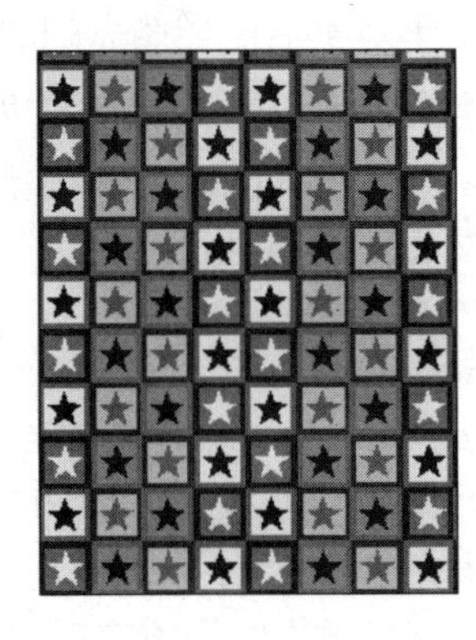

图3.29　全色图样填充效果

位图图样填充

位图图样填充和全色图样填充的效果类似，只是两种填充模式的图样分别是位图和矢量图形。选择需要填充的图形，单击图样填充工具■，弹出“图样填充”对话框，选择“位图”单选项，再从右侧的下拉列表框中选择需要的图样样式，如图3.30所示，最后单击“确定”按钮即可得到位图填充效果，如图3.31所示。

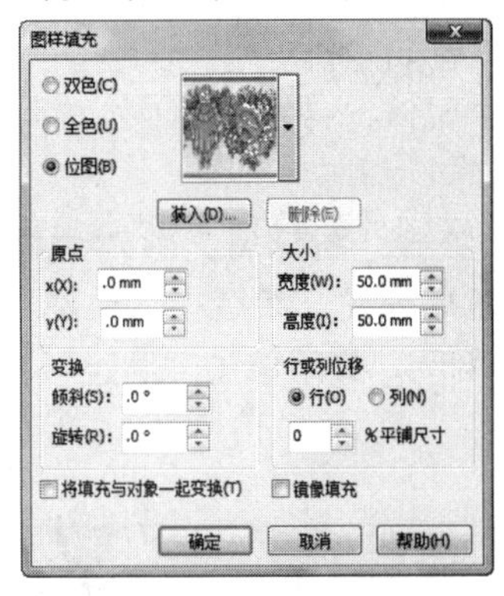

图3.30　设置位图图样填充

图3.31　位图图样填充效果

在“图样填充”对话框中单击“装入”按钮，即可在弹出的“导入”对话框中选择其他图片作为位图图样填充的图样，如图3.32所示。被导入的图片将显示在图样样式下拉列表框中，使用导入位图的填充效果如图3.33所示。

图3.32　“导入”对话框

图3.33　导入的位图填充效果

3.1.5 底纹填充

底纹填充也叫纹理填充，CorelDRAW X4提供的预设底纹可以模仿很多种材料的效果和自然现象，如图3.34所示，同时还可以修改、编辑底纹的属性。用户还可以使用任一种颜色模式或调色板中的颜色来自定义底纹颜色后进行填充。需要注意的是，底纹填充只能包含RGB颜色模式。

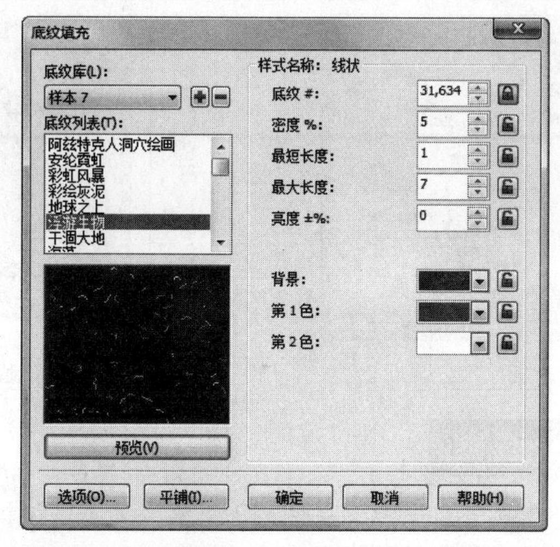

图3.34 “底纹填充”对话框

使用底纹填充图形对象的操作步骤如下。

1 选择要填充底纹的对象，然后单击工具箱中的填充工具，在打开的工具列表中单击底纹填充工具，弹出“底纹填充”对话框。

2 在“底纹库”下拉列表框中选择一个样本，如图3.35所示。

3 选择好样本后，在其下的列表框中选择相应的选项，并在右侧的“样式名称”栏中设置底纹的参数，如图3.36所示。

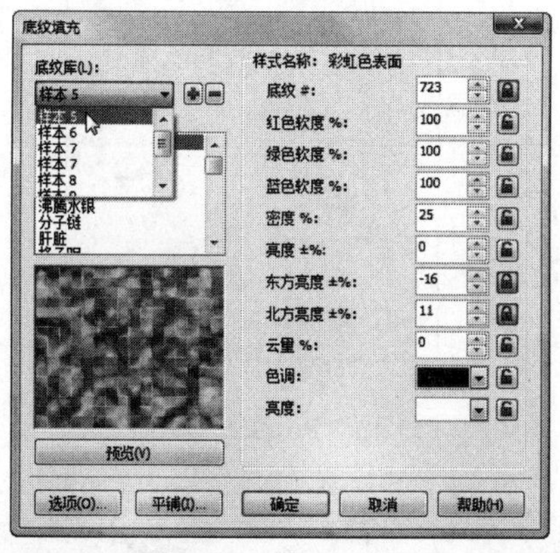

图3.35 选择样本

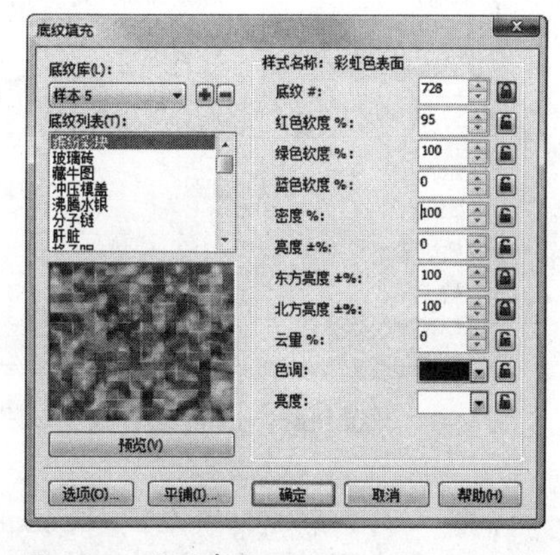

图3.36 设置参数

提示 底纹填充是随机产生的，因此每次单击“预览”按钮，填充效果都会发生变化。

4 单击“平铺”按钮，弹出“平铺”对话框，在该对话框中设置底纹的位置、大小、旋转以及倾斜等参数，如图3.37所示。

5 单击“确定”按钮，为所选择的对象填充底纹，如图3.38所示。

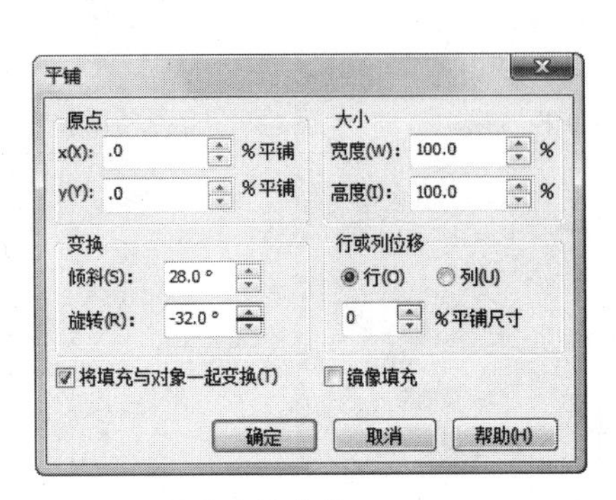

图3.37 设置平铺参数

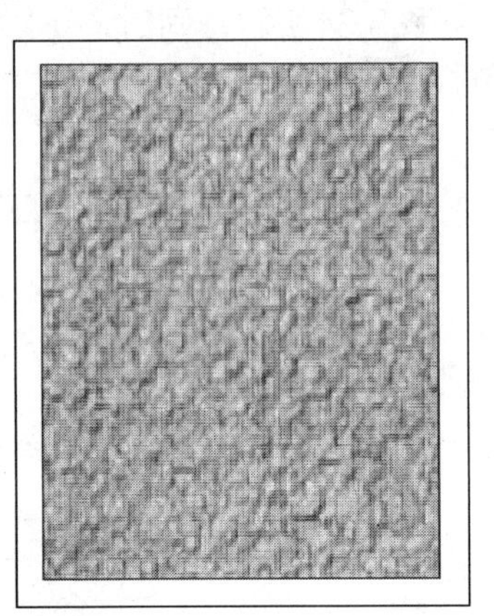

图3.38 底纹填充效果

3.1.6 PostScript填充

PostScript填充是底纹填充的一种，是使用PostScript语言设计的一种特殊纹理效果，因为其占用的系统资源较多，所以并不常用。

选择需要填充的图形，单击工具箱中的填充工具，在打开的工具列表中单击PostScript填充工具，弹出“PostScript底纹”对话框。在该对话框中选择填充样式，然后在“参数”栏中设置底纹的参数，如图3.39所示，最后单击“确定”按钮即可得到PostScript填充效果，如图3.40所示。

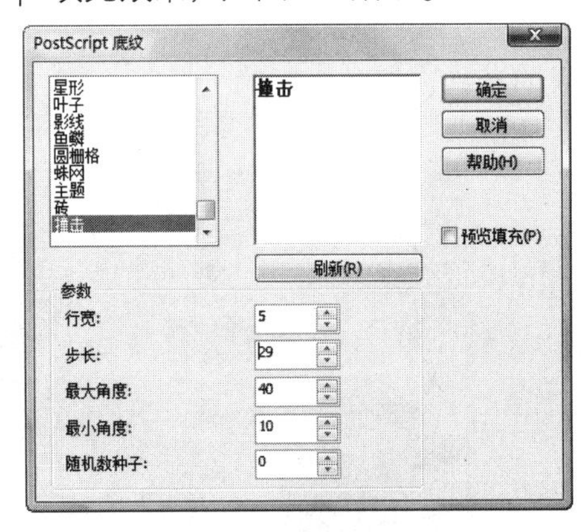

图3.39 设置PostScript填充参数

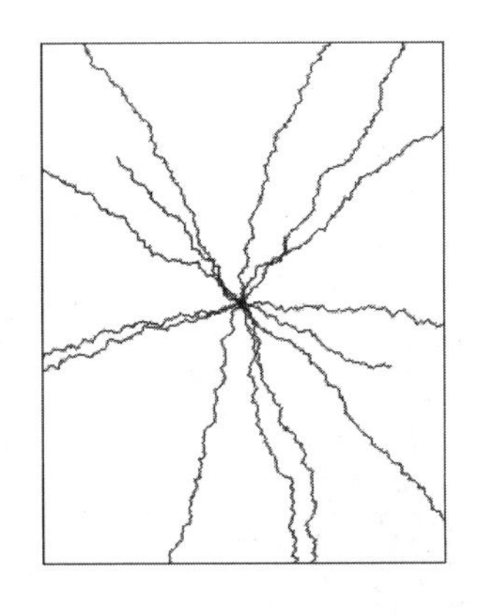

图3.40 PostScript填充效果

提示 为图形对象填充了PostScript底纹后，只有在“增强”和“使用增强叠加”模式下才可以看到填充效果，在其他模式下不能显示，而只能显示“PS”字样。

3.1.7 交互式填充

使用交互式填充工具可以直接在图形对象上设置填充参数，并进行颜色填充的调整，其中填充方式包括标准填充、渐变填充、图样填充、底纹填充和PostScript填充。

交互式填充的操作方法非常灵活，只需选择需要填充的图形对象，在属性栏的选项下拉列表中选择需要的填充模式即可，如图3.41所示。

图3.41　交互式填充属性栏

3.1.8　网状填充

网状填充可以使图形对象产生独特的效果，交互式网状填充是使用交互式网状填充工具产生的，在选择图形时，图形将被网状填充线分割。选择其中一个或多个节点后，用户可以对其进行填充，而且每一个区域的大小可以进行随意设置，从而绘制出丰富而柔和的填充效果。

使用交互式网状填充工具填充图形对象的操作步骤如下。

1 使用矩形工具在绘图区域中绘制一个矩形，然后单击交互式网状填充工具。

2 当鼠标呈显示时，单击需要填充的矩形，如图3.42所示。

3 在属性栏中设置网格的行数和列数，如图3.43所示。

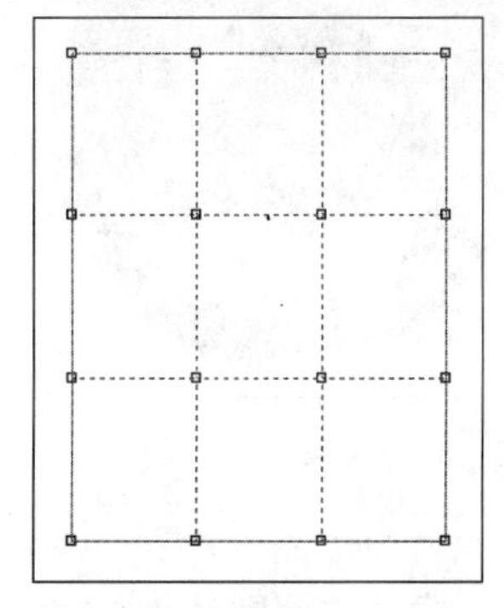

图3.42　网状效果

图3.43　设置行数和列数

4 选择网格中的节点，在右侧的调色板中单击需要的色块进行填充，如图3.44所示。

5 按住鼠标左键选择并拖动节点，如图3.45所示。

6 使用同样的方法对其他节点进行填充，并对节点进行调整，得到的效果如图3.46所示。

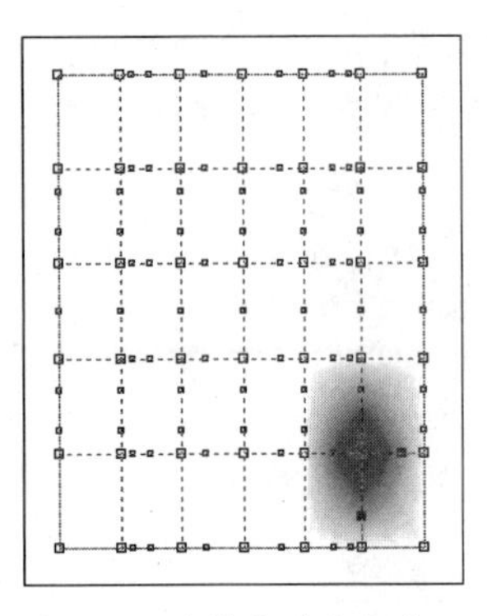

图3.44 为节点填充颜色

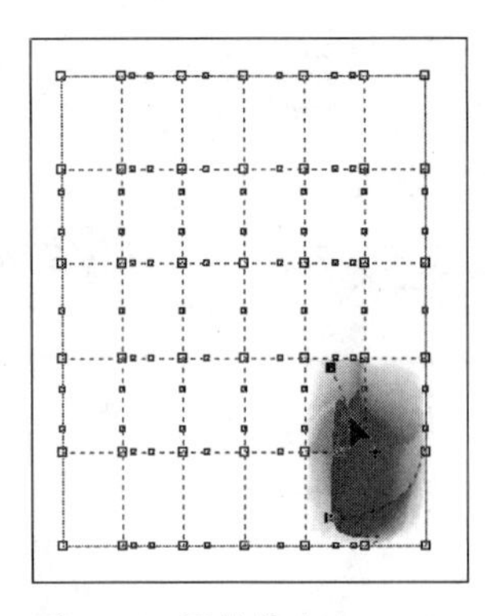

图3.45 调整节点

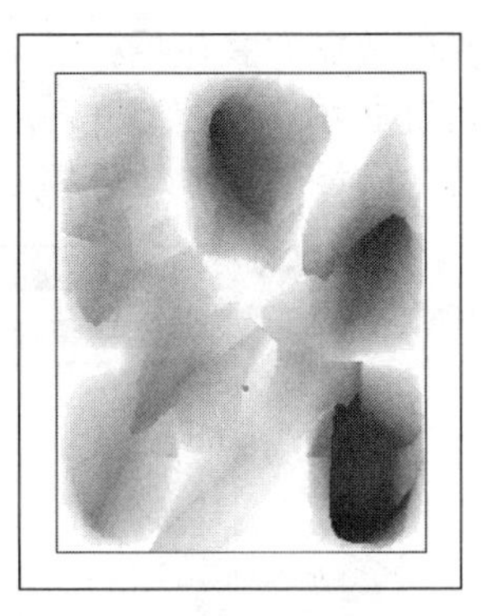

图3.46 网状填充效果

3.2 进阶——典型实例

通过前面的学习，相信读者已经对CorelDRAW X4中填充对象的基本概念与基本操作有了一定的了解。下面将在此基础上进行相应的实例练习。

3.2.1 绘制立体按钮

本例使用椭圆形工具、基本形状工具和渐变填充工具等绘制一个立体按钮，让读者巩固所学知识并掌握绘制立体按钮的方法和技巧。

最终效果

本例制作完成后的最终效果如图3.47所示。

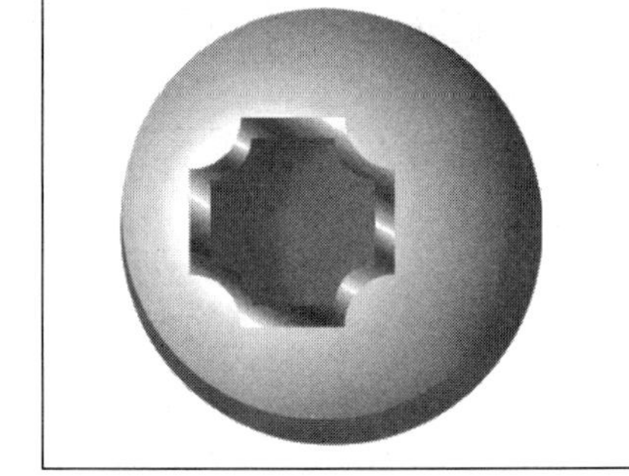

图3.47 最终效果

解题思路

1. 使用椭圆形工具绘制按钮的大致形状。
2. 使用渐变填充工具填充绘制的按钮。
3. 使用基本形状工具绘制按钮中间部分。
4. 使用渐变填充工具填充按钮中间部分。

操作步骤

1. 在菜单栏中执行“文件”→“新建”命令，新建一个文档，新建的文档默认为A4大小。
2. 单击工具箱中的椭圆形工具，按住“Ctrl”键绘制一个正圆，如图3.48所示。
3. 选择绘制的正圆，按数字键盘上的“+”键复制一个正圆，并调整正圆的大小和位置，效果如图3.49所示。

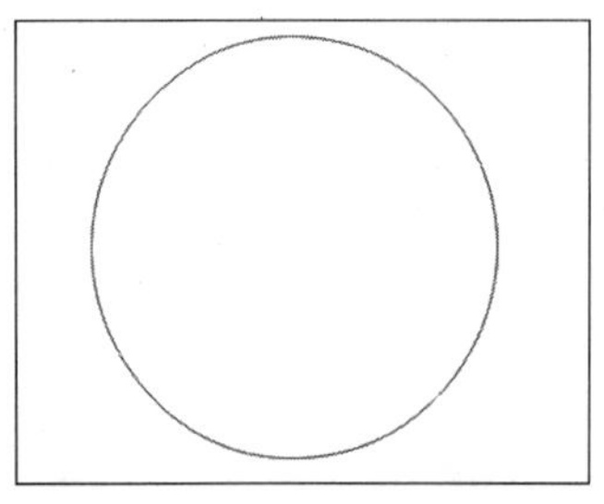

图3.48 绘制正圆

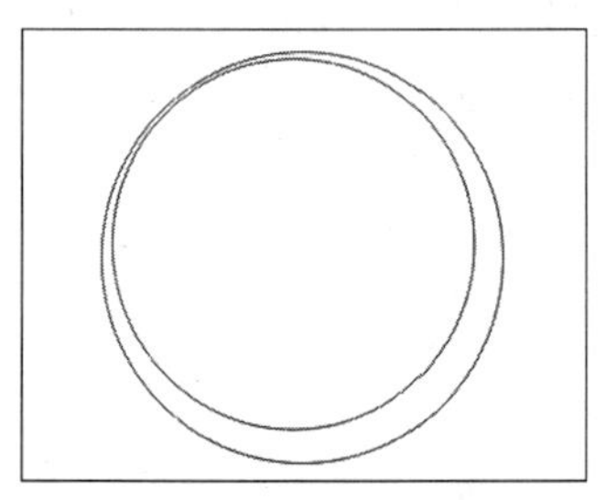

图3.49 复制并调整正圆

4 选择复制得到的正圆，单击工具箱中的填充工具，在打开的工具列表中单击渐变填充工具，弹出“渐变填充”对话框。

5 在“类型”下拉列表中选择“射线”选项，在“中心位移”栏中设置“水平”为“-13”、“垂直”为“7”，然后在“颜色调和”栏中选择“自定义”单选项，如图3.50所示。

6 在渐变色轴上双击鼠标左键，添加3个控制点，设置第一个控制点的颜色为“C：55，M：45，Y：45，K：0”，设置第二个控制点的颜色为“C：25，M：15，Y：15，K：0”，设置第三个控制点的颜色为“C：0，M：0，Y：0，K：0”，然后单击“确定”按钮，如图3.51所示。

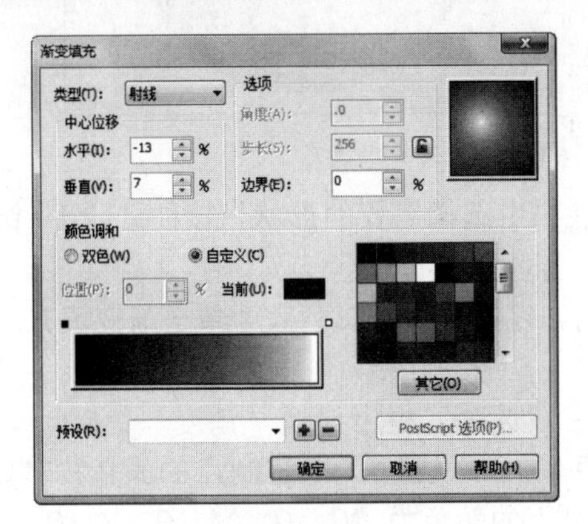

图3.50　设置渐变填充参数

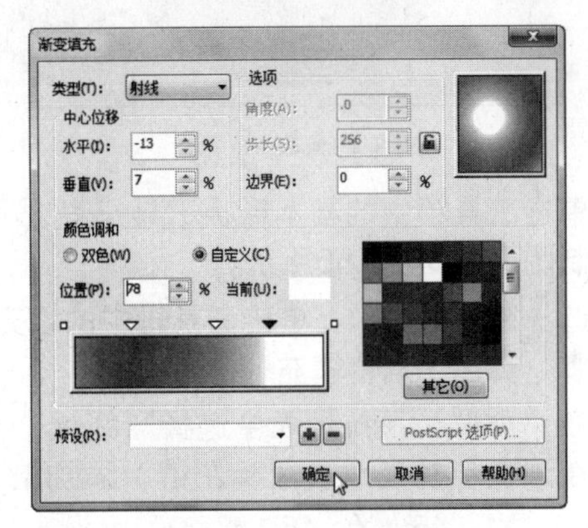

图3.51　设置射线渐变填充颜色

7 选择绘制的正圆，单击工具箱中的填充工具，在打开的工具列表中单击渐变填充工具，弹出“渐变填充”对话框。

8 在“类型”下拉列表中选择“线性”选项，在“颜色调和”栏中选择“自定义”单选项，并在渐变色轴上双击鼠标左键，添加两个控制点，然后设置第一个控制点的颜色为“C：45，M：35，Y：35，K：0”，设置第二个控制点的颜色为“C：0，M：0，Y：0，K：20”，如图3.52所示。单击“确定”按钮确认填充，效果如图3.53所示。

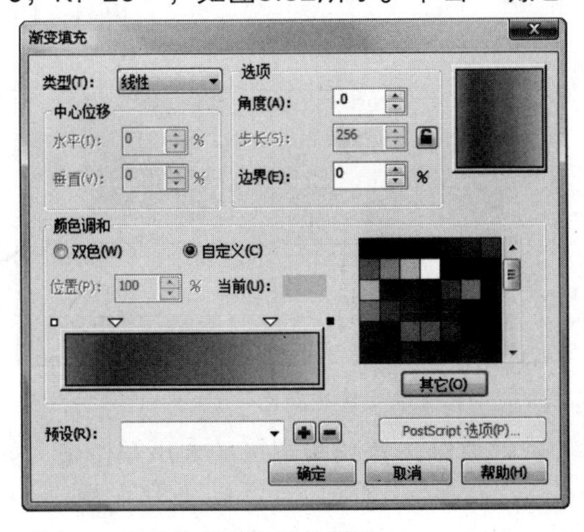

图3.52　设置线性渐变填充颜色

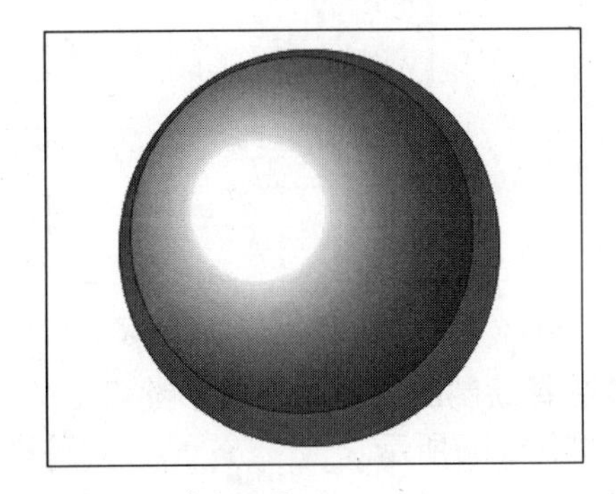

图3.53　填充效果

9 选择两个正圆，然后在右侧调色板中的⊠按钮上单击鼠标右键，删除正圆的轮廓线，效果如图3.54所示。

10 在工具箱中单击交互式填充工具，在属性栏中选择“射线”选项，然后单击复制得到的正圆，进行交互式填充，如图3.55所示。

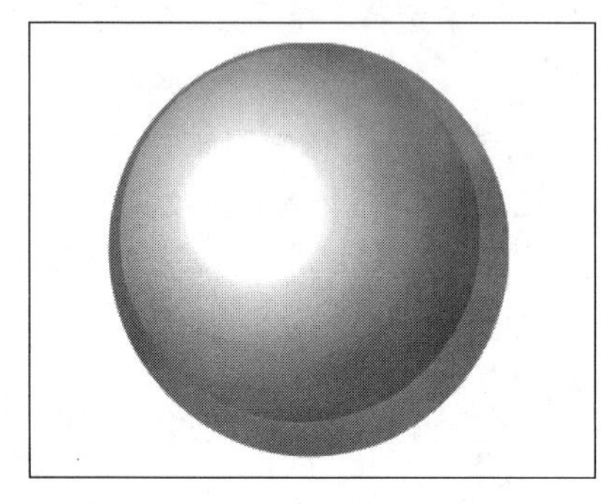

图3.54　删除轮廓线

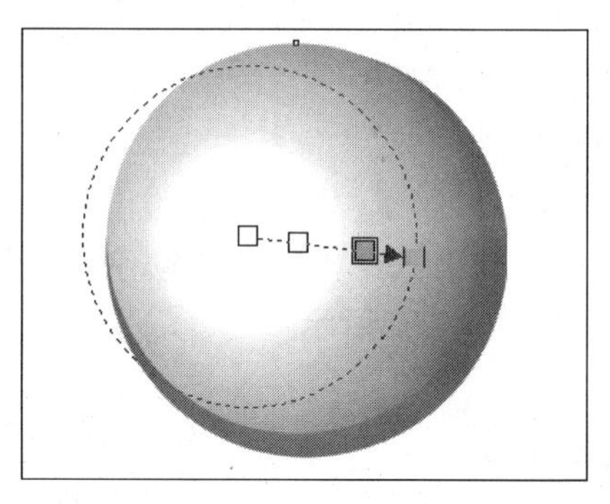

图3.55　交互式填充

11 单击工具箱中的基本形状工具，然后在属性栏中选择需要的形状，按住“Ctrl”键绘制图形，如图3.56所示。

12 选择绘制的图形，单击工具箱中的填充工具，在打开的工具列表中单击渐变填充工具，弹出“渐变填充”对话框。

13 在“类型”下拉列表中选择“线性”选项，在“选项”栏中设置“角度”为60°，并在渐变色轴上双击鼠标左键，添加5个控制点，然后设置第1个控制点的颜色为“C：55，M：45，Y：45，K：0”，设置第2个控制点的颜色为“C：0，M：0，Y：0，K：0”，设置第3个控制点的颜色为“C：45，M：35，Y：35，K：0”，设置第4个控制点的颜色为“C：0，M：0，Y：0，K：0”，设置第5个控制点的颜色为“C：45，M：35，Y：35，K：0”，如图3.57所示。

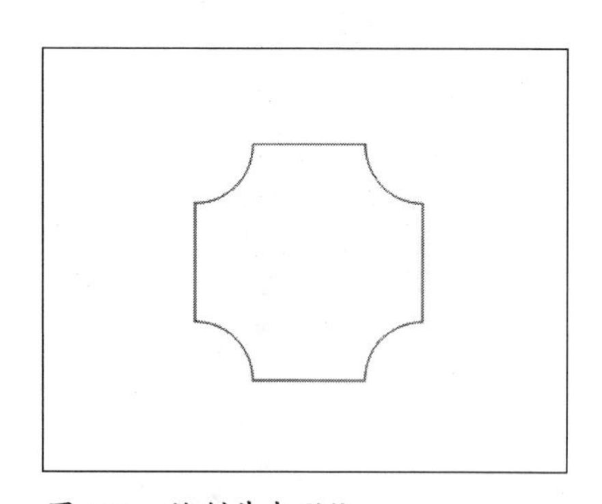

图3.56　绘制基本形状

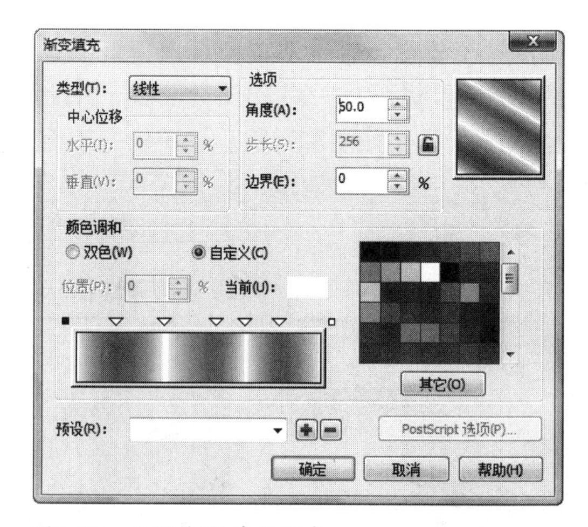

图3.57　设置渐变填充颜色

14 选择绘制的图形，按数字键盘上的“+”键进行复制，并调整图形的大小和位置，效果如图3.58所示。

15 选择复制得到的图形，单击工具箱中的填充工具，在打开的工具列表中单击渐变填充工具，弹出“渐变填充”对话框。

16 在“类型”下拉列表中选择“射线”选项，在“中心位移”栏中设置“水平”为“75”，“垂直”为“-10”，然后在“颜色调和”栏中选择“自定义”单选项，如图3.59所示。

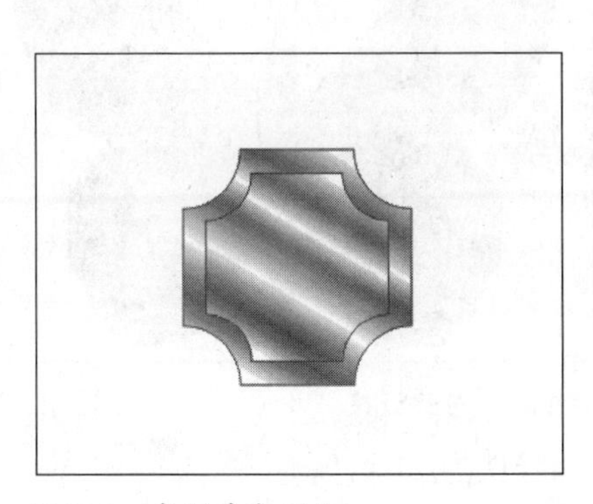

图3.58　复制基本形状

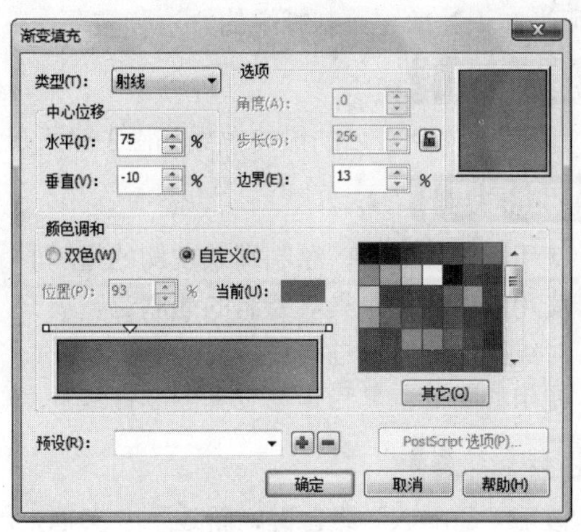

图3.59　设置渐变填充参数

17 在渐变色轴上双击鼠标左键，添加一个控制点，设置控制点的颜色为“C：0，M：50，Y：90，K：0”，填充效果如图3.60所示。

18 选择两个图形对象，然后在右侧调色板中的⊠按钮上单击鼠标右键，删除轮廓线，效果如图3.61所示。

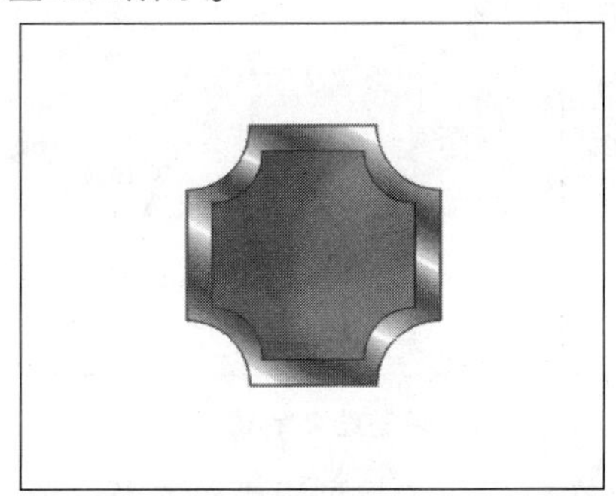

图3.60　渐变填充效果

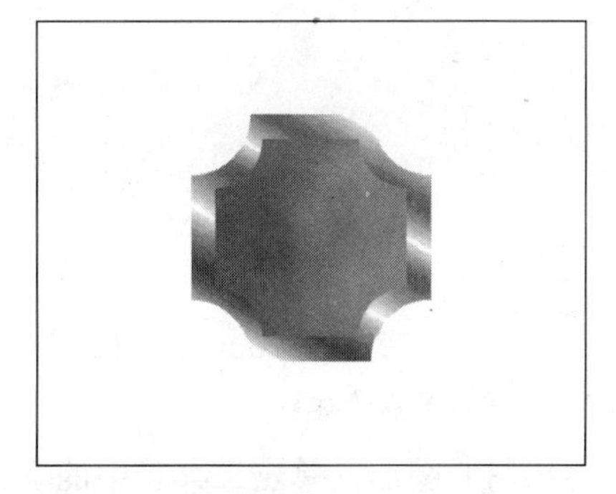

图3.61　删除轮廓线

19 将绘制的图形移动到正圆上，效果如图3.62所示。

20 对图形的大小进行调整，并放置到适当的位置，最终效果如图3.63所示。

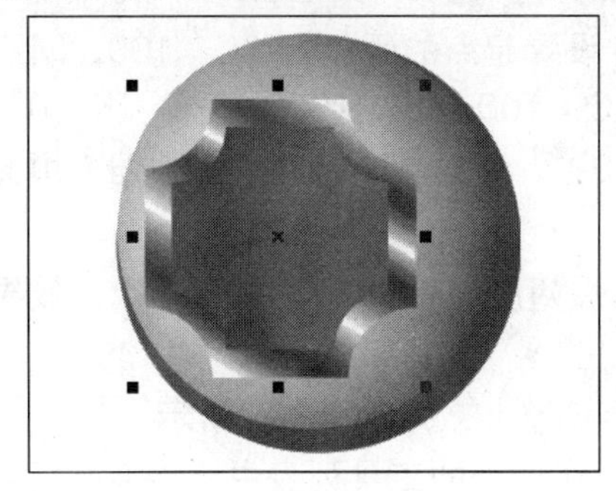

图3.62　移动图形

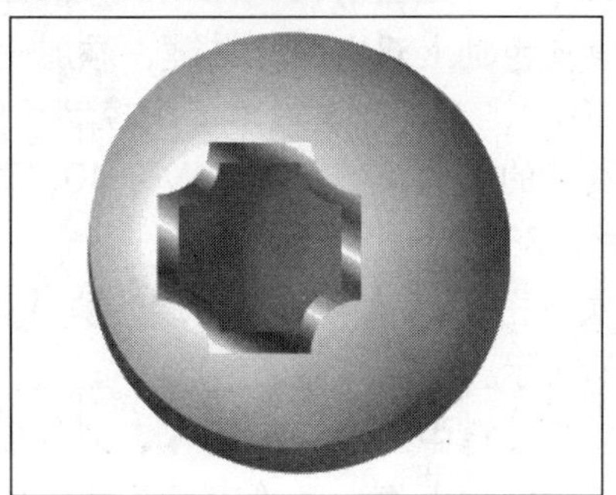

图3.63　最终效果

3.2.2 绘制蝴蝶

本例使用贝济埃工具、椭圆形工具、矩形工具和渐变填充工具等绘制蝴蝶，让读者巩固所学知识并掌握绘制蝴蝶的方法和技巧。

最终效果

本例制作完成后的最终效果如图3.64所示。

图3.64 最终效果

解题思路

1 使用贝济埃工具，绘制蝴蝶左侧的翅膀。
2 使用渐变填充工具对绘制的翅膀进行填充。
3 对绘制好的图形进行镜像复制。
4 使用椭圆形工具和矩形工具绘制蝴蝶的身体。

操作步骤

1 按下“Ctrl+N”组合键，新建一个文档，新建的文档默认为A4大小。
2 单击工具箱中的贝济埃工具，绘制出蝴蝶左侧翅膀上半部的大致形状，效果如图3.65所示。
3 单击工具箱中的形状工具，对绘制的曲线进行调整，效果如图3.66所示。

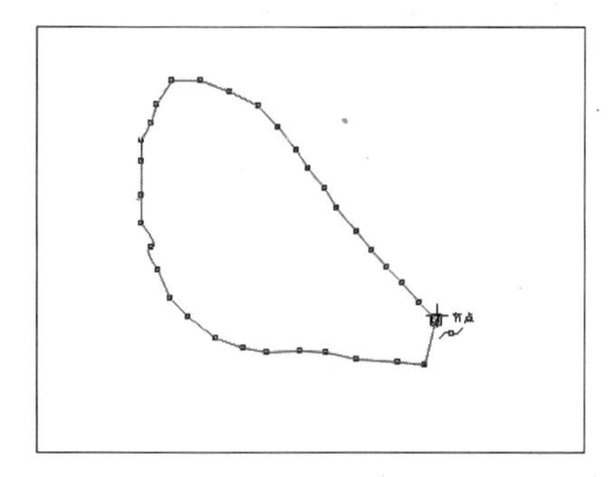

图3.65 绘制蝴蝶轮廓

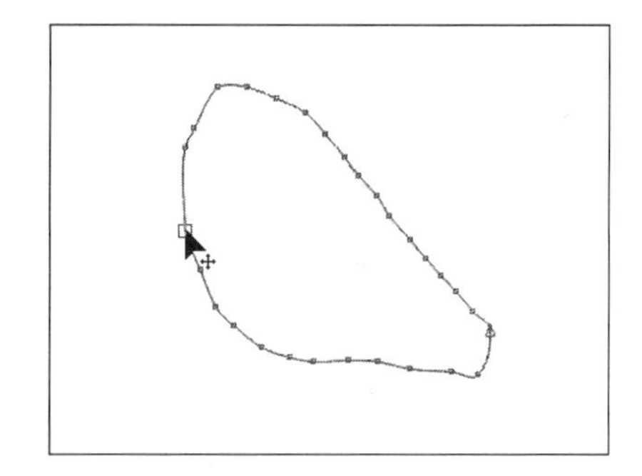

图3.66 调整绘制的曲线

4 选择绘制的图形，单击工具箱中的填充工具，在打开的工具列表中单击渐变填充工具，弹出“渐变填充”对话框。
5 在“类型”下拉列表中选择“射线”选项，在“中心位移”栏中设置“水平”为“36”，“垂直”为“–38”，然后选择“自定义”单选项，如图3.67所示。
6 在渐变色轴上双击鼠标左键，添加一个控制点，设置起点的颜色为“C：100，M：20，Y：0，K：0”，设置第二个控制点的颜色为“C：100，M：100，Y：0，K：0”，设置终点的颜色为“C：0，M：40，Y：20，K：0”，然后单击“确定”按钮，填充效果如图3.68所示。
7 再次单击工具箱中的贝济埃工具，绘制出蝴蝶翅膀下半部分的大致形状，效果如图3.69所示。
8 单击工具箱中的形状工具，对绘制的曲线进行调整，效果如图3.70所示。
9 选择绘制的图像，单击工具箱中的填充工具，在打开的工具列表中单击渐变填充工具，弹出“渐变填充”对话框，在该对话框中进行相应的设置，并对蝴蝶翅膀的下半部分进行填充，效果如图3.71所示。

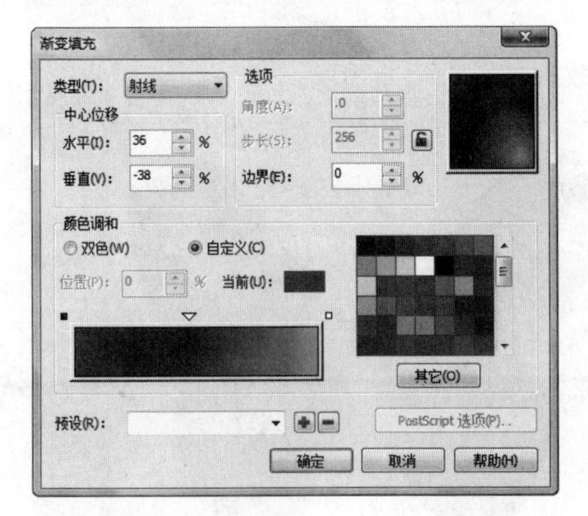

图3.67　设置填充参数

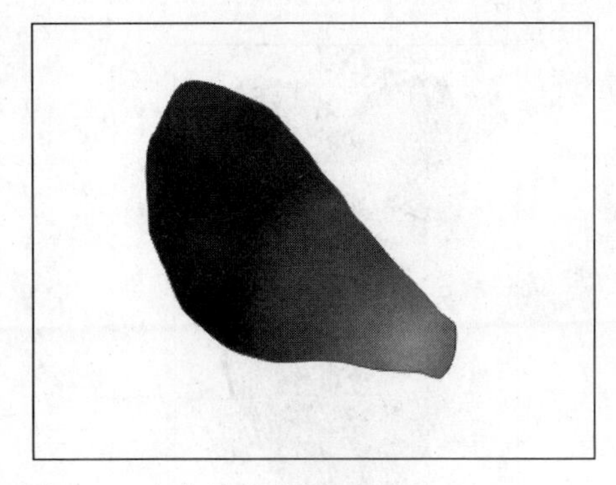

图3.68　渐变填充效果

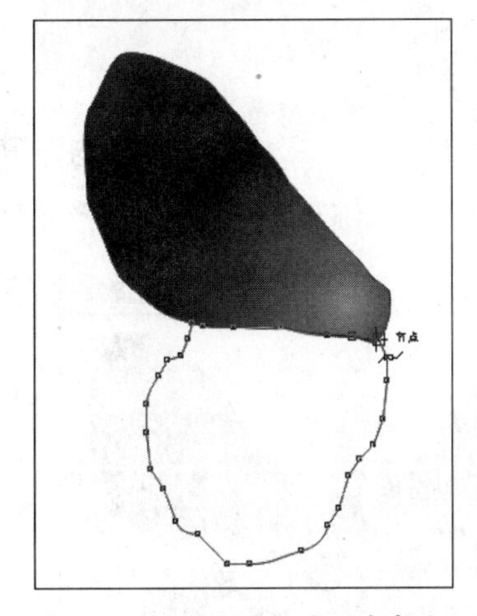

图3.69　绘制蝴蝶翅膀下半部分

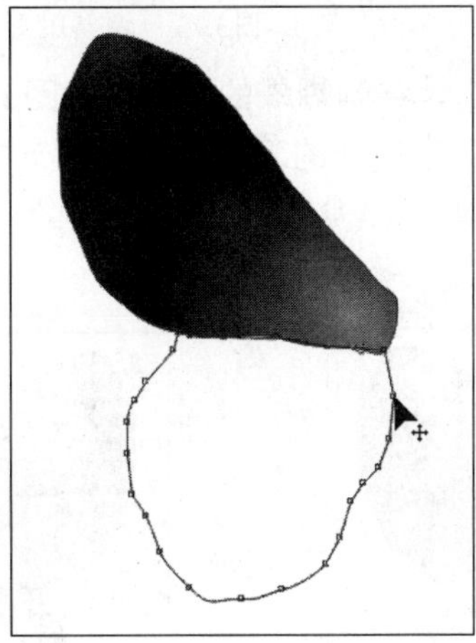

图3.70　调整绘制的曲线

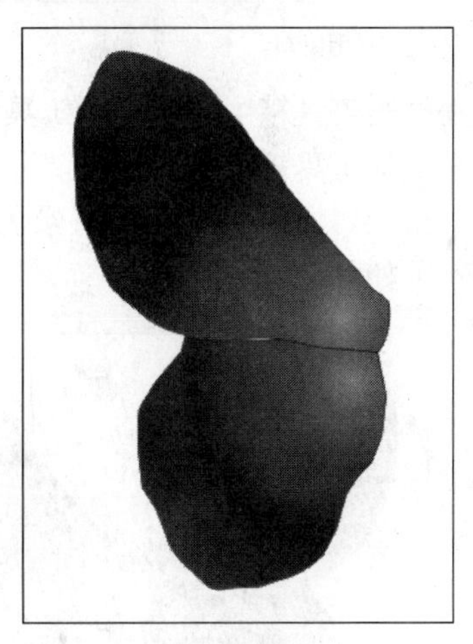

图3.71　渐变填充效果

10 单击工具箱中的挑选工具，选择蝴蝶翅膀下半部分进行移动调整，如图3.72所示。

11 按下“Ctrl+A”组合键，选择绘制的所有图形，然后在右侧调色板中的☒按钮上单击鼠标右键，删除正圆的轮廓线，效果如图3.73所示。

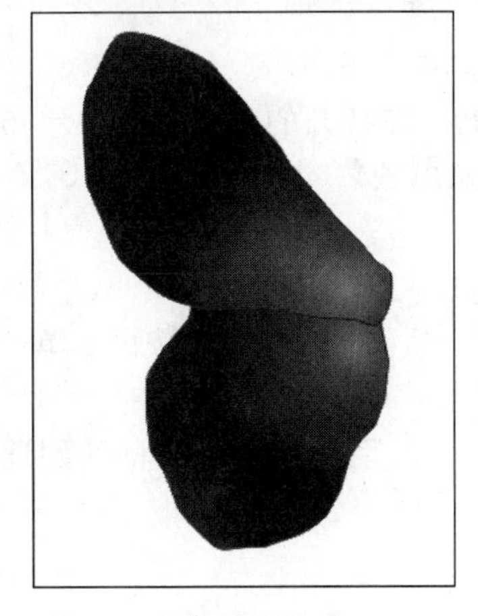

图3.72　调整图形位置

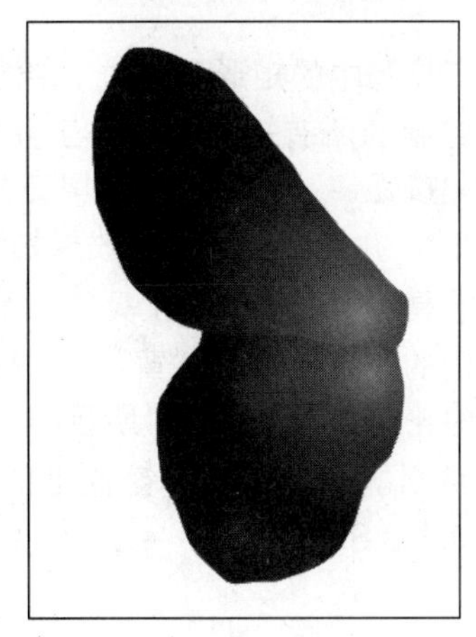

图3.73　删除轮廓线

12 选择绘制的所有图形，按数字键盘上的“+”键进行复制，然后单击属性栏中的“水平镜像”按钮，效果如图3.74所示。

13 使用挑选工具对镜像后的图形进行移动，效果如图3.75所示。

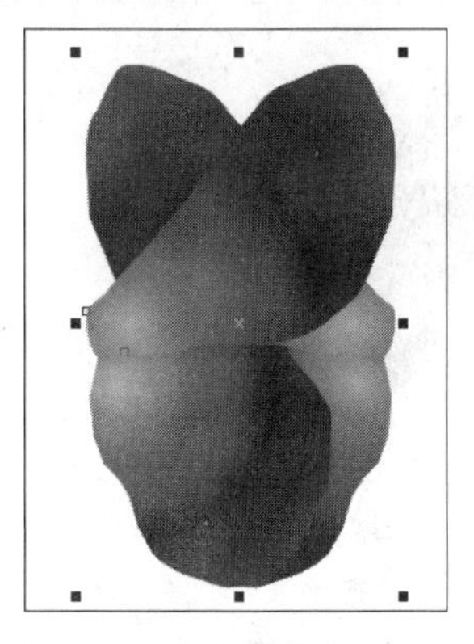

图3.74　镜像复制

图3.75　调整图形

14 单击工具箱中的椭圆形工具，绘制蝴蝶的身体，如图3.76所示。

15 单击工具箱中的填充工具，在打开的工具列表中单击均匀填充工具，弹出“均匀填充”对话框，然后设置颜色为“C：0，M：20，Y：20，K：50”，并删除轮廓线，效果如图3.77所示。

图3.76　绘制椭圆

图3.77　填充椭圆

16 单击工具箱中的矩形工具，绘制蝴蝶身体花纹，如图3.78所示。

17 选择绘制的所有矩形，单击工具箱中的填充工具，在打开的工具列表中单击“均匀填充”按钮，弹出“均匀填充”对话框，然后设置颜色为“C：0，M：20，Y：40，K：40”，并删除轮廓线，效果如图3.79所示。

18 单击工具箱中的椭圆形工具，绘制蝴蝶的眼睛，如图3.80所示。

19 在右侧的调色板中的“黄”色块上单击鼠标左键填充颜色，然后在⊠按钮上单击鼠标左键删除轮廓线，如图3.81所示。

20 选择绘制的圆，按数字键盘上的“+”键进行复制，然后将复制的圆移动到适当的位置，如图3.82所示。

图3.78　绘制矩形

图3.79　填充矩形

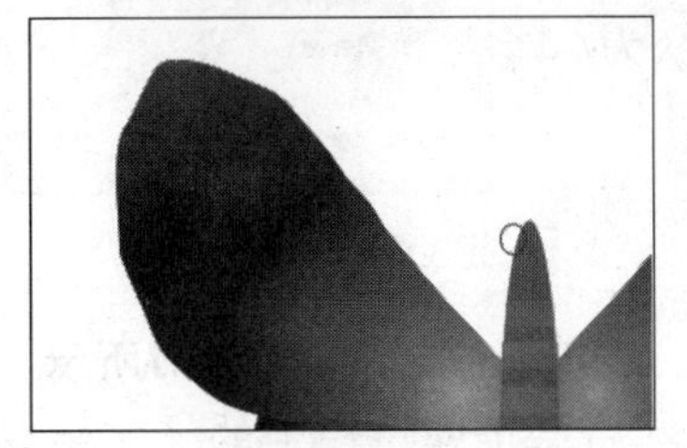
图3.80　绘制椭圆

图3.81　填充椭圆

图3.82　复制椭圆

21 单击工具箱中的3点曲线工具，绘制蝴蝶的触角，然后在属性栏中设置轮廓线的宽度为“1.0mm”，如图3.83所示。

22 选择绘制的触角，按数字键盘上的“+”键进行复制，然后单击属性栏中的“水平镜像”按钮，并将触角移动到适当的位置，效果如图3.84所示。

图3.83　绘制触角

图3.84　复制触角

3.3 提高——自己动手练

利用对象的填充制作了相关案例后，下面将进一步巩固本章所学知识并进行相关的实例练习，以达到提高读者动手能力的目的。

3.3.1 绘制保龄球瓶

本练习首先使用贝济埃工具和形状工具等绘制出保龄球瓶的轮廓，然后使用交互式网状填充工具制作出高光效果。通过本练习可以让读者掌握交互式网状填充工具的使用和调节方法。

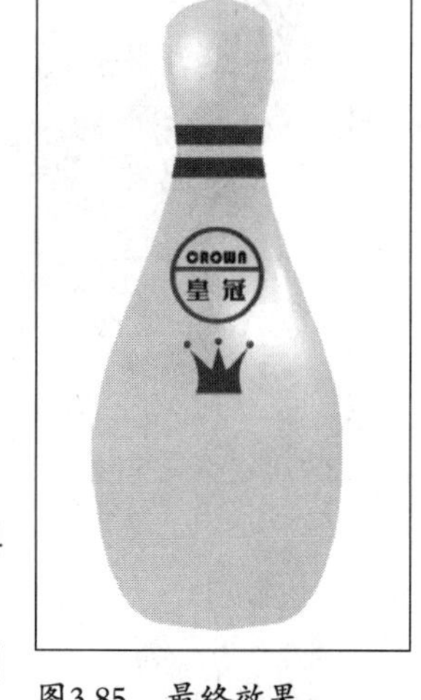

图3.85 最终效果

最终效果

本例制作完成后的最终效果如图3.85所示。

解题思路

1 使用贝济埃工具绘制保龄球瓶的大致形状。
2 使用挑选工具对绘制的图形进行调整。
3 使用交互式网状填充工具填充绘制的保龄球瓶。

操作步骤

1 按下“Ctrl+N”组合键，新建一个文档，新建的文档默认为A4大小。
2 单击工具箱中的贝济埃工具，在绘图区域中绘制一个封闭图形，如图3.86所示。
3 单击工具箱中的形状工具，对绘制的封闭图形进行调整，调整后的效果如图3.87所示。
4 选中绘制的图形，按数字键盘上的“+”键进行复制，然后单击属性栏中的“水平镜像”按钮，效果如图3.88所示。

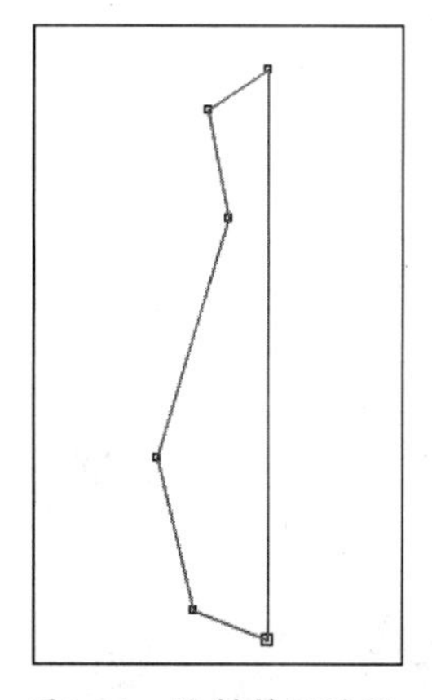
图3.86 绘制封闭图形

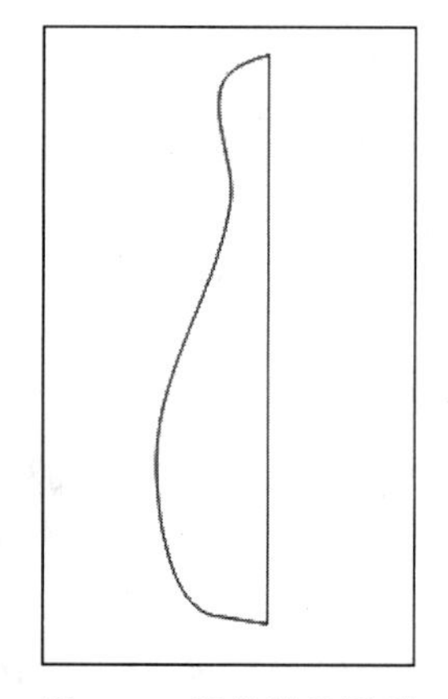
图3.87 调整封闭图形

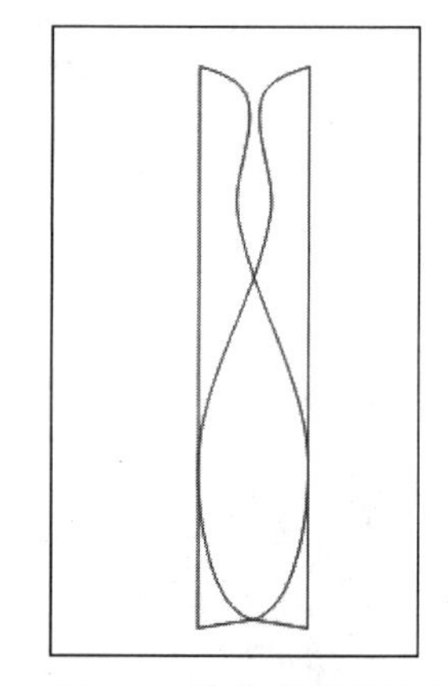
图3.88 镜像复制封闭图形

5 将镜像复制得到的图形移动到适当的位置，效果如图3.89所示。
6 选中绘图区域中的两个图形，然后单击属性栏中的“焊接”按钮，焊接后的效果如图3.90所示。
7 选中绘制的对象，然后单击工具箱中的填充工具，在打开的工具列表中单击均匀填充工具■，弹出“均匀填充”对话框，如图3.91所示。
8 设置填充样式为“C：10，M：5，Y：5，K：0”，然后单击“确定”按钮，填充效果如图3.92所示。

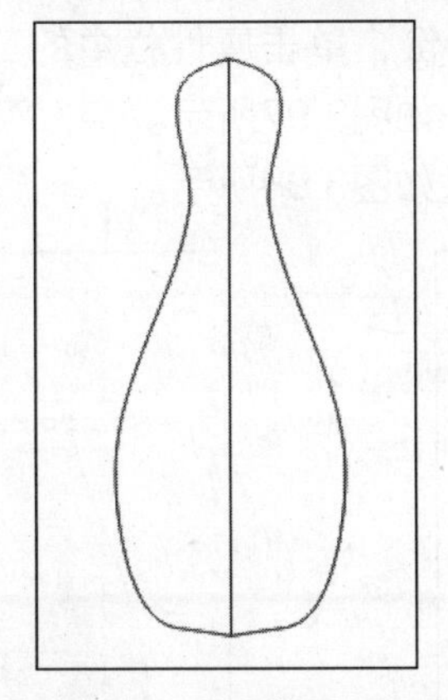

图3.89　移动复制的图形

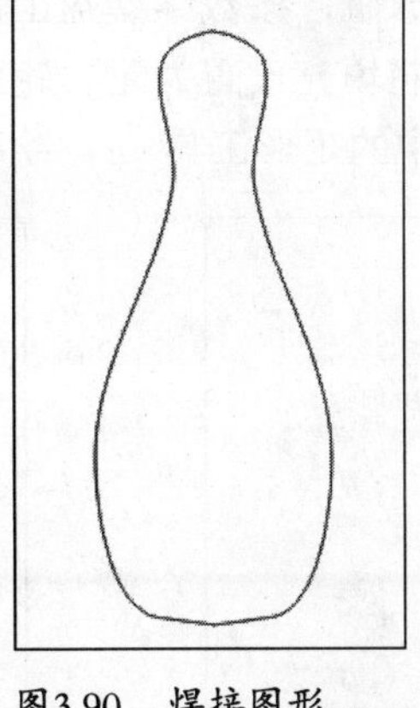

图3.90　焊接图形

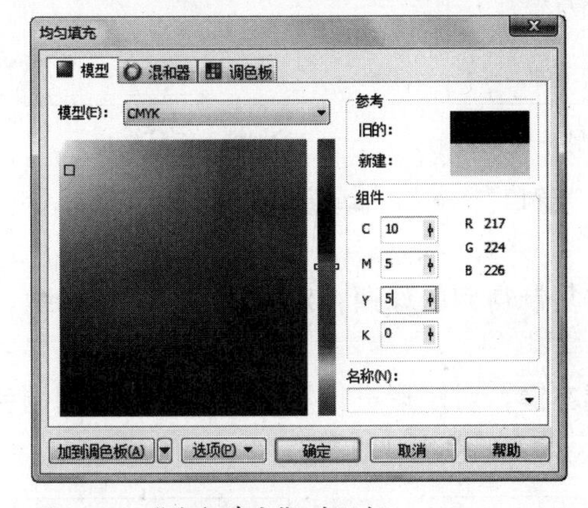

图3.91　“均匀填充”对话框

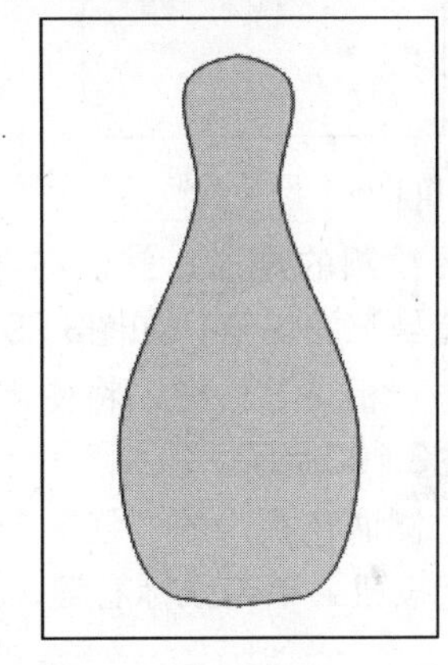

图3.92　填充效果

9 按下“Ctrl+A”组合键，选择绘制的图形，然后在右侧调色板中的⊠按钮上单击鼠标右键，删除轮廓线，效果如图3.93所示。

10 单击工具箱中的交互式网状填充工具，在绘制的图形中出现填充网格，如图3.94所示。

11 在属性栏中设置网格的行数和列数，效果如图3.95所示。

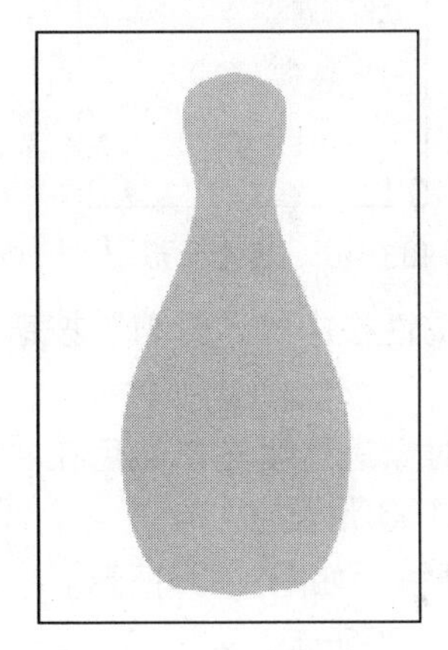

图3.93　删除轮廓线

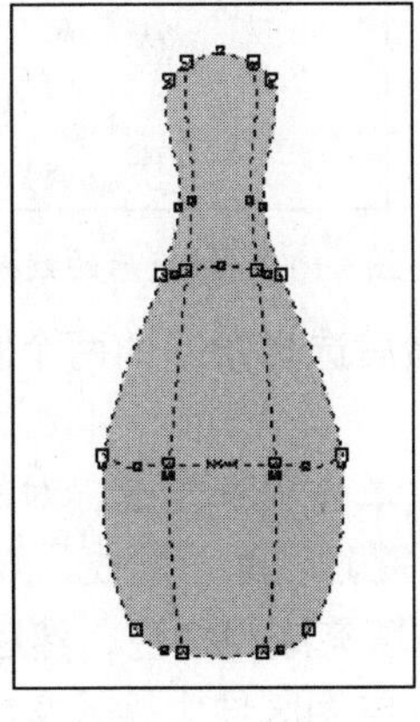

图3.94　网状填充

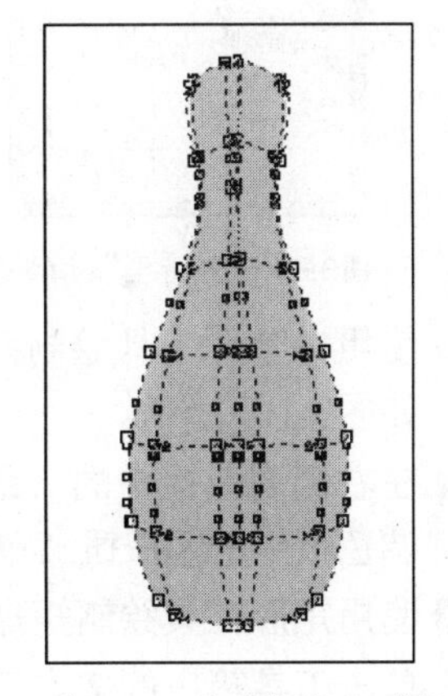

图3.95　设置行数和列数

12 在图形中选择控制点，并将其填充为白色，设置高光，效果如图3.96所示。

13 选择绘制的球瓶，按数字键盘上的“+”键复制一份，单击属性栏中的“清除网格”按钮，然后将填充设置为无，轮廓色设置为黑色，如图3.97所示。

14 单击工具箱中的矩形工具，绘制两个矩形，效果如图3.98所示。

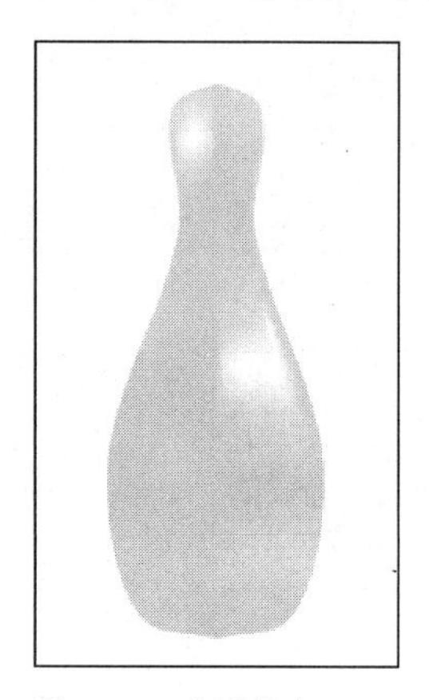

图3.96　设置高光

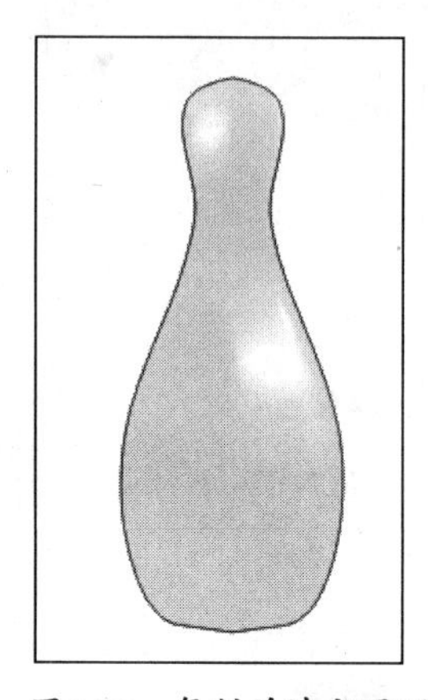

图3.97　复制并填充图形

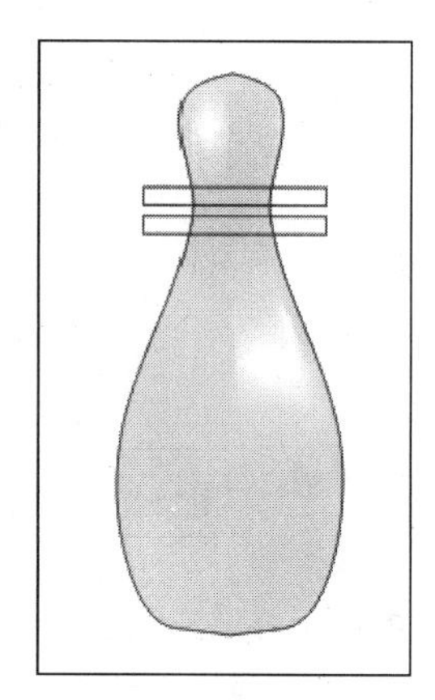

图3.98　绘制矩形

15 选择绘制的矩形，然后在菜单栏中执行“窗口”→“泊坞窗”→“造型”命令，打开“造型”泊坞窗，如图3.99所示。

16 单击“相交”按钮，将使用鼠标左键单击复制得到的球瓶，对矩形进行相交修剪，效果如图3.100所示。

17 在右侧调色板中的“红”色块上单击鼠标左键，对矩形进行填充，然后在右侧调色板中的☒按钮上单击鼠标右键，删除轮廓线，效果如图3.101所示。

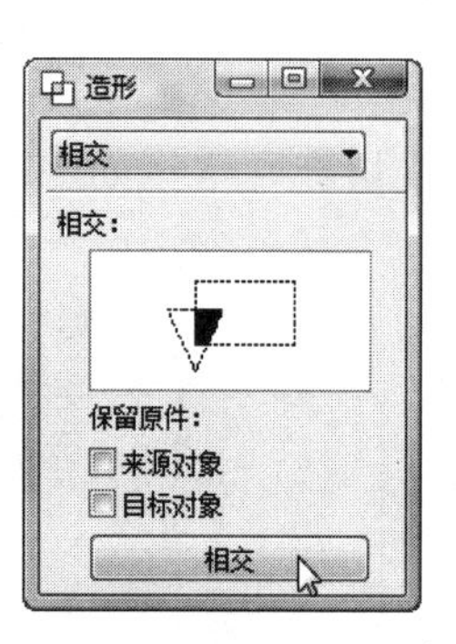

图3.99　“造型”泊坞窗

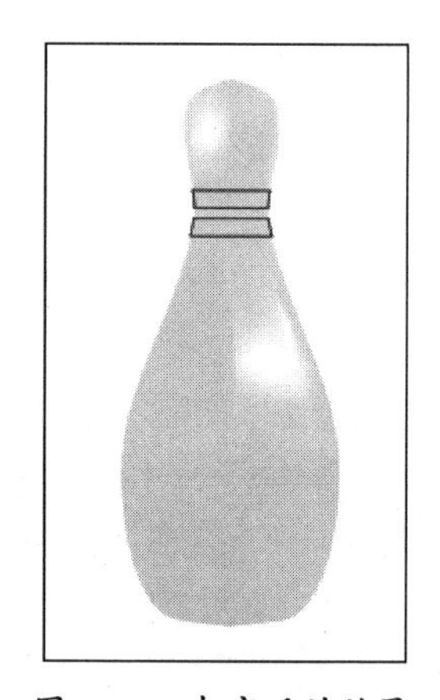

图3.100　相交后的效果

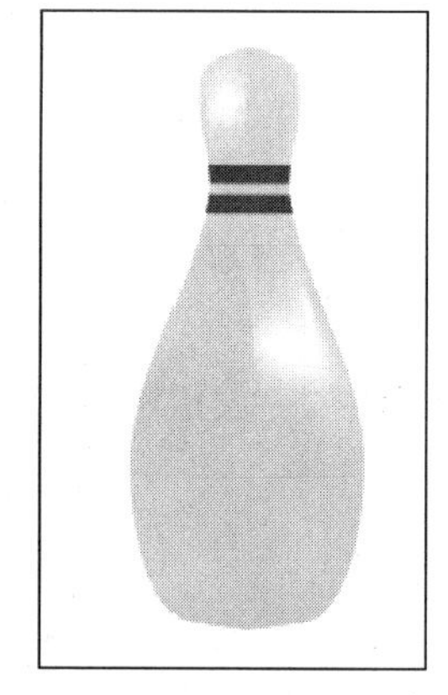

图3.101　填充矩形

18 使用椭圆形工具绘制两个圆，然后选择绘制的两个圆，单击属性栏中的“修剪”按钮，如图3.102所示。

19 在右侧调色板中的“红”色块上单击鼠标左键，对修剪后的对象进行填充，然后在右侧调色板中的☒按钮上单击鼠标右键，删除轮廓线，效果如图3.103所示。

20 使用矩形工具绘制矩形，并将其填充成为红色，然后删除轮廓线，如图3.104所示。

21 单击工具箱中的文本工具字，在绘图区域中输入文字，如图3.105所示。

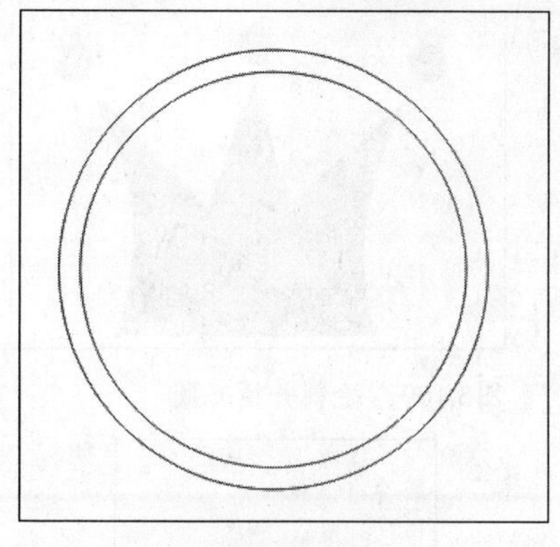

图3.102 绘制圆并修剪

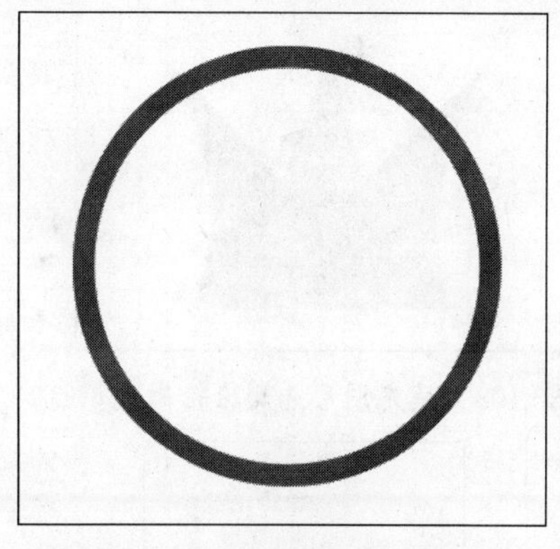

图3.103 填充圆并删除轮廓线

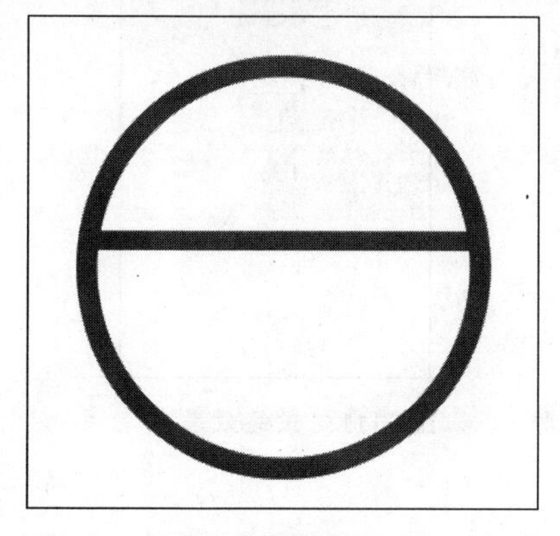

图3.104 绘制并填充矩形

图3.105 输入文字

22 选择绘制的标志，按下“Ctrl+G”组合键进行群组。

23 使用挑选工具调整绘制的标志大小，并将其移动到适当的位置，如图3.106所示。

24 单击工具箱中的贝济埃工具，绘制如图3.107所示的图形。

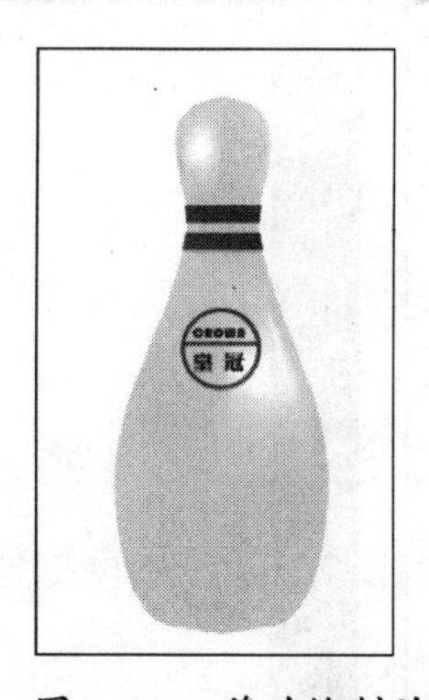

图3.106 移动绘制的标志

图3.107 绘制图形

25 在右侧调色板中的“红”色块上单击鼠标左键，对修剪后的对象进行填充，然后在右侧调色板中的☒按钮上单击鼠标右键，删除轮廓线，效果如图3.108所示。

26 使用椭圆形工具绘制两个圆，将其填充为红色，然后删除轮廓线，如图3.109所示。

27 选择绘制的图形，按下“Ctrl+G”组合键进行群组。

28 使用挑选工具调整图形大小，并将其移动到适当的位置，如图3.110所示。

29 调整各个标志的位置，绘制的保龄球瓶最终效果如图3.111所示。

图3.108　填充图形并删除轮廓线

图3.109　绘制并填充圆

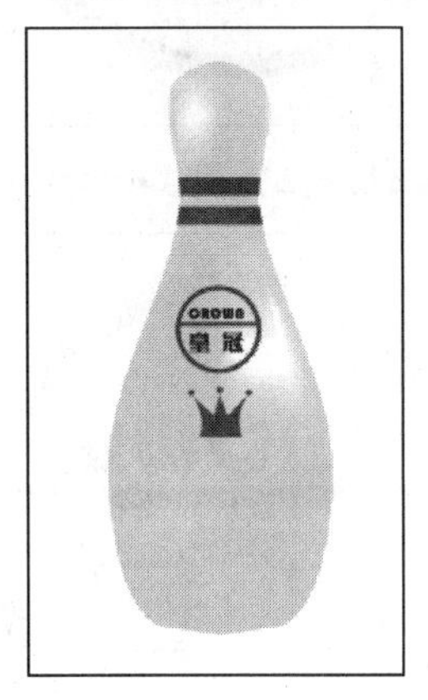
图3.110　调整图像大小

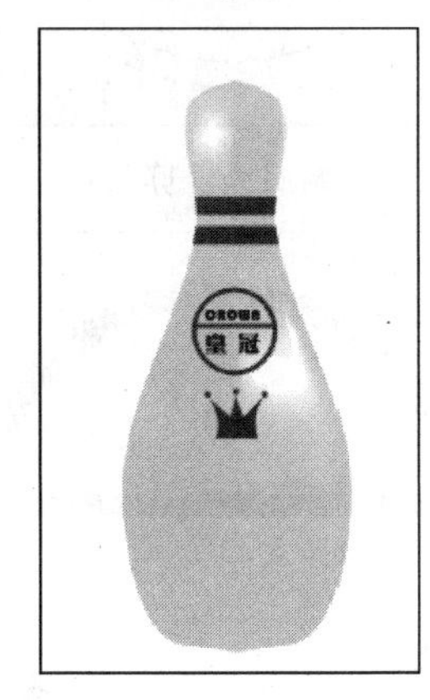
图3.111　最终效果

3.3.2　制作春联

本练习使用矩形工具和图样填充工具等制作春联。通过本练习可以让读者巩固并进一步掌握图样填充工具的使用方法和技巧。

最终效果

本例制作完成后的最终效果如图3.112所示。

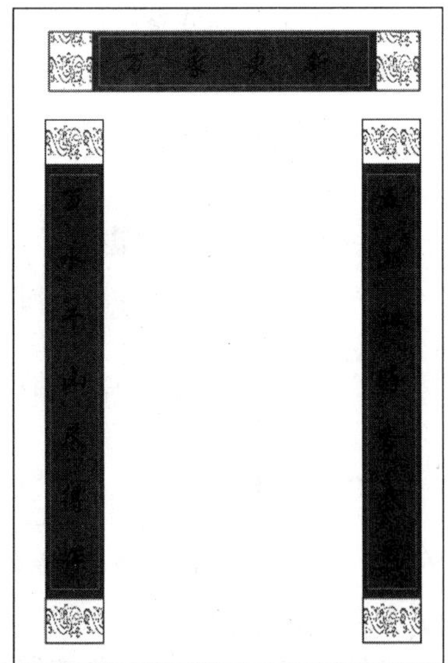
图3.112　最终效果

解题思路

1 绘制矩形。
2 填充绘制的矩形。
3 输入文本。

操作步骤

1 按下“Ctrl+N”组合键，新建一个文档，新建的文档默认为A4大小。
2 单击工具箱中的矩形工具，绘制如图3.113所示的两个矩形，并将其放置到适当的位置。
3 选择绘制的小矩形，然后单击工具箱中的填充工具，在打开的工具列表中单击图样填充工具，弹出“图样填充”对话框，如图3.114所示。

图3.113　绘制矩形

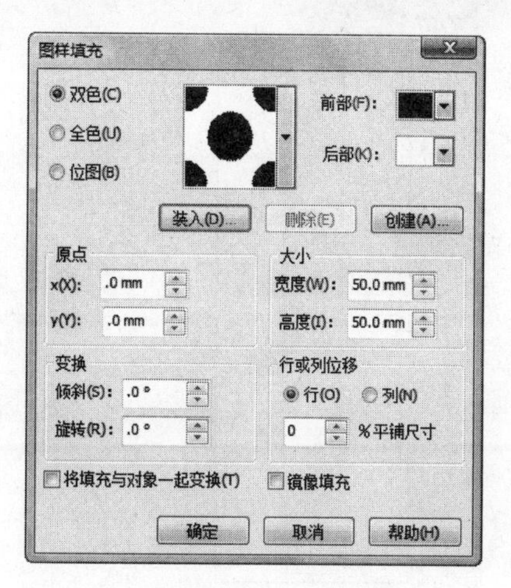

图3.114　“图样填充”对话框

4 选择“位图”单选项，然后单击“装入”按钮，弹出“导入”对话框，选择需要导入的位图，单击“导入”按钮，如图3.115所示。

5 返回“图样填充”对话框，在“大小”栏中设置“宽度”和“高度”都为20.0mm，然后单击“确定”按钮，如图3.116所示。

图3.115　选择位图

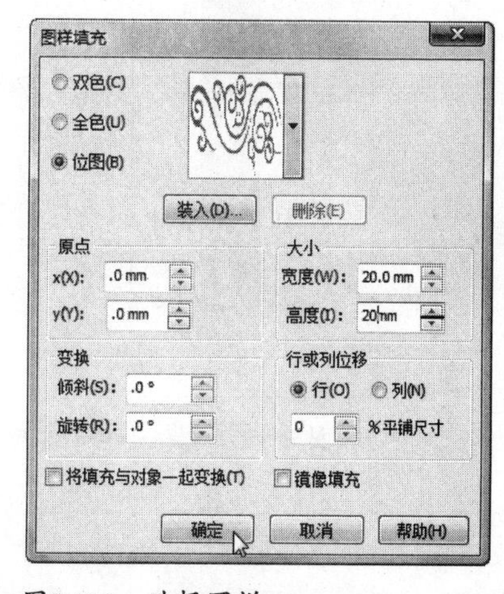

图3.116　选择图样

6 选择填充后的矩形，按数字键盘上的“+”键进行复制，然后单击属性栏中的“垂直镜像”按钮，并将镜像得到的图形移动到适当的位置，如图3.117所示。

7 选择大矩形，然后在右侧调色板中的“红”色块上单击鼠标左键，对矩形进行填充，如图3.118所示。

8 选择大矩形，按数字键盘上的“+”键进行复制，然后在右侧调色板中的“黄”色块上单击鼠标右键，对矩形轮廓进行填充，并调整其大小，效果如图3.119所示。

9 选择绘制的所有图形，按下“Ctrl+G”组合键进行群组。

10 选择群组后的图形，按数字键盘上的“+”键复制两个，如图3.120所示。

11 调整其中一个图形的大小，并旋转，如图3.121所示。

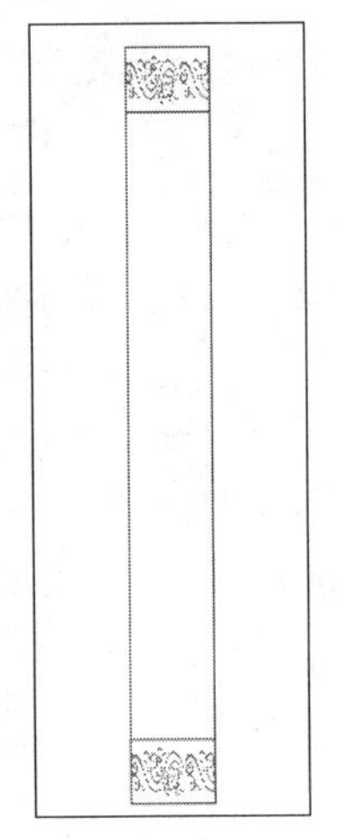

图3.117　复制小矩形

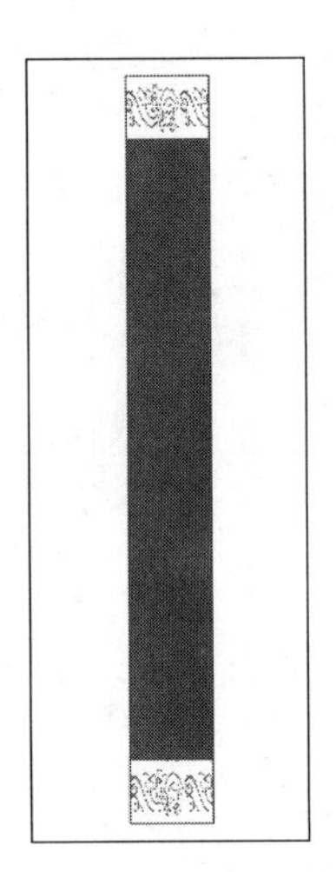

图3.118　填充大矩形

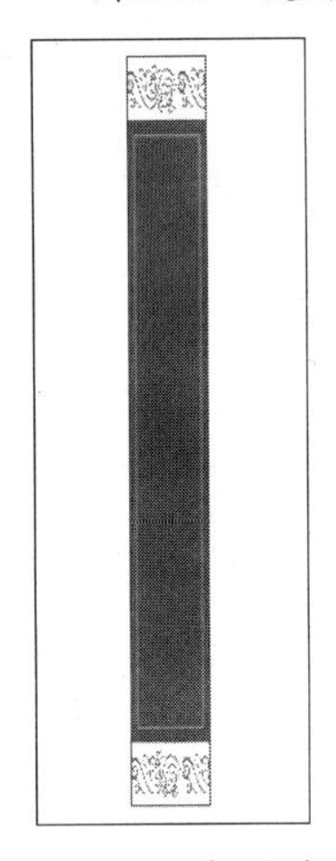

图3.119　复制并填充大矩形

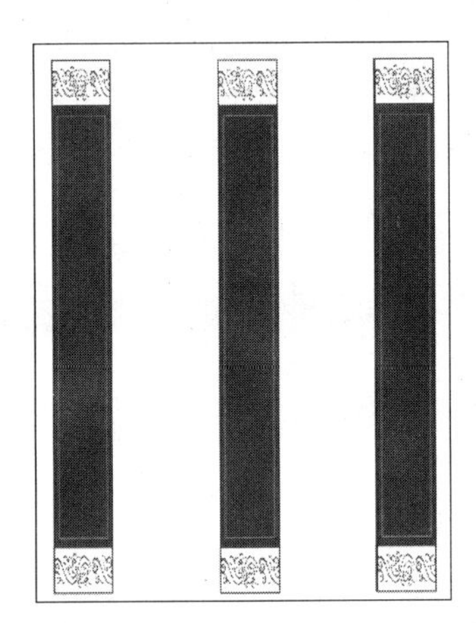

图3.120　复制图形

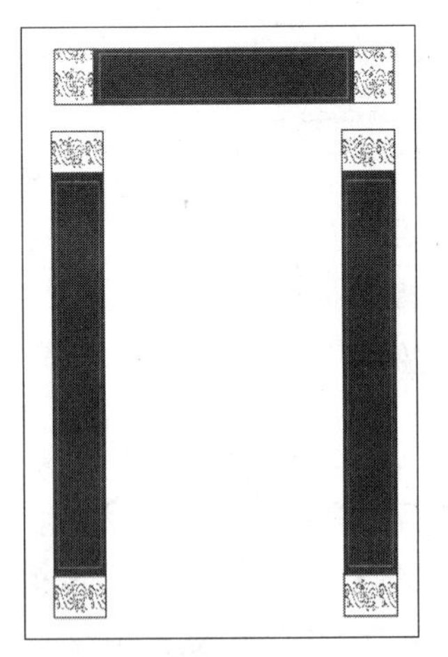

图3.121　调整图形

12 单击工具箱中的文本工具字，在绘图区域中输入文字，如图3.122所示。

13 使用同样的方法，完成其他文字的输入，效果如图3.123所示。

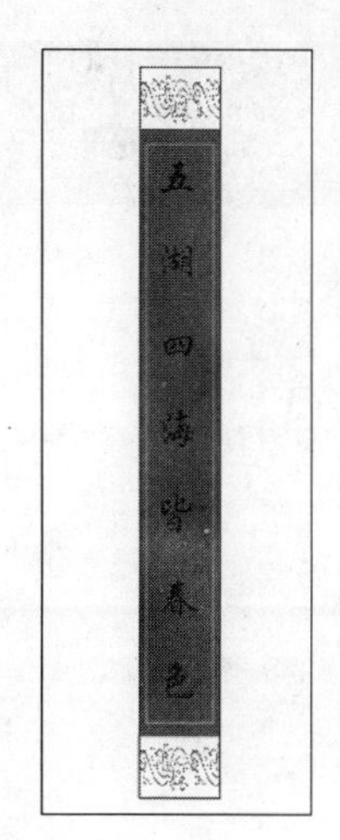

图3.122 输入文字

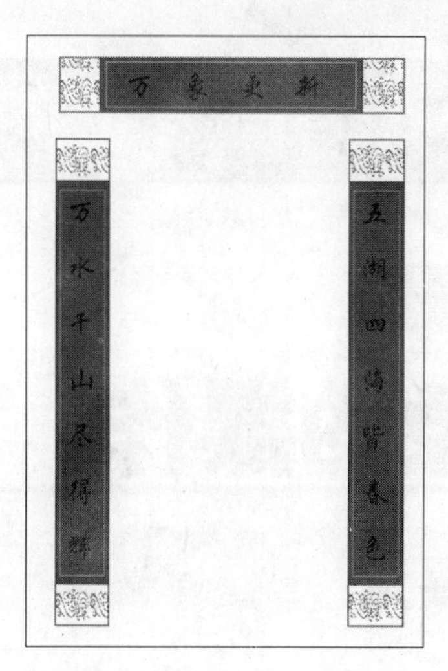

图3.123 最终效果

结束语

本章主要介绍了CorelDRAW X4中为图形进行填充的方法和技巧，其中包括标准填充、渐变填充、图样填充、底纹填充、PostScript填充、交互式填充和交互式网状填充等。通过本章的学习，读者对CorelDRAW X4的功能应有了进一步的了解，结合前面所学的知识，可以使创建的图形对象更加生动、丰富。

Chapter 4

第4章 对象的操作

本章要点

入门——基本概念与基本操作

- 对象的选择
- 对象的复制
- 对象的组合
- 对象的变换
- 对象的排列、对齐与分布
- 对象的锁定与解锁
- 对象的造形
- 对象的管理

进阶——典型实例

- 制作网页背景图
- 绘制中国结

提高——自己动手练习

- 制作信笺纸
- 绘制南瓜

本章导读

本章主要讲述CorelDRAW X4中对象操作的基本概念与基本操作，包括对象的选择、复制、组合、排列和造形等。通过本章的学习，读者可以在掌握绘图方法的基础上，提高图形的编辑能力。

4.1 入门——基本概念与基本操作

使用CorelDRAW X4绘制图形时，在对象编排中常用的基本操作包括对象的复制、群组与结合、排列、对齐与分布以及对象的锁定与解锁等。只有将图形的绘制与操作方法相结合，才能创作出完美的作品。下面将对图形对象的操作进行详细讲解。

4.1.1 对象的选择

在CorelDRAW X4中，对象的选择是最基本的操作。对象的选择可以分为选择单个对象和选择多个对象两种，下面将分别进行详细介绍。

1. 选择单个对象

单击工具箱中的挑选工具，在需要选择的图形对象上单击，即可选中该对象。图形对象被选中后，周围将出现8个控制节点，选择前后效果如图4.1所示。

图4.1 选择对象前后效果

如果图形对象是一个组合，要选择对象中的单个图形元素，可以在按下“Ctrl”键的同时单击群组中的单个对象，选择前后效果如图4.2所示。

图4.2 选择群组中的单个对象前后效果

提示 使用空格键可以快速从其他工具切换到挑选工具，再按下空格键，则可切换到原来的工具。

2. 选择多个对象

在实际操作中，经常需要选择多个对象进行编辑，选择对象的方法主要有以下几种。

- 按住“Shift”键不放开，逐个单击多个对象即可选择这些对象。
- 按住鼠标左键在绘图区域中拖出一个虚线框，框选所需要的对象后释放鼠标左键，即可选中被框选的多个对象。
- 按住“Alt”键并按住鼠标左键在绘图区域中拖动，被接触到的对象都将被选中，框选前后效果如图4.3所示。

提示 在框选多个对象时，如果选取了多余的对象，可以在按住“Shift”键的同时单击多选的对象，取消对该对象的选择。另外，按下“Ctrl+A”组合键，可以选择页面中所有对象。

图4.3 按住“Alt”键框选对象前后效果

3. 按一定顺序选择对象

在工具箱中单击挑选工具，然后按下键盘上的“Tab”键，可以直接选择在CorelDRAW X4中最后绘制的图形。继续按下“Tab”键，即可按用户绘制的图形顺序从后到前逐步选择对象。如图4.4所示的选择顺序是从上到下。

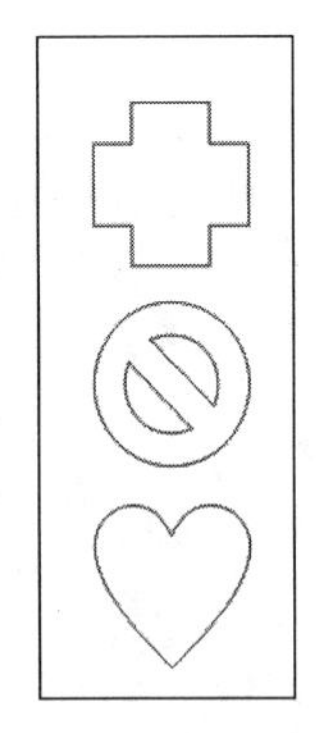
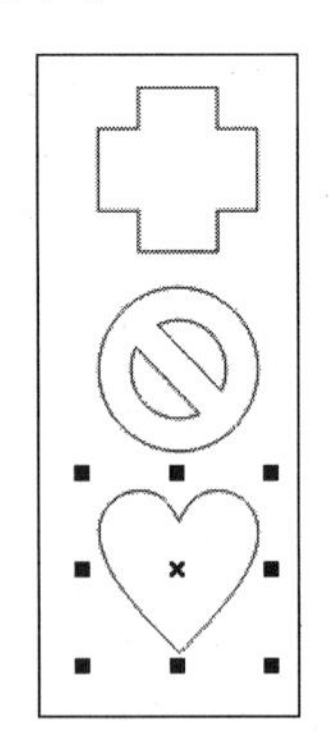
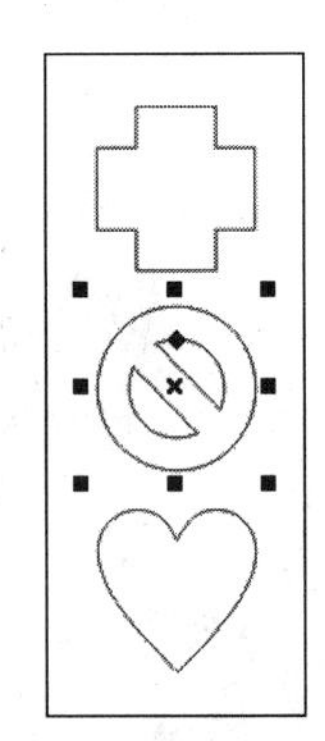

图4.4 按一定顺序选择对象

4. 选择重叠对象

在CorelDRAW X4中单击挑选工具，然后按下“Alt”键同时在重叠处单击鼠标左键，即可选择被覆盖的图形。再次单击，则可以选择后面一层，依此类推，重叠在后面的图形对象都可以被选中。

4.1.2 对象的复制

在CorelDRAW X4中复制对象的方法有很多种，下面将详细介绍复制对象的其他方法。

1. 对象的基本复制

选择对象后，将对象进行复制的操作方法主要有以下几种。

- 在菜单栏中执行“编辑”→“复制”命令，然后再次执行“编辑”→“粘贴”命令。
- 在需要复制的对象上单击鼠标右键，在弹出的快捷菜单中选择“复制”命令，然后在需要粘贴的地方单击鼠标左键，在弹出的快捷菜单中选择“粘贴”命令。
- 选择对象，按下“Ctrl+C”组合键复制，然后按下“Ctrl+V”组合键将其粘贴。
- 选择对象，首先单击工具栏中的“复制”按钮进行复制，然后按下“粘贴”按钮粘贴对象。
- 按下数字键盘上的“+”键复制对象。
- 使用挑选工具选择对象后，按住鼠标左键将对象拖动到适当的位置后单击鼠标右键，即可将对象复制到该位置。

2. 对象的再制

使用“再制”命令，可以快速地对对象进行复制，该命令与“复制”命令不同，“再制”命令不通过剪贴板来复制对象，而是直接在页面中生成对象。

使用挑选工具选择对象后，在菜单栏中执行“编辑”→“再制”命令或按下“Ctrl+D”组合键，即可复制出与原对象有一定距离的新对象，如图4.5所示。

多次按下“Ctrl+D”组合键可以沿再制对象的方向进行多次复制，如图4.6所示。

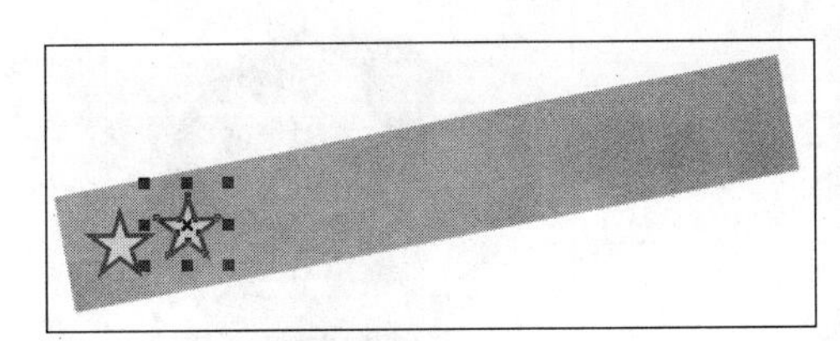

图4.5 再制一个对象

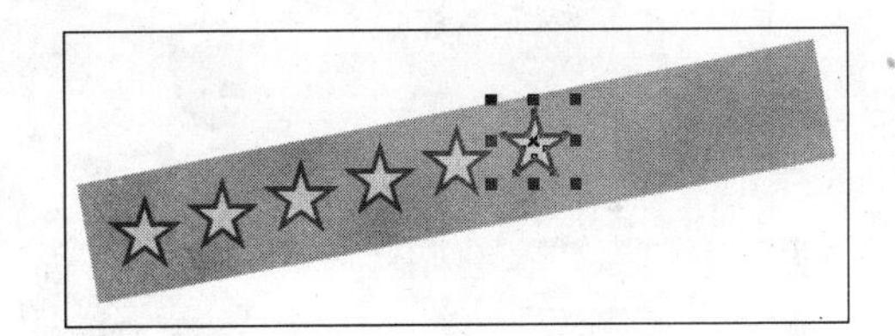

图4.6 再制多个对象

3. 复制对象属性

在CorelDRAW X4中可以方便地将指定对象的属性通过复制的方法应用到所选对象上。可以被复制的对象属性包括轮廓笔、轮廓色、填充和文本属性。

单击工具箱中的挑选工具，选择需要复制属性的对象，在菜单栏中执行“编辑”→“复制属性自”命令，弹出如图4.7所示的“复制属性”对话框。在“复制属性”对话框中，勾选需要复制的属性复选框，然后单击“确定”按钮，再单击指定源对象，如图4.8所示，即可将该对象属性复制到所选择的对象上，如图4.9所示。

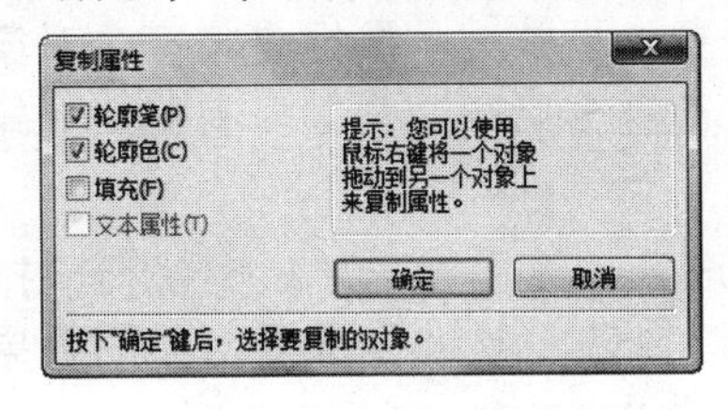

图4.7 “复制属性”对话框

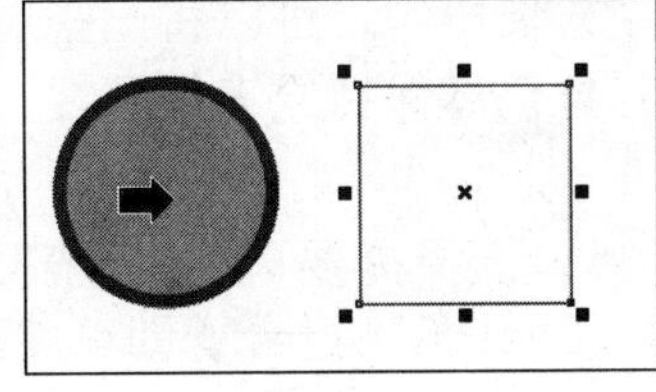

图4.8 指定源对象

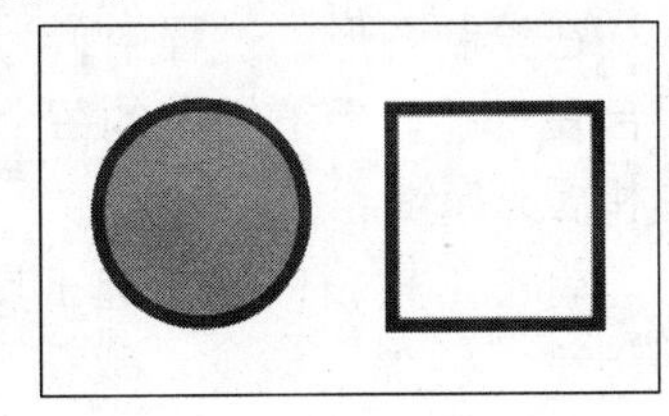

图4.9 复制后的效果

提示 使用鼠标右键拖动一个对象至另一个对象上，如图4.10所示，释放鼠标后，在弹出的快捷菜单中选择“复制填充”、“复制轮廓”或“复制所有属性”命令，即可复制对象的填充、轮廓或所有属性，如图4.11所示。

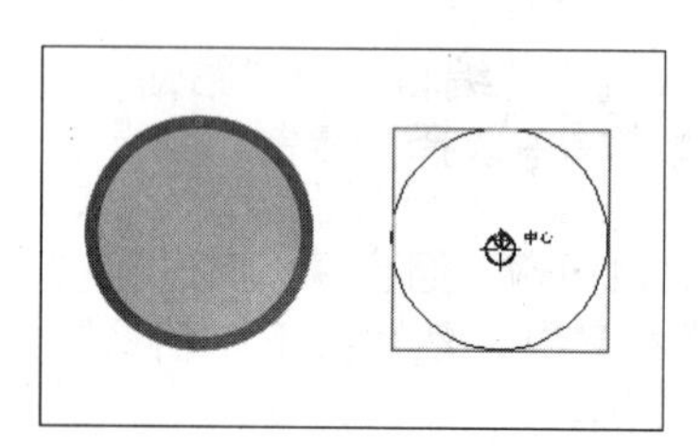

图4.10　移动对象

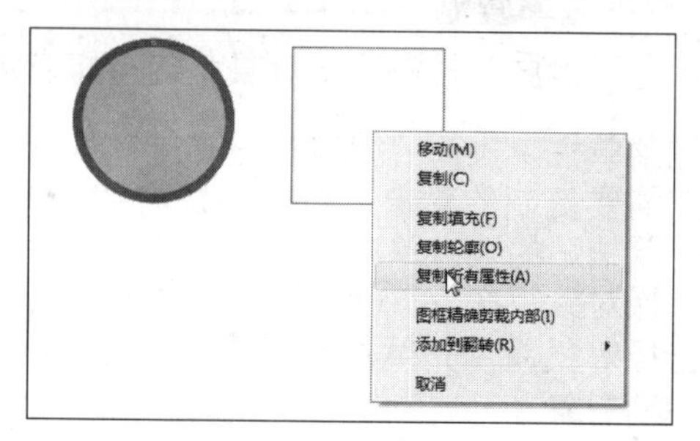

图4.11　选择复制对象的属性

4. 将对象置于图形内部

在CorelDRAW X4中使用“图框精确剪裁内部”命令，可以将选择的对象置入到目标对象内部。

单击工具箱中的挑选工具，在图形对象上单击鼠标右键，并按住鼠标右键将对象移动到目标对象上，如图4.12所示。在弹出的快捷菜单中选择“图框精确剪裁内部”命令，即可将图形对象置于目标对象内部，如图4.13所示。

图4.12　拖放图形

图4.13　图形置入后的效果

4.1.3 对象的组合

在CorelDRAW X4中，为了操作方便，可以将多个对象群组或结合，使其成为一个整体，并对所有对象进行缩放和旋转等操作。

1. 对象的群组与取消

在绘制图形的过程中，为了方便操作，可以将一些对象进行群组。群组是将多个对象组合在一起，但群组中的每个对象仍然保持原来的属性，而结合后的对象则具有相同的轮廓和填充属性。

单击工具箱中的挑选工具，选择需要群组的全部对象，然后在菜单栏中执行“排列”→“群组”命令，或按下“Ctrl+G”组合键即可将选择的对象进行群组，前后效果如图4.14所示。

图4.14　群组对象前后效果

将不同图层的对象群组后，这些对象将处于同一个图层中。如果需要对群组中的对象单独进行编辑，必须将群组的对象解散。选择已群组的对象，然后在菜单栏中执行“排列”→“取消群组”命令，或按下“Ctrl+U”组合键即可取消群组。

提示　选择图形对象后，单击属性栏中的“取消群组”按钮也可以快速取消群组。如果要解组的对象为群组对象，要将它们解散成单一的对象，在选择对象后直接单击属性栏中的“取消全部组合”按钮即可。

2. 对象的结合与拆分

对象的结合是指把多个不同的对象结合成一个新的对象，其对象属性也随之发生改变。如果结合的对象有重叠区域，结合后重叠区域将变为透明的，通过透明区域可以看到下面的对象。

选择需要结合的对象，如图4.15所示，在菜单栏中执行“排列”→“结合”命令，即可将所选的对象结合成一个对象，如图4.16所示。

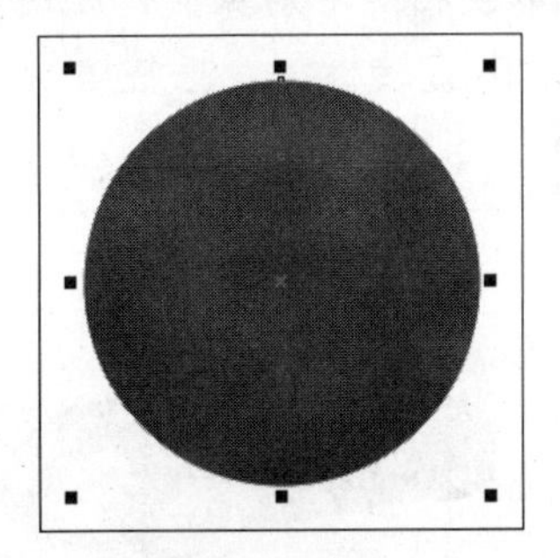

图4.15　选择对象

图4.16　结合为一个对象

在菜单栏中执行“排列”→“打散曲线”命令，或单击属性栏中的“打散”按钮即可将结合的对象进行拆分，拆分后对象原有的属性将消失。

4.1.4　对象的变换

在CorelDRAW X4中可以对任意对象进行变换操作，如对象的定位、旋转和倾斜等。掌握对象的变换操作对图形的绘制及编辑都有非常重要的帮助。

1. 对象的定位

对对象进行定位，可以直接使用鼠标来手动操作，但这样不是很精确，使用“变换”

泊坞窗可以更准确地将对象移动到某个位置。定位对象的操作步骤如下。

1 单击工具箱中的挑选工具，然后在菜单栏中执行“窗口”→“泊坞窗”→“变换”→“位置”命令，或按下“Alt+F7”组合键，弹出如图4.17所示的“变换”泊坞窗。

2 在“水平”和“垂直”文本框中，分别输入水平和垂直坐标；勾选“相对位置”复选框，设置相对于原来位置的位移，取消勾选“相对位置”复选框，对象将直接移动到输入坐标指定的位置；在8个方向复选框中，设置相对于图形的哪个位置进行移动。

3 设置完成后，单击“应用到再制”按钮，可以复制一个对象并移动，原对象的位置不变，如图4.18所示；单击“应用”按钮，可以直接移动对象的位置，而不复制对象。

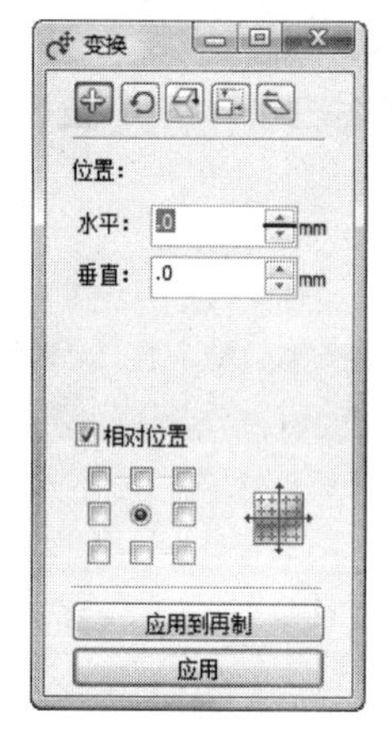

图4.17 “变换”泊坞窗

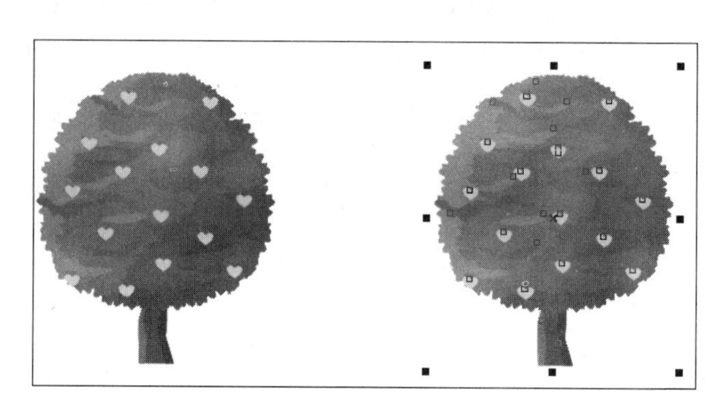

图4.18 复制并移动后的对象

2. 对象的旋转

在编辑图形对象的过程中，为了方便编辑，有时需要将图形对象进行旋转。使用挑选工具在对象上双击，对象周围将出现如图4.19所示的旋转标记，按住鼠标左键进行拖动，即可旋转对象，如图4.20所示。

图4.19 双击图形对象

图4.20 旋转对象

在“变换”泊坞窗中可以将对象进行精确旋转，具体操作步骤如下。

1 单击工具箱中的挑选工具，然后在菜单栏中执行“窗口”→“泊坞窗”→“变换”→“旋转”命令，或按下“Alt+F8”组合键，弹出如图4.21所示的“变换”泊坞窗。

2 在“角度”文本框中输入数值确定旋转的角度，在“中心”栏中的“水平”和“垂直”文本框中设置对象的中心点坐标，勾选“相对中心”复选框，如图4.22所示。

3 完成设置后，单击“应用到再制”按钮，将选择复制得到的副本，原图形对象保持不变，如图4.23所示。

图4.21 “变换”泊坞窗

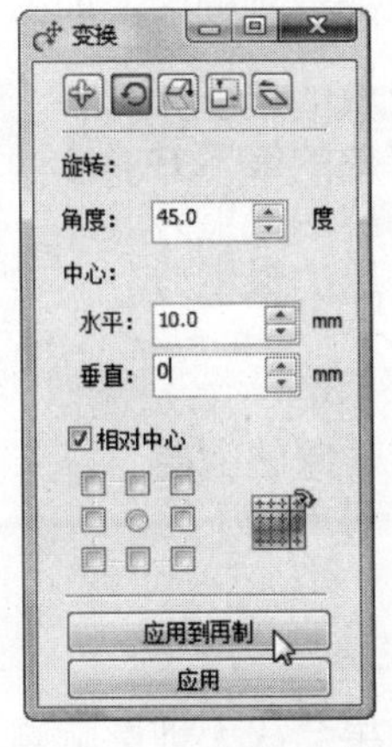

图4.22 设置旋转参数

图4.23 旋转效果

提示 单击“变换”泊坞窗中的“应用”按钮，则直接将原图形对象选择，而不生成副本。

3. 对象的倾斜

在“变换”泊坞窗中还可以对图形对象进行倾斜操作，单击工具箱中的挑选工具，然后在菜单栏中执行“窗口”→“泊坞窗”→“变换”→“倾斜”命令，弹出如图4.24所示的“变换”泊坞窗。在“倾斜”栏的“水平”和“垂直”文本框中输入数值，然后单击“应用”按钮，即可对选择的图形进行倾斜，倾斜后的效果如图4.25所示。

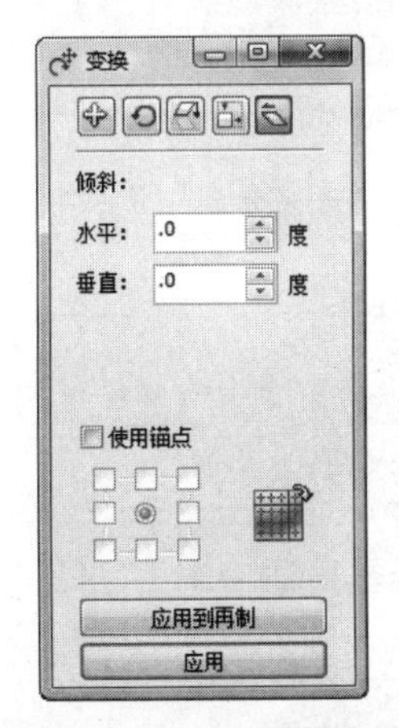

图4.24 “变换”泊坞窗

图4.25 倾斜效果

4.1.5 对象的排列、对齐与分布

当页面中存在两个或两个以上对象时，使用排列和分布功能可以准确地将对象进行排列、对齐与分布操作。

1. 对象的排列

在CorelDRAW X4中创建对象时，对象都是按先后顺序进行排列的，即开始绘制的对象位于最底层，最后绘制的对象位于最上层。在菜单栏中执行“排列”→“顺序”命令，在弹出的子菜单中选择相应的命令，即可调整对象的排列顺序，如图4.26所示。

- **到页面前面：** 将选择的对象移动到所有对象的最上方。
- **到页面后面：** 将选择的对象移动到所有对象的最下方。
- **到图层前面：** 将选择的对象移动到所在图层的最上方。
- **到图层后面：** 将选择的对象移动到所在图层的最下方。
- **向前一层：** 将选择的对象向前移动一层。
- **向后一层：** 将选择的对象向后移动一层。
- **置于此对象前：** 将选择的对象放置于指定对象的上层。
- **置于此对象后：** 将选择的对象放置于指定对象的下层。
- **反转顺序：** 将反转多个对象的叠放顺序。

2. 对象的对齐与分布

在绘制复杂的图形对象时，对象的排列效果会极大地影响画面的美感。CorelDRAW X4允许使用者在绘图的过程中准确地对齐和分布对象，下面对对象的对齐和分布方法进行详细的介绍。

在菜单栏中执行“排列”→“对齐与分布”命令，即可在弹出的子菜单中选择相应的命令，使对象按一定的顺序显示在页面中，如图4.27所示。

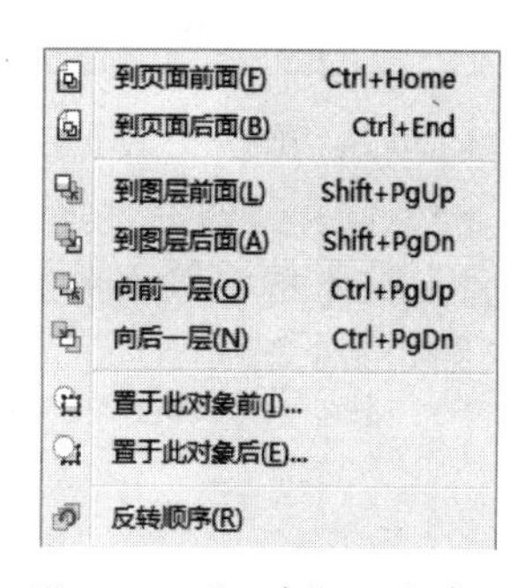

图4.26 “顺序”子菜单

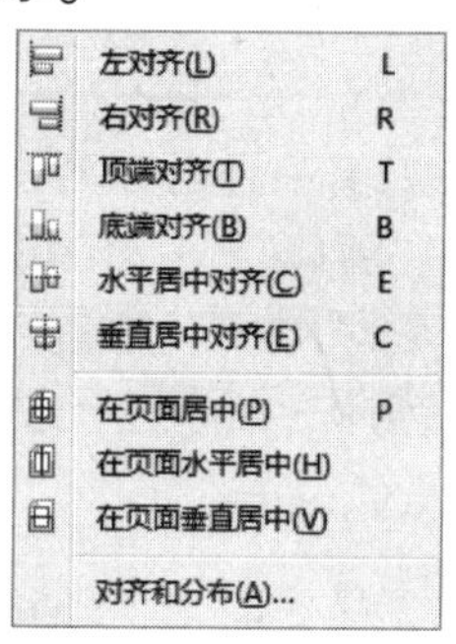

图4.27 “对齐与分布”子菜单

- **左对齐：** 将选择的对象以最先绘制的对象为基准进行左对齐。
- **右对齐：** 将选择的对象以最先绘制的对象为基准进行右对齐。
- **顶端对齐：** 将选择的对象以最先绘制的对象为基准进行顶端对齐。
- **底端对齐：** 将选择的对象以最先绘制的对象为基准进行底端对齐。
- **水平居中对齐：** 将选择的对象以最后选定的对象为基准进行水平居中对齐。
- **垂直居中对齐：** 将选择的对象以最后选定的对象为基准进行垂直居中对齐。
- **在页面居中：** 将选择的对象在页面中居中对齐。
- **在页面水平居中：** 将选择的对象在页面中水平居中对齐。
- **在页面垂直居中：** 将选择的对象在页面中垂直居中对齐。

在菜单栏中执行“排列”→“对齐与分布”→“对齐与分布”命令，即可弹出“对齐与分布”对话框，如图4.28所示，在该对话框中也可以对选择的对象进行对齐和分布操作。

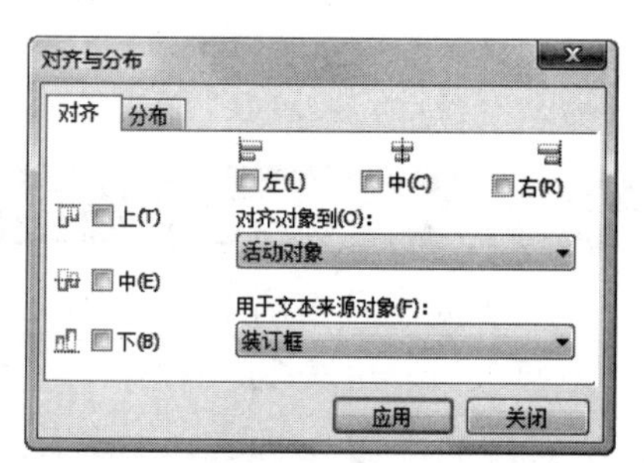

图4.28 “对齐与分布”对话框

4.1.6 对象的锁定与解锁

在编辑图形对象时，为了避免无意中对对象执行误操作，可以对已经编辑好的对象进行锁定。如果需要再次对该对象进行编辑，则必须进行解锁操作。

1. 对象的锁定

CorelDRAW X4提供了锁定对象的功能，选择需要锁定的对象，如图4.29所示，在菜单栏中执行“排列”→“锁定对象”命令，或单击鼠标右键，在弹出的快捷菜单中选择“锁定对象”命令，都可将选择的对象锁定。对象被锁定后，对象四周将出现8个锁的图标，如图4.30所示。

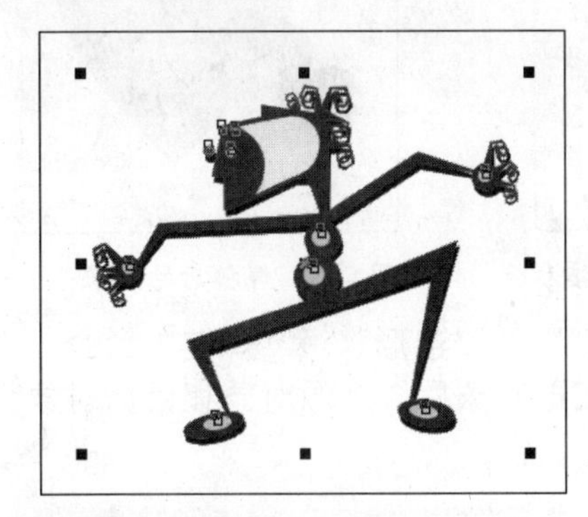

图4.29 选择对象

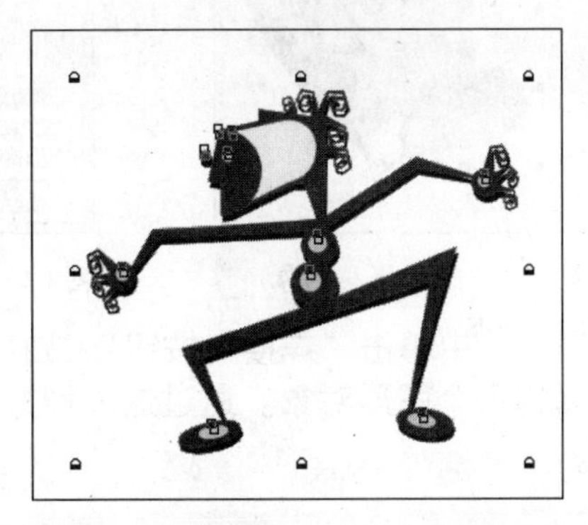

图4.30 锁定对象

2. 对象的解锁

对象的解锁包括单个对象的解锁和多个对象的解锁两种。选择被锁定的对象，在菜单栏中执行“排列”→“解除锁定对象”命令，或在锁定对象上单击鼠标右键，在弹出的快捷菜单中选择“解除锁定对象”命令即可解锁单个对象。在菜单栏中执行“排列”→“解除锁定全部对象”命令，即可将页面中的所有对象解锁。

提示 按住“Shift”键一次选择多个需要解除锁定的对象，然后在菜单栏中执行“排列”→“解除锁定对象”命令，即可将选择的对象全部解除锁定。

4.1.7 对象的造形

在CorelDRAW X4中使用对象的造形功能，可以方便地创建出更多复杂和丰富的图形效果。其中对象的造形包括焊接、修剪、相交、简化、移除后面对象和移除前面对象，下面将分别进行详细的介绍。

1. 对象的焊接

焊接功能用于将多个图形焊接在一起，形成一个单独的新图形。焊接后得到的图形将形成一个整体，并具有相同的属性。焊接图形的具体操作步骤如下。

1 选择需要焊接的图形对象，如图4.31所示。

2 在菜单栏中执行“窗口”→“泊坞窗”→“造形”命令，弹出“造形”泊坞窗，在下拉列表框中选择“焊接”选项，然后取消勾选“来源对象”和“目标对象”复选框，如图

4.32所示。

提示 在“造形”泊坞窗中，勾选“来源对象”复选框，可以在焊接后保留目标对象的副本；勾选“目标对象”复选框，可以在焊接后保留焊接对象的副本。

3 单击“焊接到”按钮，当鼠标指针呈显示时，单击目标对象即可焊接对象，如图4.33所示。

图4.31 选择焊接对象

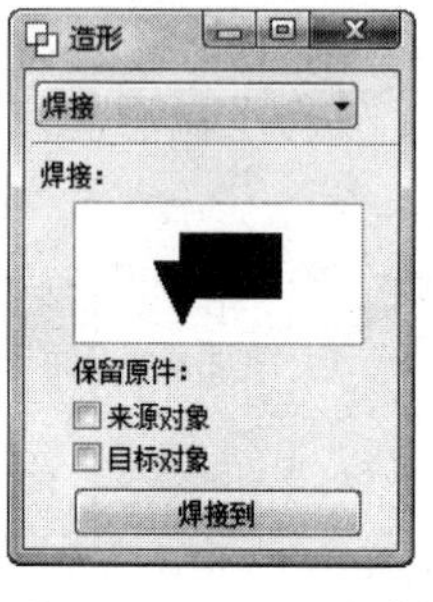

图4.32 设置焊接参数

图4.33 焊接后的效果

在属性栏中单击“焊接”按钮或执行“排列”→“造形”→“焊接”命令，也可以焊接选择的多个图形对象。通过这两种方式焊接图形对象后，来源对象和目标对象都不会被保留。

提示 焊接功能不能应用于尺寸线、段落文本、再制的源对象，但可以焊接再制对象。

2. 对象的修剪

修剪功能可以清除被修剪对象和其他对象的相交部分，从而生成新的图形对象。对象被修剪后，新图形的属性与目标对象的属性保持一致。修剪图形对象的具体操作步骤如下。

1 选择修剪的图形对象，如图4.34所示。

2 在菜单栏中执行“窗口”→“泊坞窗”→“造形”命令，弹出“造形”泊坞窗，在下拉列表框中选择“修剪”选项，然后取消勾选“来源对象”和“目标对象”复选框，如图4.35所示。

3 单击“修剪”按钮，当指针呈显示时，单击目标图形对象即可完成修剪，如图4.36所示。

图4.34 选择修剪对象

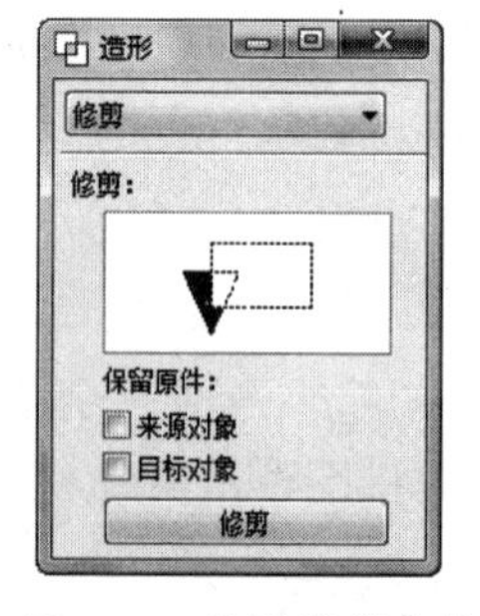

图4.35 设置修剪参数

图4.36 修剪后的效果

3. 对象的相交

相交功能可以创建一个以对象相交区域为内容的新对象，新对象的尺寸和形状与相交区域完全相同，其中颜色和轮廓属性取决于目标对象。对象相交的具体操作步骤如下。

1 选择需要相交的对象，如图4.37所示。

2 在菜单栏中执行“窗口”→“泊坞窗”→“造形”命令，弹出“造形”泊坞窗，在下拉列表框中选择“相交”选项，然后取消勾选“来源对象”和“目标对象”复选框，如图4.38所示。

3 单击“相交”按钮，当指针呈显示时，单击目标对象即可完成相交操作，如图4.39所示。

图4.37 选择相交对象

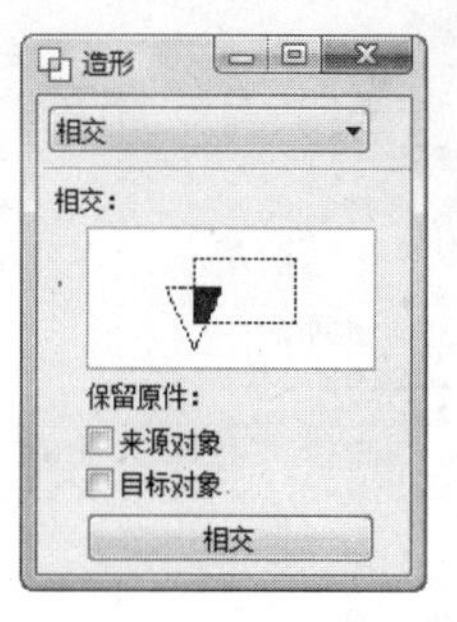

图4.38 设置相交参数

图4.39 相交后的效果

4. 对象的简化

对象的简化是指清除前面对象与后面对象的重叠部分，保留剩余部分的操作。使用对象的简化功能可以有效地减小文件大小，且不影响作品的外观。对象简化的具体操作步骤如下。

1 选择需要简化的图形对象，如图4.40所示。

2 在菜单栏中执行“窗口”→“泊坞窗”→“造形”命令，弹出“造形”泊坞窗，在下拉列表框中选择“简化”选项，如图4.41所示。

3 单击“应用”按钮，即可完成简化操作，移开图形后的简化效果如图4.42所示。

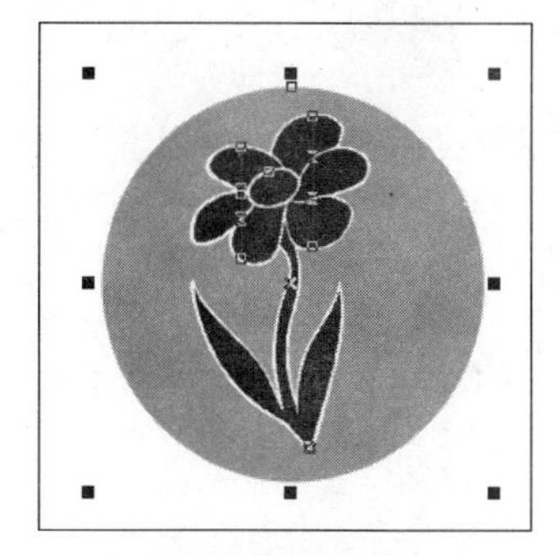

图4.40 选择简化对象

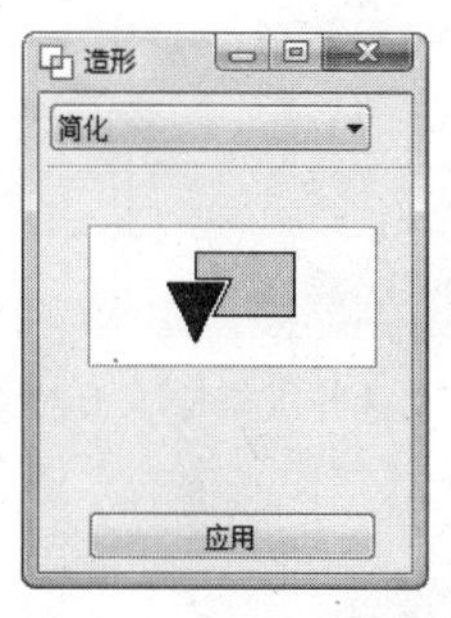

图4.41 选择“简化”选项

图4.42 移开图形后的简化效果

5. 移除后面对象

使用“移除后面对象”操作可以减去对象后面的对象，并减去前后对象重叠的区域，保留前面对象的非重叠区域，其具体操作步骤如下。

1 使用挑选工具选中两个相互重叠的图形，如图4.43所示。
2 在菜单栏中执行“窗口”→“泊坞窗”→“造形”命令，弹出“造形”泊坞窗，在下拉列表框中选择“移除后面对象”选项，如图4.44所示。
3 单击“应用”按钮，即可完成移除后面对象操作，效果如图4.45所示。

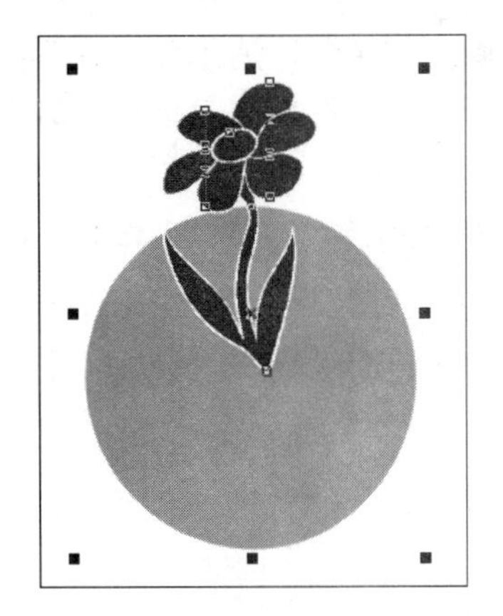
图4.43 选择图形

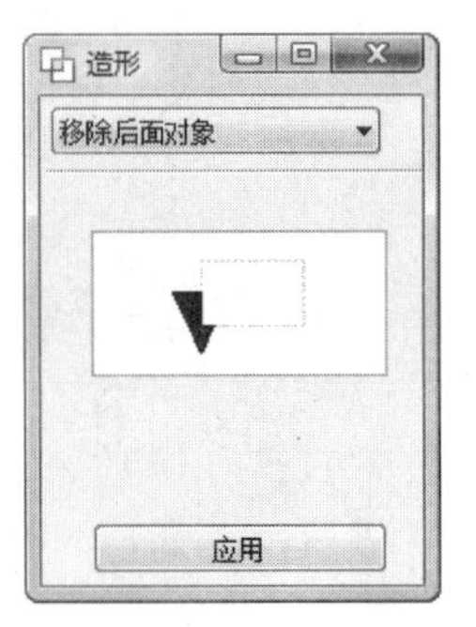

图4.44 选择“移除后面对象”选项

图4.45 移除后面对象的效果

6. 移除前面对象

使用“移除前面对象”操作可以减去对象前面的对象，并减去前后对象重叠的区域，保留后面对象的非重叠区域，其具体操作步骤如下。

1 使用挑选工具选中两个相互重叠的图形，如图4.46所示。
2 在菜单栏中执行“窗口”→“泊坞窗”→“造形”命令，弹出“造形”泊坞窗，在下拉列表框中选择“移除前面对象”选项，如图4.47所示。
3 单击“应用”按钮，即可完成移除前面对象操作，效果如图4.48所示。

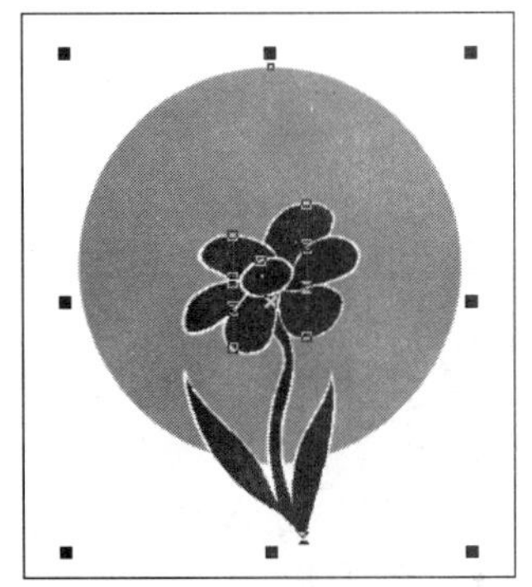
图4.46 选择图形

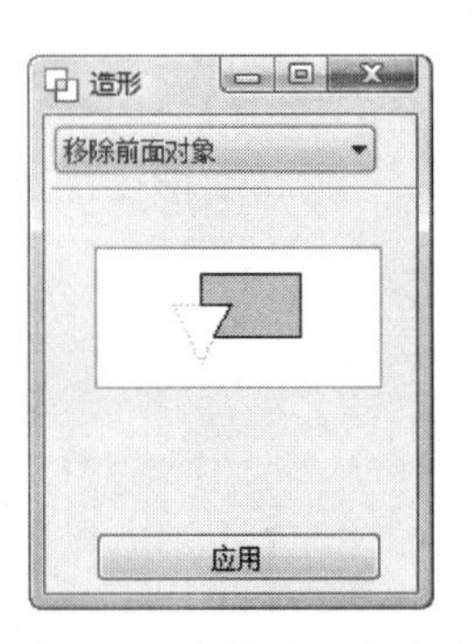

图4.47 选择“移除前面对象”选项

图4.48 移除前面对象的效果

4.1.8 对象的管理

在“对象管理器”泊坞窗中拖动对象可以实现对象的排序操作，还可以设置图层和对象的属性等。

1. 对象管理器

在菜单栏中执行“工具”→“对象管理器”命令，即可打开“对象管理器”泊坞窗，如图4.49所示。在该泊坞窗中可以通过对图层的操作来实现对对象的操作，包括隐藏、选择和打印对象等，还可以快速查看文档中所有对象的相关信息。

“对象管理器”泊坞窗中包括很多按钮，其中各个按钮的含义如下。

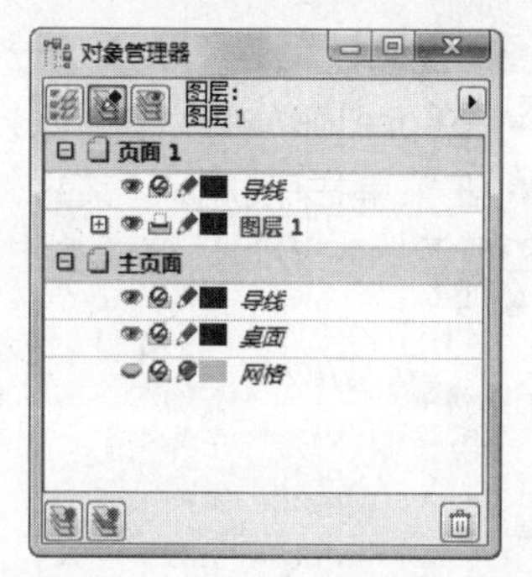

图4.49　“对象管理器”泊坞窗

- **新建图层**：单击该按钮，可以在当前绘图页面中创建新图层。
- **新建主图层**：单击该按钮，可以创建新的主图层。
- **显示对象属性**：单击该按钮，可以在“对象管理器”泊坞窗中显示对象的轮廓、填充和形状等属性，如图4.50所示。如果没有按下该按钮，在“对象管理器”泊坞窗中将不会显示对象的属性。
- **跨图层编辑**：单击该按钮，可以在不同的图层之间进行编辑。如果没有按下该按钮，就只能在同一图层中编辑对象。
- **图层管理器视图**：单击该按钮，在“对象管理器”泊坞窗中只显示所有图层，而不显示图层中的子结构和对象，如图4.51所示。
- **删除**：单击该按钮，即可将选择的图层删除。

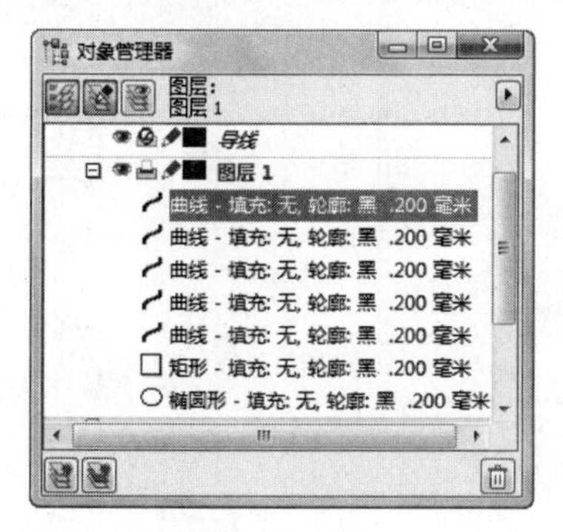

图4.50　显示对象属性

图4.51　不显示图层中的子结构和对象

单击“对象管理器”泊坞窗右上角的“对象管理器选项”按钮，即可显示如图4.52所示的快捷菜单。在该菜单中选择相应的命令也可以对图层和对象进行管理。

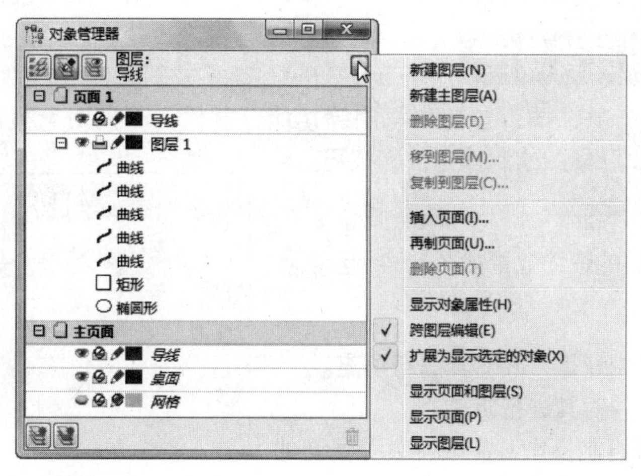

图4.52　快捷菜单

2. 查看文档属性

在CorelDRAW X4中可以方便地查看当前文档的属性。打开需要查看文档信息的图形文件，在菜单栏中执行“文件”→“文档属性”命令，即可打开“文档属性”对话框，如图4.53所示。在该对话框中列出了当前打开文档的相关信息。

图4.53 “文档属性”对话框

4.2 进阶——典型实例

通过前面的学习，相信读者已经对CorelDRAW X4中对象的操作有了一定的了解，下面将在此基础上进行相应的实例练习。

4.2.1 制作网页背景图

本例将使用对象的选择、复制和再制等功能，制作一个网页背景图。通过本例的学习，读者可掌握网页背景图的制作方法和技巧。

最终效果

本例制作完成后的最终效果如图4.54所示。

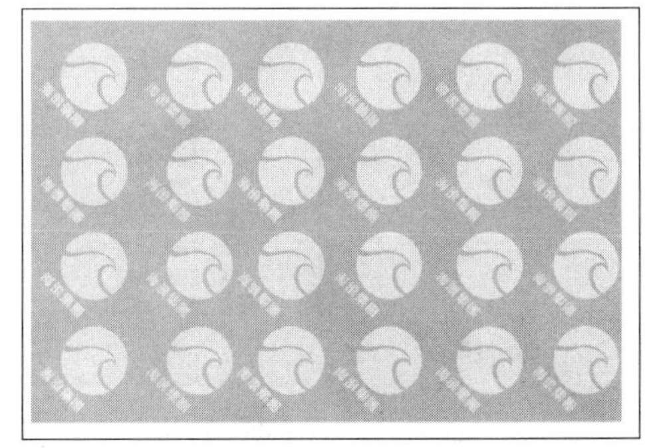

图4.54 最终效果

解题思路

1 使用矩形工具绘制背景，并对其进行填充。
2 导入企业标志，并对其进行旋转。
3 对企业标志进行再制操作，完成网页背景图的制作。

操作步骤

1 按下“Ctrl+N”组合键，新建一个文档，新建的文档默认为A4大小。

2 单击工具箱中的矩形工具，绘制如图4.55所示的矩形，并将其放置到适当的位置。

3 单击工具箱中的填充工具，在打开的工具列表中单击均匀填充工具，设置填充色为“C：13，M：11，Y：4，K：0”，对矩形进行填充，并删除轮廓线，效果如图4.56所示。

图4.55　绘制矩形

图4.56　填充矩形

4 导入企业标志，如图4.57所示，然后执行“窗口”→“泊坞窗”→“变换”→“旋转”命令，打开“变换”泊坞窗。

5 在“变换”泊坞窗中，设置角度为-45°，然后单击“应用”按钮，如图4.58所示。

图4.57　企业标志

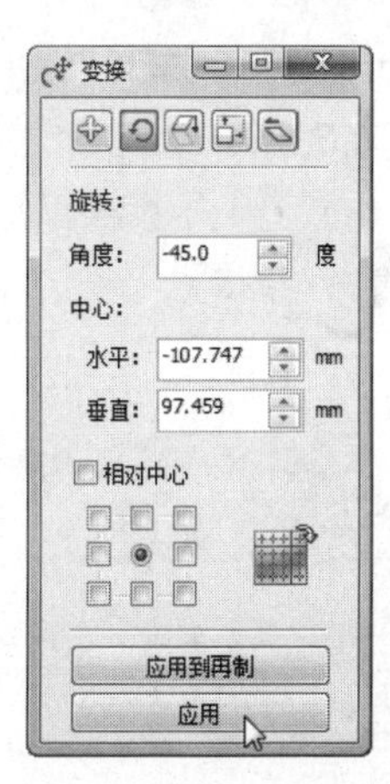

图4.58　设置旋转参数

6 单击工具箱中的填充工具，在打开的工具列表中单击均匀填充工具，设置填充色为“C：0，M：0，Y：0，K：0”，对标志进行填充，并将标志移动到绘制的背景中，如图4.59所示。

7 选择标志，然后按住“Shift”键对其进行缩放，并将缩放后的标志移动到合适的位置，如图4.60所示。

8 选择企业标志，然后按住鼠标左键拖动标志到适当位置后单击鼠标右键，对标志进行复制，如图4.61所示。

9 按下“Ctrl+D”组合键，等距离复制多个标志，效果如图4.62所示。

图4.59　填充并移动标志

图4.60　缩放并移动标志

图4.61　复制标志

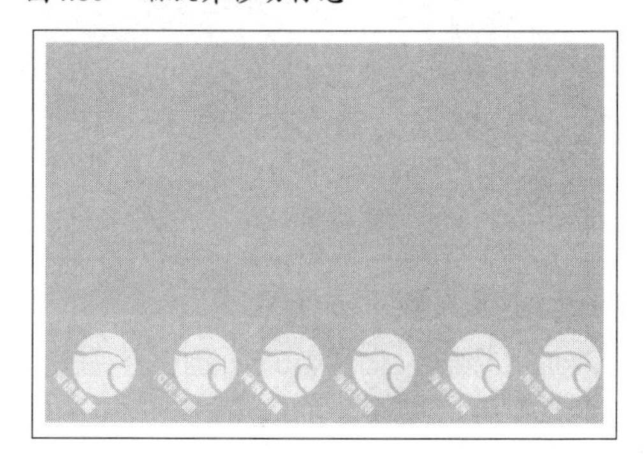

图4.62　等距离复制多个标志

10 选择整行的标志，然后按住鼠标左键拖动标志到适当位置后单击鼠标右键，对标志进行复制，如图4.63所示。

11 按下“Ctrl+D”组合键等距离复制多行标志，完成网页背景图的制作，效果如图4.64所示。

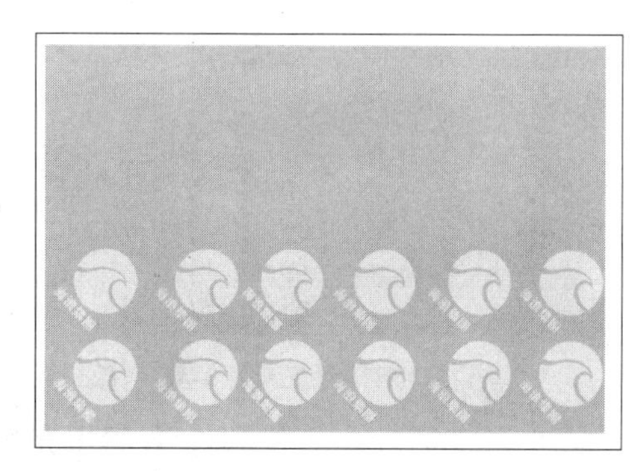

图4.63　复制整行标志

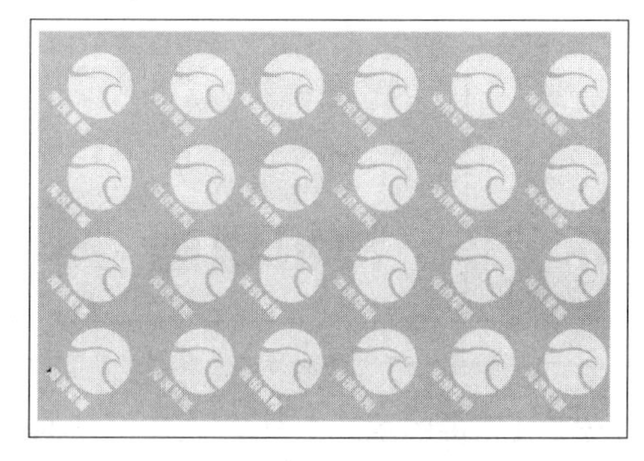

图4.64　等距离复制多行标志

4.2.2　绘制中国结

本例使用矩形工具、对象的复制和再制功能等绘制一个中国结，通过本例的学习，读者可以掌握中国结的绘制方法和技巧。

最终效果

本例制作完成后的最终效果如图4.65所示。

解题思路

1 使用矩形工具绘制矩形，并对绘制的矩形进行填充。
2 对绘制的矩形进行复制和再制操作。
3 使用钢笔工具绘制中国结的吊坠部分。

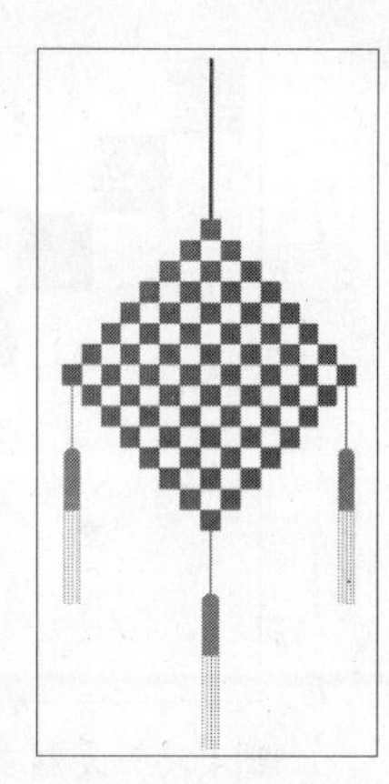
图4.65　最终效果

操作步骤

1 按下“Ctrl+N”组合键，新建一个文档，新建的文档默认为A4大小。
2 单击工具箱中的矩形工具，在绘图区域中按住“Ctrl”键绘制正方形，如图4.66所示。
3 单击工具箱中的填充工具，在打开的工具列表中单击均匀填充工具，设置填充颜色为“C：1，M：96，Y：85，K：0”，对矩形进行填充，并删除轮廓线，效果如图4.67所示。

图4.66　绘制矩形

图4.67　填充矩形

4 选择矩形，然后按住鼠标左键将其向右下方拖动，如图4.68所示。
5 将矩形拖动到适当位置后，单击鼠标右键，复制矩形，如图4.69所示。

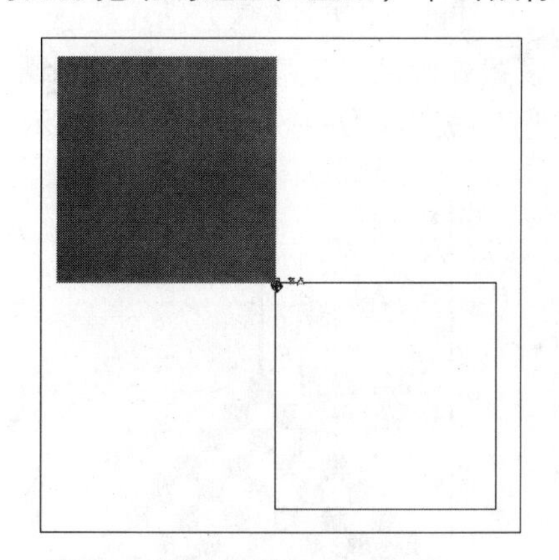
图4.68　拖动矩形

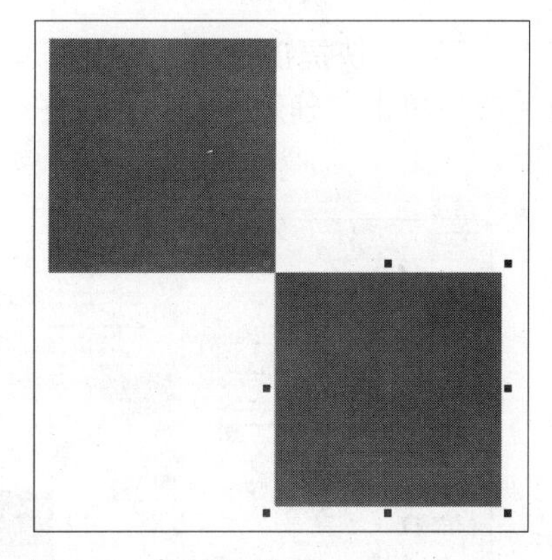
图4.69　复制矩形

6 多次按下“Ctrl+D”组合键，复制多个矩形，复制后的效果如图4.70所示。
7 选择复制后得到的全部矩形，然后按住鼠标左键进行拖动，将其拖动到适当位置后单击鼠标右键，复制矩形，效果如图4.71所示。

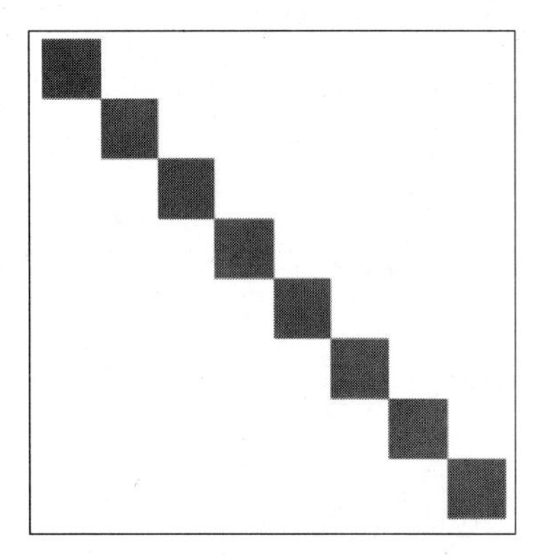

图4.70 复制多个后的效果

图4.71 拖动复制矩形

8 多次按下“Ctrl+D”组合键，复制多个矩形，复制后的效果如图4.72所示。

9 在工具箱中单击钢笔工具，按住“Shift”键，绘制一条直线，如图4.73所示。

图4.72 复制后的效果

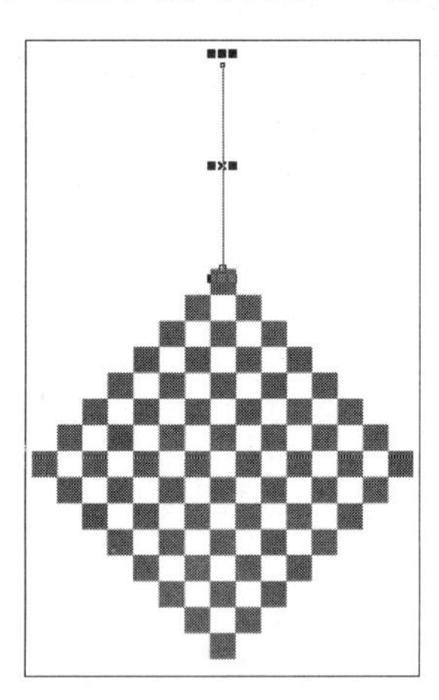

图4.73 绘制直线

10 按下“F12”快捷键，弹出“轮廓笔”对话框，设置轮廓的“宽度”为“4.0mm”，设置完成后单击“确定”按钮，如图4.74所示，改变直线宽度后的效果如图4.75所示。

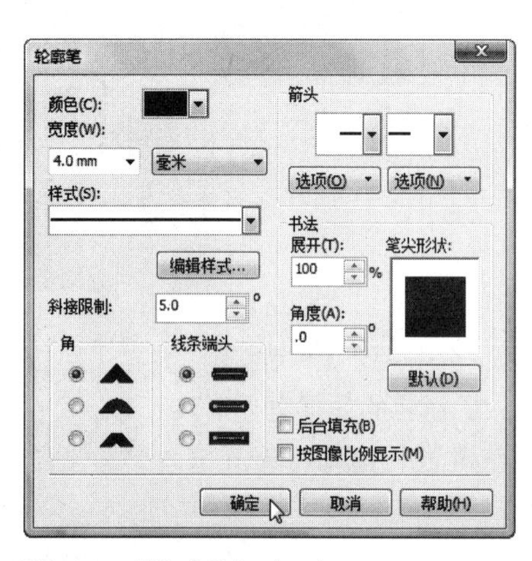

图4.74 “轮廓笔”对话框

图4.75 改变直线宽度后的效果

11 在工具箱中单击钢笔工具，按住“Shift”键，绘制一条直线，如图4.76所示。
12 在工具箱中单击矩形工具，然后在绘图区域中绘制矩形，如图4.77所示。
13 使用形状工具，单击并按住鼠标左键进行拖动，绘制出圆角矩形，如图4.78所示。

图4.76 绘制直线

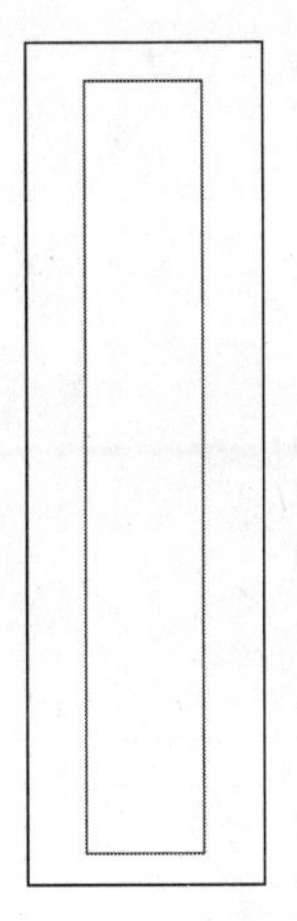
图4.77 绘制矩形

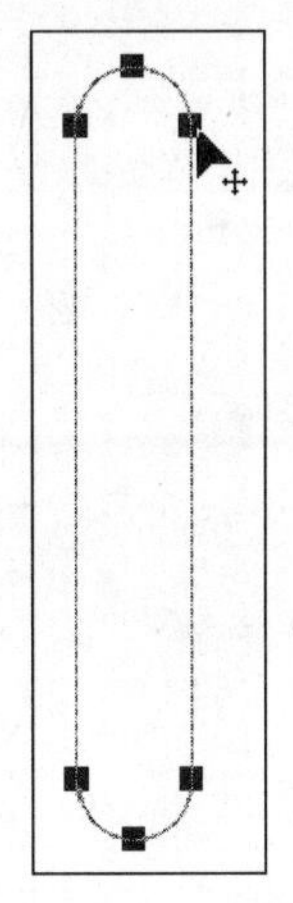
图4.78 绘制圆角矩形

14 使用矩形工具绘制如图4.79所示的矩形。
15 选中圆角矩形和绘制的矩形，在菜单栏中执行“排列”→“造形”→“移除前面对象”命令，效果如图4.80所示。
16 在绘图区域右侧的调色板中单击“橘红”色块，对图形进行填充，并删除轮廓线，效果如图4.81所示。

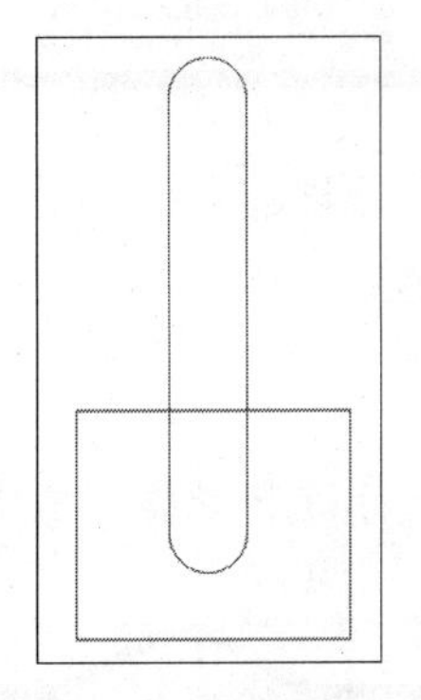
图4.79 绘制矩形

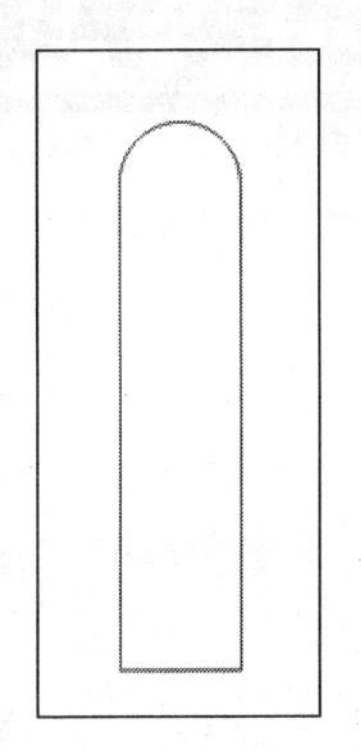
图4.80 移除前面对象

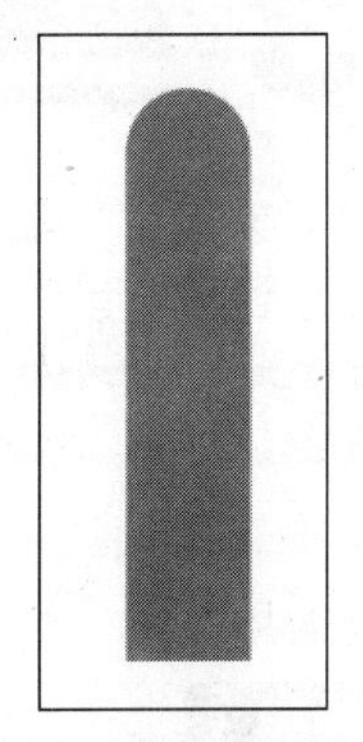
图4.81 填充对象

17 选中填充后的对象，并将对象移动到适当的位置，如图4.82所示。
18 在工具箱中单击钢笔工具，按住“Shift”键，绘制一条直线，如图4.83所示。
19 选中绘制的直线，然后按下“Ctrl+D”组合键，复制绘制的直线，效果如图4.84所示。
20 选中绘制的吊坠，将其复制两份，并放置到合适的位置，如图4.85所示。

图4.82　移动对象

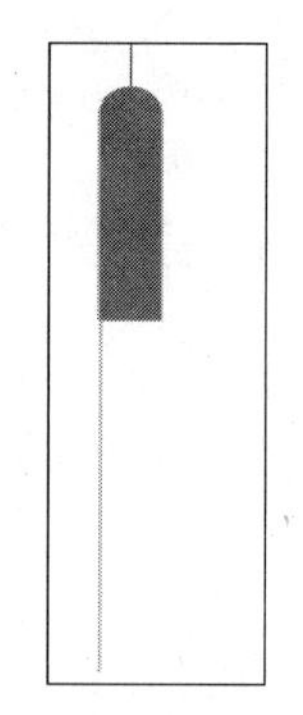

图4.83　绘制直线

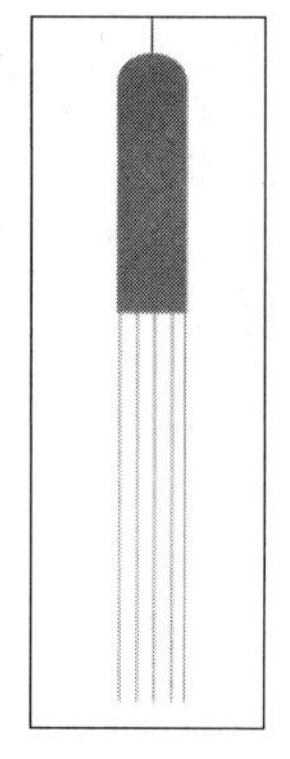

图4.84　复制直线

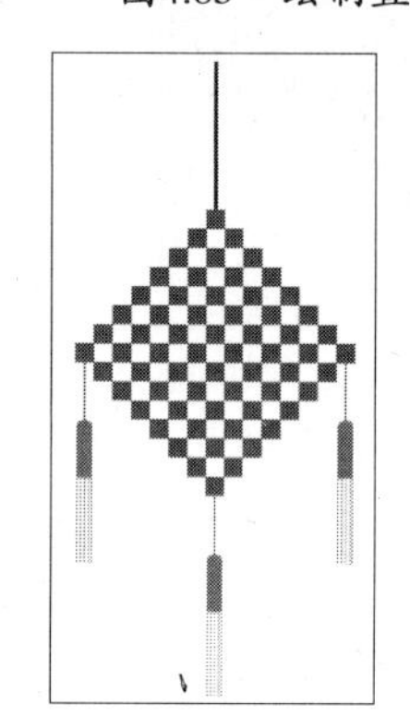

图4.85　复制吊坠

4.3 提高——自己动手练

利用对象的操作制作了相关实例后，下面将进一步巩固本章所学的知识并进行相关的演练，以达到提高读者动手能力的目的。

4.3.1 制作信笺纸

本练习利用钢笔工具、对象的对齐与分布功能制作信笺纸，让读者掌握对象的对齐与分布功能的用法。

最终效果

本例制作完成后的最终效果如图4.86所示。

图4.86　最终效果

解题思路

1 使用钢笔工具绘制信笺纸，并对其进行填充。
2 导入素材图像，将素材图像放到合适位置。
3 绘制信笺纸上的横线，并将横线对齐。

操作步骤

1 按下“Ctrl+N”组合键，新建一个文档，新建的文档默认为A4大小。

2 单击工具箱中的钢笔工具，绘制如图4.87所示的图形。

3 选择绘制的图形，然后在页面右侧调色板中的“黄”色块上单击鼠标左键，将其填充为黄色，并将轮廓线填充为黑色，如图4.88所示。

4 选择图形，在属性栏中设置轮廓的宽度为“5.0mm”，效果如图4.89所示。

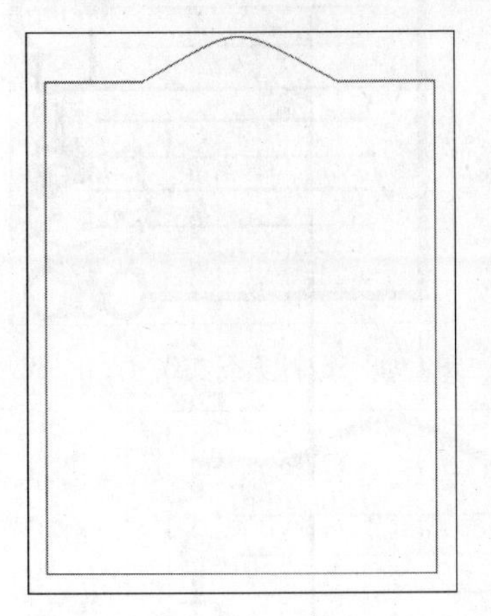

图4.87 绘制图形

图4.88 填充图形

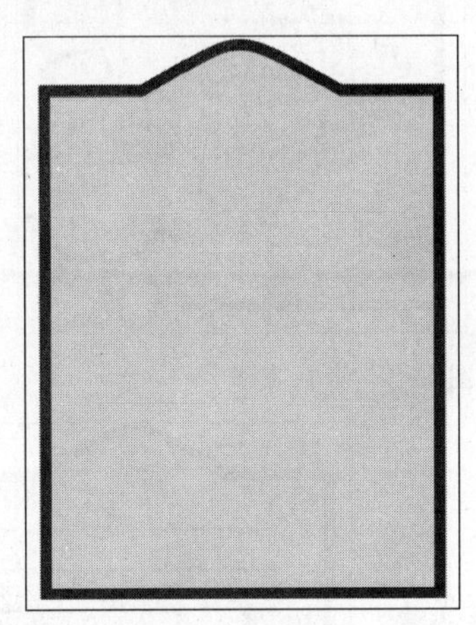

图4.89 设置轮廓线宽度

5 在菜单栏中执行“文件”→“导入”命令，导入图像素材，如图4.90所示。

6 使用挑选工具将导入的图像放置到合适的位置，如图4.91所示。

图4.90 导入图像素材

图4.91 移动图像素材

7 单击工具箱中的钢笔工具，然后按住“Shift”键，绘制如图4.92所示的直线。

8 选择绘制的直线，然后按住鼠标左键将其向下方拖动，拖动到适当位置后，单击鼠标右键，复制直线，如图4.93所示。

9 重复执行上述操作，将直线复制多份，效果如图4.94所示。

10 选中所有直线，然后在菜单栏中执行“排列”→“对齐与分布”→“垂直居中对齐”命令，将直线对齐，如图4.95所示。

11 选中所有直线，然后在菜单栏中执行“排列”→“顺序”→“向后一层”命令，将直线移动到素材图像的后面，如图4.96所示。

12 选中绘图区域中的所有图形，然后执行“排列”→“群组”命令，将对象进行群组。

图4.92　绘制直线

图4.93　复制直线

图4.94　复制多条直线

图4.95　对齐直线

图4.96　排列对象顺序

4.3.2　绘制南瓜

本练习使用椭圆形工具和对象的修剪功能等绘制卡通南瓜，让读者掌握修剪对象的方法和技巧。

最终效果

本例制作完成后的最终效果如图4.97所示。

图4.97　最终效果

解题思路

1 使用椭圆形工具绘制椭圆，并对其进行填充，绘画南瓜的外形。
2 使用对象的修剪功能，绘制南瓜蒂。
3 使用钢笔工具和手绘工具绘制南瓜叶。
4 对绘制的图形进行群组。

操作步骤

1 按下“Ctrl+N”组合键，新建一个文档，新建的文档默认为A4大小。
2 单击工具箱中的椭圆形工具，绘制椭圆，并将椭圆填充成橘红色，然后删除轮廓线，效果如图4.98所示。
3 选择绘制的椭圆，按下数字键盘上的“+”键，进行复制，然后按住“Shift”键将光标放在右边中间的控制点上，按住鼠标左键拖动以缩小椭圆。
4 在页面右侧调色板中的“白”色块上单击鼠标左键，将复制的圆填充为白色，如图4.99所示。

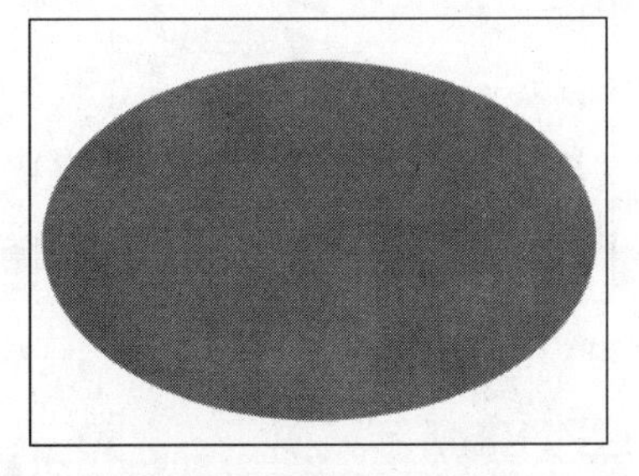
图4.98　绘制椭圆

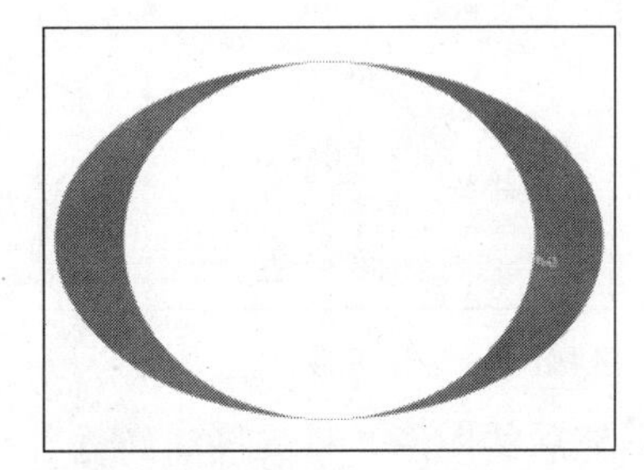
图4.99　填充复制椭圆

5 重复以上步骤，多次复制并填充椭圆，绘制出南瓜的外形，效果如图4.100所示。
6 单击工具箱中的椭圆形工具，绘制如图4.101所示的椭圆。

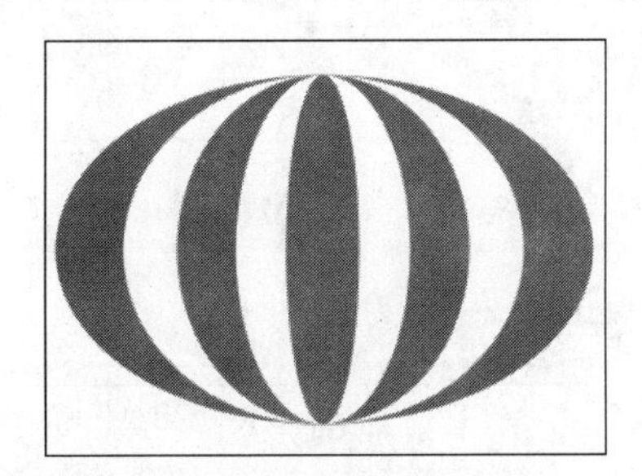
图4.100　绘制南瓜外形

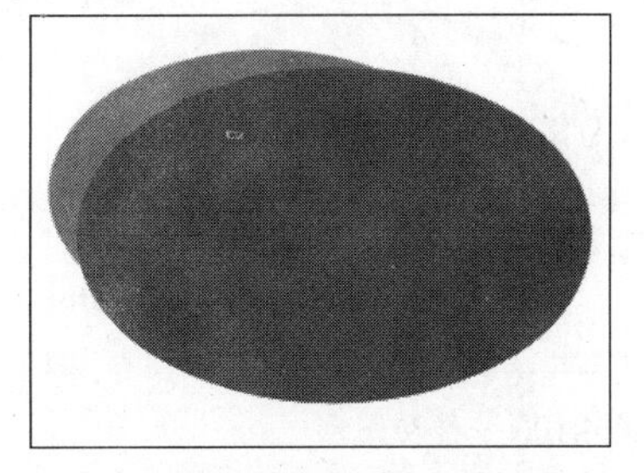
图4.101　绘制椭圆

7 选择最上层的椭圆形，在菜单栏中执行“窗口”→“泊坞窗”→“造形”命令，弹出“造形”泊坞窗，在下拉列表框中选择“修剪”选项，然后取消勾选“来源对象”和“目标对象”复选框，如图4.102所示。
8 单击“修剪”按钮，当鼠标指针呈显示时，单击目标图形对象即可修剪对象，如图4.103所示。

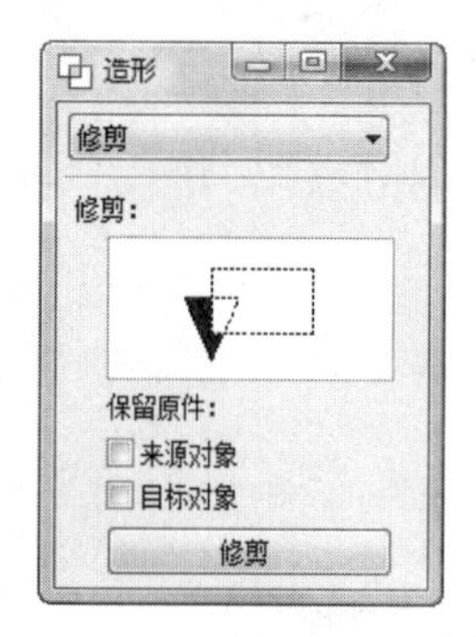

图4.102 “造形”泊坞窗

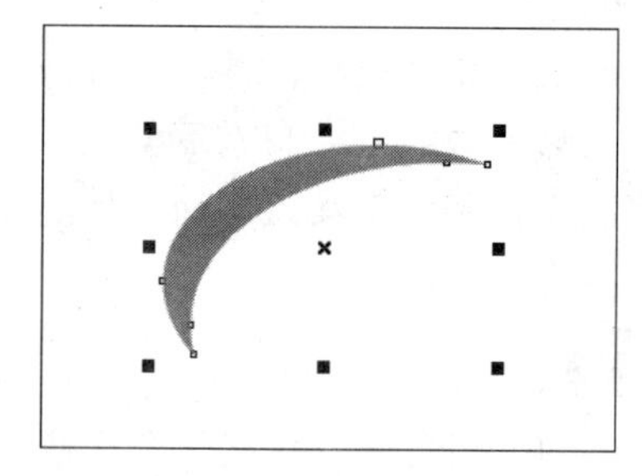

图4.103 修剪后的效果

9 使用形状工具对修剪后的图形进行调整，效果如图4.104所示。

10 单击工具箱中的填充工具，在打开的工具列表中单击均匀填充工具，设置填充颜色为“C：35，M：84，Y：99，K：2”，对得到的图形进行填充，效果如图4.105所示。

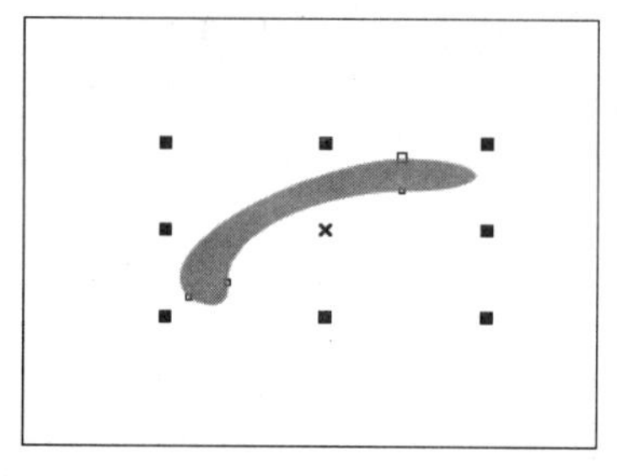

图4.104 调整图形

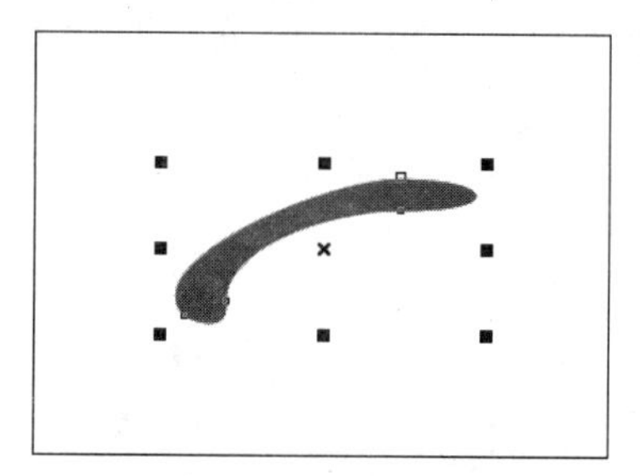

图4.105 填充图形

11 选择填充后的图形，将其移动到适当的位置，如图4.106所示。

12 选择图形，然后在菜单栏中执行“排列”→“顺序”→“到页面后面”命令，将图形移动到底层，如图4.107所示。

图4.106 移动图形

图4.107 排列图形

13 单击工具箱中的钢笔工具，绘制如图4.108所示的南瓜叶，并将其填充为绿色，然后删除轮廓线。

14 单击工具箱中的手绘工具，绘制南瓜叶上的纹路，如图4.109所示。

15 选择绘制的叶子，将其复制并缩放，移动到合适的位置，如图4.110所示。

16 选中绘图区域中的所有图形，然后执行“排列”→“群组”命令，将对象进行群组。

图4.108　绘制南瓜叶

图4.109　绘制纹路

图4.110　复制叶子

结束语

对象的操作是CorelDRAW X4中非常重要的功能，CorelDRAW X4提供了对象的组合、排列、对齐与分布等简单操作，还提供了对象造形等高级操作。通过本章的学习，读者熟悉了对象的操作与管理，为绘制精美的平面作品打下了坚实的基础。

Chapter 5

第5章 图形的编辑

本章要点

入门——基本概念与基本操作

- 形状工具
- 涂抹笔刷
- 粗糙笔刷
- 自由变换工具
- 裁剪工具
- 刻刀工具
- 橡皮擦工具
- 虚拟段删除

进阶——典型实例

- 绘制运动裤
- 绘制卡通章鱼

提高——自己动手练

- 绘制圣诞树
- 制作标志

本章导读

本章主要讲述CorelDRAW X4中的图形编辑功能，包括形状工具、涂抹笔刷、粗糙笔刷和自由变换工具的使用等。通过对这些知识的学习，可以为以后进行图形图像处理打下扎实的基础。运用本章所学知识，读者可以制作出更加优秀的平面作品。

5.1 入门——基本概念与基本操作

使用图形的编辑工具，可以对绘制的图形进行编辑，相信掌握了这些工具的使用方法后，读者可以制作出更加漂亮的图形。下面就对图形的编辑工具进行详细的介绍。

5.1.1 形状工具

形状工具是最常用的形状编辑工具，选择绘制好的曲线后，使用形状工具双击图形上的节点，属性栏如图5.1所示。

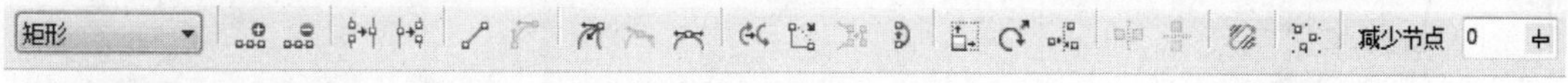

图5.1　形状工具属性栏

1. 设置选取范围

在CorelDRAW X4中，使用形状工具选择节点时，属性栏中提供了“矩形”和“手绘”两种方式。系统默认为矩形选取方式，在工具箱中单击形状工具后，鼠标指针呈显示，此时使用形状工具在绘图区域中按住鼠标左键并拖动，即可将矩形虚线框中的节点选中，如图5.2所示。

在属性栏中选择“手绘”选项，鼠标指针呈显示，此时在绘图区域中自由绘制需要选择的范围，释放鼠标后，即可将绘制区域内的节点选中，如图5.3所示。

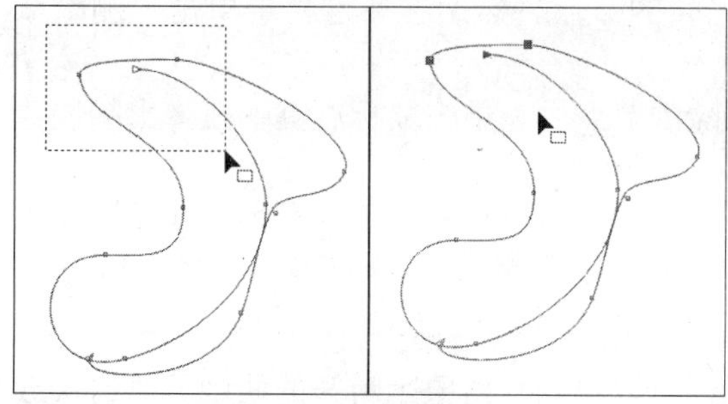

图5.2　矩形选取模式

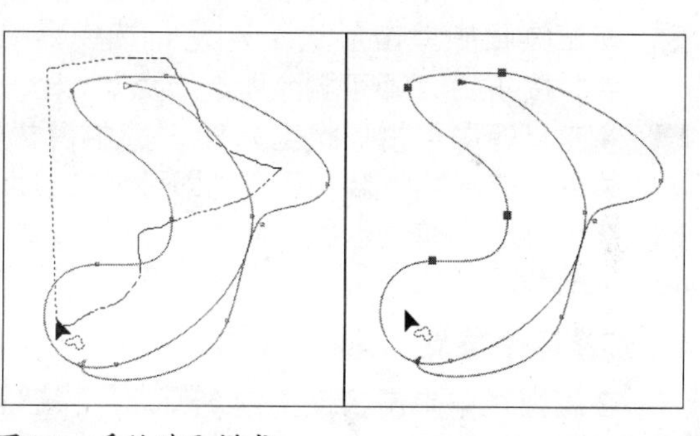

图5.3　手绘选取模式

2. 添加节点

使用形状工具可以为曲线添加节点，添加节点的方法主要有以下几种。

- 在工具箱中单击形状工具，在需要添加节点处单击鼠标左键，然后在属性栏中单击“添加节点”按钮，如图5.4所示，即可添加新的节点，如图5.5所示。

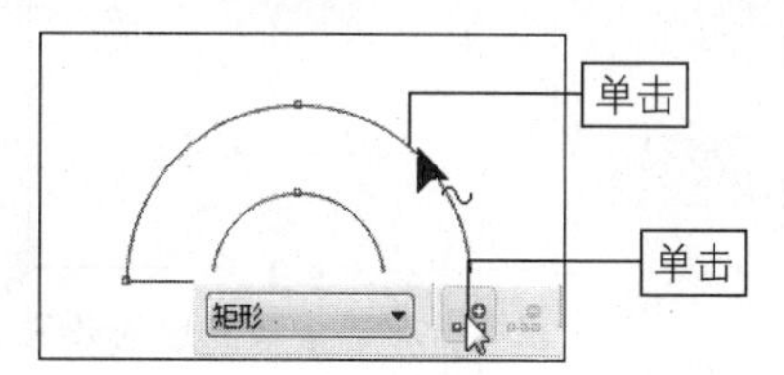

图5.4　单击“添加节点”按钮

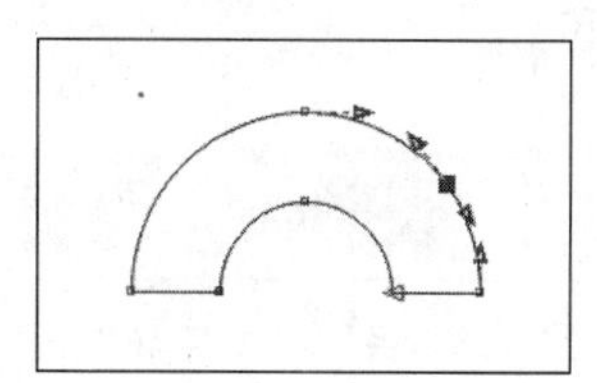

图5.5　添加节点

- 在工具箱中单击形状工具，将鼠标靠近需要添加节点的位置，当鼠标光标呈显示时，如图5.6所示，单击鼠标右键，在弹出的快捷菜单中选择“添加”命令，如图5.7所示，即可添加新节点，如图5.8所示。

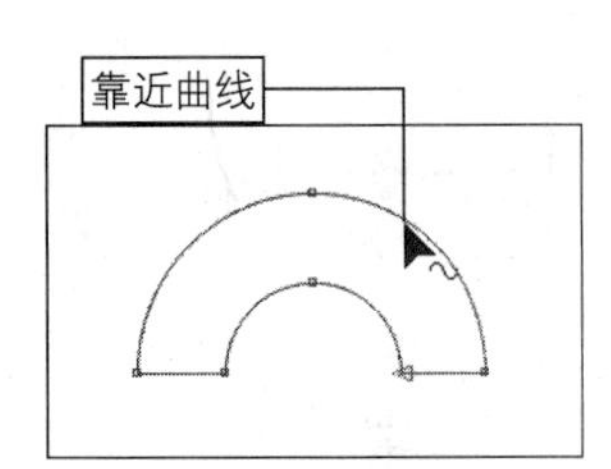

图5.6 光标靠近曲线的效果

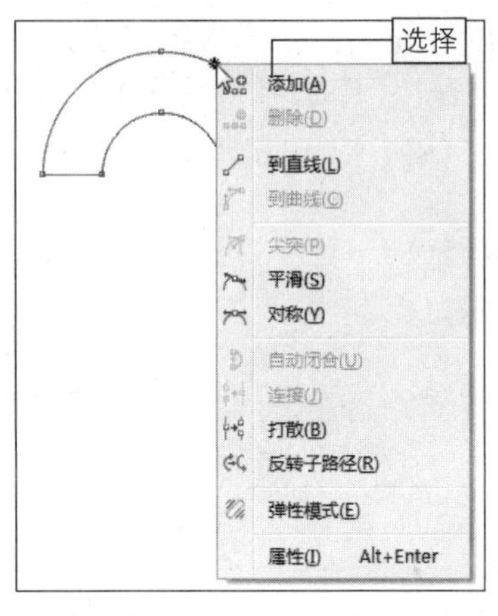

图5.7 选择“添加”命令

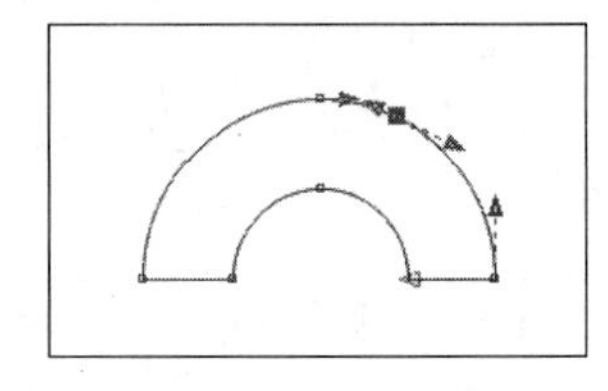

图5.8 添加节点

- 在工具箱中单击形状工具，在需要添加节点处双击鼠标左键，即可在选定位置添加一个节点。

3. 删除节点

在实际操作中，还可以删除曲线上多余的节点，其操作方法主要有以下几种。

- 在工具箱中单击形状工具，选中需要删除的节点，然后在属性栏中单击“删除节点”按钮，即可删除所选节点。
- 在工具箱中单击形状工具，选中需要删除的节点后，单击鼠标右键，在弹出的快捷菜单中选择“删除”命令，即可删除节点。
- 在工具箱中单击形状工具，然后在需要删除节点的位置双击鼠标左键，即可删除选中的节点。

4. 连接两个节点

在属性栏中单击“连接两个节点”按钮，可以将同一对象上断开的两个节点连接成为一个节点，使不封闭的图形形成封闭图形。在工具箱中单击形状工具，然后在按住“Shift”键的同时选中两个相邻的节点，并在属性栏中单击“连接两个节点”按钮，如图5.9所示，即可完成两个节点的连接，如图5.10所示。

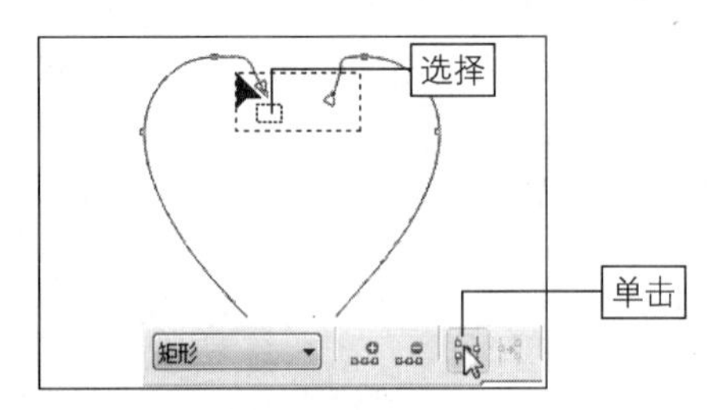

图5.9 单击“连接两个节点”按钮

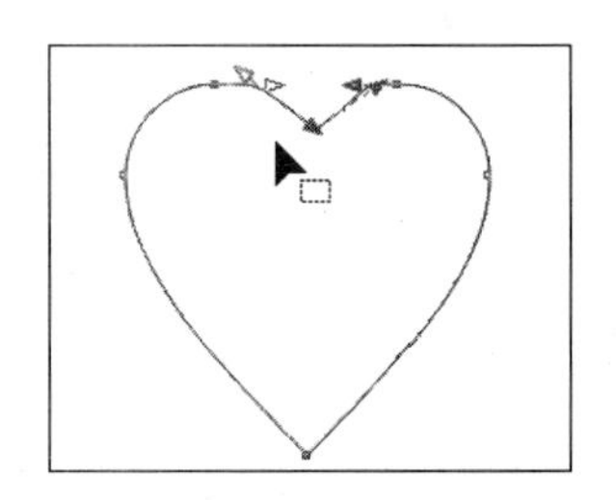

图5.10 连接节点后的效果

提示　选中两个节点后单击鼠标右键，在弹出的快捷菜单中选择“连接”命令，也可以连接两个节点。

5. 断开曲线

在属性栏中单击“断开曲线”按钮，可以将曲线上的一个节点分离成两个节点，从而断开曲线的连接。单击形状工具后，选择需要断开的节点，然后在属性栏中单击“断开曲线”按钮，如图5.11所示，即可将一个节点分离成两个独立的节点，如图5.12所示。

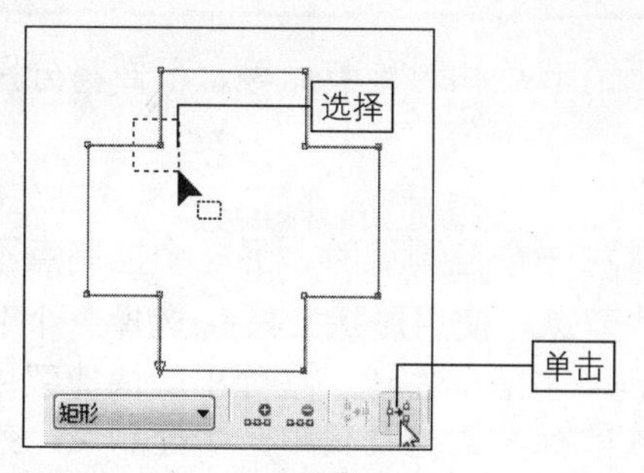

图5.11　单击“断开曲线”按钮

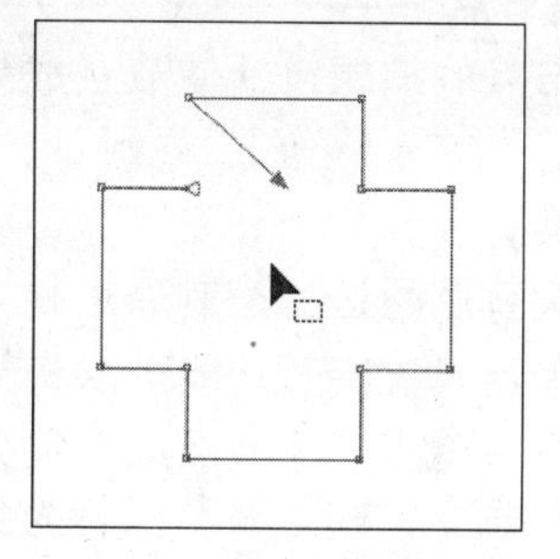

图5.12　断开曲线的效果

提示　选中需要断开的节点后，单击鼠标右键，在弹出的快捷菜单中选择“打散”命令，也可将节点拆分。

6. 直线和曲线的相互转换

使用形状工具可以对直线和曲线进行相互转换。选择绘制曲线中的一个节点，在属性栏中单击“转换曲线为直线”按钮，即可将曲线转换成直线，如图5.13所示。

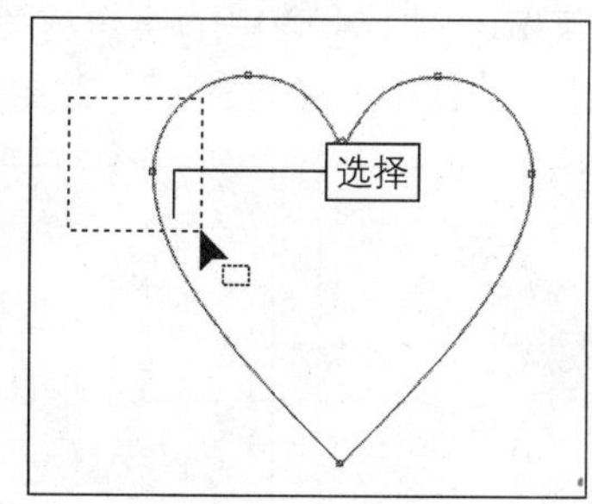

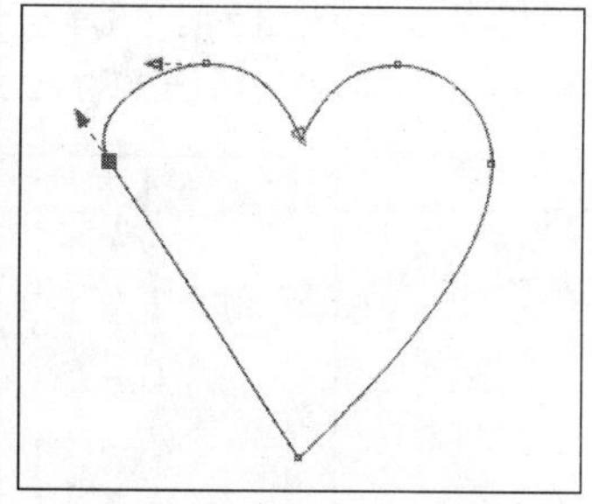

图5.13　转换曲线为直线

在绘制的直线图形中选择一个节点，然后在属性栏中单击“转换直线为曲线”按钮，即可将直线转换成曲线。此时该曲线出现两个控制点，拖动控制点，即可调整曲线的弯曲度，如图5.14所示。

提示　按下“Ctrl+Q”组合键，可快速地将选择的图形转换成曲线。

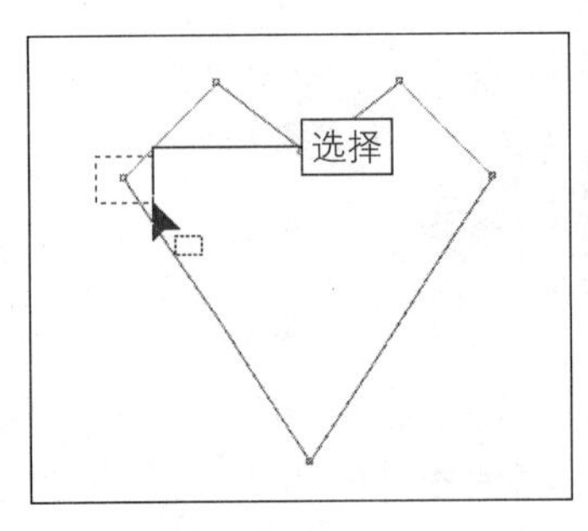

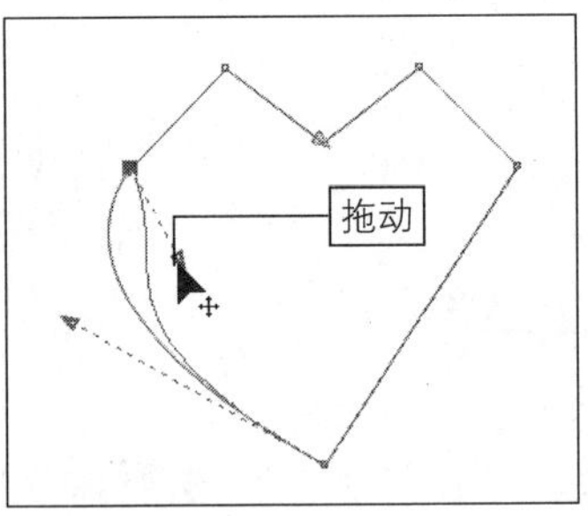

图5.14 转换直线为曲线

7. 编辑节点

对节点的编辑包括使节点成为尖突节点、平滑节点和对称节点等，下面将分别进行详细介绍。

尖突

尖突节点两边的控制点是独立的，当移动其中一个控制点时，另一个控制点不会随之改变，使用“尖突”功能可以将节点变为尖突的节点。使用形状工具选择一个节点后，在属性栏中单击“使节点成为尖突”按钮，或单击鼠标右键，在弹出的快捷菜单中选择“尖突”命令，即可将节点转为尖突节点，按住鼠标左键拖动其中一个控制点，效果如图5.15所示。

平滑

平滑节点两边的控制点是相关联的，当拖动其中一个控制点时，另一个控制点也会随之移动，产生过渡的平滑曲线。要将尖突节点转换成平滑节点，只需在选择节点后，单击属性栏中的“平滑节点”按钮，或单击鼠标右键，在弹出的快捷菜单中选择“平滑”命令，按住鼠标左键拖动其中一个控制点，效果如图5.16所示。

对称

对称节点是指在平滑节点特征的基础上，使各个控制线的长度相等。选择节点后，单击属性栏中的“生成对称节点”按钮，或单击鼠标右键，在弹出的快捷菜单中选择“对称”命令，即可将节点转为对称节点，按住鼠标左键拖动其中一个控制点，效果如图5.17所示。

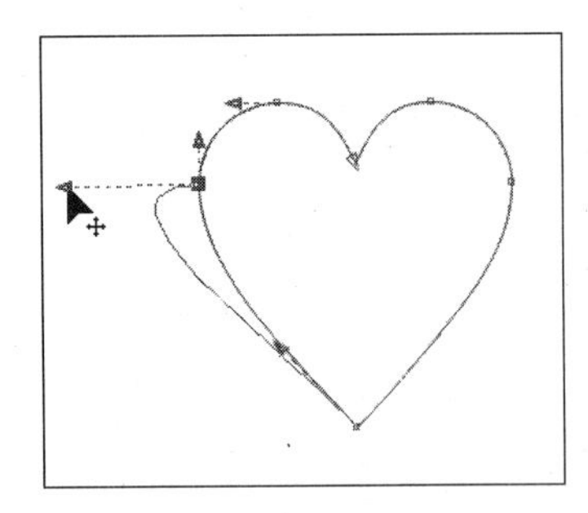

图5.15 尖突节点

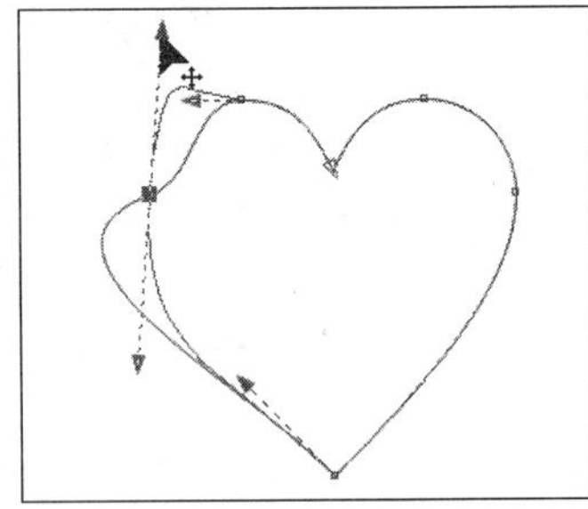

图5.16 平滑节点

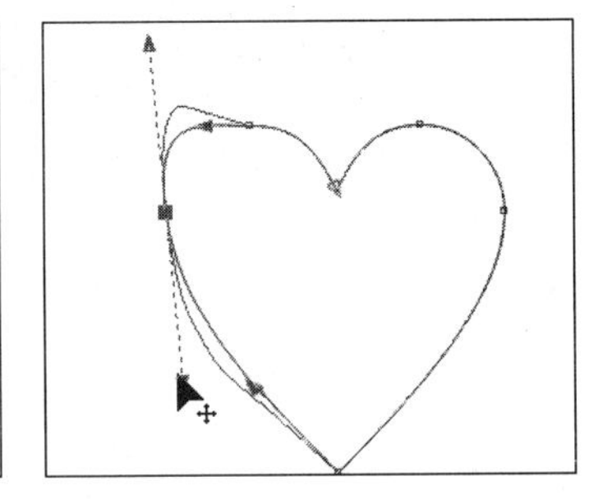

图5.17 对称节点

5.1.2 涂抹笔刷

使用涂抹笔刷工具可以创建复杂的图形对象，使用该工具在图形对象内部任意涂抹，可以达到变形的目的。在工具箱中单击涂抹笔刷工具后，其属性栏如图5.18所示。其中各数值框的作用依次如下。

图5.18　“涂抹笔刷”属性栏

- **笔尖大小**：该数值框用于设置涂抹笔刷的宽度。
- **在效果中添加水份浓度**：该数值框用于设置涂抹笔刷的力度。
- **为斜移设置输入固定值**：该数值框用于设置涂抹笔刷模拟压感笔的倾斜角度。
- **为关系设置输入固定值**：该数值框用于设置涂抹笔刷模拟压感笔的笔尖方位角。

选择需要编辑的图形对象，在工具箱中单击形状工具，在打开的工具列表中单击涂抹笔刷工具，此时鼠标光标变为椭圆形，如图5.19所示，在对象上按住鼠标左键进行拖动，即可涂抹拖动路径上的部位，如图5.20所示。

图5.19　光标变为椭圆形

图5.20　涂抹笔刷效果

5.1.3　粗糙笔刷

粗糙笔刷工具是一种扭曲变形工具，使用该工具可以改变矢量图形中曲线的平滑度，产生粗糙的边缘变形效果。在工具箱中单击粗糙笔刷工具后，其属性栏如图5.21所示。

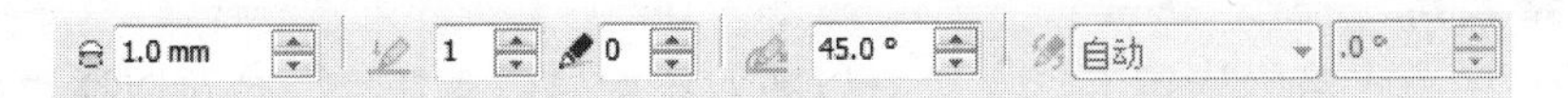

图5.21　粗糙笔刷工具属性栏

选择需要编辑的图形对象，在工具箱中单击形状工具，在打开的工具列表中单击粗糙笔刷工具，此时按住鼠标左键并在对象的边缘上进行拖动，如图5.22所示，即可产生粗糙的边缘变形效果，如图5.23所示。

图5.22　拖动鼠标

图5.23　粗糙笔刷效果

提示 使用粗糙笔刷工具时，如果编辑的对象没有转换成曲线，系统会弹出如图5.24所示的“转换为曲线”对话框，单击“确定”按钮，即可将对象转换为曲线。

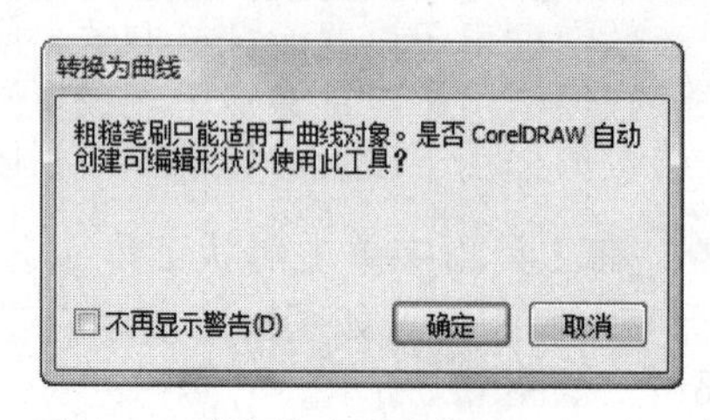

图5.24 “转换为曲线”对话框

5.1.4 自由变换工具

使用自由变换工具可以对对象进行自由旋转、自由角度镜像和自由调节等设置。在工具箱中单击自由变换工具，在属性栏中即可显示它的相关选项，如图5.25所示。

图5.25 自由变换工具属性栏

- **自由旋转工具**：单击该按钮，可以将对象按自由角度旋转。
- **自由角度镜像工具**：单击该按钮，可以将对象按自由角度镜像。
- **自由调节工具**：单击该按钮，可以将对象任意缩放。
- **自由扭曲工具**：单击该按钮，可以将对象自由扭曲。
- **应用到再制**：单击该按钮，可以在选项、镜像和扭曲对象的同时再制对象。
- **相对于对象**：单击该按钮，在“对象位置”文本框中输入参数，然后按下“Enter”键，即可将对象移动到指定的位置。

1. 自由旋转工具

在属性栏中单击自由旋转工具，可以将对象旋转任意角度，也可以通过指定旋转中心点来旋转对象。使用自由旋转工具旋转对象的操作步骤如下。

1 使用挑选工具选中需要旋转的图形对象，如图5.26所示。

2 在工具箱中单击自由变换工具，然后在属性栏中单击“自由旋转工具”按钮，如图5.27所示。

图5.26 选择对象

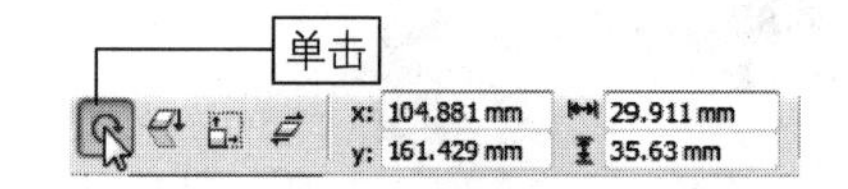

图5.27 单击“自由旋转工具”按钮

3 在图形对象上按住鼠标左键进行拖动，如图5.28所示，调整到适当位置后释放鼠标左键即可，效果如图5.29所示。

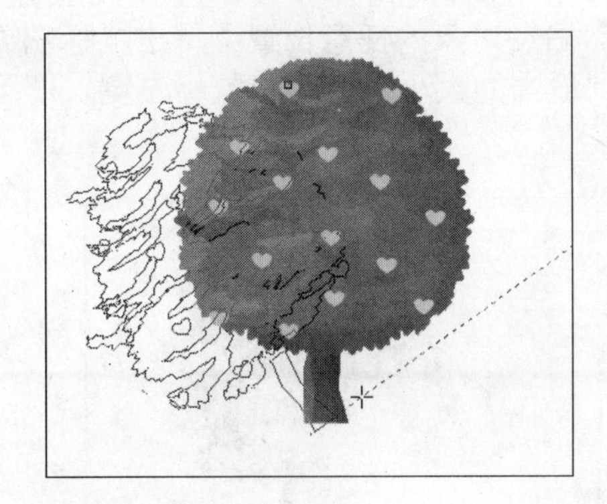
图5.28　拖动鼠标

图5.29　自由旋转对象后的效果

2. 自由角度镜像工具

使用自由角度镜像工具可以将选择的对象按一定的角度进行旋转，也可以在镜像对象的同时再制对象。选择对象后，在工具箱中单击自由变换工具，然后在属性栏中单击“自由角度镜像工具”按钮，在对象的底部按住鼠标左键进行拖动，如图5.30所示。确定镜像角度和方向后，释放鼠标左键，即可完成镜像操作，效果如图5.31所示。

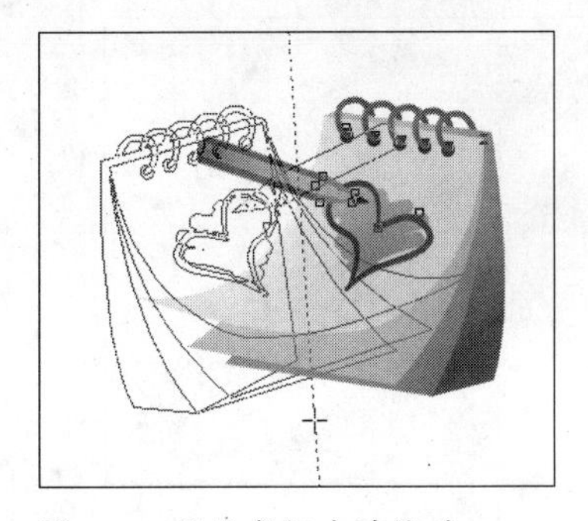
图5.30　按住鼠标左键拖动

图5.31　自由角度镜像后的效果

在属性栏中单击“自由角度镜像工具”按钮后，再单击“应用到再制”按钮，即可在自由镜像对象的同时再制对象，效果如图5.32所示。

图5.32　镜像并再制对象

3. 自由调节工具

使用自由调节工具可以将对象放大或缩小，也可以在对象扭曲或调节时再制对象。在属性栏中单击“自由调节工具”按钮，然后在对象的任意位置上单击鼠标左键进行拖动，对象会随着移动的位置进行缩放，缩放到适当的大小后，释放鼠标左键，即可完成对象的调节，如图5.33所示。

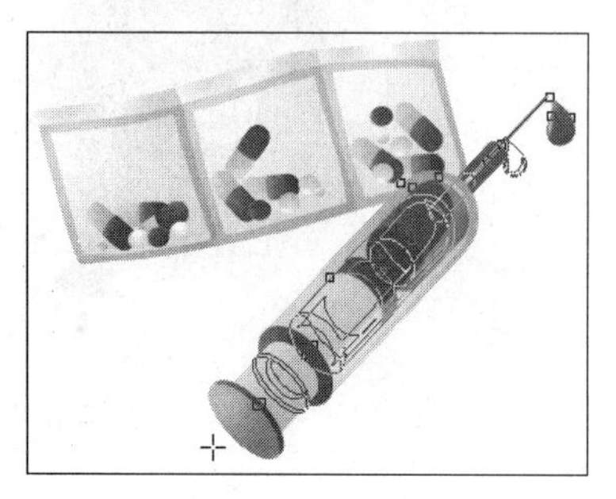
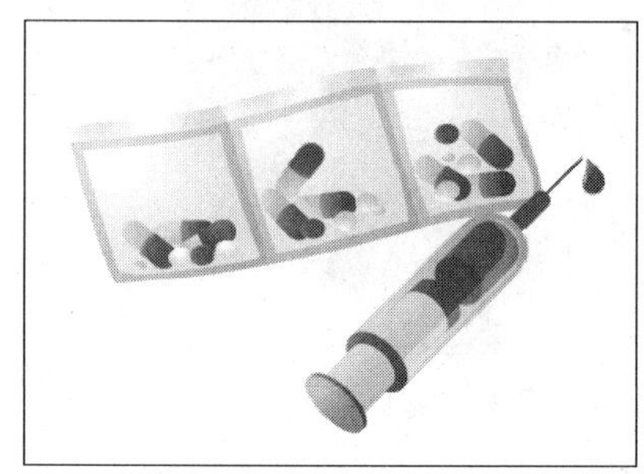

图5.33 自由调节对象

4. 自由扭曲工具

使用自由扭曲工具可以扭曲对象，其使用方法和“自由调节工具”相似，这里就不再赘述了。使用自由扭曲工具扭曲对象的效果如图5.34所示。

图5.34 自由扭曲对象

5.1.5 裁剪工具

使用裁剪工具可以对绘图区域中的矢量图、位图和文字等对象进行裁剪，其具体操作步骤如下。

1 选择需要裁剪的对象，如图5.35所示。

2 单击工具箱中的裁剪工具，在适当的位置按住鼠标左键进行拖动，绘制一个裁剪框，如图5.36所示。

3 释放鼠标，然后将鼠标光标移动到裁剪框的控制点上，当鼠标呈+显示时，拖动控制点调整裁剪框的大小，如图5.37所示。

4 调整完成后在裁剪框内双击鼠标左键，即可完成裁剪对象操作，效果如图5.38所示。

图5.35　选择图形

图5.36　绘制裁剪框

图5.37　调整裁剪框

图5.38　裁剪后的效果

在图形对象上创建了裁剪框后，属性栏如图5.39所示。

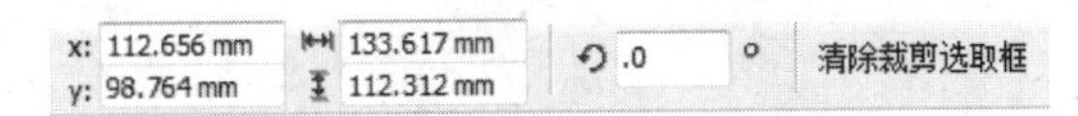

图5.39　裁剪工具属性栏

- **位置：**在“x”和“y”文本框中输入数值，可以指定绘图窗口中裁剪框的位置。
- **大小：**在文本框中输入数值，可以设置裁剪框的宽度和高度。
- **旋转角度：**在该文本框中输入角度值，可以使裁剪框按此角度进行旋转。
- **清除裁剪框：**单击该按钮，可以清除绘制的裁剪框。

5.1.6　刻刀工具

使用刻刀工具可以快速裁剪路径或图形。选择绘制的图形，在工具箱中单击刻刀工具，将鼠标移动到对象上需要剪裁的位置，当鼠标呈显示时，单击鼠标左键，如图5.40所示。移动鼠标至第二个裁剪点的位置，这时两点间出现一条裁剪线，当鼠标指针呈显示时，完成对象的裁剪，效果如图5.41所示。裁剪后图形成为两个独立的部分，可以分别对其进行编辑，如图5.42所示。

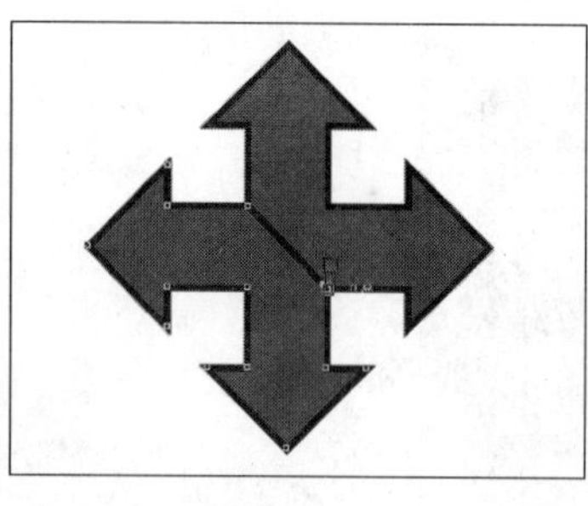

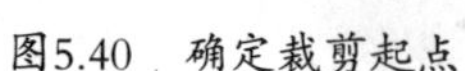

图5.40 确定裁剪起点　　图5.41 确定裁剪终点　　图5.42 裁剪后的效果

使用刻刀工具除了可以对图形进行直线裁剪外，还可以进行曲线裁剪。单击确定第一个裁剪点后，按住鼠标左键不放，任意拖动至第二个裁剪点后释放鼠标左键，即可绘制出一个曲线裁剪路径，图形将按此路径裁剪，如图5.43所示。

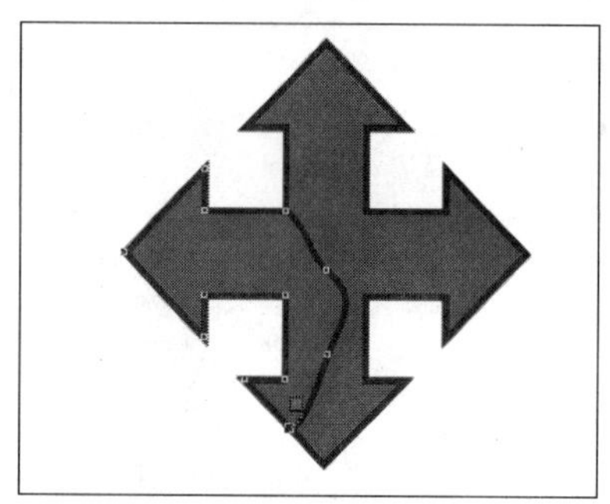
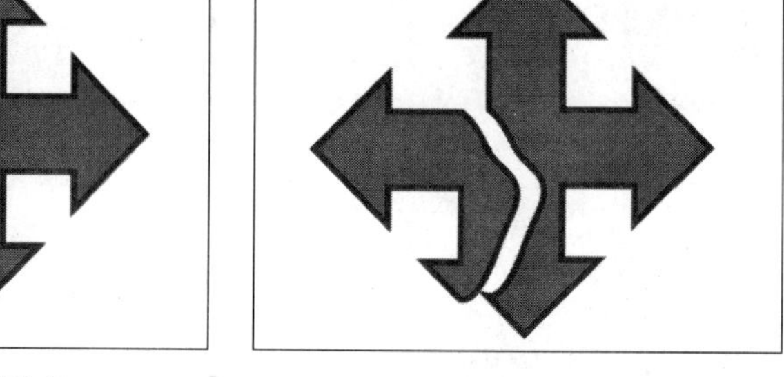

图5.43 绘制曲线裁剪路径

5.1.7 橡皮擦工具

使用橡皮擦工具可以擦除任意图形，在工具箱中单击橡皮擦工具后，其属性栏如图5.44所示。

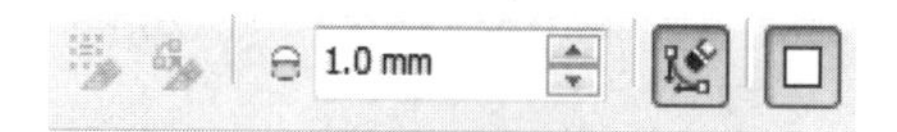

图5.44 橡皮擦工具属性栏

- **橡皮擦厚度**：在该文本框中输入数值可以设置橡皮擦的大小。
- **擦除时自动减少**：单击该按钮，可以在使用橡皮擦工具擦除图形时自动减少节点。
- **圆形/方形**：单击该按钮，可以设置橡皮擦的笔尖形状。

使用橡皮擦工具擦除图形的具体操作步骤如下。

1. 选择需要擦除的对象，如图5.45所示。
2. 在属性栏中设置相关参数后，在图形对象中按住鼠标左键进行拖动，鼠标经过的区域将被擦除，如图5.46所示。

图5.45　选择图形对象

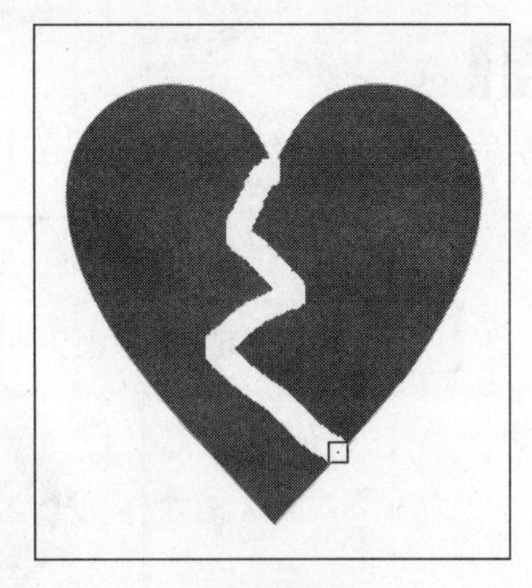

图5.46　擦除图形对象

5.1.8　虚拟段删除

使用虚拟段删除工具可以删除相交对象中两个交叉点之间的线段，从而产生新的图形。在工具箱中单击虚拟段删除工具，然后将鼠标移动到交叉的线段处，此时光标呈显示，如图5.47所示。单击鼠标左键，即可删除所选线段，效果如图5.48所示。

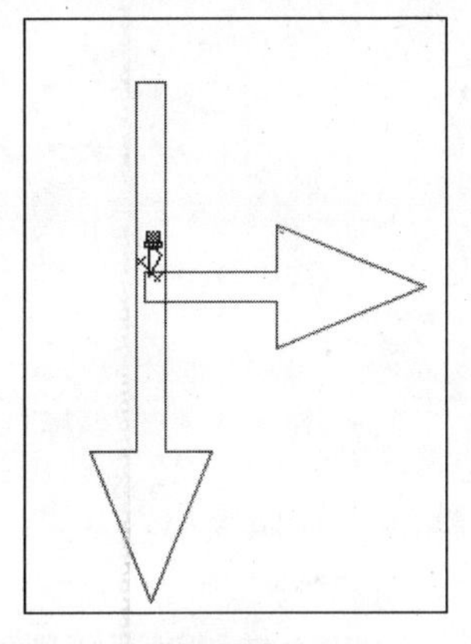

图5.47　单击虚拟线段

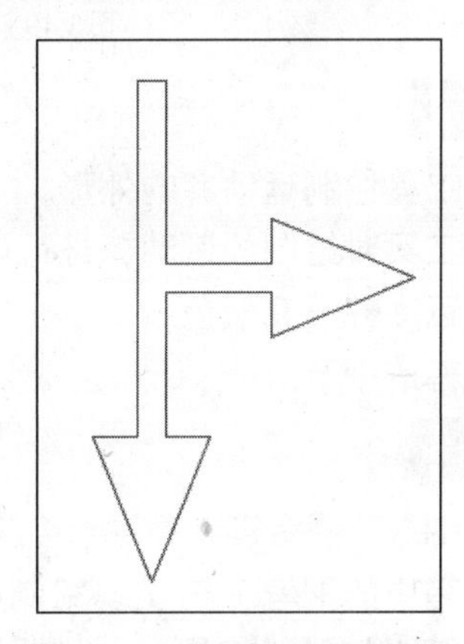

图5.48　删除线段后的效果

提示　如果需要删除多条交叉线段，只需按住鼠标左键并拖动绘制出一个范围，然后释放鼠标左键即可。

5.2 进阶——典型实例

通过前面的学习，相信读者已经对CorelDRAW X4中图形编辑的基本概念与基本操作有了一定的了解。下面将在此基础上进行相应的实例练习。

5.2.1　绘制运动裤

本例使用钢笔工具、形状工具和填充工具等绘制运动裤，让读者巩固所学知识并掌握运动裤的绘制方法和技巧。

最终效果

本例绘制完成后的最终效果如图5.49所示。

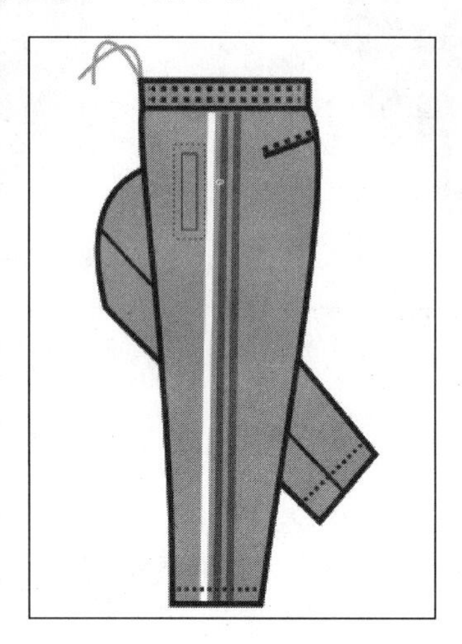

图5.49 最终效果

解题思路

1 使用钢笔工具绘制运动裤的外形。
2 使用形状工具对绘制的运动裤进行调整。
3 为绘制的运动裤填充颜色。
4 绘制运动裤的细节。

操作步骤

1 按下“Ctrl+N”组合键，新建一个文档，新建的文档默认为A4大小。
2 单击工具箱中的钢笔工具，绘制如图5.50所示的运动裤外形。
3 单击工具箱中的形状工具，选择绘制的所有图形，并单击属性栏中的“转换直线为曲线”按钮，然后对绘制的运动裤外形进行调整，如图5.51所示。

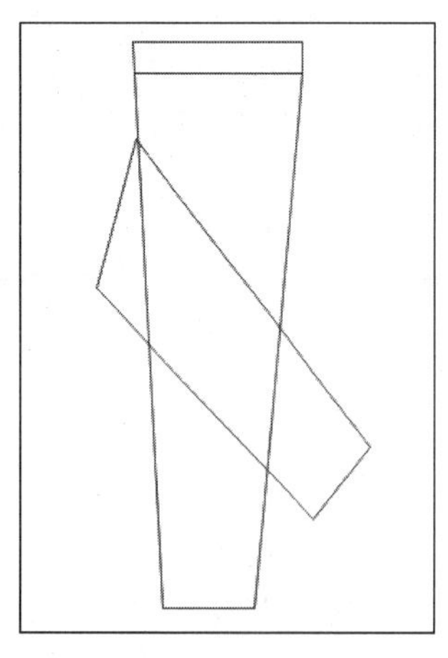

图5.50 绘制运动裤外形

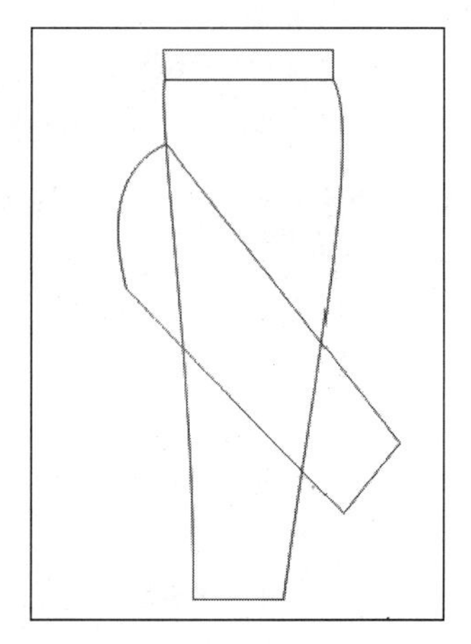

图5.51 调整运动裤外形

4 使用挑选工具 选择绘制的所有图形，然后在属性栏中设置轮廓线宽度为“1.5mm”，如图5.52所示。

5 选择绘制的图形，然后在页面右侧的调色板中单击“冰蓝”色块，对绘制的运动裤进行填充，如图5.53所示。

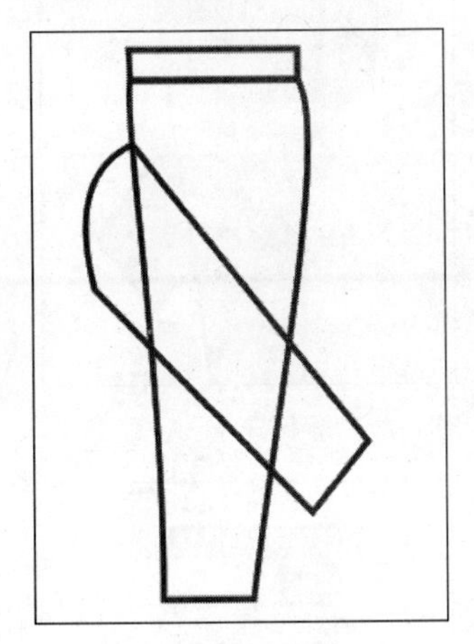
图5.52　设置轮廓线宽度

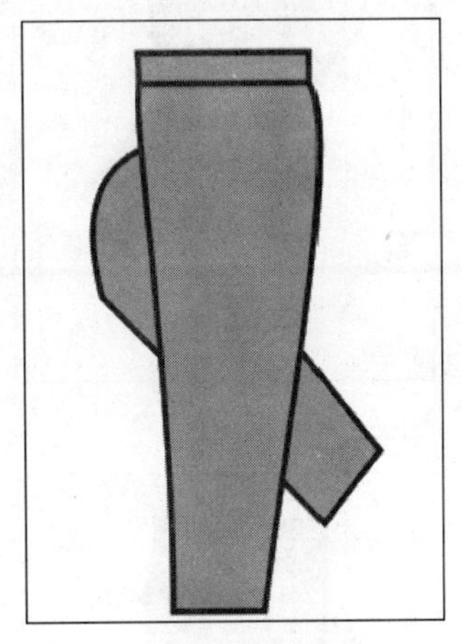
图5.53　填充绘制的图形

6 单击工具箱中的钢笔工具 ，绘制一条直线，然后设置轮廓线宽度为“1.5mm”，并设置轮廓线样式为虚线，如图5.54所示。

7 选择绘制的虚线，然后按下数字键盘上的“+”键进行复制，将复制得到的虚线向下移动，效果如图5.55所示。

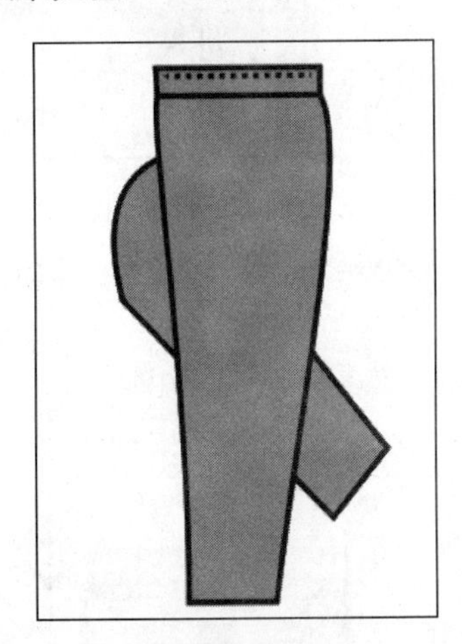
图5.54　绘制虚线

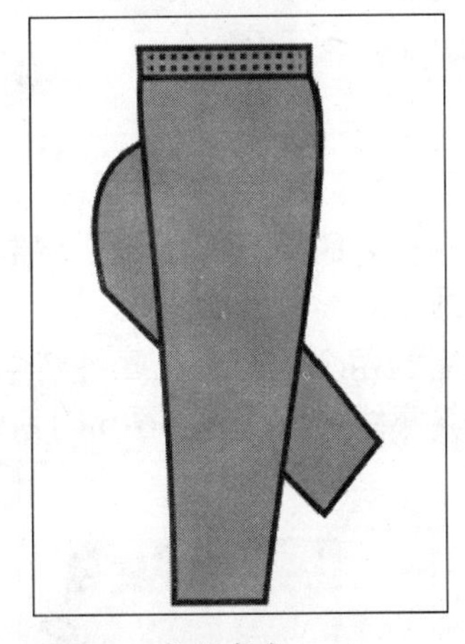
图5.55　复制虚线

8 使用同样的方法，绘制直线和虚线，组成运动裤的口袋，效果如图5.56所示。

9 单击工具箱中的“3点曲线工具”按钮 ，绘制两条运动裤的带子，然后设置轮廓线的宽度为“1.0mm”，颜色为冰蓝，如图5.57所示。

10 单击工具箱中的钢笔工具 ，绘制运动裤的装饰线，然后在属性栏中设置轮廓线宽度为“2.0mm”，设置轮廓线颜色为红色，如图5.58所示。

11 选择绘制的直线，然后按下数字键盘上的“+”键复制两份，将复制得到的直线分别向左、右两边移动，并为其分别填充颜色，效果如图5.59所示。

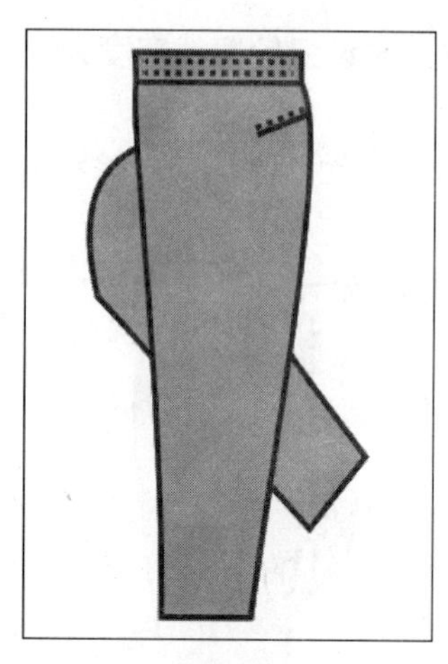
图5.56　绘制口袋

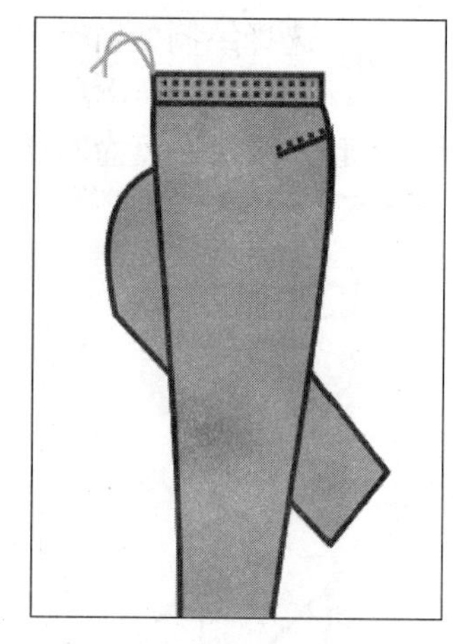
图5.57　绘制带子

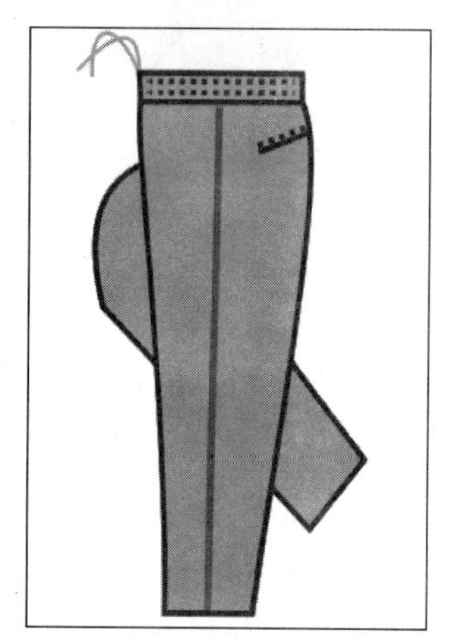
图5.58　绘制直线

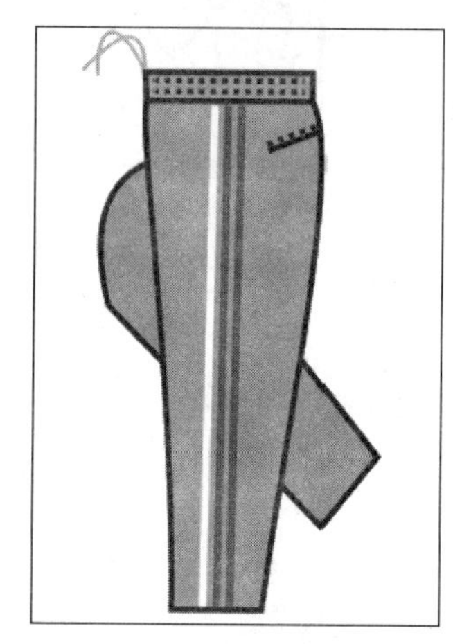
图5.59　复制直线

12 单击工具箱中的矩形工具□，绘制如图5.60所示的两个矩形，然后按下“Ctrl+Q”组合键，将两个矩形转换为曲线。

13 选择绘制的两个矩形，在属性栏中设置矩形的轮廓线宽度为“0.75mm”，然后设置外矩形的轮廓线为虚线，如图5.61所示。

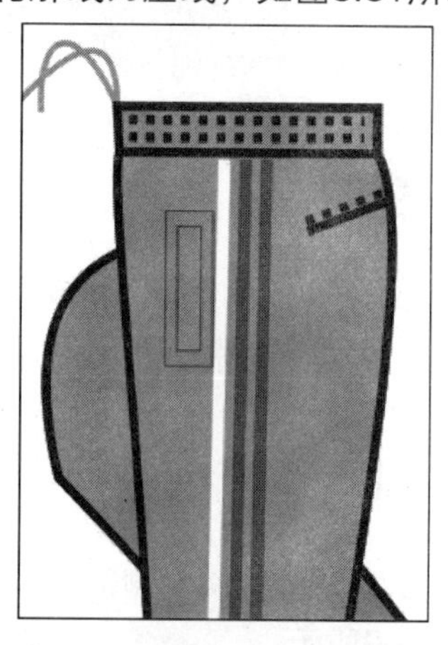
图5.60　绘制矩形

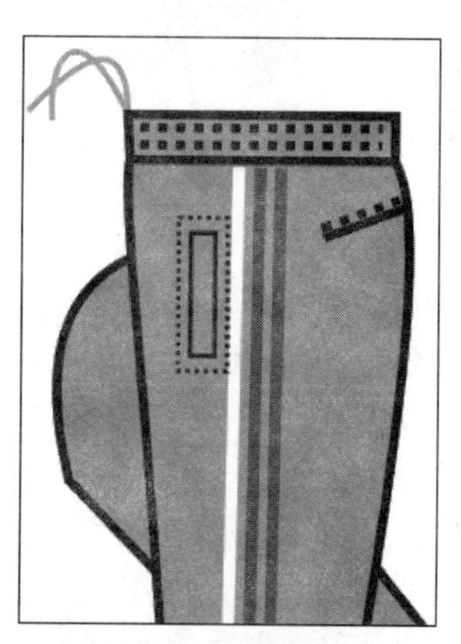
图5.61　设置轮廓线

14 单击工具箱中的钢笔工具，绘制直线作为运动裤的裤缝，然后在属性栏中设置轮廓线宽度为“1.0mm”，如图5.62所示。

15 选择绘制的直线，然后执行“排列”→“顺序”→“置于此对象后”命令，然后单击绘制的运动裤，对图层进行排序，如图5.63所示。

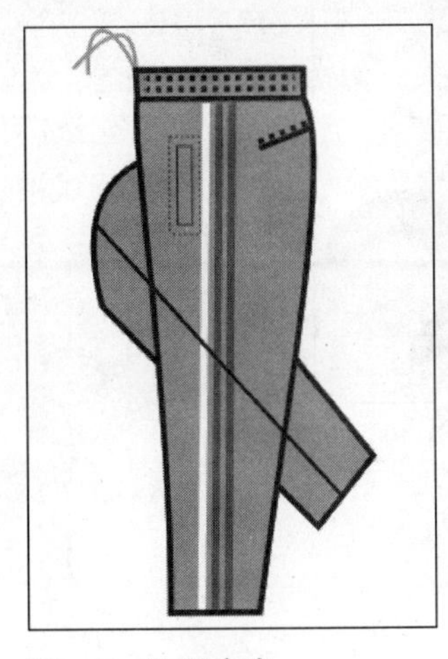

图5.62　绘制直线

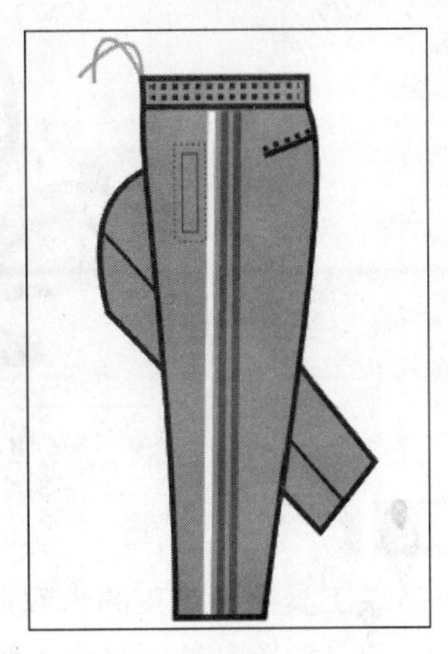

图5.63　调整图层顺序

16 单击工具箱中的钢笔工具，在运动裤的裤腿处绘制直线，然后设置轮廓线宽度为“1.0mm”，并设置轮廓线为虚线，如图5.64所示。

17 选择绘制的虚线，然后按下数字键盘上的“+”键进行复制，并将复制得到的虚线移动到合适的位置，如图5.65所示。

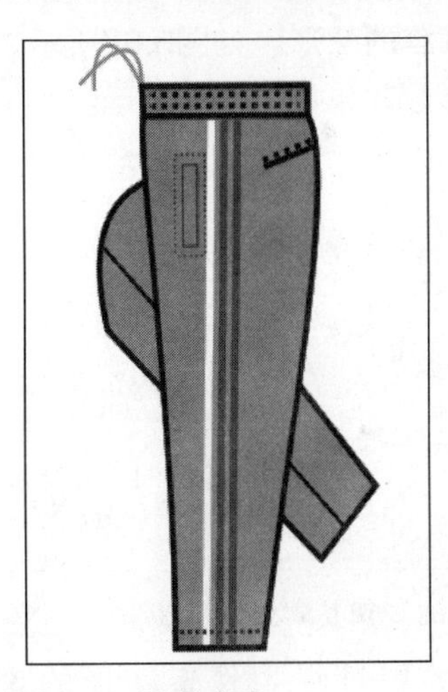

图5.64　绘制虚线

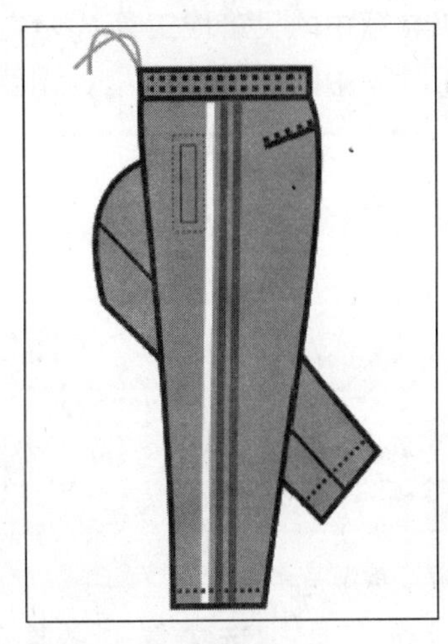

图5.65　复制虚线

18 选择绘制的所有图形，然后单击鼠标右键，在弹出的快捷菜单中选择“群组”命令，对绘制的图形进行群组。

5.2.2　绘制卡通章鱼

本例使用贝济埃工具和形状工具等绘制可爱的卡通章鱼，通过本例读者可以了解和掌握形状工具的使用方法。

最终效果

本例绘制完成后的最终效果如图5.66所示。

图5.66　最终效果

解题思路

1. 使用贝济埃工具绘制章鱼的大致形状。
2. 使用形状工具对绘制的图形进行调整。
3. 使用填充工具对绘制的图形进行填充。
4. 使用绘图工具绘制章鱼的眼睛和嘴。

操作步骤

1. 按下“Ctrl+N”组合键，新建一个文档，新建的文档默认为A4大小。
2. 单击工具箱中的贝济埃工具，在绘图区域中绘制章鱼的外形，如图5.67所示。
3. 单击工具箱中的形状工具，调整绘制的章鱼的外形，效果如图5.68所示。

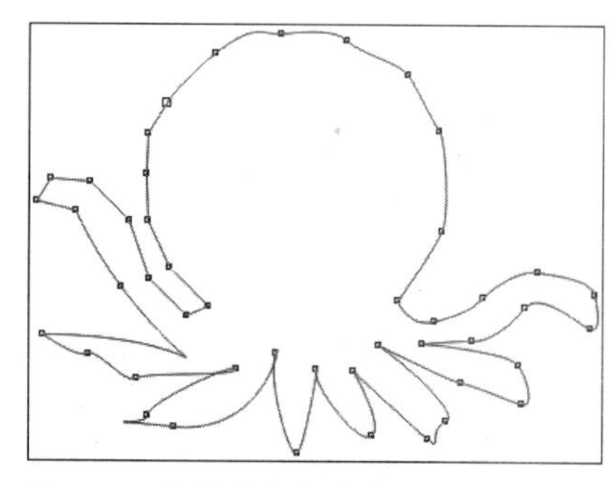

图5.67　绘制章鱼的外形

图5.68　调整章鱼的外形

4. 使用挑选工具选中绘制的图形，然后在对应的属性栏中设置图形的轮廓线为“4.0mm”，如图5.69所示。
5. 选择绘制的图形，然后单击工具箱中的填充工具，在弹出的工具列表中单击均匀填充工具■，弹出的“均匀填充”对话框。
6. 在弹出的“均匀填充”对话框中，设置填充颜色为“C：4，M：23，Y：7，K：0”，然后单击“确定”按钮，填充效果如图5.70所示。

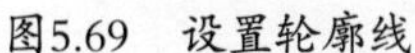

图5.69 设置轮廓线

图5.70 填充图形

7 单击工具箱中的椭圆形工具，绘制黑色的圆形作为章鱼的眼睛，效果如图5.71所示。

8 选择绘制的圆形，然后按下数字键盘上的“+”键进行复制，并将复制的圆形向右移动，效果如图5.72所示。

图5.71 绘制圆形

图5.72 复制圆形

9 单击工具箱中的贝济埃工具，在绘图区域中绘制章鱼的嘴，如图5.73所示。

10 单击工具箱中的形状工具，调整绘制的图形，效果如图5.74所示。

图5.73 绘制图形

图5.74 调整图形

11 使用挑选工具选择绘制的章鱼嘴，在属性栏中设置轮廓线的宽度为“1.0mm”，效果如图5.75所示。

12 选择绘制的图形，然后设置填充颜色为“C：38，M：99，Y：76，K：2”，对绘制的图形进行填充，效果如图5.76所示。

图5.75 设置轮廓线

图5.76 填充图形

5.3 提高——自己动手练

利用图形的编辑工具制作了相关的实例后，下面将进一步巩固本章所学的知识，并进行相关实例的练习，以达到提高读者动手能力的目的。

5.3.1 绘制圣诞树

下面使用多边形工具和虚拟段删除工具等绘制一颗圣诞树，让读者巩固虚拟段删除工具的使用方法。

最终效果

本例绘制完成后的最终效果如图5.77所示。

图5.77 最终效果

解题思路

1 使用多边形工具绘制三角形。
2 对绘制的三角形进行复制并调整三角形的大小。
3 使用虚拟段删除工具删除多余的线段。
4 使用矩形工具绘制圣诞树的树干。

操作步骤

1 按下“Ctrl+N”组合键，新建一个文档，新建的文档默认为A4大小。

2 单击工具箱中的多边形工具，然后在对应的属性栏中设置多边形的边数为“3”，并按住鼠标左键在绘图区域中绘制三角形，效果如图5.78所示。

3 选择绘制的三角形，然后按下数字键盘上的“+”键进行复制，并将复制的三角形向下移动，效果如图5.79所示。

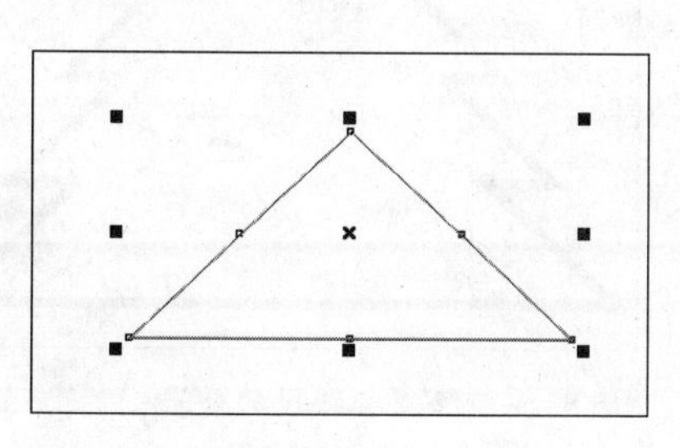

图5.78　绘制三角形

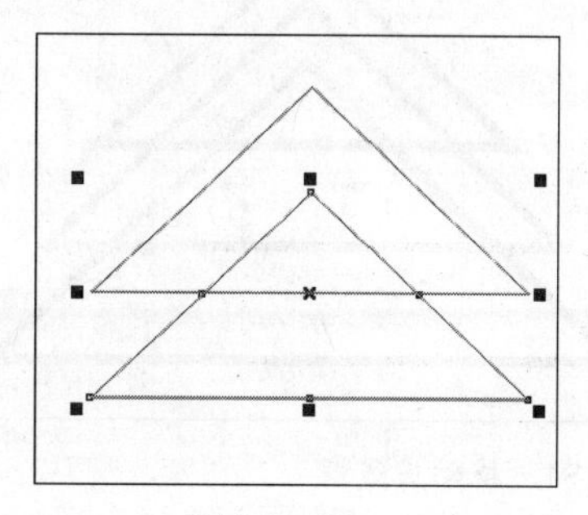

图5.79　复制三角形

4 在工具箱中单击自由变换工具，然后在其属性栏中单击“自由调节工具”按钮，并在复制的对象上按住鼠标左键进行拖动，对三角形进行调整，如图5.80所示。

5 使用同样的方法，再向下复制三角形，然后对绘制的三角形进行调整，效果如图5.81所示。

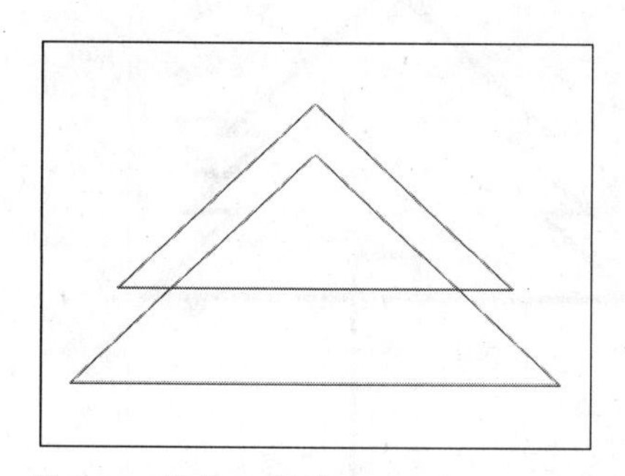

图5.80　调整三角形

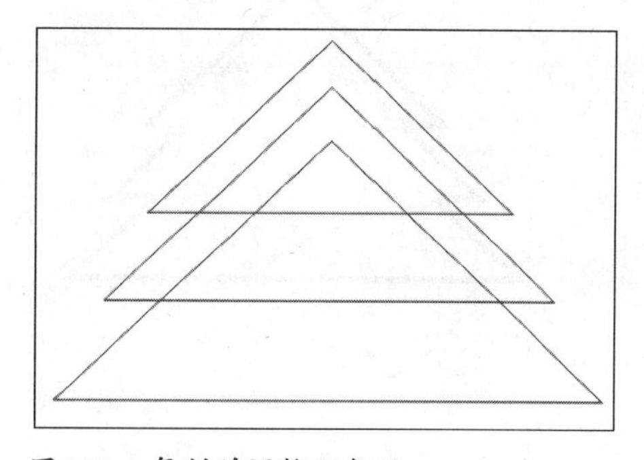

图5.81　复制并调整三角形

6 选中所有的三角形，然后按下“F12”快捷键，在弹出的“轮廓笔”对话框中设置轮廓线的宽度，然后单击“确定”按钮，如图5.82所示。设置完成后，得到的效果如图5.83所示。

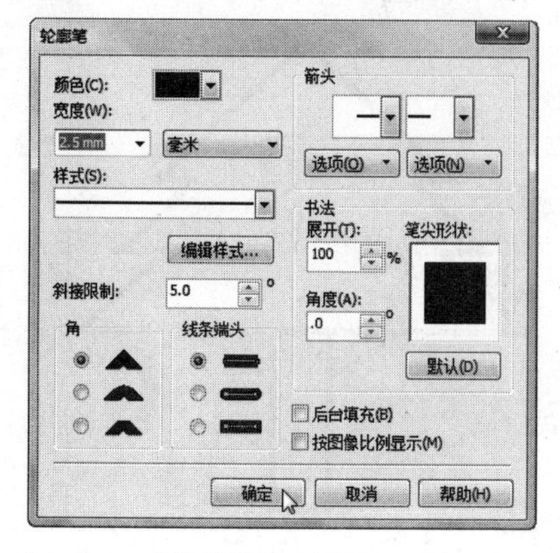

图5.82　“轮廓笔”对话框

图5.83　设置轮廓线后的效果

7 单击工具箱中的虚拟段删除工具，在需要删除的对象周围拖出一个虚线框，如图5.84所示，然后释放鼠标左键完成虚拟段删除操作，效果如图5.85所示。

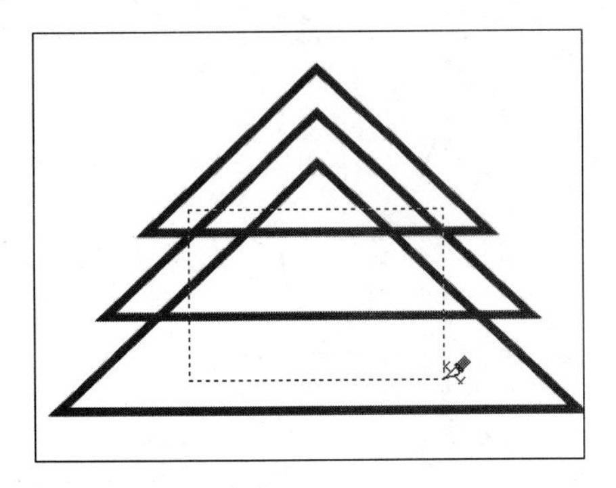

图5.84　拖动虚线框

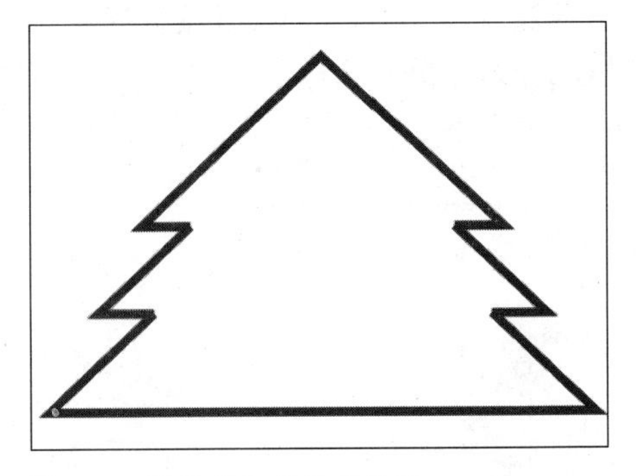

图5.85　删除虚拟线段的效果

8 单击工具箱中的矩形工具，按住鼠标左键在绘图区域中绘制矩形，效果如图5.86所示。

9 选中绘制的矩形，然后在属性栏中设置矩形的轮廓线宽度为“2.5mm”，效果如图5.87所示。

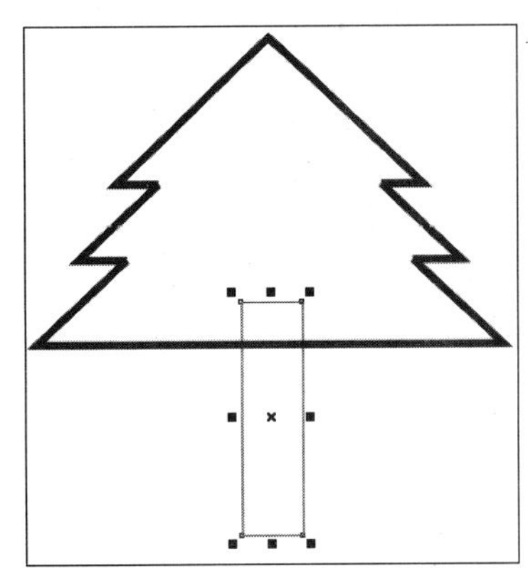

图5.86　绘制矩形

图5.87　设置轮廓线

10 单击工具箱中的虚拟段删除工具，在需要删除的对象周围拖出一个虚线框，如图5.88所示，然后释放鼠标左键完成虚拟段的删除操作，效果如图5.89所示。

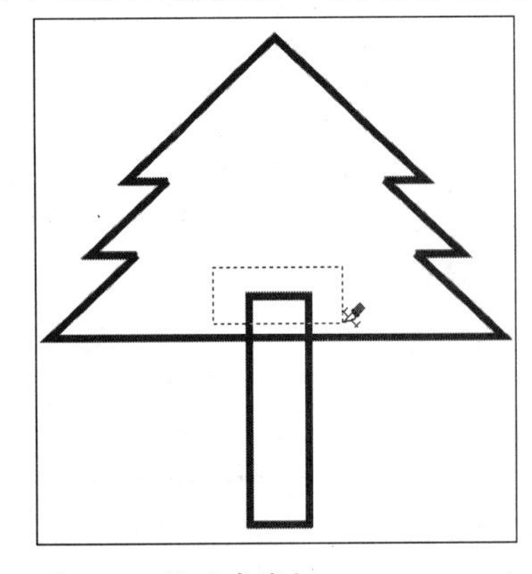

图5.88　拖动虚线框

图5.89　删除虚拟线段的效果

5.3.2 制作标志

下面使用多边形工具和自由变换工具等制作一个简单的标志，通过本练习读者可巩固自由变换工具的使用方法。

最终效果

本例绘制完成后的最终效果如图5.90所示。

图5.90 最终效果

解题思路

1 使用多边形工具绘制三角形。
2 使用形状工具对绘制的三角形进行编辑。
3 对绘制的图形进行复制、旋转和缩放操作。
4 改变图形的颜色。

操作步骤

1 按下“Ctrl+N”组合键，新建一个文档，新建的文档默认为A4大小。
2 单击工具箱中的多边形工具，然后在对应的属性栏中设置多边形的边数为“3”，并按住鼠标左键在绘图区域中绘制三角形，效果如图5.91所示。
3 选中绘制的三角形，然后单击属性栏中的“垂直镜像”按钮，对绘制的三角形进行垂直镜像操作，如图5.92所示。

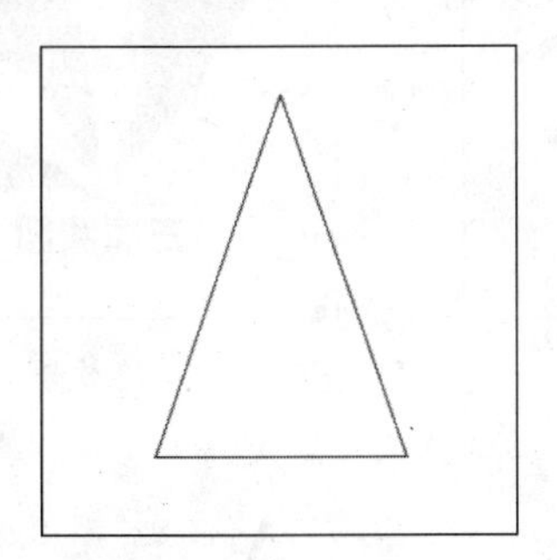

图5.91 绘制三角形

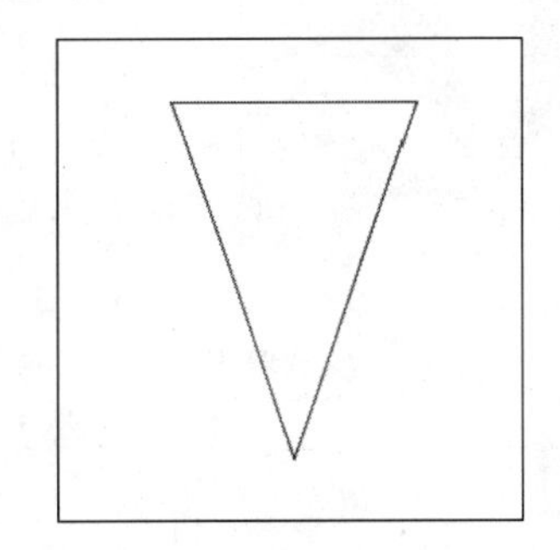

图5.92 垂直镜像三角形

4 选中绘制的三角形，然后按下“Ctrl+Q”组合键，将直线转换为曲线，然后使用形状工具对图形进行调整，效果如图5.93所示。
5 选中图形，然后对其进行填充，并删除轮廓线，效果如图5.94所示。

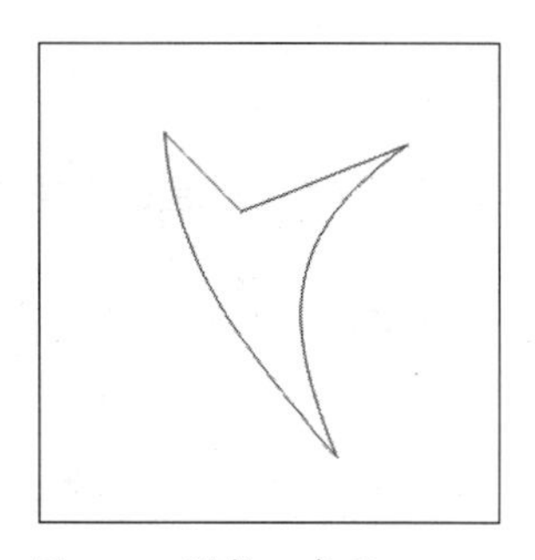
图5.93　调整三角形

图5.94　填充图形

6 选中绘制的图形，然后按下数字键盘上的“+”键进行复制。

7 在工具箱中单击自由变换工具，然后在属性栏中单击“自由旋转工具”按钮，对绘制的图形进行旋转，效果如图5.95所示。

8 在属性栏中单击“自由调节工具”按钮，对复制的图形进行缩放，效果如图5.96所示。

图5.95　旋转图形

图5.96　缩放图形

9 使用同样的方法，对绘制的图形进行复制、旋转和缩放操作，效果如图5.97所示。

10 选择复制得到的图形，并逐个改变图形的颜色，效果如图5.98所示，然后使用文本工具在标志下方输入文本即可，最终效果如图5.99所示。

图5.97　复制、旋转并缩放图形

图5.98　改变图形颜色

图5.99　最终效果

结束语

本章详细介绍了CorelDRAW X4中图形编辑的基本知识和基本操作，并列举了4个实例，对图形的编辑方法和技巧进行了详细的讲解。通过本章的学习，相信读者对CorelDRAW X4中图形的编辑有了一个直观的认识，在今后的平面设计中，可以运用本章所学知识，制作出更加优秀的平面作品。

Chapter 6

第6章 文本的编辑

本章要点

入门——基本概念与基本操作

- 文本的输入
- 文本的编辑
- 段落文本编排
- 沿路径分布文本
- 将文本转换为曲线
- 文本绕排

进阶——典型实例

- 杂志内页排版
- 冰激凌标志设计

编辑图像视图

- DM单排版设计
- 名片设计

本章导读

CorelDRAW X4具备了专业的文本处理和专业彩色排版软件的强大功能，使用该功能，不仅能对文本进行一些基础性的操作，还能最大限度地满足用户的需要，以制作出新颖美观的平面作品。

6.1 入门——基本概念与基本操作

文字在平面作品中起着举足轻重的作用，文字不仅可以清楚地表达平面设计作品所传达的信息，而且还可以起到美化作品的作用。

6.1.1 文本的输入

在CorelDRAW X4中，文本包括段落文本和美术文本，下面将分别对其创建方法进行详细的介绍。

1. 创建段落文本

段落文本主要用于创建大篇幅的文本，创建段落文本时需要绘制一个文本框，然后才能在文本框中输入文本，且输入的文本可以自动换行。

单击工具箱中的文本工具字，在页面中按住鼠标左键拖动出一个文本框，文本框的左上角将出现一个闪烁的文本插入点，如图6.1所示。然后在文本框中输入文字即可，如图6.2所示。

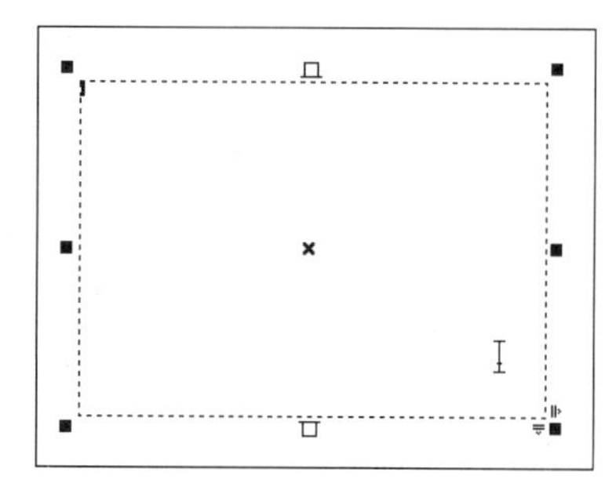

图6.1 绘制文本框

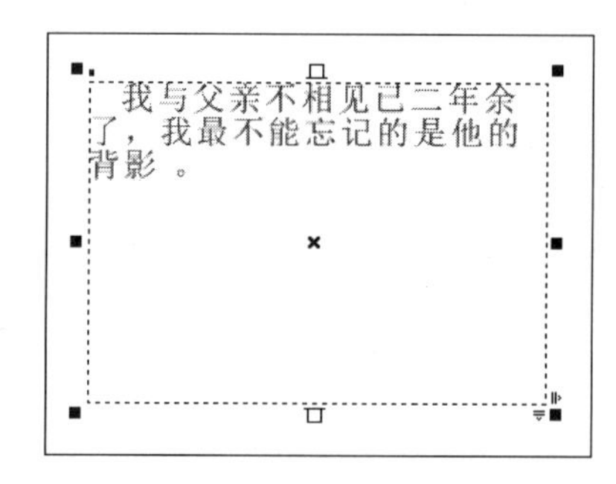

图6.2 输入文字

2. 创建美术字

创建美术字的方法很简单，只需要在工具箱中单击文本工具字后，在页面中单击鼠标左键，此时会出现一个闪烁的文本插入点，然后使用键盘输入文字即可。

3. 导入外部文本

在CorelDRAW X4中，还可以将其他文字处理程序中的文本导入，以提高文字输入效率。导入外部文本的操作方法如下。

1 打开其他文字处理程序，选择需要的文本，然后按下“Ctrl+C”组合键进行复制。

2 切换到CorelDRAW X4中，单击工具箱中的文本工具字，在页面中单击确定文本的插入点，然后按下“Ctrl+V”组合键进行粘贴，弹出如图6.3所示的“导入/粘贴文本”对话框。

3 选择“摒弃字体和格式”单选项，如图6.4所示，然后单击“确定”按钮，即可将所选文本粘贴到CorelDRAW中。

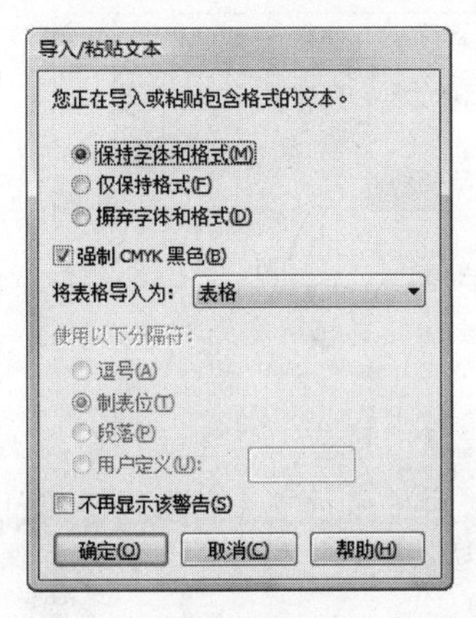

图6.3　“导入/粘贴文本”对话框

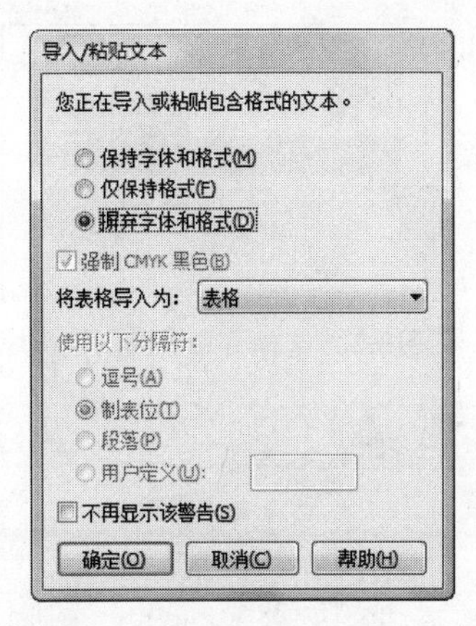

图6.4　选择“摒弃字体和格式”单选项

此外，还可以使用“导入”命令，将外部文本导入到CorelDRAW中。只需在菜单栏中执行“文件”→“导入”命令，在弹出的“导入”对话框中选择需要导入的文本文件，然后单击“确定”按钮即可将文本导入。

4. 段落文本与美术字的转换

输入的段落文本与美术字之间可以相互转换，下面以将段落文本转换为美术字为例，介绍转换的方法，具体操作步骤如下。

1　使用挑选工具，选择输入的段落文本。

2　在菜单栏中执行“文本”→“转换到美术字”命令，即可将段落文本转换成美术字，如图6.5所示。

提示　使用挑选工具选择输入的美术字，然后执行“文本”→“转换到段落文本”命令，即可将美术字转换成段落文本，如图6.6所示。

图6.5　转换到美术字

图6.6　转换到段落文本

6.1.2　文本的编辑

在输入文本后，往往文本的效果达不到用户的需要，此时就需要对输入的文本进行编辑，下面就对段落文本和美术字的编辑进行详细的介绍。

1. 选择文本

要对文本进行编辑，首先要学会选择文本，选择文本包括选择部分文本和选择所有文本。使用文本工具字，在输入的文本中单击确定选择文本的起始点，然后按下鼠标左键进行拖动，即可选择需要的部分文本，如图6.7所示。

使用挑选工具或文本工具字，在输入的文本的起点处单击，然后按下鼠标左键拖动至终止位置，即可选取所有文本，如图6.8所示。

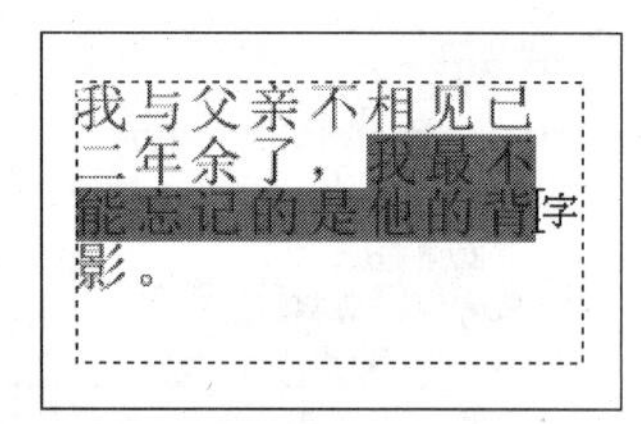

图6.7　选择部分文本

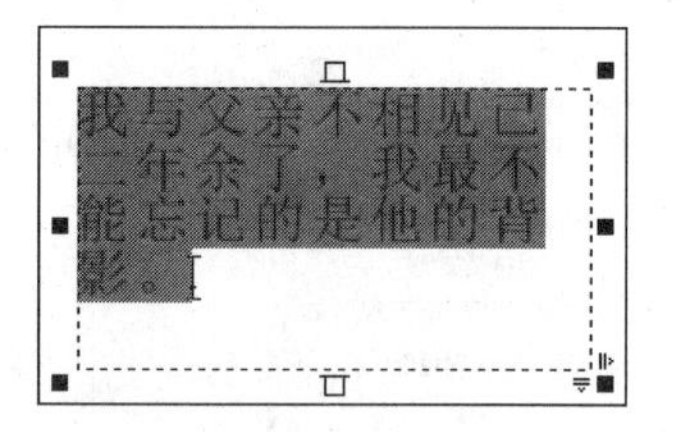

图6.8　选择所有文本

提示 使用文本工具字在文本框中双击鼠标左键，也可以快速选择所有文本。使用形状工具单击文本，每个文本的左下角将显示节点，选择字符节点可以移动文字的位置。按下“Shift”键，可以选择多个字符节点，这样便可以选择并移动多个文字。

2. 设置字体、字号和颜色

字体、字号和颜色的设置，是编辑文本时最常用的操作方法，具体操作步骤如下。

1 文本输入完成后，使用挑选工具选中输入的文本，即可在其对应的属性栏中设置文本的字体和字号，如图6.9所示。

图6.9　文本工具属性栏

2 在属性栏的“字体列表”下拉列表框中可以为选择的文本设置合适的字体，如图6.10所示。

3 在属性栏的“从上部的顶部到下部的底部的高度”下拉列表框中可以为选择的文本设置字体大小，如图6.11所示。

图6.10　设置字体

图6.11　设置字体大小

4 选择文本后，在页面右侧的调色板中单击任意一种颜色，即可改变文本的颜色，如图6.12所示。

除了通过属性栏对文本的字体和字号进行调整外，还可以在选择文本后，执行“文本”→“编辑文本”命令，在弹出的“编辑文本”对话框中对选择的文本进行字体和字号的编辑，如图6.13所示。

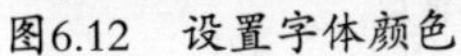
图6.12　设置字体颜色

图6.13　“编辑文本”对话框

3. 设置文本格式

在编辑文本的过程中，文本格式的设置非常重要，在菜单栏中执行“文本”→“字符格式化”命令，即可打开“字符格式化”泊坞窗，如图6.14所示，在该泊坞窗中即可对字符的格式进行设置。

在“字体列表”下拉列表框中可以修改文本的字体。选择相应的字体后，可以在“字体样式”列表框中设置文字的样式，如图6.15所示。在“字体样式”列表中设置不同样式的文字效果如图6.16所示。

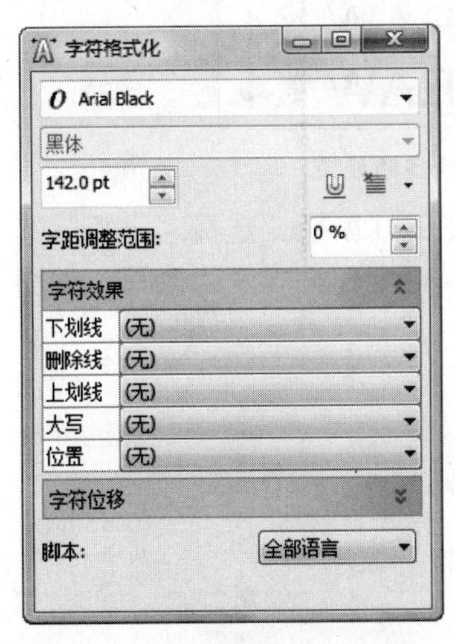

图6.14　“字符格式化”泊坞窗

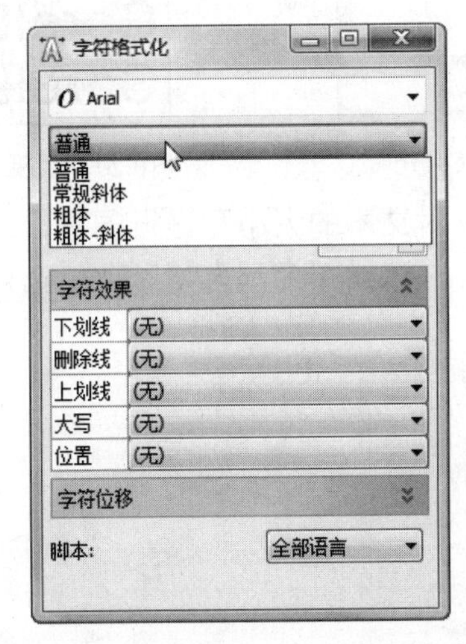

图6.15　字体样式

CorelDRAW X4
CorelDRAW X4
CorelDRAW X4
CorelDRAW X4

图6.16　设置字体样式

在“下画线”列表框中可以设置文本添加下画线的效果，如图6.17所示，选择不同的选项，下画线的效果如图6.18所示。

在“删除线”列表框中可以为文本添加删除线，如图6.19所示，选择不同的选项，删除线的效果如图6.20所示。

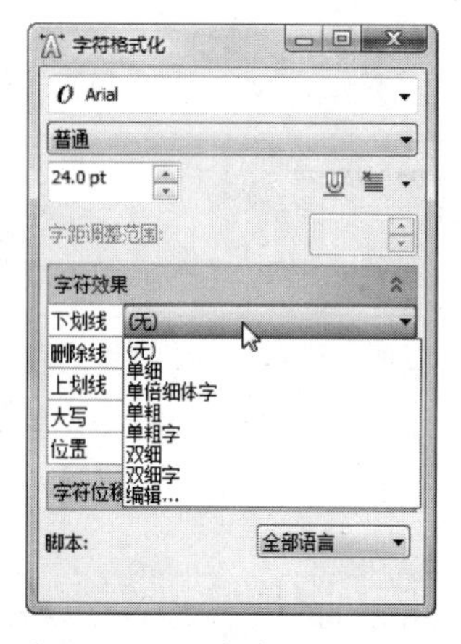

字符格式化
Arial
普通
24.0 pt
字距调整范围:
字符效果
下划线
(无)
删除线
上划线
大写
位置
(无)
单细
单倍细体字
单粗
单粗字
双细
双细字
编辑...
字符位移
脚本:
全部语言

图6.17　下画线选项

CorelDRAW X4
CorelDRAW X4
CorelDRAW X4
CorelDRAW X4
CorelDRAW X4
CorelDRAW X4

图6.18　设置下画线的效果

字符格式化
Arial
普通
36.0 pt
字距调整范围:
字符效果
下划线
(无)
删除线
(无)
上划线
大写
位置
(无)
单细
单倍细体字
单粗
单粗字
双细
双细字
编辑...
脚本:

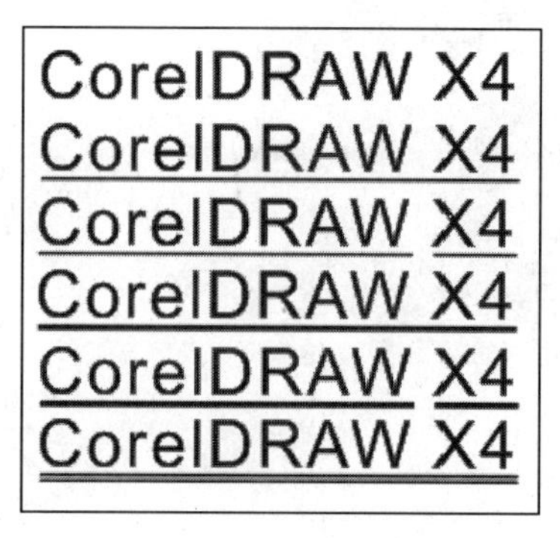

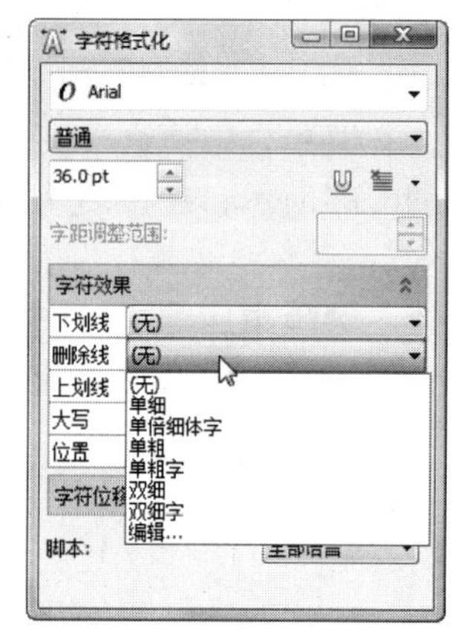

图6.19　删除线选项

CorelDRAW X4
CorelDRAW X4
CorelDRAW X4
CorelDRAW X4
CorelDRAW X4
CorelDRAW X4

图6.20　设置删除线的效果

在“大写”列表框中可以对文本的大小写进行调整，如图6.21所示，选择“小写”选项，可以将全部文本变为小写；选择“全部大写”选项，可以将全部文本变为大写，如图6.22所示。

字符格式化
Arial
普通
24.0 pt
字距调整范围:
字符效果
下划线
(无)
删除线
(无)
上划线
(无)
大写
(无)
位置
(无)
小写
全部大写
脚本:
全部语言

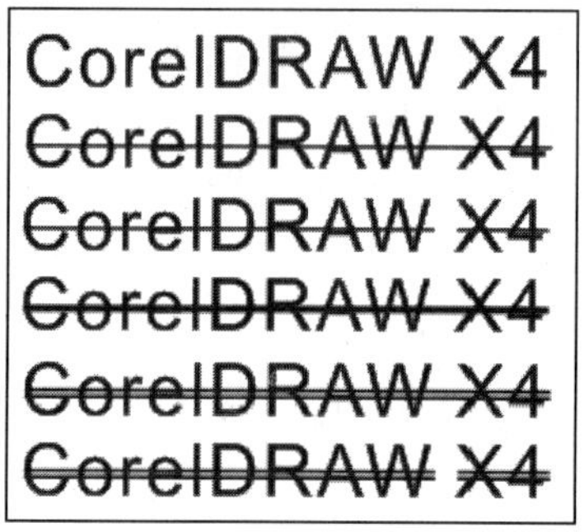

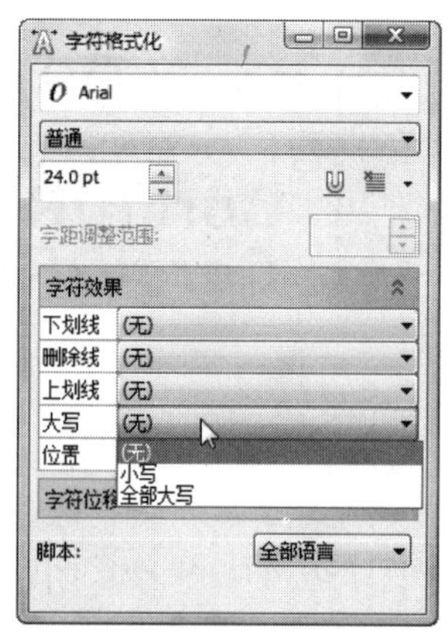

图6.21　大写选项

CorelDRAW X4
CORELDRAW X4
CORELDRAW X4

图6.22　设置文本大小写的效果

在“位置”列表框中可以设置字符的“下标”和“上标”效果，如图6.23所示，这种效果常用于某种专业数据的表示中，如图6.24所示。

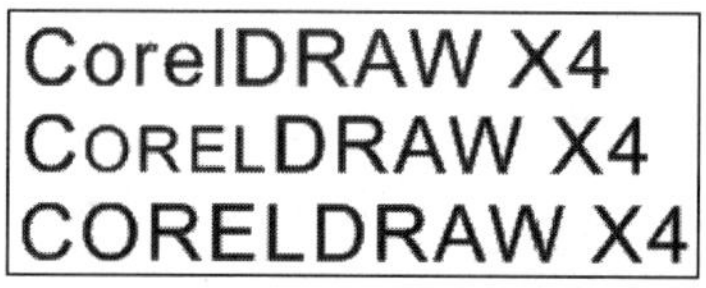

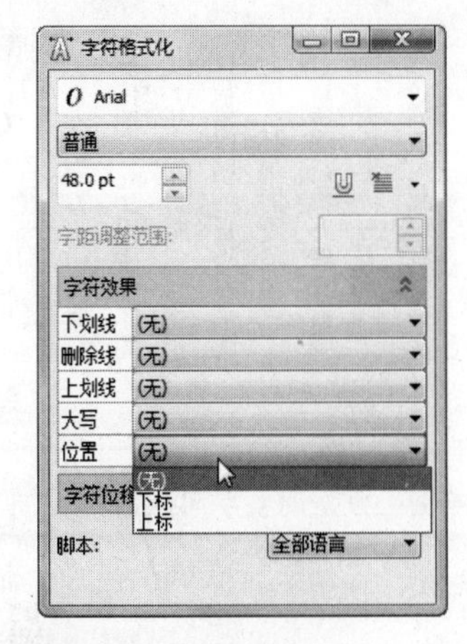

字符格式化
Arial
普通
48.0 pt
字距调整范围:
字符效果
下划线 (无)
删除线 (无)
上划线 (无)
大写 (无)
位置 (无)
字符位移
(无)
下标
上标
脚本:
全部语言

图6.23　位置选项

Co2
37.2°

图6.24　设置上标和下标的效果

6.1.3　段落文本编排

在CorelDRAW X4中，可以对段落文本进行编排，选择输入的段落后，如图6.25所示，在菜单栏中执行“文本”→“段落格式化”命令，即可打开“段落格式化”泊坞窗，如图6.26所示。

在“段落格式化”泊坞窗的“对齐”栏中设置“水平”和“垂直”选项，可以使段落文本按设置的对齐方式进行调整，如图6.27所示。

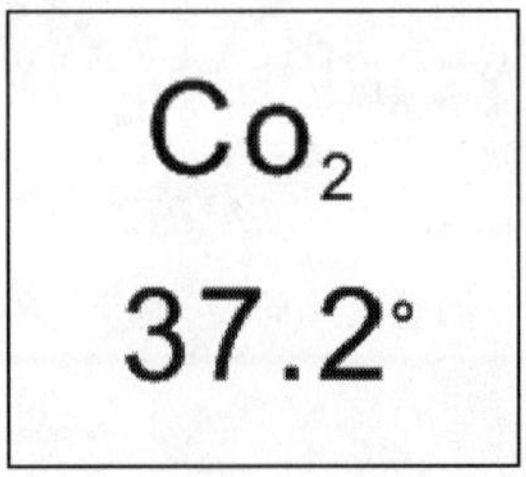

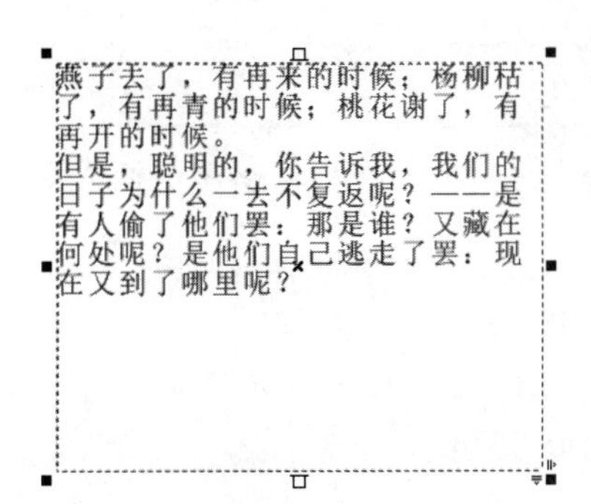

燕子去了，有再来的时候；杨柳枯了，有再青的时候；桃花谢了，有再开的时候。
但是，聪明的，你告诉我，我们的日子为什么一去不复返呢？——是有人偷了他们罢：那是谁？又藏在何处呢？是他们自己逃走了罢：现在又到了哪里呢？

图6.25　选择段落文本

段落格式化
对齐
水平 无
垂直
间距
段落和行:
%字符高度
段落前
段落后
行 100.0 %
语言、字符和字:
语言 .0 %
字符 20.0 %
字 100.0 %
缩进量
首行

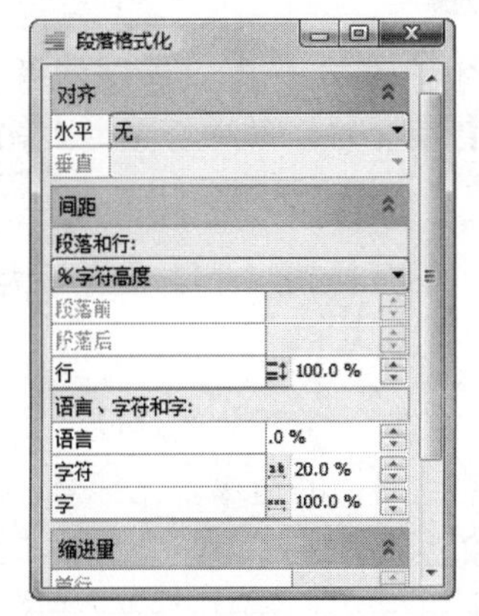

图6.26　“段落格式化”泊坞窗

燕子去了，有再来的时候；杨柳枯了，有再青的时候；桃花谢了，有再开的时候。
但是，聪明的，你告诉我，我们的日子为什么一去不复返呢？——是有人偷了他们罢：那是谁？又藏在何处呢？是他们自己逃走了罢：现在又到了哪里呢？

图6.27　段落文本对齐效果

通过“间距”栏的“段落和行”选项可以对段落文本之间的距离进行调整，但必须是两个或两个以上段落的时候才是有效的，效果如图6.28所示。通过“语言、字符和字”选项可以对段落文本的字间距进行调整，数值越大，字间距就越大，效果如图6.29所示。

在“缩进量”栏的“首行”文本框中，可以设置段落文本的缩进量，效果如图6.30所示。在“左”和“右”文本框中可以设置左缩进和右缩进，效果如图6.31所示。

在“文本方向”栏中的“方向”下拉列表框中，可以选择段落文本的排列方向，如图6.32所示为垂直排列方向效果。

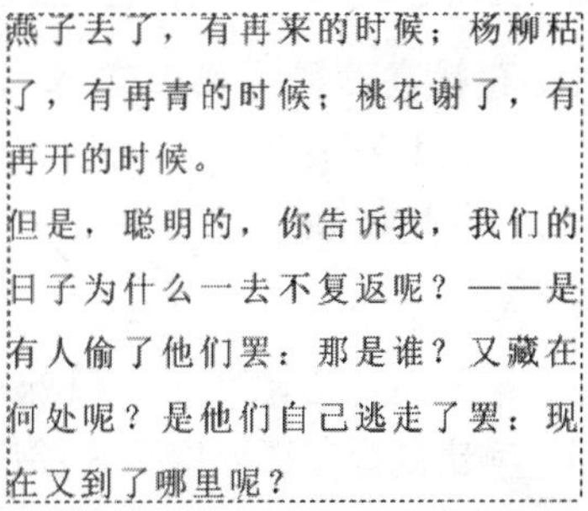

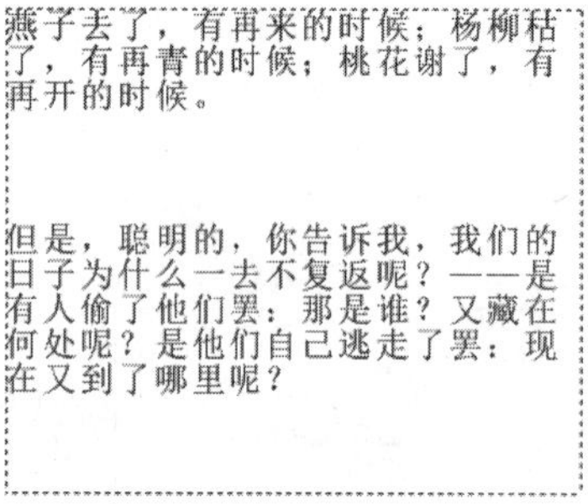

燕子去了，有再来的时候；杨柳枯了，有再青的时候；桃花谢了，有再开的时候。

但是，聪明的，你告诉我，我们的日子为什么一去不复返呢？——是有人偷了他们罢：那是谁？又藏在何处呢？是他们自己逃走了罢：现在又到了哪里呢？

图6.28 调整段落间距

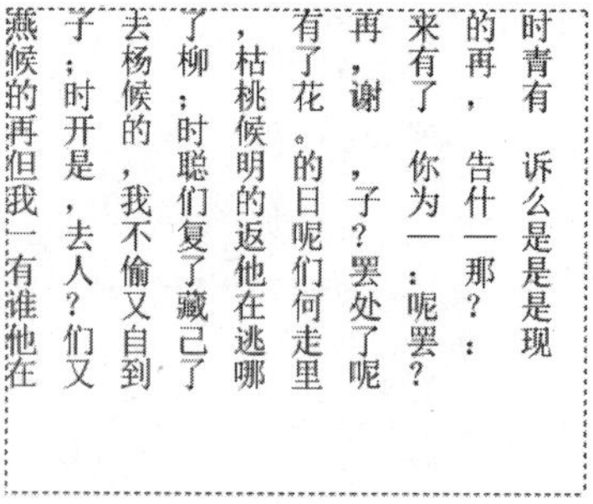

燕候的再但我一有谁他在
子；时开是，去人？们又
去杨候的，我不偷又自到
了柳；时聪们复了藏己了
，枯桃候明的返他在逃哪
有了花。的日呢们何走里
再，谢，子？罢处了呢
来有了你为一：呢罢？
的再，告什一那？：
时青有诉么是是现

图6.29 调整字间距

燕子去了，有再来的时候；杨柳枯了，有再青的时候；桃花谢了，有再开的时候。
但是，聪明的，你告诉我，我们的日子为什么一去不复返呢？——是有人偷了他们罢：那是谁？又藏在何处呢？是他们自己逃走了罢：现在又到了哪里呢？

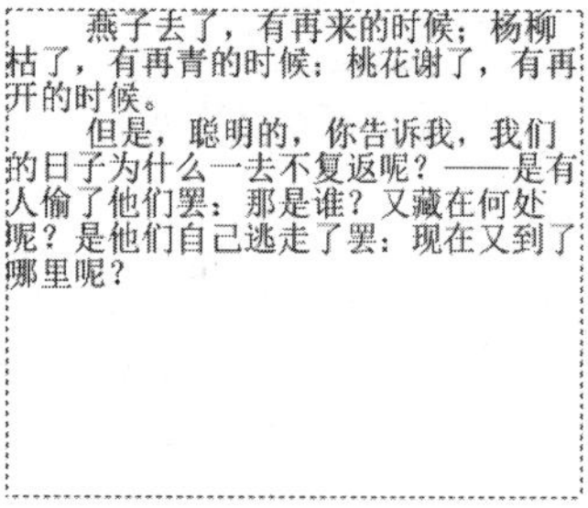

图6.30 设置首行缩进

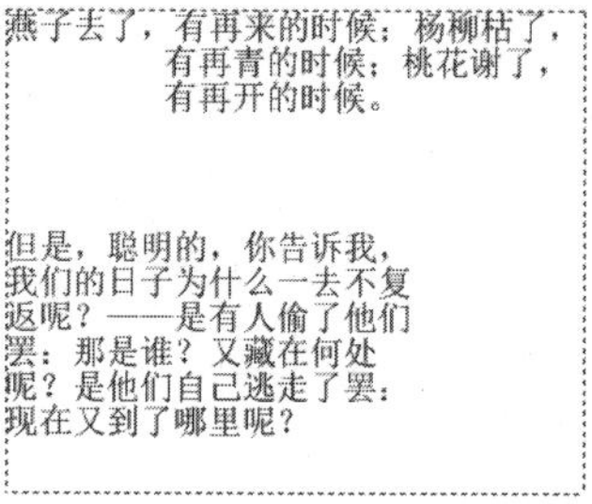

燕子去了，有再来的时候；杨柳枯了，有再青的时候；桃花谢了，有再开的时候。

但是，聪明的，你告诉我，我们的日子为什么一去不复返呢？——是有人偷了他们罢：那是谁？又藏在何处呢？是他们自己逃走了罢：现在又到了哪里呢？

图6.31 设置左、右缩进

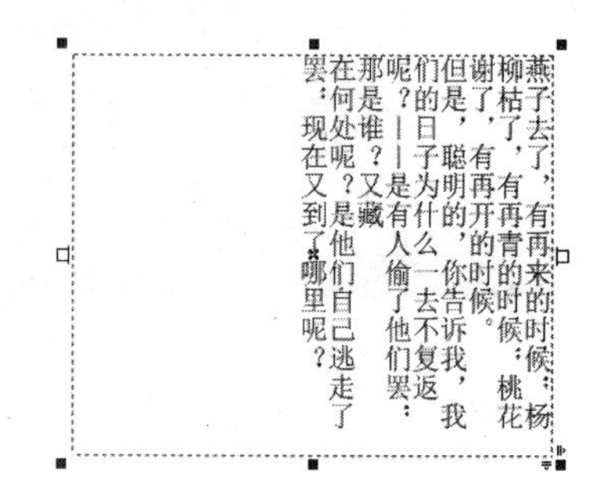

图6.32 文本垂直排列效果

6.1.4 沿路径分布文本

使文本沿路径分布，可以形成特殊的文本效果。读者可以先创建文本对象，然后将文本对象附着到路径上，也可以先绘制路径，然后在路径上输入文本。

1. 直接在路径上输入文本

在CorelDRAW X4中可以将文本沿开放或封闭路径的形状进行分布，直接在路径上输入文本的具体操作步骤如下。

1 使用钢笔工具在绘图区域中绘制一条开放的路径，如图6.33所示。

2 单击文本工具字，将鼠标移动到路径的边缘，光标呈I字显示，如图6.34所示。

3 单击鼠标左键，即可在绘制的路径上输入文本，效果如图6.35所示。

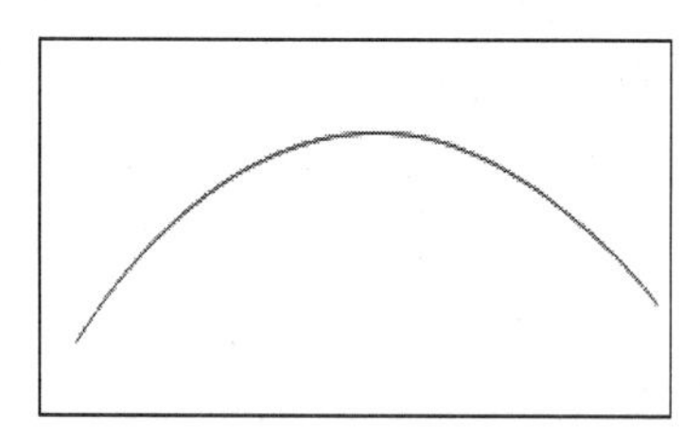

图6.33 绘制路径

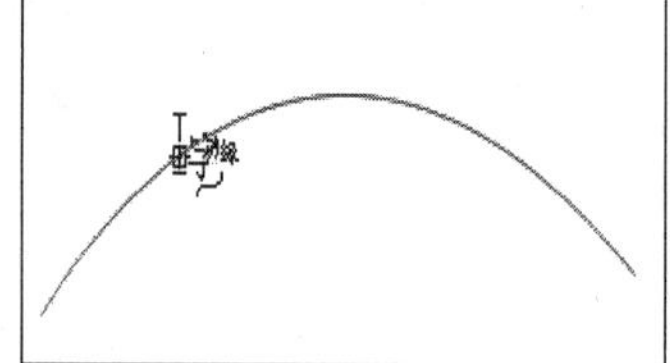

图6.34 将鼠标移动到路径边缘

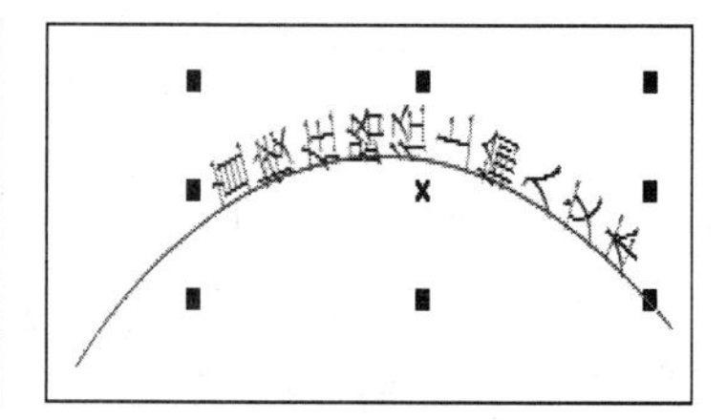

图6.35 沿路径输入文本

2. 使文本适合路径

除了直接在路径上输入文本外，还可以通过“使文本适合路径”命令将文本沿路径的形状进行分布，其具体操作步骤如下。

1 在绘图区域中输入美术字，然后再绘制一条路径，如图6.36所示。

2 选择输入的文本，在菜单栏中执行“文本”→“使文本适合路径”命令，执行该命令后，鼠标指针呈➔字显示，将输入的文本拖动至路径上，如图6.37所示。

3 释放鼠标左键，即可使文本依附路径进行分布，如图6.38所示。

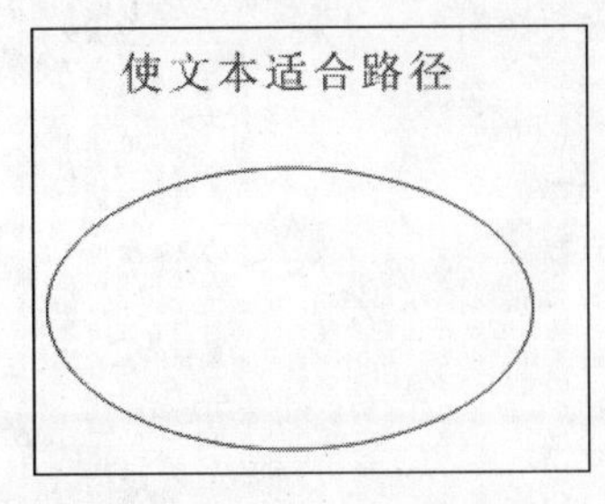

图6.36　创建美术字和路径

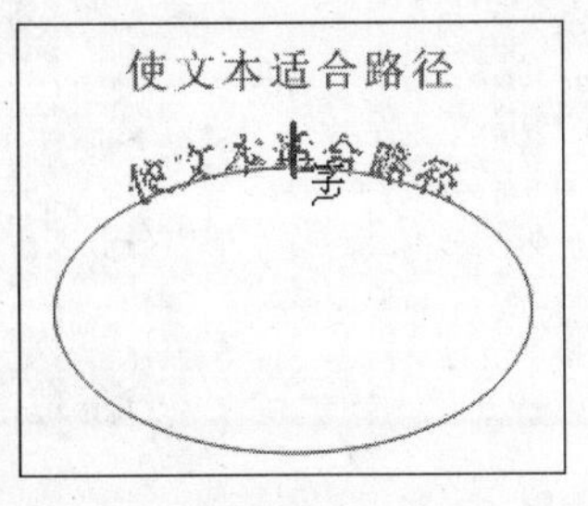

图6.37　拖动文本至路径上

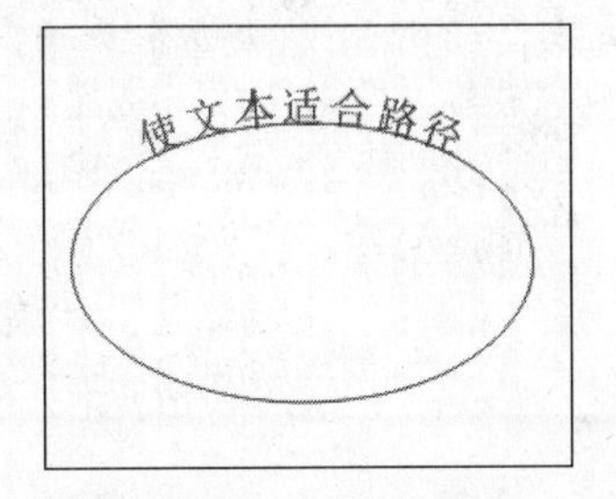

图6.38　使文本适合路径

提示　使文本适合路径后，在菜单栏中执行“排列”→“打散在路径上的文本”命令，即可将文本和路径分离。

6.1.5　将文本转换为曲线

在CorelDRAW X4中，可以将文本转换成曲线，然后对文本进行造型，从而制作出精美的艺术字效果。文本转换为曲线后，不再具有文本的属性，读者可以任意对其添加和删除节点，以及对节点进行编辑。

选择需要转换为曲线的美术字后，在菜单栏中执行“排列”→“转换为曲线”命令，或按下“Ctrl+Q”组合键，即可将文本转换成曲线，如图6.39所示。

图6.39　将文本转换为曲线

6.1.6　文本绕排

文本绕排主要运用在报纸和杂志等版面设计中，使文本绕排的具体操作步骤如下。

1 单击工具箱中的文本工具字，在绘图区域中创建段落文本，如图6.40所示。

2 在菜单栏中执行“文件”→“导入”命令，导入一幅图形到绘图区域中，并将其叠放到文本的上方，如图6.41所示。

3 选中导入的图形，然后在属性栏中单击“段落文本换行”按钮，在弹出的下拉菜单中选择“跨式文本”选项，并在“文本换行偏移”数值框中输入数值，设置文本与图形之间的间距，如图6.42所示。文本绕排的效果如图6.43所示。

4 选择图形，将图形移动到不同的位置，可以得到不同的效果，效果如图6.44所示。

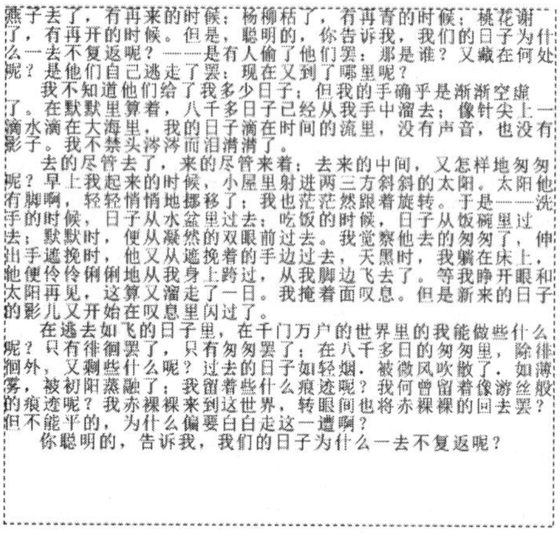

燕子去了，有再来的时候；杨柳枯了，有再青的时候；桃花谢了，有再开的时候。但是，聪明的，你告诉我，我们的日子为什么一去不复返呢？——是有人偷了他们罢：那是谁？又藏在何处呢？是他们自己逃走了罢：现在又到了哪里呢？
我不知道他们给了我多少日子；但我的手确乎是渐渐空虚了。在默默里算着，八千多日子已经从我手中溜去；像针尖上一滴水滴在大海里，我的日子滴在时间的流里，没有声音，也没有影子。我不禁头涔涔而泪潸潸了。
去的尽管去了，来的尽管来着；去来的中间，又怎样地匆匆呢？早上我起来的时候，小屋里射进两三方斜斜的太阳。太阳他有脚啊，轻轻悄悄地挪移了；我也茫茫然跟着旋转。于是——洗手的时候，日子从水盆里过去；吃饭的时候，日子从饭碗里过去；默默时，便从凝然的双眼前过去。我觉察他去的匆匆了，伸出手遮挽时，他又从遮挽着的手边过去，天黑时，我躺在床上，他便伶伶俐俐地从我身上跨过，从我脚边飞去了。等我睁开眼和太阳再见，这算又溜走了一日。我掩着面叹息。但是新来的日子的影儿又开始在叹息里闪过了。
在逃去如飞的日子里，在千门万户的世界里的我能做些什么呢？只有徘徊罢了，只有匆匆罢了；在八千多日的匆匆里，除徘徊外，又剩些什么呢？过去的日子如轻烟，被微风吹散了，如薄雾，被初阳蒸融了；我留着些什么痕迹呢？我何曾留着像游丝般的痕迹呢？我赤裸裸来到这世界，转眼间也将赤裸裸的回去罢？但不能平的，为什么偏要白白走这一遭啊？
你聪明的，告诉我，我们的日子为什么一去不复返呢？

图6.40　创建段落文本

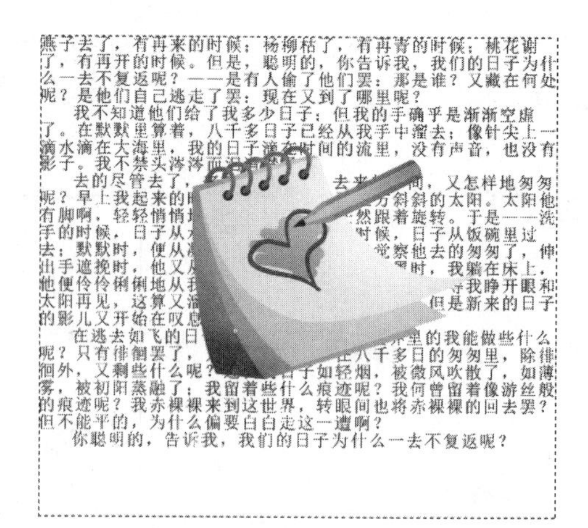

图6.41　导入图形

换行样式:
无
轮廓图
文本从左向右排列
文本从右向左排列
跨式文本
方角
文本从左向右排列
文本从右向左排列
跨式文本
上/下
文本换行偏移(T):
.2
mm

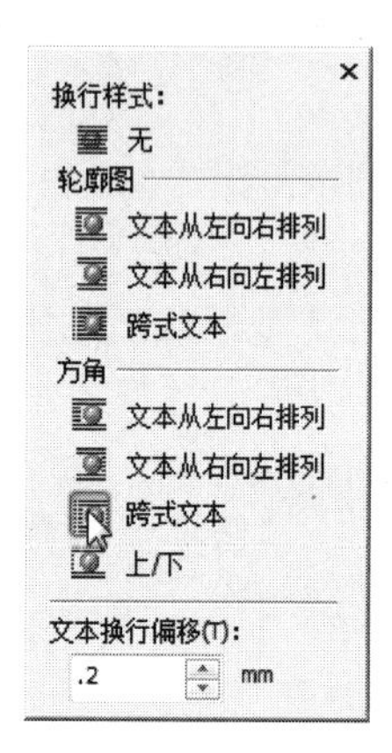

图6.42　设置段落文本换行

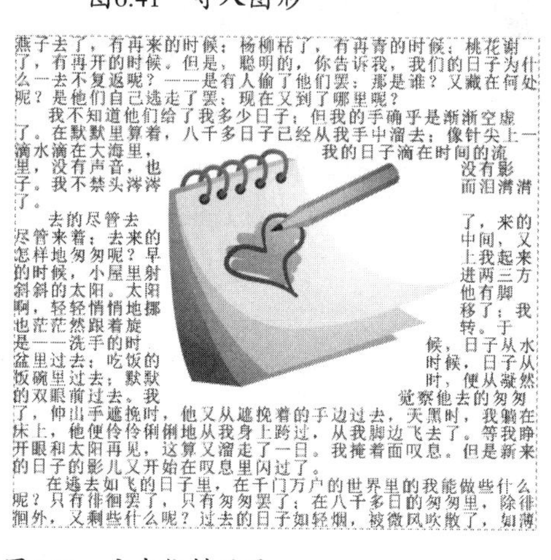

图6.43　文本绕排效果

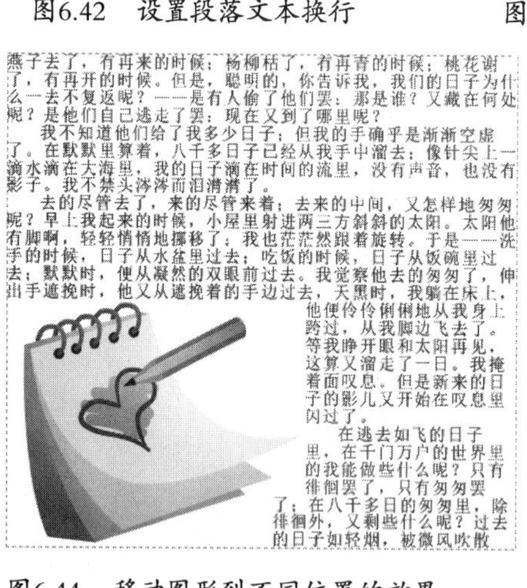

图6.44　移动图形到不同位置的效果

6.2 进阶——典型实例

通过前面的学习，相信读者已经对CorelDRAW X4中文本的编辑的基本概念与基本操作有了一定的了解。下面将在此基础上进行相应的实例练习。

6.2.1　杂志内页排版

本例利用文本工具、矩形工具以及文本绕排功能等制作杂志内页，使读者掌握文本工具的使用方法和技巧。

最终效果

本例制作完成后的最终效果如图6.45所示。

图6.45　最终效果

解题思路

1 导入图形文件，并输入文本。
2 设置文本字体、字号和颜色等属性。
3 使用矩形工具绘制标题框，并输入文本。
4 设置段落文本的格式。
5 设置文本绕排。
6 绘制杂志内页页脚，输入页码。

操作步骤

1 按下“Ctrl+N”组合键，新建一个文档，在属性栏的“纸张类型/大小”下拉列表框中选择“A3”选项，然后单击“横向”按钮将页面横向显示。
2 在菜单栏中执行“文件”→“导入”命令，导入图形素材，效果如图6.46所示。
3 选择导入的图形，并单击属性栏中的“水平镜像”按钮，效果如图6.47所示。
4 使用挑选工具选择图形，调整图形的大小，然后将其移动到页面的左侧，如图6.48所示。
5 按住鼠标左键，拖动一条辅助线到页面中心位置，效果如图6.49所示。

图6.46　导入图形素材

图6.47　将图形水平镜像

图6.48　调整图形大小和位置

图6.49　绘制辅助线

6　单击工具箱中的文本工具字，在页面中单击并输入文本，如图6.50所示。

7　选择输入的文本，在属性栏中更改文本的字体、字号以及颜色，效果如图6.51所示。

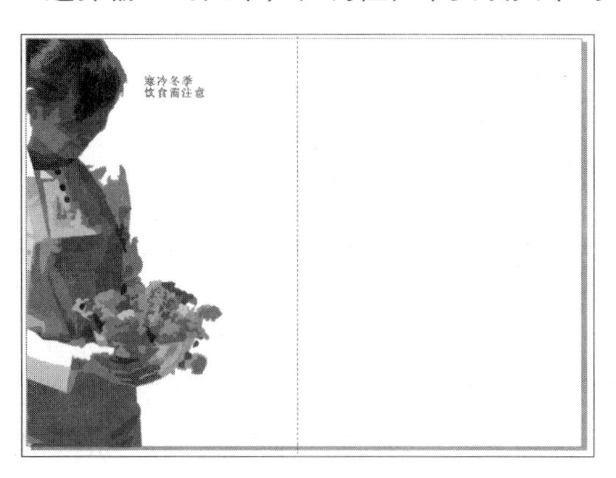

图6.50　输入文本

图6.51　设置文本的字体、字号以及颜色

8　单击工具箱中的文本工具字，然后按住鼠标左键在页面中绘制一个文本框，并在文本框中输入文本，如图6.52所示。

9　在属性栏中设置文本的字体为“华文楷体”，字号为“24pt”，颜色为“橙色”，如图6.53所示。

图6.52 输入段落文本

图6.53 设置文本的字体、字号以及颜色

10 执行“文本”→“段落格式化”命令，打开“段落格式化”泊坞窗，设置段落文本对齐方式，设置“水平”为“全部调整”，设置“垂直”为“全部”，效果如图6.54所示。

11 在“文本方向”栏中设置“方向”为“垂直”，效果如图6.55所示。

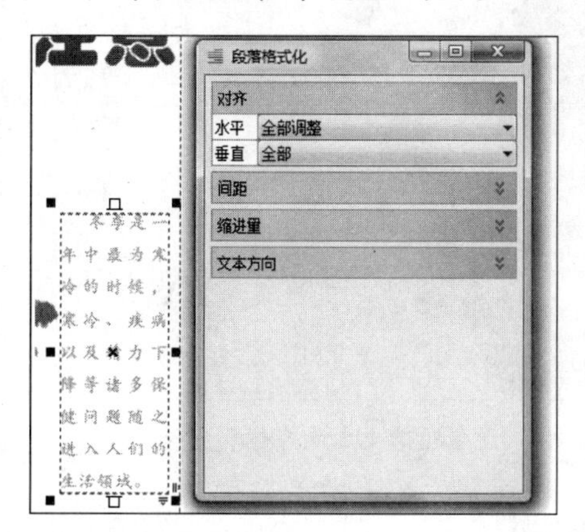

图6.54 设置对齐方式

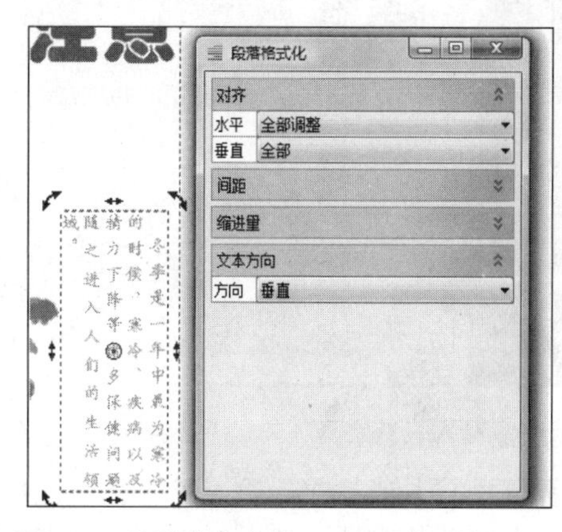

图6.55 设置文本方向

12 单击工具箱中的矩形工具，绘制一个矩形，并将其填充成黄色，轮廓线为黑色，如图6.56所示。

13 再次使用矩形工具在绘制的长矩形的两端，绘制填充色为青色的小矩形，效果如图6.57所示。

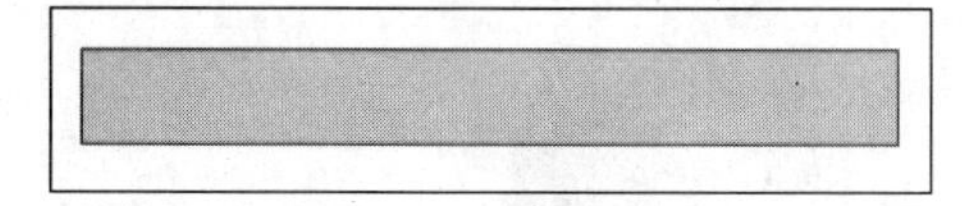

图6.56 绘制矩形

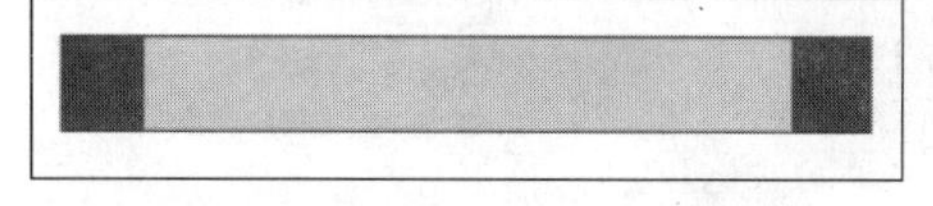

图6.57 绘制小矩形

14 选择绘制的所有矩形，按下“Ctrl+G”组合键，将其进行群组。

15 单击工具箱中的文本工具字，在群组得到的矩形上单击输入文本，如图6.58所示。

16 将矩形和文本进行群组，并将其移动到页面中合适的位置，效果如图6.59所示。

图6.58　输入文本

图6.59　移动文本

17 单击工具箱中的文本工具字，然后按住鼠标左键在页面中绘制一个文本框，并在文本框中输入文本，如图6.60所示。

18 选择输入的文本，在属性栏中设置字体为“华文仿宋”，字号为“20pt”，如图6.61所示。

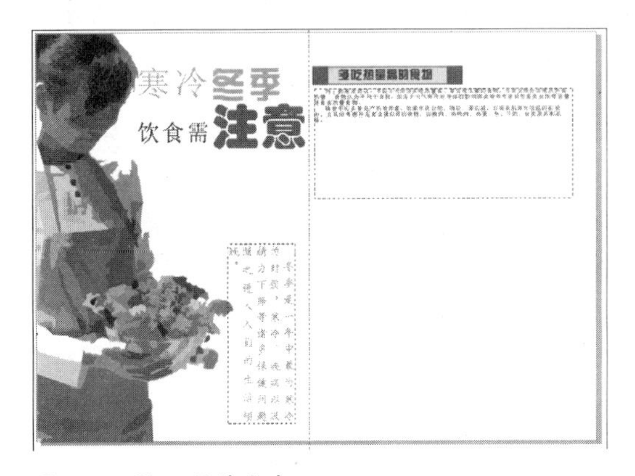

图6.60　输入段落文本

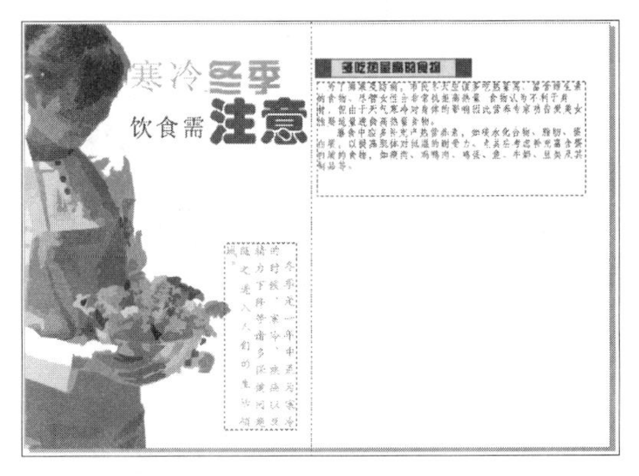

图6.61　设置段落文本的字体和字号

19 重复执行上述操作，输入其他需要的段落文本，效果如图6.62所示。

20 执行“文件”→“导入”命令，将图形导入到段落文本中，如图6.63所示。

图6.62　继续输入段落文本

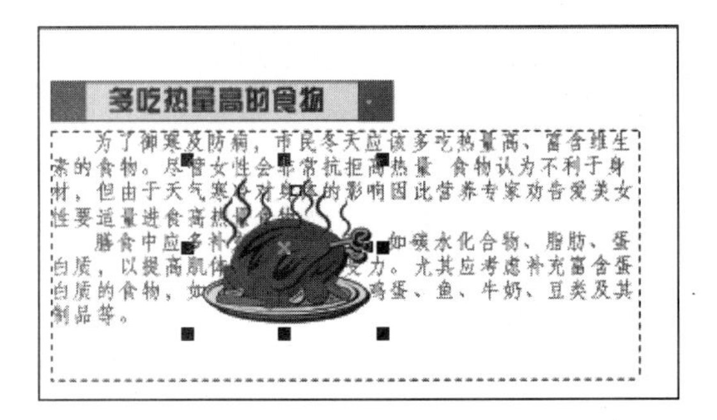

图6.63　导入图形

21 选择导入的图形，然后单击属性栏中的“段落文本换行”按钮，在弹出的快捷菜单中选择“跨式文本”选项，然后设置“文本换行偏移”为0.2mm，如图6.64所示。段落文本绕排效果如图6.65所示。

图6.64 设置文本绕排

多吃热量高的食物

为了御寒及防病，市民冬天应该多吃热量高、富含维生素的食物。尽管女 性会非常抗拒高热量 食物认为不利于身材，但由于天 气寒冷对身体的影响因此营养专家劝告爱 美女性要适量进食高热量食物。

膳食中应 多补充产热营养素，如碳水化合物、脂 肪、蛋白质，以提高肌体对低温的耐受 力。尤其应考虑补充富含蛋白质的食 物，如瘦肉、鸡鸭肉、鸡蛋、鱼、牛奶、豆类及其制品等。

图6.65 段落文本绕排效果

22 使用同样的方法，设置其他文本的绕排方式，最终效果如图6.66所示。

23 单击工具箱中的矩形工具□，分别在页面的左侧和右侧绘制两个矩形，然后将其填充成浅紫色，如图6.67所示。

图6.66 设置文本绕排

图6.67 绘制矩形

24 单击工具箱中的文本工具字，在页面的左下角输入页码，如图6.68所示。

25 使用同样的方法，在页面的右下角输入页码，效果如图6.69所示。

图6.68 输入页码

图6.69 最终效果

6.2.2 冰激凌标志设计

本例使用文本工具和椭圆形工具等制作一个冰激凌标志，让读者掌握文本转换为曲线的方法和技巧。

最终效果

本例制作完成后的最终效果如图6.70所示。

图6.70 最终效果

解题思路

1 使用椭圆形工具，绘制椭圆形并对其进行填充。
2 导入图形文件，然后将图形进行旋转和缩放，并将其移动到合适的位置。
3 使用文本工具输入文本，然后将其转换成曲线，并使用形状工具对曲线的节点进行编辑。
4 对转换成的曲线进行填充。

操作步骤

1 按下“Ctrl+N”组合键，新建一个文档，新建的文档默认为A4大小。
2 单击工具箱中的椭圆形工具，绘制如图6.71所示的椭圆形。
3 选择绘制的椭圆形，在属性栏中设置轮廓线的宽度为“5.0mm”，设置填充颜色为“C：0，M：25，Y：0，K：0”，轮廓线颜色为“C：42，M：0，Y：23，K：0”，并对其进行填充，效果如图6.72所示。

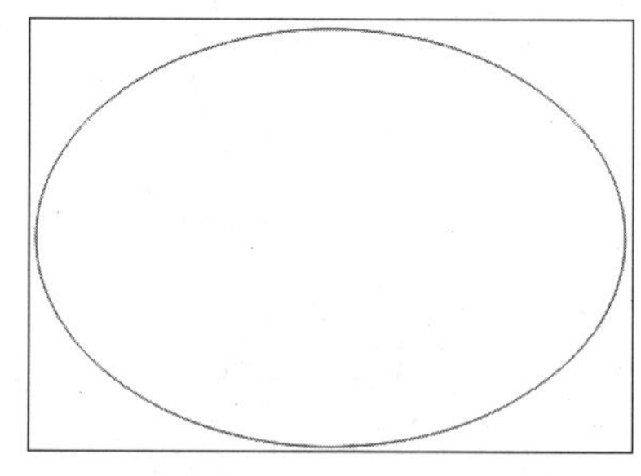

图6.71 绘制椭圆形

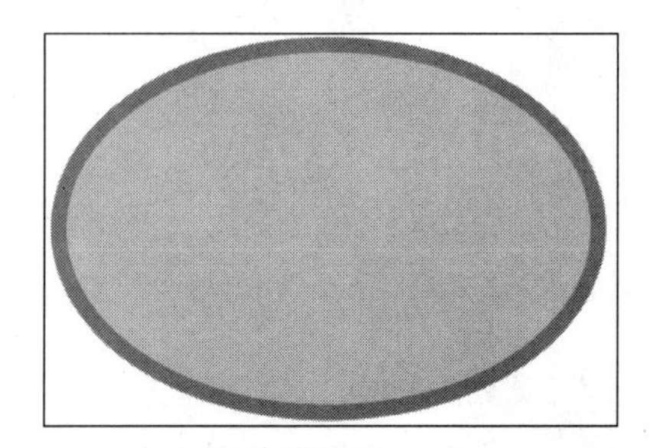

图6.72 填充椭圆形

4 使用挑选工具双击绘制的椭圆形，然后进行旋转，效果如图6.73所示。

5 在菜单栏中执行“文件”→“导入”命令，导入图形文件，如图6.74所示。

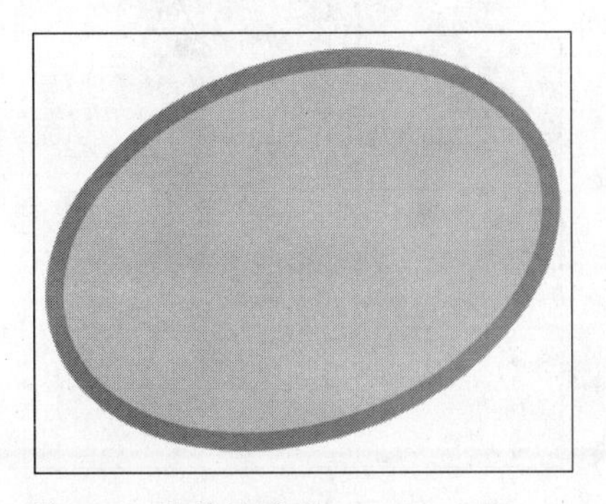

图6.73　旋转椭圆形

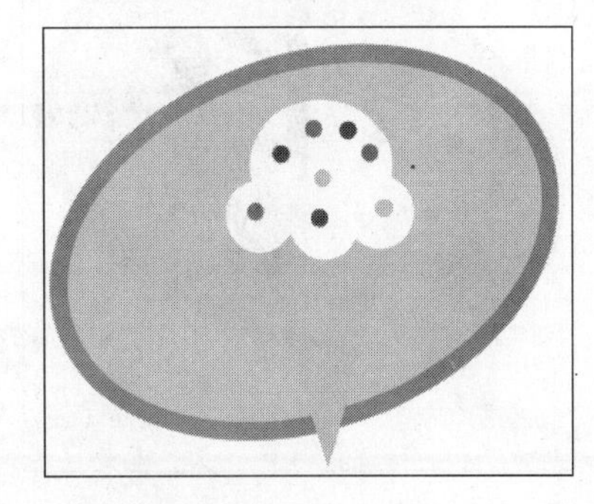

图6.74　导入图形

6 使用挑选工具双击导入的图形，然后进行旋转，并移动到适当的位置，效果如图6.75所示。

7 单击工具箱中的文本工具字，然后在页面中单击并输入文字“ice”，如图6.76所示。

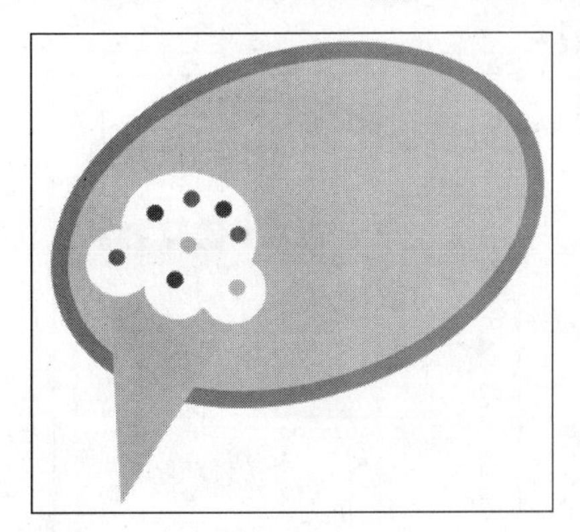

图6.75　旋转并移动图形

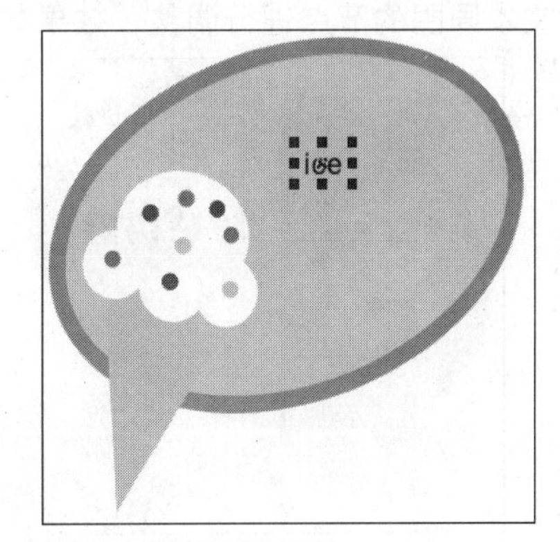

图6.76　输入文本

8 选中输入的文本，设置文本的字体为“Berlin Sans FB Demi”，设置字号为“100pt”，如图6.77所示。

9 选中文本，然后按下“Ctrl+Q”组合键，将文本转换成曲线，如图6.78所示。

图6.77　设置文本的字体和字号

图6.78　将文本转换成曲线

10 单击工具箱中的形状工具，对文本周围的节点进行调整，效果如图6.79所示。

11 单击工具箱中的文本工具字，在页面中单击并输入文本“cream”，如图6.80所示。

图6.79　调整文本

图6.80　输入文本

12 选中输入的文本，设置文本的字体为“Berlin Sans FB Demi”，设置字号为“60pt”，如图6.81所示。

13 选中文本，按下“Ctrl+Q”组合键将其转换成曲线，然后单击工具箱中的形状工具，对文本周围的节点进行调整，效果如图6.82所示。

图6.81　输入文本

图6.82　调整文本

14 选择“ice”文本，单击页面右侧调色板中的“蓝”色块进行填充，并在“白”色块上单击鼠标右键填充其轮廓线，然后在属性栏中设置轮廓线宽度为“1.5mm”，效果如图6.83所示。

15 选择“cream”文本，单击页面右侧调色板中的“蓝”色块进行填充，并在“白”色块上单击鼠标右键填充其轮廓线，然后在属性栏中设置轮廓线宽度为“0.75mm”，效果如图6.84所示。

图6.83　填充文本

图6.84　填充文本

16 单击工具箱中的文本工具字，然后在页面中单击并输入文本“欢迎光临”，如图6.85所示。

17 在属性栏中设置文本的字体为“方正卡通体”，字号为“36pt”，颜色为“黄”，如图6.86所示。

图6.85 输入文本

图6.86 设置文本的字体、字号和颜色

18 使用挑选工具双击导入的图形，然后进行旋转，并移动到适当的位置，效果如图6.87所示。

图6.87 最终效果

6.3 提高——自己动手练

利用文本制作了相关的实例后，下面进一步巩固本章所学知识并进行相关的实例演练，以达到提高读者动手能力的目的。

6.3.1 DM单排版设计

本练习使用矩形工具和文本工具等制作一个DM单排版设计，让读者熟悉使用文本工具的方法和技巧。

最终效果

本例制作完成后的最终效果如图6.88所示。

图6.88 最终效果

解题思路

1 使用矩形工具绘制矩形，作为DM单的背景。
2 使用钢笔工具绘制不规则图形。
3 执行导入命令，将素材图形导入到页面中。
4 输入并编辑文本。

操作步骤

1 按下“Ctrl+N”组合键，新建一个文档，新建的文档默认为A4大小。
2 单击工具箱中的矩形工具，绘制一个大小与页面相同的矩形，然后将其填充为粉色，并删除轮廓线，效果如图6.89所示。
3 单击工具箱中的钢笔工具，绘制不规则图形，然后将其填充为黄色，轮廓线填充为白色，轮廓线宽度为“5.0mm”，如图6.90所示。

图6.89 绘制矩形

图6.90 绘制不规则图形

4 执行“文件”→“导入”命令，将图形文件导入到页面中，并将图形放置到合适的位置，如图6.91所示。
5 再次执行“文件”→“导入”命令，将另一图形导入到页面中，效果如图6.92所示。
6 单击工具箱中的文本工具，在页面中输入文本，如图6.93所示。
7 单击工具箱中的椭圆形工具，绘制三个以顶端对齐的正圆形，如图6.94所示。
8 选择文本，执行“文本”→“使文本适合路径”命令，将文本沿路径显示，效果如图6.95所示。
9 单击工具箱中的文本工具，在页面中输入文本，并设置文本的字体、字号和颜色等属性，效果如图6.96所示。

图6.91　导入图形

图6.92　导入图形

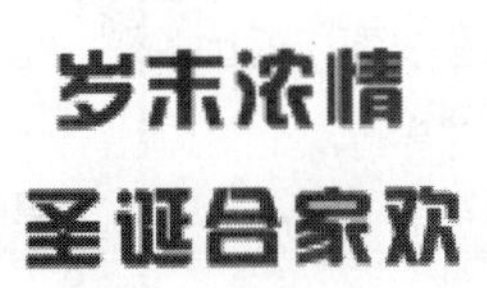

图6.93　输入文本

图6.94　绘制顶端对齐的正圆

图6.95　使文本适合路径

图6.96　输入文本并设置属性

10 选择文本和圆形，按下“Ctrl+G”组合键，将其进行群组，并移动到合适的位置，如图6.97所示。

11 单击工具箱中的文本工具字，在页面中输入文本，并设置文本的字体、字号和颜色等属性，效果如图6.98所示。

图6.97　将图形放置到合适的位置

图6.98　输入文本并设置属性

12 单击工具箱中的文本工具字，在页面中输入文本，然后按下“Ctrl+Q”组合键，将文本转换成曲线，如图6.99所示。

13 单击工具箱中的填充工具，然后在弹出的工具列表中单击渐变填充工具，弹出“渐变填充”对话框。

14 在对话框中设置渐变填充方式和颜色，如图6.100所示，然后单击“确定”按钮，对转换为曲线的文本进行填充，效果如图6.101所示。

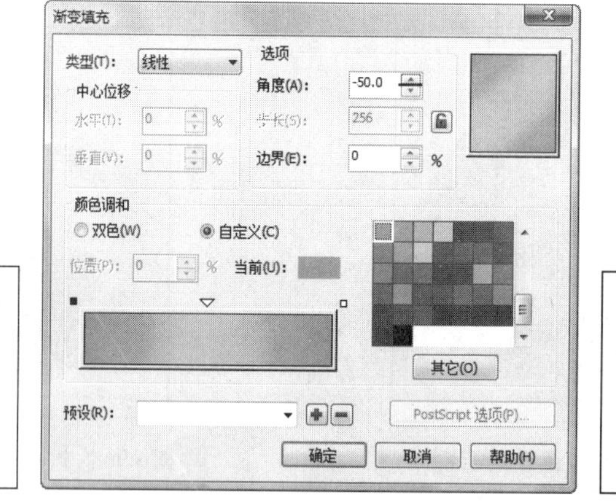

图6.99　将文本转换成曲线　　图6.100　设置渐变填充参数　　图6.101　填充效果

15 单击工具箱中的文本工具字，在页面中输入文本，然后使用同样的方法将文本转换成曲线，并进行渐变填充，如图6.102所示。

16 使用挑选工具将文本移动到合适的位置，效果如图6.103所示。

17 单击工具箱中的文本工具字，在页面中输入文本，如图6.104所示。

18 再次使用文本工具字在页面的底部输入联系方式以及地址等信息，最终效果如图6.105所示。

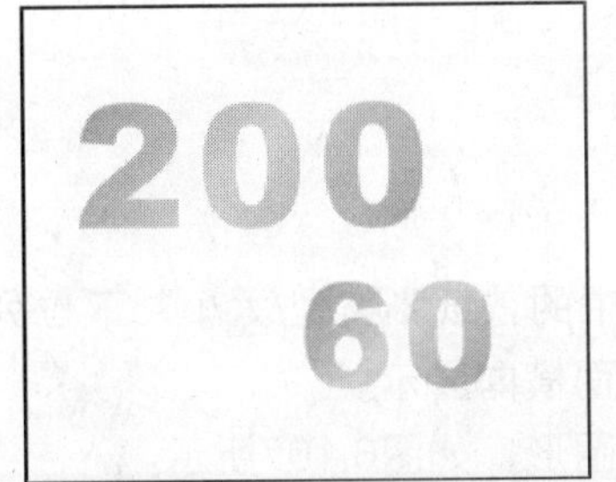

图6.102　填充效果

图6.103　移动文本

图6.104　输入文本

图6.105　最终效果

6.3.2　名片设计

本练习使用贝济埃工具和文本工具等设计名片，让读者熟悉文本工具在名片设计中的使用方法和技巧。

最终效果

本例制作完成后的最终效果如图6.106所示。

图6.106　最终效果

解题思路

1 使用贝济埃工具绘制图形，并将图形转换成曲线。
2 对绘制的图形进行调整，然后进行填充。
3 使用文本工具输入相应信息。

操作步骤

1 按下“Ctrl+N”组合键，新建一个文档，在属性栏中的“纸张类型/大小”下拉列表框中选择“名片”选项，然后单击“横向”按钮将页面横向显示。
2 单击工具箱中的贝济埃工具，在页面中绘制封闭图形，如图6.107所示。
3 使用形状工具将绘制的图形转换成曲线，并对其进行调整，效果如图6.108所示。

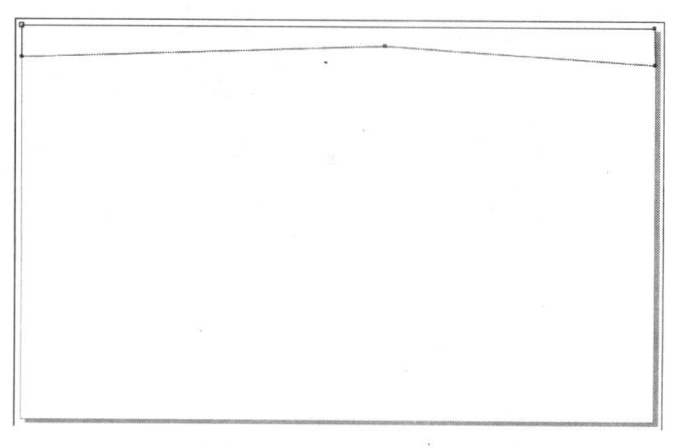
图6.107 绘制封闭图形

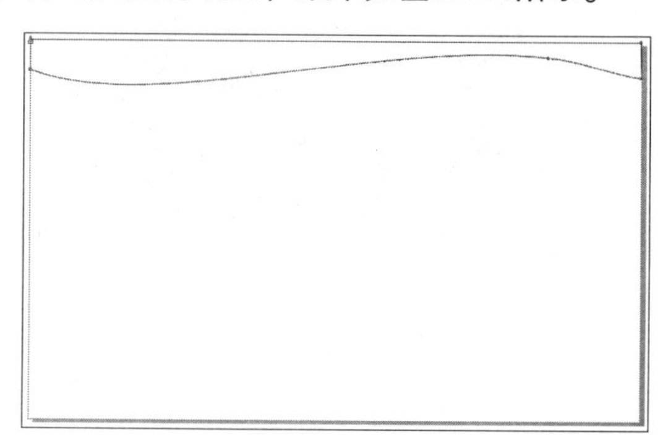
图6.108 调整曲线

4 选择绘制的图形，单击页面右侧调色板中的“冰蓝”色块对其进行填充，然后删除轮廓线，效果如图6.109所示。
5 使用同样的方法，绘制页面下半部分的图形，效果如图6.110所示。

图6.109 填充图形

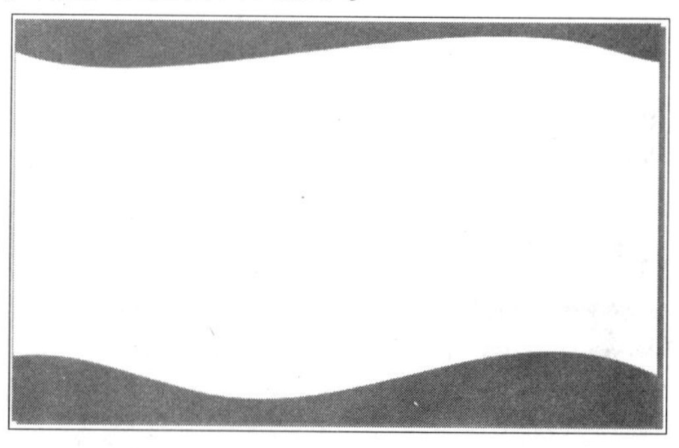
图6.110 绘制并填充图形

6 执行“文件”→“导入”命令，将企业的标志导入的页面中，并将其移动到合适的位置，效果如图6.111所示。
7 单击工具箱中的文本工具，在企业标志下输入企业的名称，如图6.112所示。
8 选择文本，在对应的属性栏中设置文本的字体、字号以及颜色等参数，如图6.113所示。
9 使用文本工具在页面的右侧输入人物的名称和职位，然后设置文本的字体、字号以及颜色等参数，如图6.114所示。

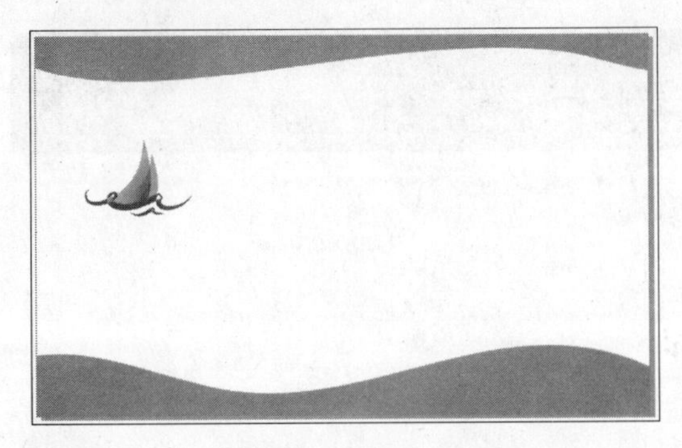

图6.111　导入标志

图6.112　输入文本

图6.113　设置文本属性

图6.114　输入文本并设置属性

10 单击文本工具字，然后在页面中按住鼠标左键绘制出文本框，并在文本框中输入文本，如图6.115所示。

11 选择输入的段落文本，对文本的对齐方式和间距进行调整，效果如图6.116所示。

图6.115　输入段落文本

图6.116　调整段落文本

结束语

文本是平面设计的重要元素之一，文本被广泛地运用于实际工作中。本章详细介绍了CorelDRAW X4的基本知识和基本操作，希望读者学习了本章的内容之后，可以运用文本工具制作出优秀的作品。

Chapter 7

第7章 特殊效果的编辑

本章要点

入门——基本概念与基本操作

- 交互式调和工具
- 交互式轮廓图工具
- 交互式变形工具
- 交互式封套工具
- 交互式立体化工具
- 交互式阴影工具
- 交互式透明工具
- 透镜效果

进阶——典型实例

- 绘制孔雀
- 绘制水晶按钮

提高——自己动手练

- 绘制红酒杯
- 制作立体字

本章导读

本章主要讲述CorelDRAW X4中图形特殊效果的编辑，包括交互式调和、轮廓图、变形、封套、立体化、阴影、透明工具的使用，以及透镜的使用。通过本章的学习，相信读者可以应用这些功能，快速地创建出各式各样、复杂的图形效果。

7.1 入门——基本概念与基本操作

交互式工具可以为图形对象直接应用调和效果、轮廓图效果、变形效果、阴影效果、封套效果、立体化效果、阴影效果和透明效果，为图形锦上添花。下面我们就对交互式工具的使用进行详细的介绍。

7.1.1 交互式调和工具

使用交互式调和工具可以在两个或两个以上对象中间产生形状和颜色上的过渡，对象上的填充方式、排列效果和外形轮廓等都会影响调和效果。

调和效果主要包括直线调和、路径调和和复合调和3种类型，在创建调和效果的过程中要根据实际的需要来选择不同的类型。

1. 直线调和

单击工具箱中的交互式调和工具，将光标移动到起始对象上，当鼠标指针呈显示时，按住鼠标左键不放，将起始对象拖曳到结束对象处，如图7.1所示，释放鼠标左键后，即可在两个对象之间自动创建直线调和，效果如图7.2所示。

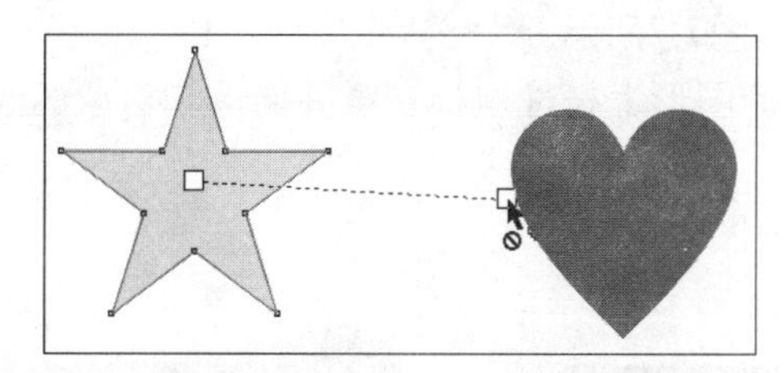

图7.1　创建调和

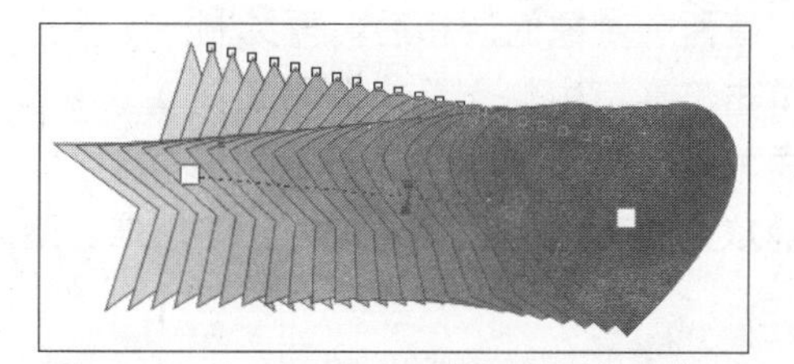

图7.2　直线调和效果

2. 路径调和

单击工具箱中的交互式调和工具，并按住“Alt”键，然后将光标移动到起始对象上，当鼠标指针呈显示时，按住鼠标左键不放，绘制任意路径后移动鼠标光标到结束对象处，如图7.3所示，释放鼠标左键后，两对象之间即可按绘制的路径创建调和，效果如图7.4所示。

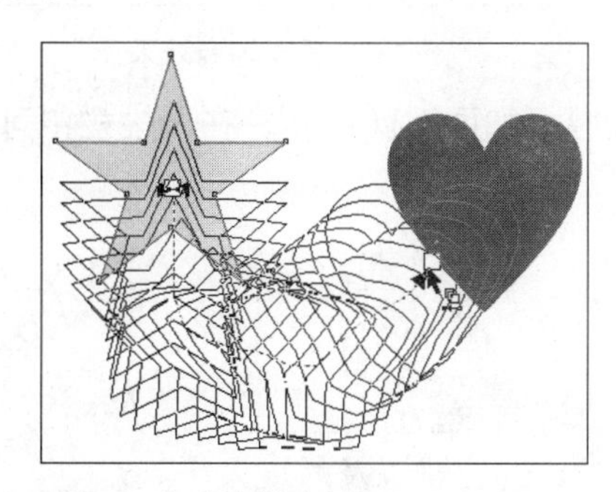

图7.3　手动绘制路径

图7.4　路径调和效果

用户还可以先绘制一条路径，然后将已经创建的调和图形沿路径显示，其具体操作步骤如下。

1 任意绘制一条路径，然后选择已经创建的调和图形，如图7.5所示。

2 单击属性栏中的“路径属性”按钮，在弹出的快捷菜单中选择“新路径”命令，这时鼠标呈显示，单击绘制的路径即可，最终效果如图7.6所示。

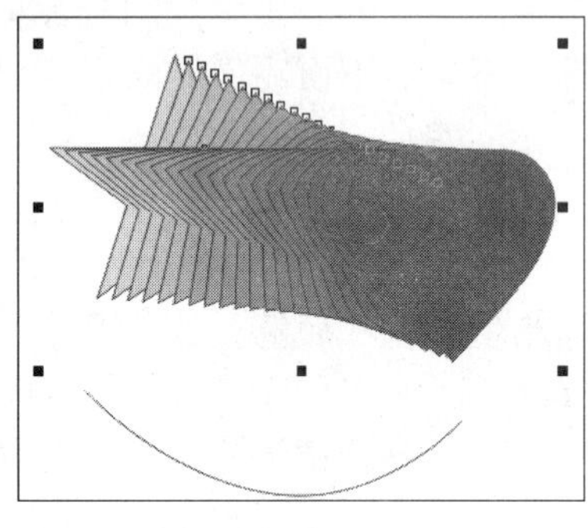

图7.5　选择调和图形

图7.6　沿路径调和效果

3. 复合调和

复合调和是指为两个或两个以上图形创建调和效果后，在已有调和对象的基础上继续添加一个或多个对象，创建出复合调和效果，具体操作步骤如下。

1 创建两个对象的调和后，再绘制一个图形，如图7.7所示。

2 单击工具箱中的交互式调和工具，在绘制的图形上按住鼠标左键并向调和对象的起始点或终止点图形拖动，如图7.8所示。

3 释放鼠标左键，完成复合调和的创建，效果如图7.9所示。

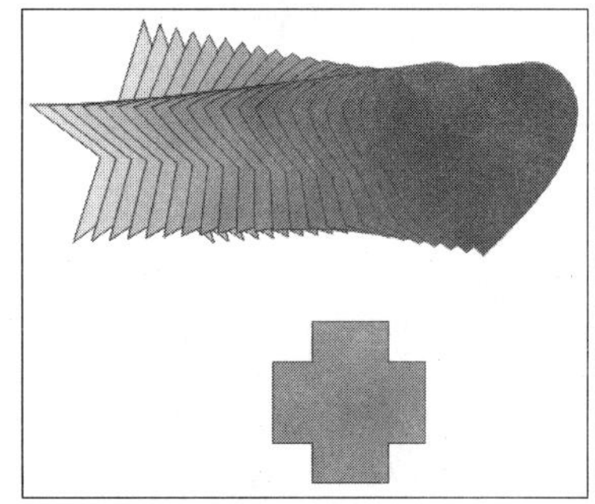

图7.7　绘制图形

图7.8　创建复合调和

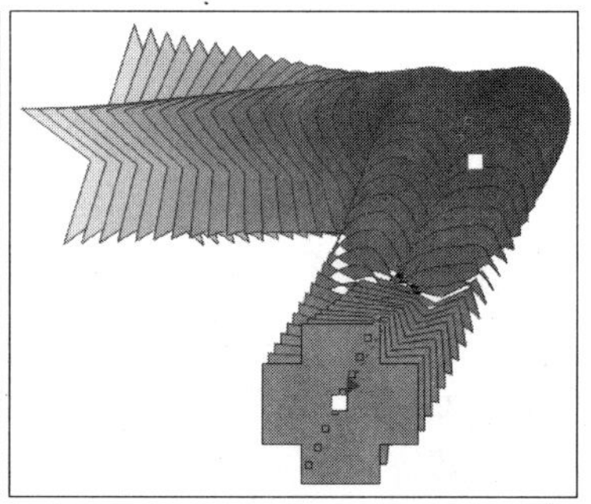

图7.9　复合调和效果

单击交互式调和工具后，调和对象对应的属性栏如图7.10所示，在属性栏中可以调整调和的步数、形状等属性。

图7.10　交互式调和工具属性栏

- **预设列表**：可以选择系统提供的预设调和样式。
- **对象位置** **和对象大小**：可以设置对象的位置以及尺度大小。
- **调和步长数/间距**：用于设置两个对象之间的调和步数，以及对象之间的间距。
- **方向调和**：在数值框中输入数值来设定过渡中对象的旋转角度。
- **环绕调和**：单击该按钮，可以将调和中产生旋转的过渡对象拉直，同时以两个对象中间位置作为旋转中心进行环绕分布。

- **直接调和**、**顺时针调和**、**逆时针调和**：单击对应的按钮，可以设置调和对象颜色过渡的方向。
- **对象和颜色加速**：单击该按钮，弹出“加速”面板，拖动“对象”和“颜色”滑块，可以调整形状和颜色上的加速效果。
- **加速调和时的大小调整**：单击该按钮，可以设置调和时过渡对象调和尺寸的加速变化。
- **起始和结束对象属性**：用于重新设置应用调和效果的起始点和终止点对象的属性。
- **路径属性**：单击该按钮，可以使调和对象沿绘制的路径显示。
- **复制调和属性**：单击该按钮，可以复制对象的调和效果。
- **清除调和**：单击该按钮，可以清除对象中的调和效果。

7.1.2　交互式轮廓图工具

使用交互式轮廓图工具可以将对象的轮廓向内或向外放射而形成同心的图形效果。交互式轮廓图的效果包括3个方向、向中心、向内和向外，不同方向可产生不同的轮廓图效果。

与创建调和效果不同，交互式轮廓图效果在一个图形上就可以完成。单击工具箱中的交互式轮廓图工具，在图形上按下鼠标左键并向对象中心进行拖动，当鼠标光标呈显示时，如图7.11所示，释放鼠标左键即可创建出向图形中心放射的轮廓图效果，如图7.12所示。

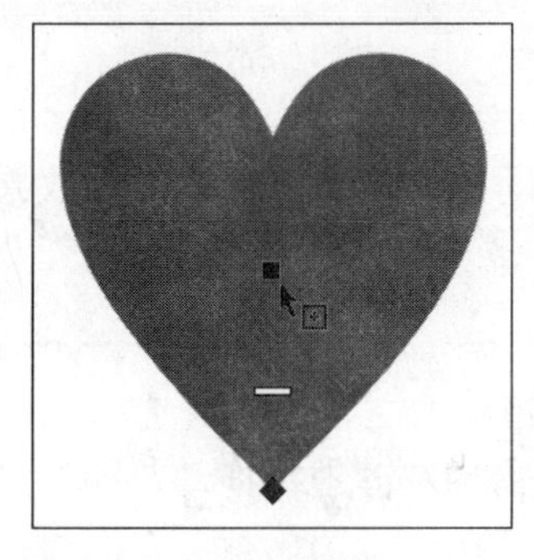

图7.11　向内拖动鼠标

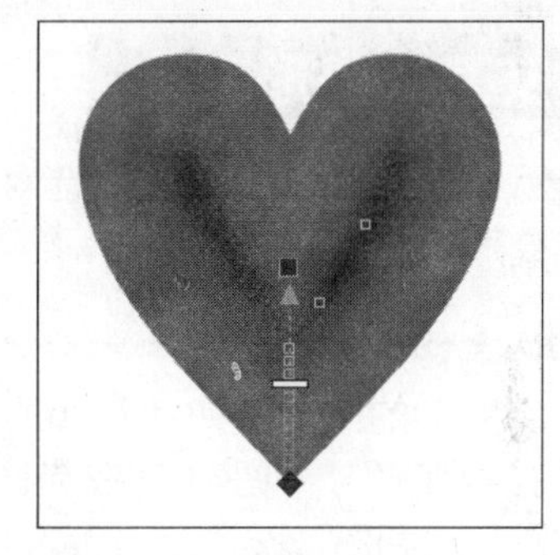

图7.12　向内放射的轮廓图效果

在对象上按下鼠标左键并向对象外拖动鼠标，当鼠标光标呈显示时，如图7.13所示，释放鼠标左键，即可创建向外放射的轮廓图效果，如图7.14所示。

图7.13　向外拖动鼠标

图7.14　向外放射的轮廓图效果

单击交互式轮廓图工具后，对应的属性栏如图7.15所示。

图7.15　交互式轮廓图工具属性栏

- **预设列表**：可以选择系统提供的预设轮廓图样式。
- **到中心**：单击该按钮，调整为向中心放射的轮廓图效果。
- **向内**：单击该按钮，调整为向对象内部放射的轮廓图效果。
- **向外**：单击该按钮，调整为向对象外部放射的轮廓图效果。
- **轮廓步长**：在该数值框中输入数值，可以决定轮廓图的发射数量。
- **轮廓图偏移**：在该数值框中输入数值，可以设置轮廓图效果中各步数之间的距离。
- **线性轮廓图颜色**：直线形轮廓图颜色填充，使用直线颜色渐变的方式填充轮廓图。
- **顺时针的轮廓图颜色**：顺时针轮廓图颜色填充，使用色轮盘中顺时针方向颜色填充轮廓图。
- **逆时针的轮廓图颜色**：逆时针轮廓图颜色填充，使用色轮盘中逆时针方向颜色填充轮廓图。
- **轮廓颜色**：改变轮廓图效果中最后一轮轮廓图的轮廓颜色，同时过渡的轮廓色也将随之发生变化。
- **填充色**：改变轮廓图效果中最后一轮轮廓图的填充颜色，同时过渡的填充色也将随之发生变化。

7.1.3　交互式变形工具

使用交互式变形工具可以对所选对象进行各种不同的变形。交互式变形效果包括推拉变形、拉链变形和扭曲变形。

1. 推拉变形

选择需要变形的图形，如图7.16所示，单击工具箱中的交互式变形工具，并在属性栏中单击“推拉变形”按钮，在选择的图形上按住鼠标左键进行拖动，即可产生推拉变形效果，如图7.17和图7.18所示。

图7.16　选择图形

图7.17　推动图形

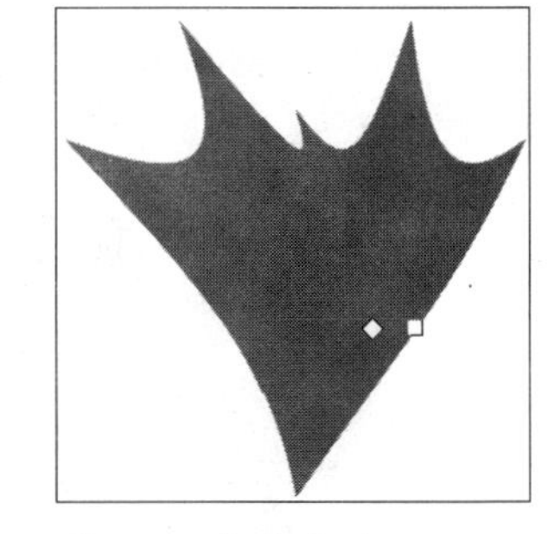
图7.18　拉动图形

2. 拉链变形

选择需要变形的图形，如图7.19所示，单击工具箱中的交互式变形工具，并在属性栏中单击“拉链变形”按钮，在选择的图形上按住鼠标左键进行拖动，即可产生拉链变形效果，如图7.20所示。

图7.19 选择图形

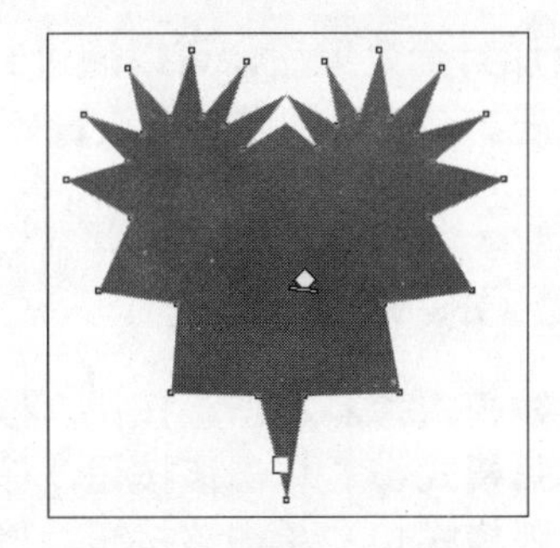

图7.20 拉链变形

3. 扭曲变形

选择需要变形的图形，如图7.21所示，单击工具箱中的交互式变形工具，并在属性栏中单击“扭曲变形”按钮，然后在选择的图形上按住鼠标左键进行拖动，可使对象以一个点为中心进行螺旋状旋转。向顺时针方向拖动鼠标和向逆时针方向拖动鼠标，可以得到两种不同的效果，如图7.22和图7.23所示。

图7.21 选择图形

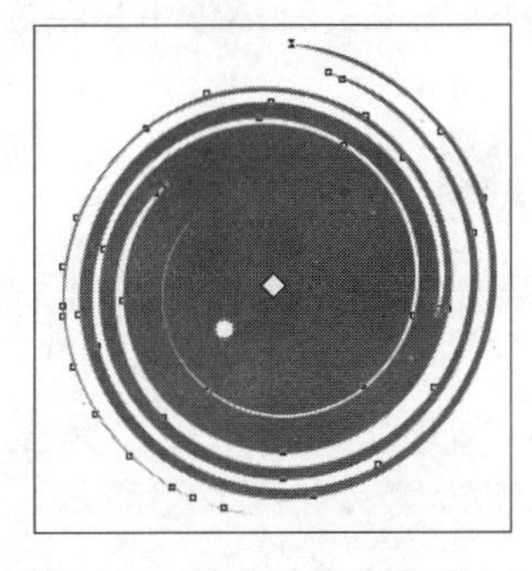

图7.22 顺时针扭曲变形

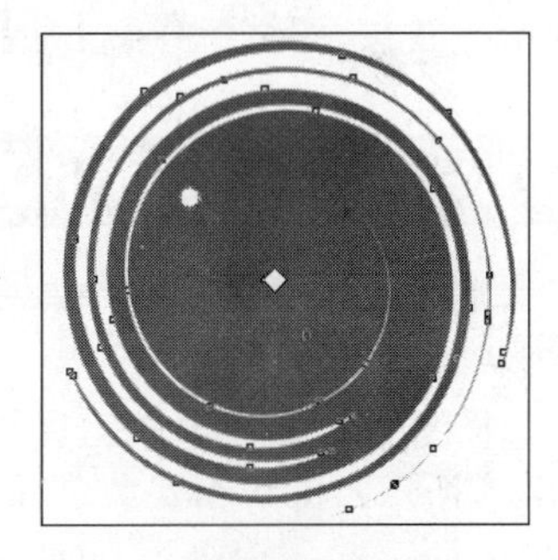

图7.23 逆时针扭曲变形

提示 选择要清除变形效果的对象，然后执行“效果”→“清除变形”命令，或单击属性栏上的“清除变形”按钮，即可清除变形效果。

7.1.4 交互式封套工具

使用交互式封套工具可以为对象添加封套效果，使对象整体形状随着封套外形的变化而变化。在改变封套的形状时，可以使用节点编辑工具对封套的每一个节点进行调整。

为对象应用封套效果非常简单，使用交互式封套工具选中对象，如图7.24所示，然后选择对象周围的节点并拖曳，就可以为对象应用封套效果，如图7.25所示。

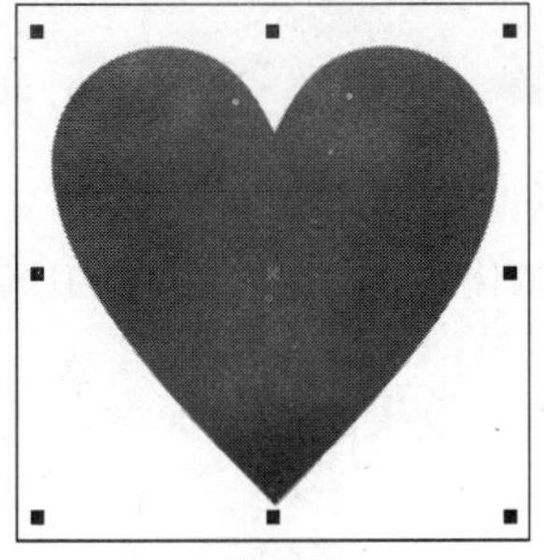

图7.24 选择图形

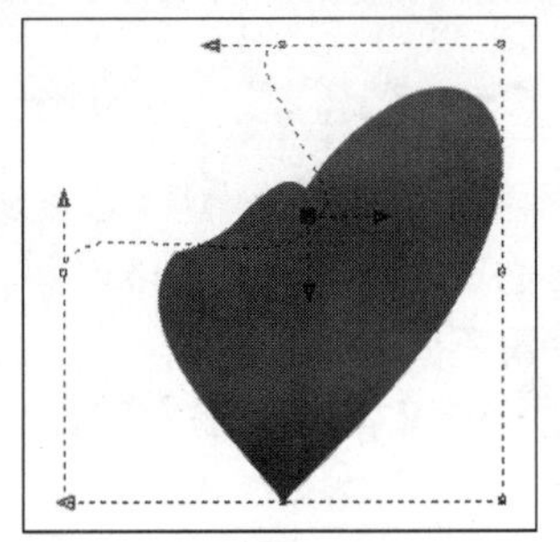

图7.25 封套效果

为图形添加封套效果后，可以通过封套工具属性栏来修改和编辑封套效果，选择封套对象后，交互式封套工具的属性栏设置如图7.26所示。

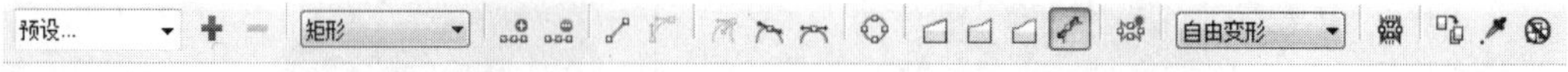

图7.26　交互式封套工具属性栏

- **封套的直线模式**：单击该按钮，移动封套的控制点，可保持封套边线为直线段。
- **封套的单弧模式**：单击该按钮，移动封套的控制点，封套边线将变为单弧线。
- **封套的双弧模式**：单击该按钮，移动封套的控制点，封套边线将变为S形弧线。
- **封套的非强制模式**：单击该按钮，可任意编辑封套形状、更改封套边线类型和节点类型，以及增加或删除封套的控制点。
- **添加新封套**：单击该按钮，封套形状恢复成未进行任何编辑的状态，而封套对象仍保持变形后的效果。

提示　编辑控制节点的方法与使用形状工具编辑曲线节点的方法相同。交互式封套工具不仅能应用于单个图形或文本对象，还可以应用于多个群组后的图形或文本对象，可以更方便地在实际操作中提供变形处理。

7.1.5　交互式立体化工具

使用交互式立体化工具，可以为对象添加三维立体效果，使对象具有很强的空间感和纵深感。

选择图形对象，单击工具箱中的交互式立体化工具，然后按住鼠标左键进行拖曳，如图7.27所示，即可为对象创建立体效果，如图7.28所示。

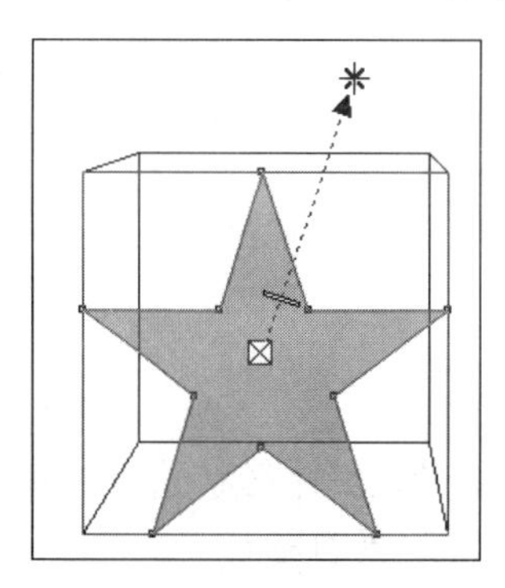

图7.27　向外拖动

图7.28　立体效果

选择应用立体化效果的对象后，交互式立体化工具的属性栏如图7.29所示。

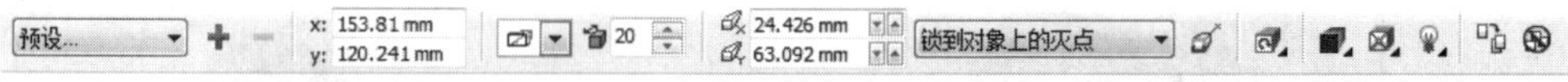

图7.29　交互式立体化工具属性栏

- **立体化类型**：单击其下拉按钮，在弹出的立体化类型下拉列表框中选择不同选项，立体化效果不同。
- **深度**：在文本框中输入数值，可以调整立体化效果的纵深深度，数值越大，深度越深。

- **灭点坐标**：灭点是应用立体化效果时，图形对象上出现的箭头指示图标✕。在文本框中输入数值，可以指定灭点的坐标位置。
- **灭点属性**：单击该下拉按钮，即可在打开下拉列表框中设置灭点的属性。
- **立体的方向**：用于改变立体化效果的角度。单击该按钮，弹出如图7.30所示的下拉面板，在其圆形范围内按住鼠标左键进行拖动，如图7.31所示，立体化对象的效果会随之发生改变，如图7.32所示。

图7.30　立体的方向下拉面板

图7.31　调整立体化角度

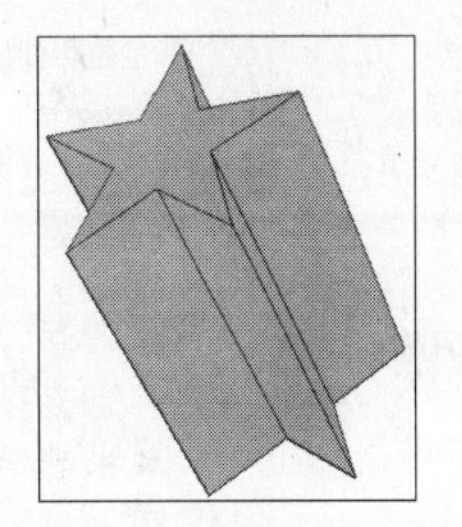

图7.32　调整后的效果

- **颜色**：单击该按钮，弹出颜色设置面板，该面板提供了3个按钮，单击各个按钮，显示的设置面板如图7.33所示。

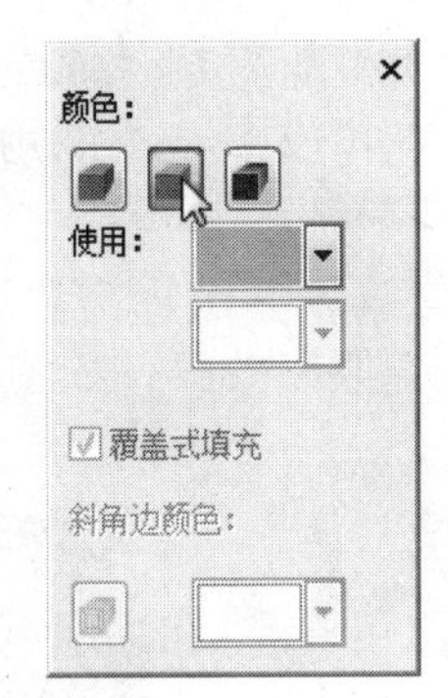

图7.33　颜色属性

- **斜角修饰边**：单击该按钮，弹出如图7.34所示的面板。勾选“使用斜角修饰边”复选框，对象的立体画效果如图7.35所示。在“斜角修饰边深度”和“斜角修饰边角度”数值框中输入数值，可以设置立体化的效果，如图7.36所示。

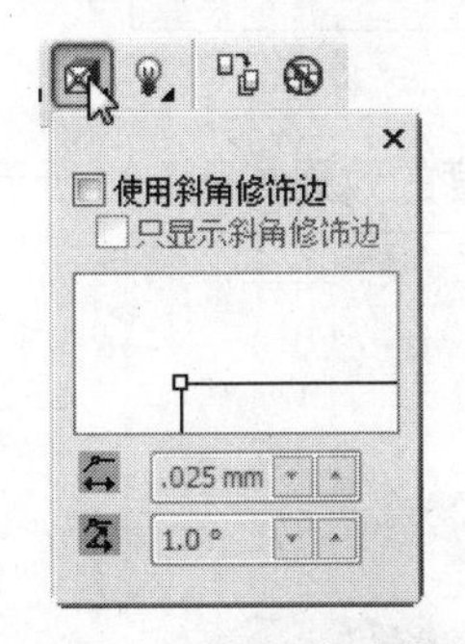

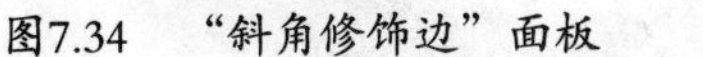

图7.34　“斜角修饰边”面板

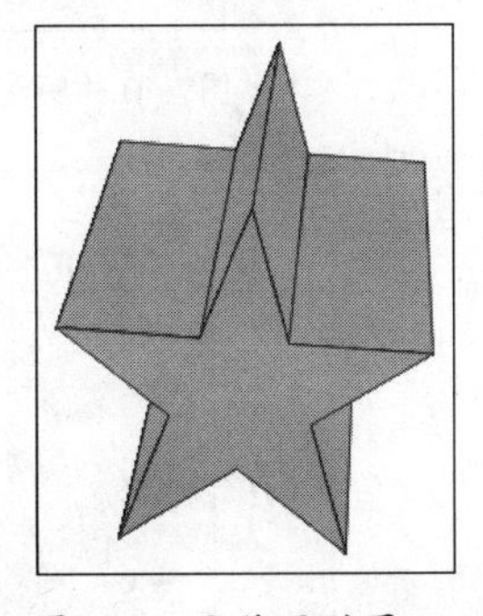

图7.35　立体画效果

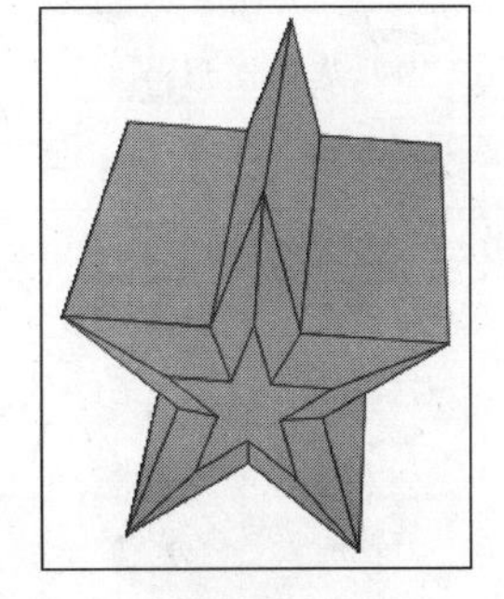

图7.36　设置斜角修饰边参数

- **照明**：单击该按钮，弹出如图7.37所示的照明设置面板，在该面板中可以设置立体化的灯光效果。单击“光源1”按钮后，对象的立体化效果如图7.38所示。

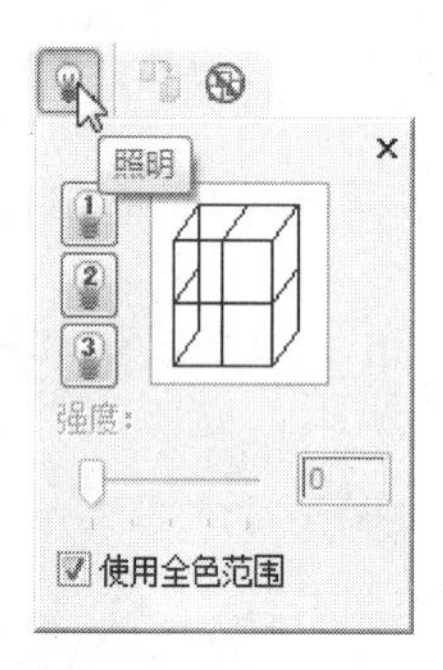

图7.37 “照明”面板

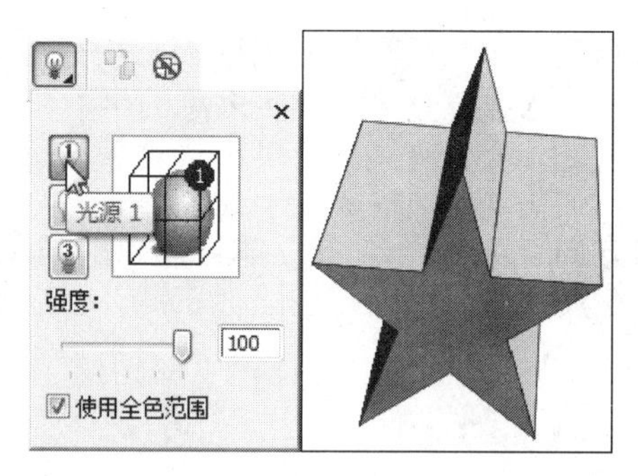

图7.38 选择“光源1”的效果

提示 在“光线强度预览”框中，按住❶进行拖动，圆球上的光线会随着鼠标的移动而移动。再次单击“光源1”按钮，即可取消立体化效果的光源设置，恢复设置前的立体化效果。“光源2”和“光源3”的使用和调整方法与“光源1”相同。

7.1.6 交互式阴影工具

使用交互式阴影工具可以为对象添加柔和、逼真的阴影效果，从而得到更加直观的效果。交互式阴影工具只能用于文本和位图，不能用于调和对象、轮廓图对象和立体化对象。

单击工具箱中的交互式阴影工具，并选择需要增加阴影的对象，如图7.39所示，按住鼠标左键进行拖动，即可为对象创建阴影效果，如图7.40所示。

图7.39 选择图形

图7.40 阴影效果

拖动阴影轴线上的滑块，可以调整阴影的不透明度，不同不透明度的效果如图7.41所示。

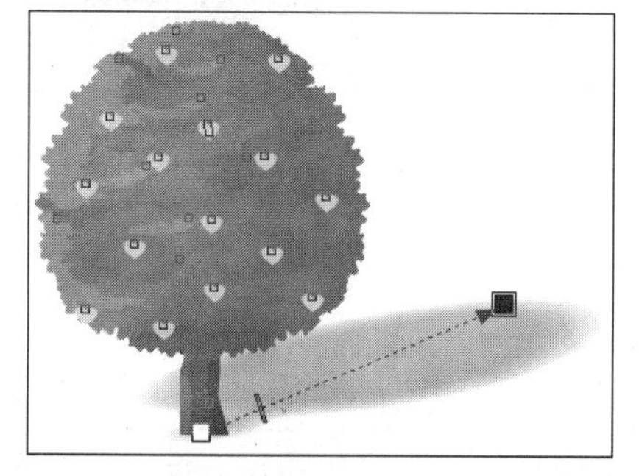

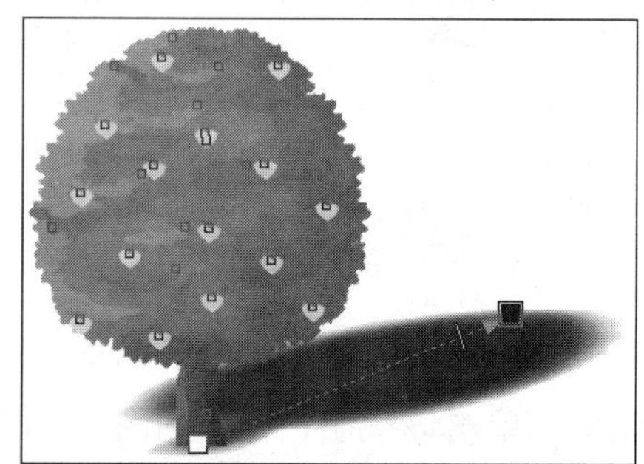

图7.41 调整阴影的不透明度

使用交互式阴影工具后，属性栏设置如图7.42所示。

图7.42　交互式阴影工具属性栏

- **预设列表**：可以在下拉列表框中选择系统提供的阴影样式。
- **阴影角度**：用于设置对象与阴影之间的透视角度。只有在对象上创建了透视的阴影效果后，该选项才可以使用。将“阴影角度”设置为“-150°”和“30°”的效果分别如图7.43和图7.44所示。

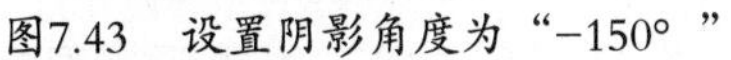

图7.43　设置阴影角度为“-150°”　　图7.44　设置阴影角度为“30°”

- **阴影的不透明度**：用于设置阴影的不透明度。数值越大，透明度越弱，阴影颜色越深；反之不透明度越强，阴影颜色越浅。
- **阴影羽化**：用于设置阴影的羽化程度，使阴影产生不同程度的边缘柔和效果。
- **阴影羽化方向**：单击该按钮，弹出“羽化方向”设置面板，在其中可以设置阴影的羽化方向。
- **阴影颜色**：单击其下拉按钮，在弹出的颜色列表框中可以设置阴影的颜色。

用户可以将对象和阴影分离成两个相互独立的对象，分离后的对象仍然保持原有的颜色和状态。选择对象后，按下“Ctrl+K”组合键，可以快速地将阴影与图形对象分离，然后使用挑选工具移动对象或阴影即可，效果如图7.45所示。

图7.45　分离后的对象和阴影

提示　消除阴影效果的方法与消除其他效果的方法相似，只需选择阴影对象后执行“效果”→“清除阴影”命令或单击属性栏中的“清除阴影”按钮即可。

7.1.7 交互式透明工具

使用交互式透明工具，可以为对象添加透明图层的效果，可以很好地表现出对象的光滑质感，增强对象的真实感。

选择需要创建透明效果的图形对象，单击工具箱中的交互式透明工具，然后在属性栏中的“透明度类型”下拉列表框中选择合适的透明度类型，如图7.46所示，即可创建透明效果，如图7.47所示。

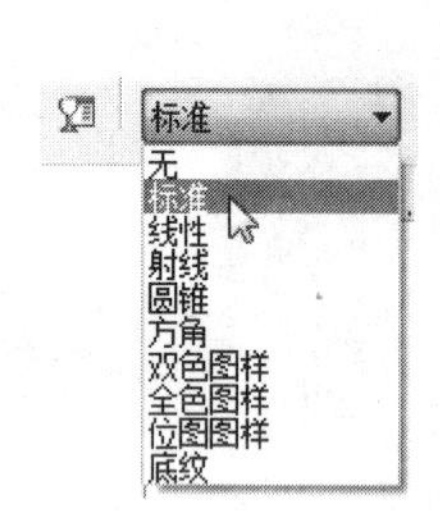

图7.46 选择透明度类型

图7.47 创建标准透明效果

应用透明效果后，可以通过属性栏调整对象的透明效果，交互式透明工具对应的属性栏如图7.48所示。

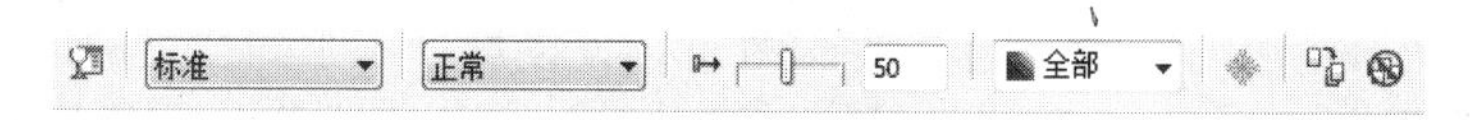

图7.48 交互式透明工具属性栏

“透明度类型”下拉列表框中包含了10种透明效果样式，其含义如下。

- **无**：取消原有透明效果。
- **标志**：选择该选项，可以对整个图形部分应用相同的透明效果。
- **线性**：选择该选项，可以沿直线方向为对象应用渐变的透明效果。
- **射线**：选择该选项，透明效果沿一系列同心圆进行渐变。
- **圆锥**：选择该选项，透明效果按圆锥渐变的形式进行分布。
- **方角**：选择该选项：透明效果按方角渐变的形式进行分布。
- **双色图样、全色图样和位图图样**：选择该选项，可以为对象应用相应图样的透明效果。
- **底纹**：选择该选项，可以为对象应用自然外观的随机化底纹透明效果。

7.1.8 透镜效果

透镜效果是指通过改变对象外观或改变观察透镜下对象的方式，所取得的特殊效果。执行“效果”→“透镜”命令，或按下“Alt+F3”组合键，即可打开“透镜”泊坞窗，如图7.49所示。

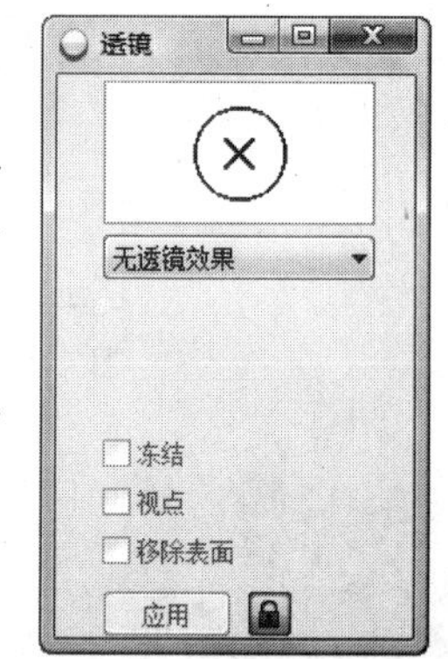

图7.49 “透镜”泊坞窗

- **无透镜效果**：可以取消已经应用的透镜效果，恢复对象的原始外观。
- **使明亮**：使用该透镜，可以改变对象在透镜范围下的亮度，使对象变亮或变暗。“比率”文本框中的百分比取值范围为-100~100，正值使对象变亮，负值使对象变暗。
- **颜色添加**：使用该透镜，可以为对象添加指定颜色，从而产生类似有色滤镜的效果。“比率”文本框中的百分比取值范围为0~100，值越大，透镜颜色越深。

- **色彩限度：**使用该透镜，将把对象上的颜色都转换为指定的透镜颜色。通过“比率”文本框可以转换透镜颜色的比例，其百分比取值范围为0~100。
- **自定义彩色图：**使用该透镜，可以将对象的填充色转换为双色调。应用该透镜效果后，显示的两种颜色是用设定的起始颜色和终止颜色与对象填充颜色相对比获得的。
- **鱼眼：**使用该透镜，可以使透镜下的对象产生扭曲的效果。在“比率”文本框中可以设置扭曲的程度，其百分比取值范围为0~100，取值为正，对象向外凸出，取值为负，对象向内凹陷。
- **热图：**使用该透镜，可以产生类似红外线成像的效果。
- **反显：**使用该透镜，可以使对象的色彩反相，产生类似照片底片的效果。
- **放大：**使用该透镜，可以产生类似放大镜的效果。“数量”文本框中的数值越大，放大的程度就越大。
- **灰度浓淡：**使用该透镜，可以将透镜下对象的颜色转换为透镜色的灰度等颜色。
- **透明度：**使用该透镜，可以产生通过有色玻璃看物体的效果。在“比率”文本框中可以调节有色透镜的透明度，其百分比取值范围为0~100。另外，在“颜色”下拉列表框中还可以设置透镜颜色。
- **线框：**使用该透镜，可以显示对象的轮廓，并可以为轮廓指定填充色。在“轮廓”下拉列表框中可以设置轮廓线的颜色，在“填充”下拉列表框中可以设置填充颜色。

在“透镜”泊坞窗中有“冻结”、“视点”和“移除表面”三个公共复选框。勾选“冻结”复选框，可以将应用于透镜效果对象下面的对象产生的效果添加成透镜效果的一部分，不会因为透镜或对象的移动而改变透镜效果。

勾选“视点”复选框，可以在不移动透镜的情况下，只弹出透镜下面的对象的一部分。单击“编辑”按钮，会在对象中心显示×标记，该标记代表透镜所观察到的对象的中心，按住鼠标左键拖动标记到新的位置或在“透镜”泊坞窗中输入该标记的坐标位置后，单击“应用”按钮即可查看以新视点为中心的对象的一部分透镜效果。

勾选“移除表面”复选框，则透镜效果至显示该对象与其他对象重合的区域，而被透镜覆盖的其他区域则不可见。

7.2 进阶——典型实例

通过前面的学习，相信读者已经对CorelDRAW X4中交互式工具和透镜的基本概念与基本操作有了一定的了解。下面将在此基础上进行相应的实例练习。

7.2.1 绘制孔雀

本例使用多边形工具、交互式调和工具和交互式变形工具等绘制一只卡通孔雀，让读者熟悉并掌握交互式工具的使用方法和技巧。

最终效果

本例制作完成后的最终效果如图7.50所示。

图7.50　最终效果

解题思路

1 使用多边形工具绘制多边形，并对其进行填充。

2 使用交互式变形工具对绘制的多边形进行变形处理。

3 使用交互式调和工具调和图形。

操作步骤

1 按下“Ctrl+N”组合键，新建一个文档，新建的文档默认为A4大小。

2 单击工具箱中的多边形工具，并在对应的属性栏中设置多边形的边数为“8”，然后按住“Ctrl”键，在页面中绘制多边形，效果如图7.51所示。

3 选择绘制的多边形，然后在页面右侧的调色板中单击“黄”色块，将图形填充成黄色，并删除轮廓线，如图7.52所示。

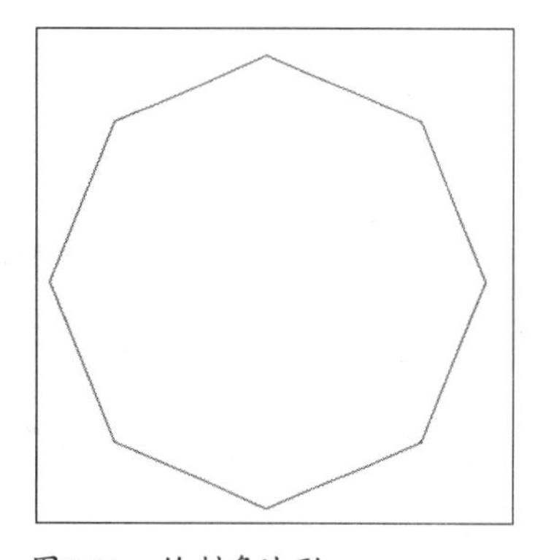

图7.51　绘制多边形

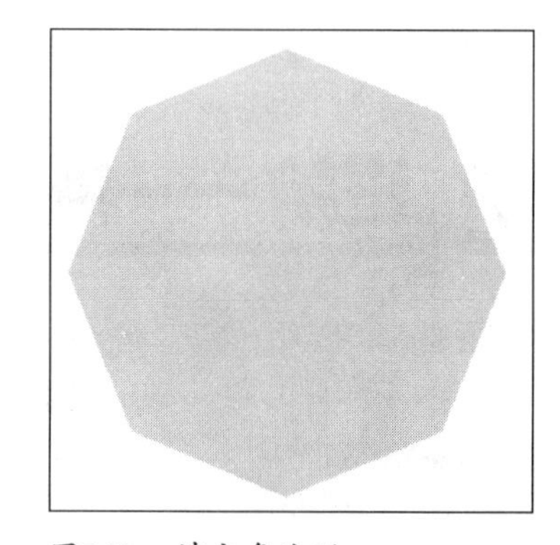

图7.52　填充多边形

4 单击工具箱中的交互式变形工具，在多边形中按住鼠标左键拖动，对图形进行变形处理，效果如图7.53所示。

5 单击工具箱中的椭圆形工具，在变形后的多边形中绘制一个圆形，然后将其填充成白色，并删除轮廓线，如图7.54所示。

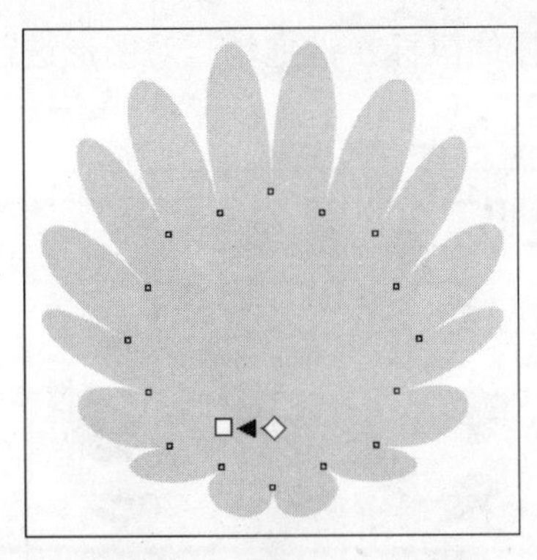
图7.53　变形多边形

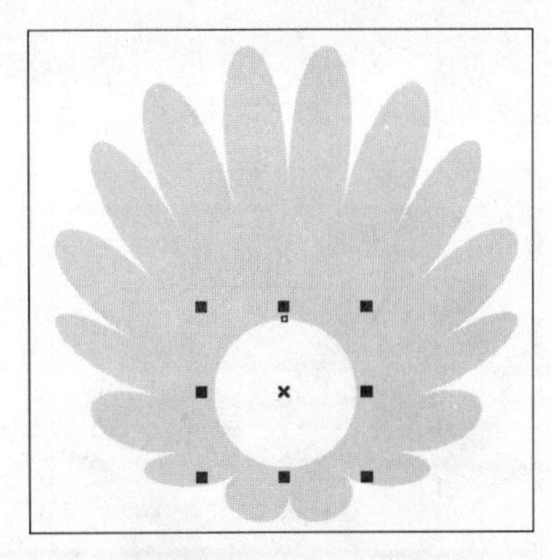
图7.54　绘制圆形

6 单击工具箱中的交互式调和工具，在黄色图形中单击并拖动鼠标指针到白色的图形上，效果如图7.55所示。

7 单击属性栏中的“逆时针调和”按钮，效果如图7.56所示。

图7.55　调和图形

图7.56　逆时针调和

8 单击工具箱中的椭圆形工具，绘制一个椭圆，然后将其填充成洋红色，并删除轮廓线，如图7.57所示。

9 单击交互式调和工具，然后在属性栏中单击“直接调和”按钮，在洋红色椭圆图形中单击并拖动鼠标指针到白色的图形上，效果如图7.58所示。

图7.57　绘制并填充椭圆形

图7.58　调和图形

10 单击工具箱中的多边形工具，绘制一个多边形，然后将多边形填充成洋红色，并删除轮廓线，如图7.59所示。

11 单击工具箱中的交互式变形工具，在多边形中按住鼠标左键拖动，对图形进行变形操作，效果如图7.60所示。

图7.59 绘制并填充多边形

图7.60 变形图形

12 单击工具箱中的椭圆形工具，绘制一个椭圆，然后将其填充成粉色，并删除轮廓线，如图7.61所示。

13 使用椭圆形工具绘制两个圆形，作为孔雀的眼睛，效果如图7.62所示。

图7.61 绘制并填充椭圆形

图7.62 绘制孔雀眼睛

14 选择绘制的眼睛，按下数字键盘上的“+”键进行复制，并单击属性栏中的“水平镜像”按钮，将图形进行水平镜像复制，效果如图7.63所示。

15 单击工具箱中的多边形工具，并在对应的属性栏中设置多边形的边数为“3”，然后在页面中绘制三角形，如图7.64所示。

图7.63 水平镜像复制眼睛

图7.64 绘制三角形

16 选择绘制的三角形，将其填充成白色，并删除轮廓线，如图7.65所示。

17 单击工具箱中的形状工具，对填充后的三角形进行调整，效果如图7.66所示。

图7.65　填充三角形

图7.66　调整三角形

18 单击工具箱中的椭圆形工具，绘制一个椭圆，然后将其填充成深褐色，并删除轮廓线，如图7.67所示。

19 选择绘制的椭圆，按下数字键盘上的“+”键进行复制，并单击属性栏中的“水平镜像”按钮，将椭圆进行水平镜像复制，最终效果如图7.68所示。

图7.67　绘制并填充椭圆形

图7.68　最终效果

7.2.2　绘制水晶按钮

本例使用矩形工具、文本工具、交互式透明工具和交互式阴影工具等制作水晶按钮，让读者熟悉并掌握交互式立体化工具的使用方法和技巧。

最终效果

本例制作完成后的最终效果如图7.69所示。

HOME　COMPANY　SERVICES　ABOUT

图7.69　最终效果

解题思路

1 使用矩形工具绘制矩形，使用形状工具将矩形调整成圆角矩形。
2 使用交互式填充工具对绘制的圆角矩形进行填充。
3 使用交互式透明工具制作高光效果。
4 使用交互式阴影工具制作阴影效果。

操作步骤

1 按下“Ctrl+N”组合键，新建一个文档，新建的文档默认为A4大小。
2 单击工具箱中的矩形工具，绘制一个矩形，如图7.70所示。
3 使用形状工具移动矩形的控制点，将矩形调整成圆角矩形，效果如图7.71所示。

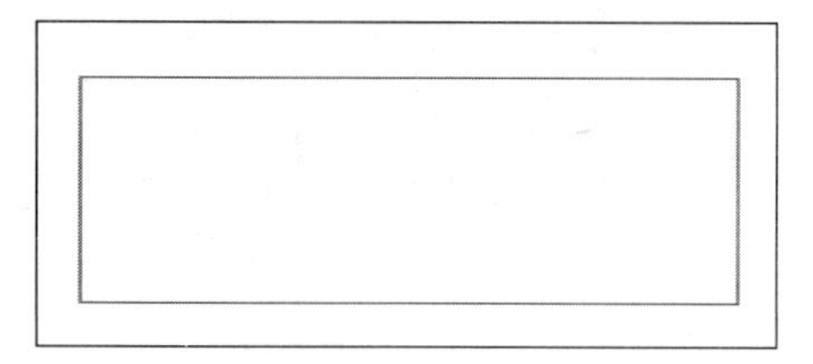

图7.70　绘制矩形

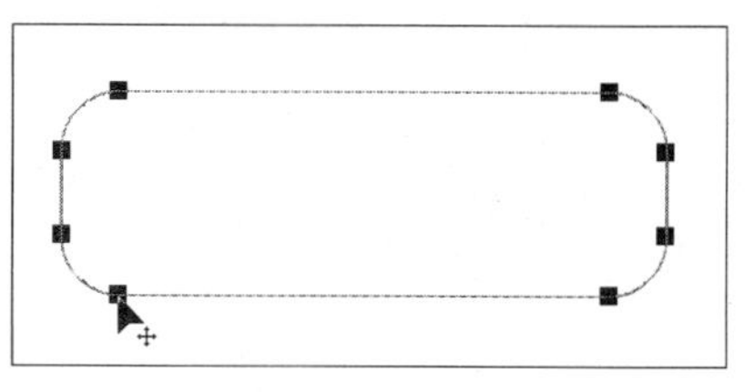

图7.71　调整成圆角矩形

4 选择绘制的圆角矩形，按下数字键盘上的“+”键进行复制，并对其进行调整，效果如图7.72所示。
5 单击工具箱中的交互式填充工具，对大圆角矩形进行交互式填充，效果如图7.73所示。

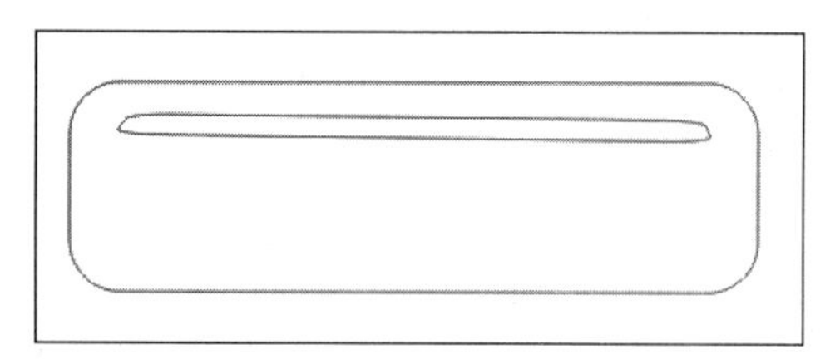

图7.72　复制并调整圆角矩形

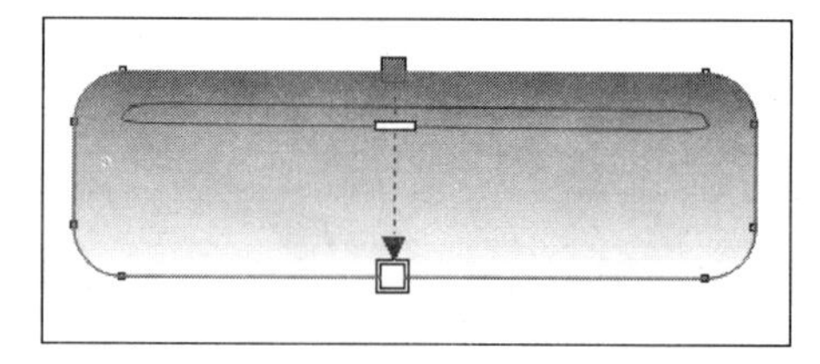

图7.73　交互式填充圆角矩形

6 使用交互式填充工具对复制得到的小圆角矩形进行交互式填充，效果如图7.74所示。
7 选中绘制的两个圆角矩形，在调色板中的╳按钮上单击鼠标右键，删除轮廓线，如图7.75所示。

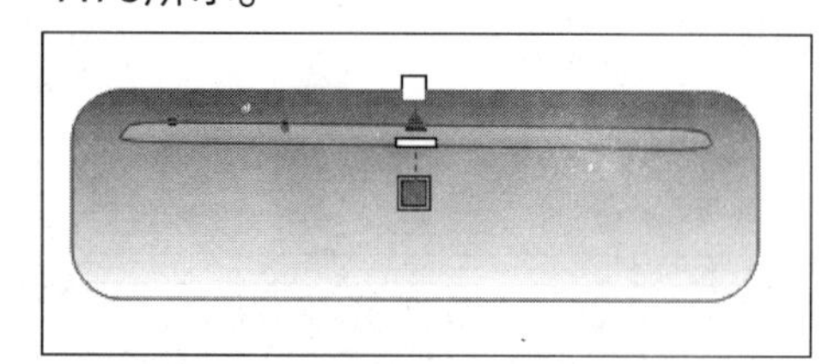

图7.74　交互式填充圆角矩形

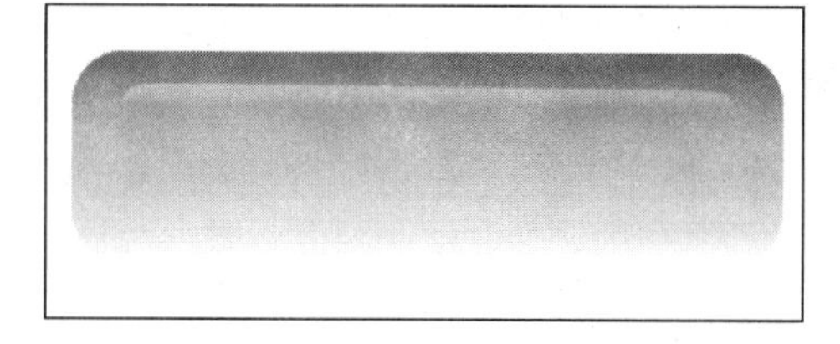

图7.75　删除轮廓线

8 单击工具箱中的交互式透明工具，在属性栏中的“透明度类型”下拉列表框中选择“线性”类型，为按钮主体进行交互式透明设置，如图7.76所示。
9 单击工具箱中的文本工具，在按钮上输入文本，如图7.77所示。

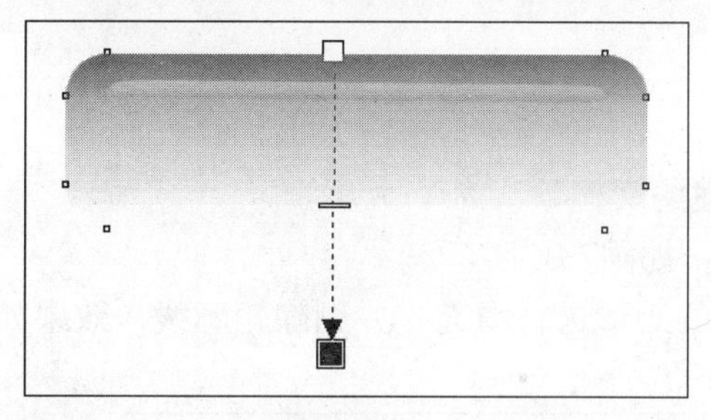

图7.76　交互式透明设置

图7.77　输入文本

10 单击工具箱中的交互式阴影工具，为输入的文本添加阴影效果，如图7.78所示。

11 使用交互式阴影工具为绘制的按钮添加阴影效果，如图7.79所示。

图7.78　为文本设置阴影效果

图7.79　为按钮设置阴影效果

12 选中绘制的按钮，按住“Ctrl”键水平移动到合适位置，然后按下鼠标右键进行复制，使用交互式填充工具分别更改按钮主体的渐变颜色、高光部分的颜色、阴影部分的颜色等，最后用文本工具字分别更改各按钮上的文本内容，如图7.80所示。

图7.80　最终效果

7.3 提高——自己动手练

利用交互式工具和透镜工具制作了相关的实例后，下面将进一步巩固本章所学的知识并进行相关实例的演练，以达到提高读者动手能力的目的。

7.3.1　绘制红酒杯

本练习使用基本绘图工具和交互式透明工具来制作透明的红酒杯，通过本练习，可以让读者掌握立体透明图形的绘制方法和技巧。

最终效果

本例制作完成后的最终效果如图7.81所示。

图7.81　最终效果

解题思路

1 绘制矩形并对其进行填充，作为背景色。

2 绘制红酒杯的底部。

3 绘制红酒杯的杯身。

4 绘制红酒杯的杯口。

操作步骤

1 按下“Ctrl+N”组合键，新建一个文档，新建的文档默认为A4大小。

2 单击工具箱中的矩形工具，绘制一个矩形，如图7.82所示。

3 单击工具箱中的交互式填充工具，对绘制的矩形进行填充，并删除轮廓线，效果如图7.83所示。

图7.82 绘制矩形

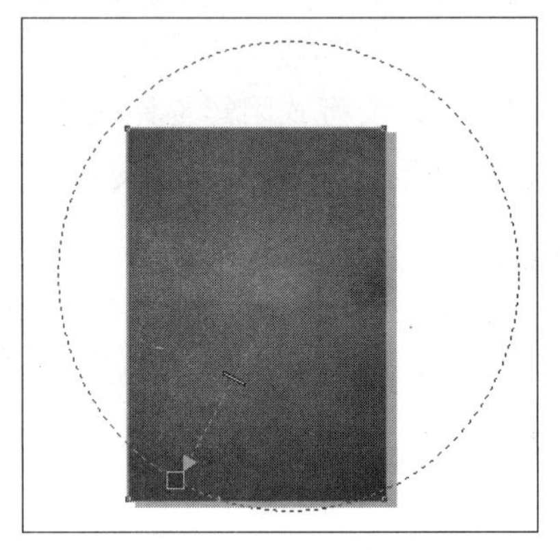

图7.83 填充矩形

4 使用椭圆形工具绘制一个椭圆，然后将其填充成白色，并删除轮廓线，如图7.84所示。

5 使用交互式透明工具为绘制的椭圆添加线性透明效果，如图7.85所示。

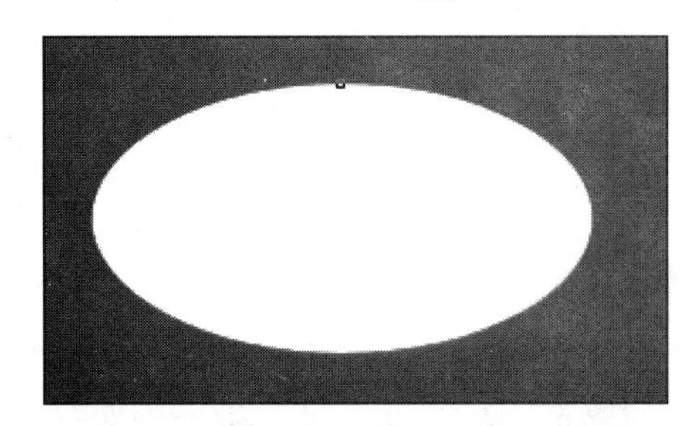

图7.84 绘制并填充椭圆

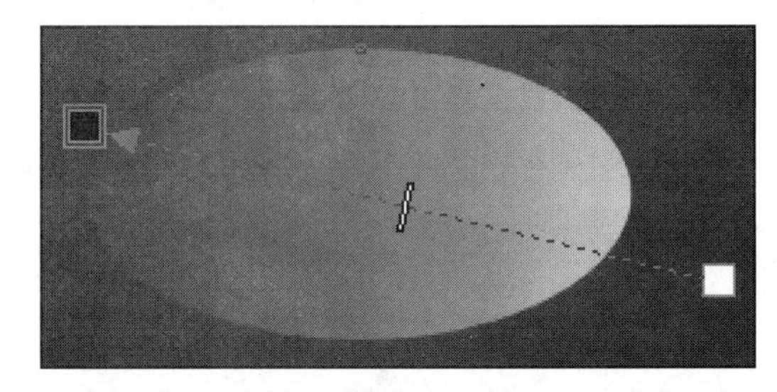

图7.85 添加线性透明效果

6 使用贝济埃工具绘制杯底的高光部分，并将其填充成白色，效果如图7.86所示。

7 使用交互式透明工具为绘制的高光部分添加线性透明效果，如图7.87所示。

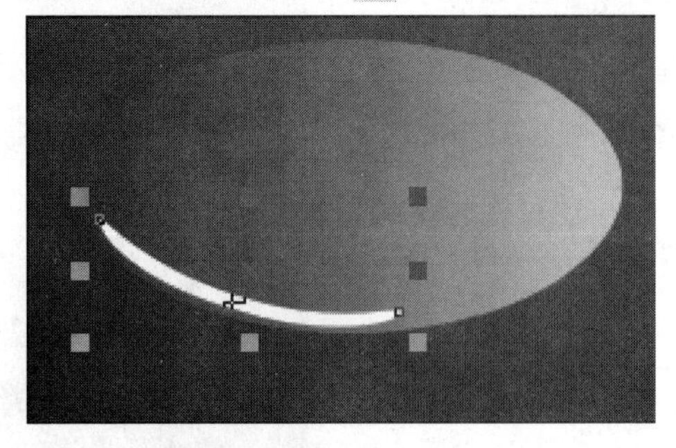

图7.86 绘制并填充高光部分

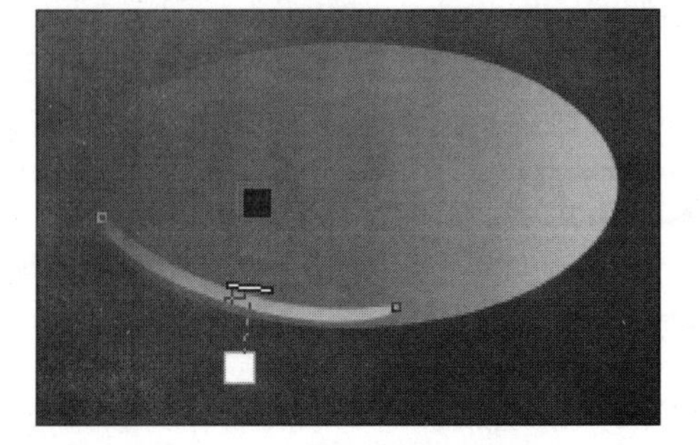

图7.87 添加线性透明效果

8 选择绘制的椭圆形，按下数字键盘上的“+”键进行复制，如图7.88所示。

9 使用交互式填充工具对复制得到的椭圆形进行填充，效果如图7.89所示。

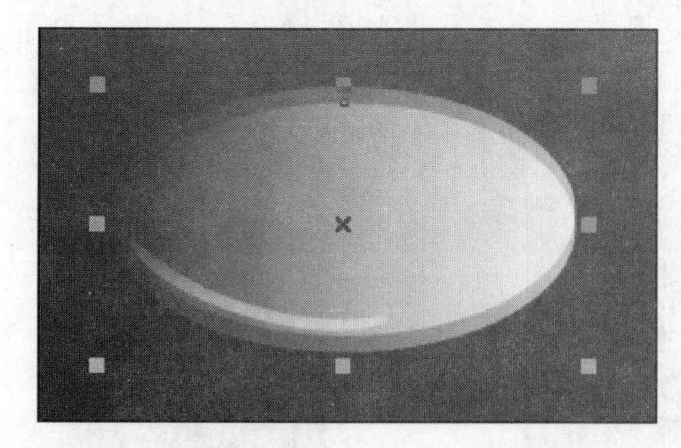
图7.88　复制椭圆形

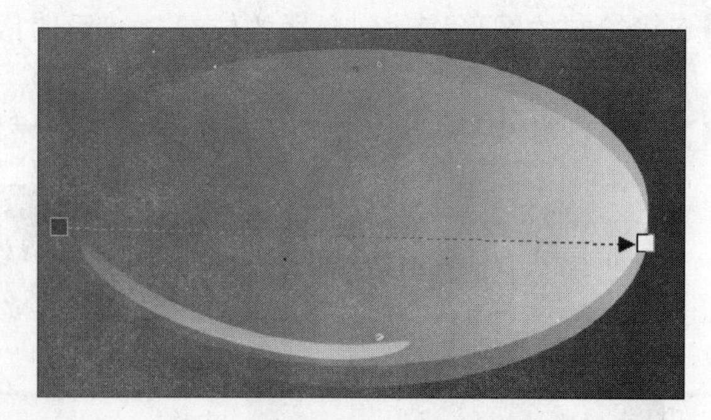
图7.89　填充椭圆形

10 使用交互式透明工具为复制得到的椭圆形添加线性透明效果，如图7.90所示。

11 使用贝济埃工具绘制杯身，然后将其填充成白色，并删除轮廓线，效果如图7.91所示。

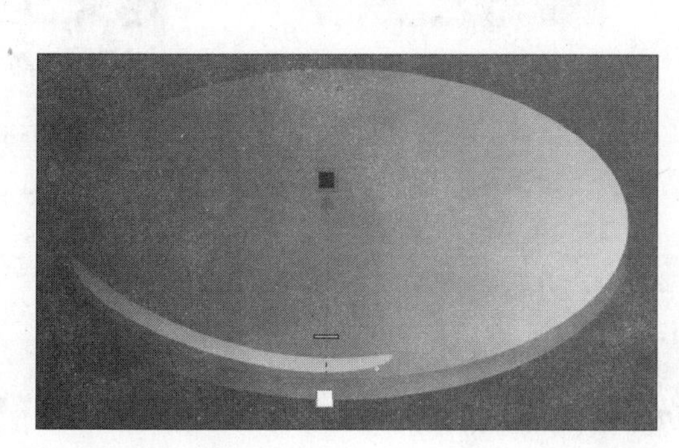
图7.90　添加线性透明效果

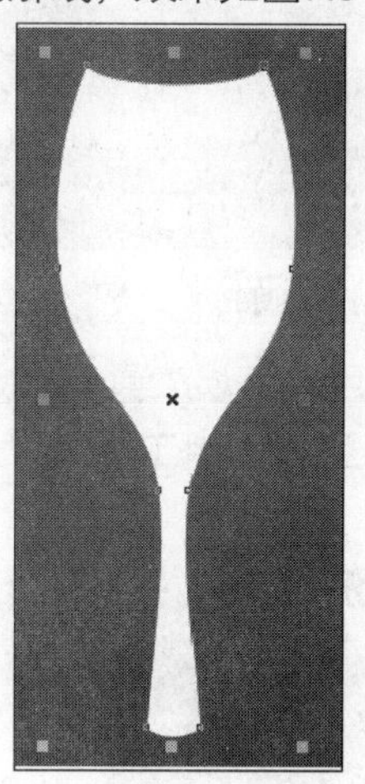
图7.91　绘制并填充杯身

12 使用交互式透明工具为杯身添加线性透明效果，如图7.92所示。

13 选择绘制的杯身，然后按下数字键盘上的“+”键进行复制，如图7.93所示。

14 使用交互式填充工具对复制得到的杯身进行填充，效果如图7.94所示。

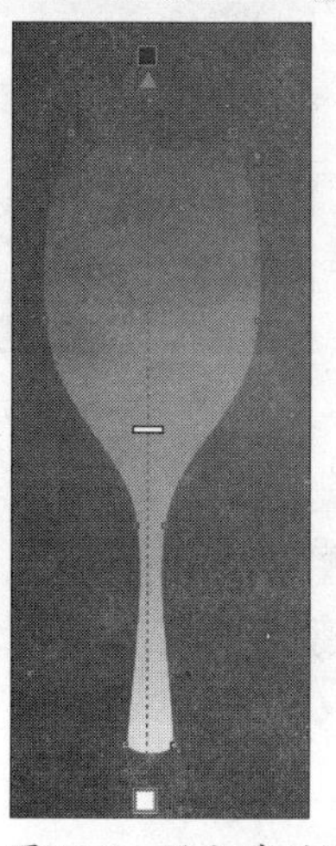
图7.92　添加线性透明效果

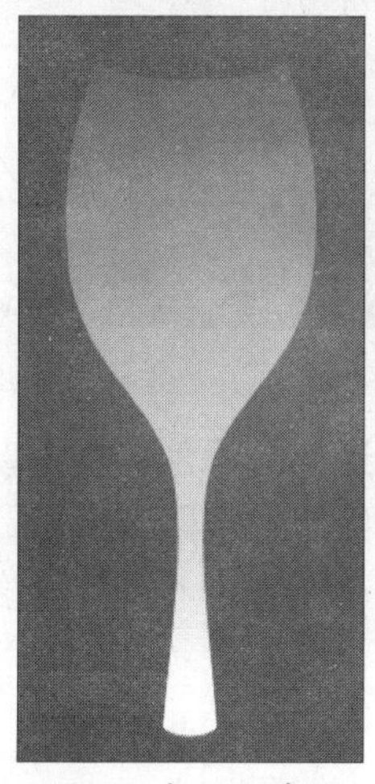
图7.93　复制杯身

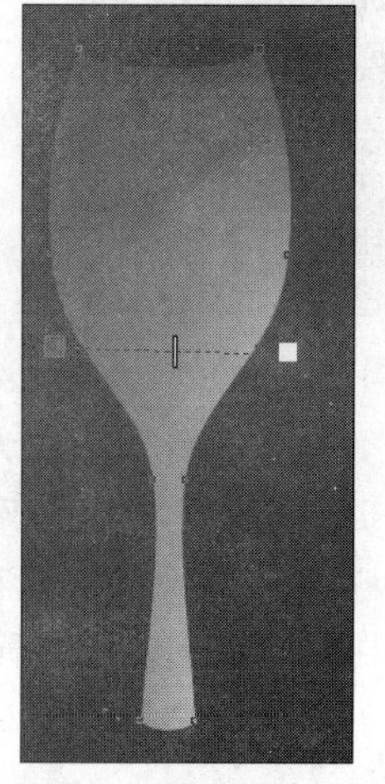
图7.94　填充杯身

15 使用贝济埃工具绘制如图7.95所示的图形，然后对其进行填充，并删除轮廓线。

16 将绘制的图形移动到合适的位置，然后使用交互式透明工具添加线性透明效果，如图7.96所示。

17 使用贝济埃工具绘制图形，作为红酒杯的高光部分，效果如图7.97所示。

图7.95　绘制图形

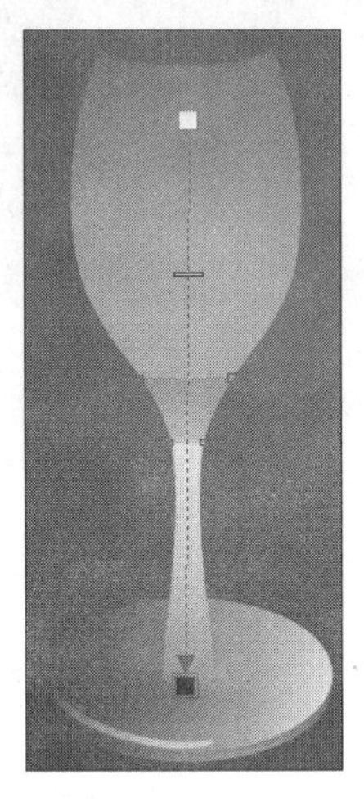

图7.96　添加线性透明效果

图7.97　绘制高光部分

18 再次使用贝济埃工具绘制图形，作为红酒杯的阴影部分，效果如图7.98所示。

19 使用交互式透明工具为绘制的高光部分和阴影部分添加线性透明效果，如图7.99所示。

20 使用贝济埃工具绘制图形，作为红酒杯的高光部分，效果如图7.100所示。

图7.98　绘制阴影部分

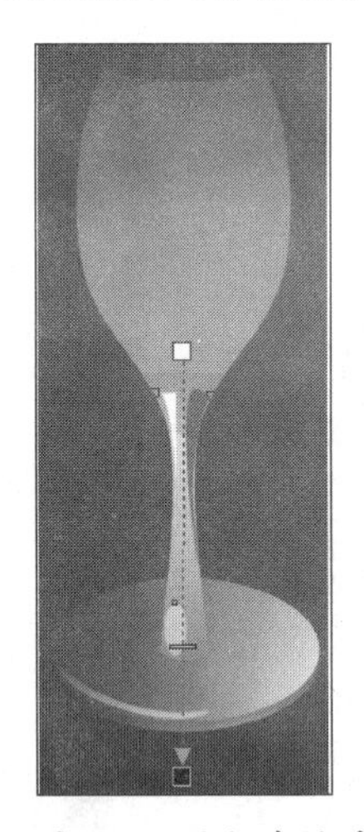

图7.99　添加线性透明效果

图7.100　绘制高光部分

21 使用交互式透明工具为绘制的高光部分添加线性透明效果，如图7.101所示。

22 使用贝济埃工具绘制图形，作为红酒杯的阴影部分，效果如图7.102所示。

23 使用椭圆形工具在红酒杯的杯口处绘制一个椭圆，然后将其颜色填充成无，轮廓线填充为白色，如图7.103所示。

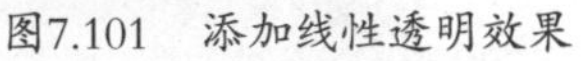

图7.101　添加线性透明效果　　图7.102　绘制阴影部分　　图7.103　绘制椭圆

24 选择绘制的椭圆形，按下数字键盘上的“+”键进行复制，然后将其填充成白色，并删除轮廓线，如图7.104所示。

25 使用交互式透明工具为绘制的椭圆形添加线性透明效果，如图7.105所示。

图7.104　复制并填充椭圆形

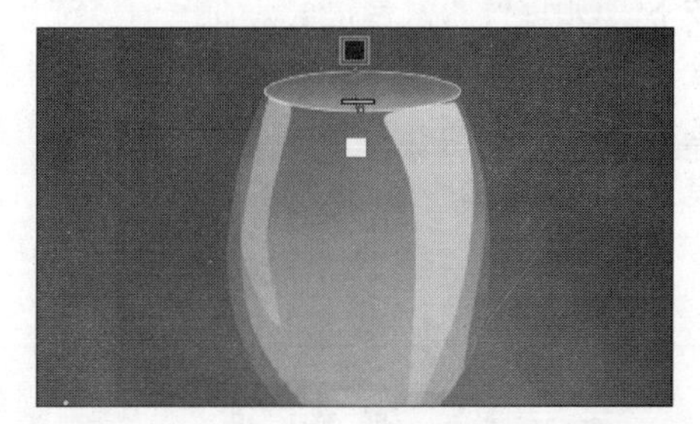

图7.105　添加线性透明效果

26 使用星形工具绘制一个星形，并将其填充成白色，然后放置到合适的位置，如图7.106所示。

27 使用同样的方法绘制另一个星形，效果如图7.107所示。

图7.106　绘制星形

图7.107　绘制另一个星形

7.3.2　制作立体字

本例使用文本工具和交互式立体化工具制作立体字，让读者掌握立体图形的绘制方法和技巧。

最终效果

本例制作完成后的最终效果如图7.108所示。

图7.108　最终效果

解题思路

1 使用文本工具输入文本。
2 使用交互式立体化工具创建立体效果。
3 设置立体化文本的参数。

操作步骤

1 按下“Ctrl+N”组合键，新建一个文档，新建的文档默认为A4大小。
2 单击工具箱中的文本工具，在页面中输入文本，如图7.109所示。
3 单击工具箱中的交互式立体化工具，然后按住鼠标左键进行拖曳，为对象创建立体效果，如图7.110所示。

图7.109　输入文本

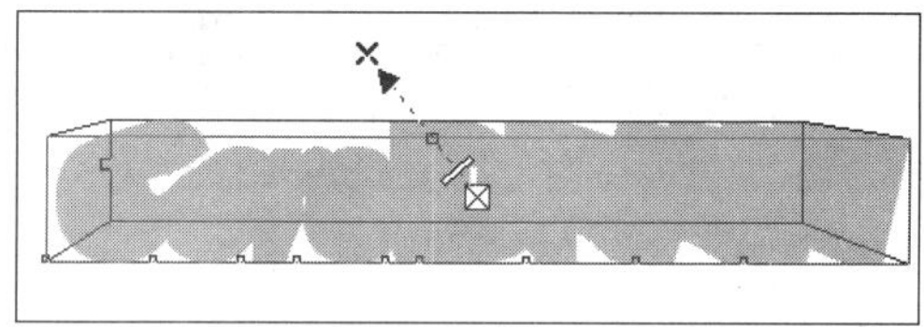

图7.110　创建立体效果

4 单击属性栏中的“照明”按钮，在打开的面板中单击“光源1”按钮，文本效果如图7.111所示。
5 单击属性栏中的“斜角修饰边”按钮，在打开的面板中勾选“使用斜角修饰边”复选框，然后在“斜角修饰边深度”文本框中输入“2.0mm”，在“斜角修饰边角度”文本框中输入“30° ”，设置后立体化的效果如图7.112所示。

图7.111　设置照明效果

图7.112　设置斜角修饰边

6 单击属性栏中的“颜色”按钮，在打开的面板中单击“使用递减的颜色”按钮，并在面板中设置颜色，立体化效果如图7.113所示。
7 选择输入的文本，按下“Ctrl+K”组合键，将其打散。

8 执行“文件”→“导入”命令，导入图形文件，如图7.114所示。

图7.113　设置颜色效果

图7.114　导入图形

9 选择导入的图形，执行“效果”→“图框精确剪裁”→“放置在容器中”命令，文本效果如图7.115所示。

图7.115　最终效果

结束语

本章详细介绍了CorelDRAW X4中特殊效果的编辑。使用CorelDRAW X4中提供的交互式工具，可以制作出多种多样的图形效果。读者在使用这些工具对图形进行编辑的过程中，应该注意参数的设置，以及不同参数所得到的不同效果。希望通过本章的学习，读者可以将所学知识结合起来，从而设计出更加优秀的平面作品。

Chapter 8

第8章 位图的编辑处理

本章要点

念入门——基本概念与基本操作

- 位图的导入
- 位图的编辑
- 位图的颜色模式
- 位图的色彩调整
- 位图的变换

进阶——典型实例

- 制作复古照片
- 制作胶片效果
- 改变图像颜色

提高——自己动手练

- 修复颜色偏暗的照片
- 调整图像饱和度

本章导读

本章主要讲述在CorelDRAW X4中导入位图后，如何对位图进行编辑处理。通过本章的学习，读者可以直接在CorelDRAW X4中对位图进行编辑，而不用转换到Photoshop等图形图像软件中进行处理。

8.1 入门——基本概念与基本操作

在CorelDRAW X4中，不仅可以绘制各种效果的矢量图形，还可以通过导入位图，将位图处理成需要的图形效果。在前面的章节中已经对位图的导入和转换进行了简单的介绍，本章将对位图的编辑进行详细讲解。

8.1.1 位图的导入

1. 导入位图

在菜单栏中执行“文件”→“导入”命令，或在标准工具栏中单击“导入”按钮，即可弹出如图8.1所示的“导入”对话框。在该对话框中选择需要导入的图形文件，然后单击“导入”按钮即可将位图导入。

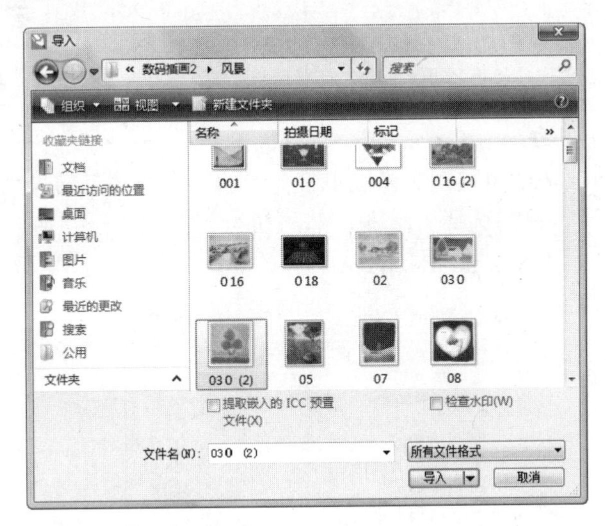

图8.1　“导入”对话框

在“导入”对话框中勾选“提取嵌入的ICC预置文件”复选框，可以将嵌入的国际颜色委员会（ICC）预置文件保存到安装应用程序的颜色文件夹中。勾选“检查水印”复选框，可以检查水印的图像及其包含的信息。

单击“导入”按钮后的黑色小三角形，在打开的下拉列表框中可以选择不同的选项，对图像文件进行导入。

- **导入：**选择该选项，即可导入全部位图图像。
- **导入为外部链接的图像：**选择该选项，可以导入为外部链接位图，而不是将它嵌入到文件中。
- **使用OPI将输出导入为高分辨率文件：**选择该选项，可以将低分辨率版本的TIFF文件或Scitex连续色调插入到文档中。低分辨率版本的文件使用高分辨率的图像链接，此图像位于开放式预印界面（OPI）服务器中。
- **重新取样并装入：**选择该选项，即可弹出“重新取样图像”对话框，如图8.2所示。在该对话框中可以对图像进行重新取样。
- **裁剪并装入：**选择该选项，即可弹出“裁剪图像”对话框，如图8.3所示。在该对话框中可以对图像进行裁剪，可以通过直接拖动节点对图像进行裁剪，如图8.4所示，也可以在数值框中输入数值来进行裁剪。设置完成后，单击“确定”按钮即可得到裁剪后的图像。

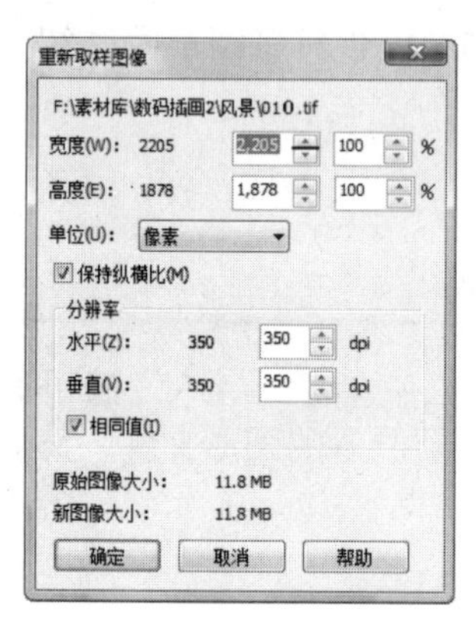

图8.2　“重新取样图像”对话框

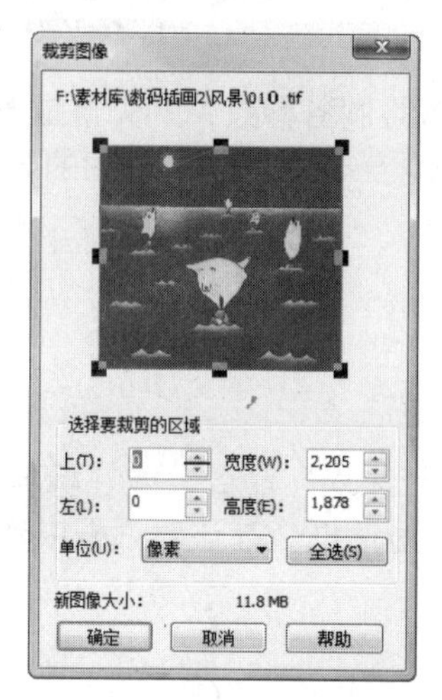

图8.3　“裁剪图像”对话框

图8.4　裁剪图像

2. 转换为位图

在CorelDRAW X4中，不能直接对矢量图形使用滤镜，只能将其转换为位图后再使用滤镜。要将矢量图转换为位图，只需选择矢量图，然后执行“位图”→“转换为位图”命令，在弹出的“转换为位图”对话框中进行相应的设置，如图8.5所示，最后单击“确定”按钮即可。

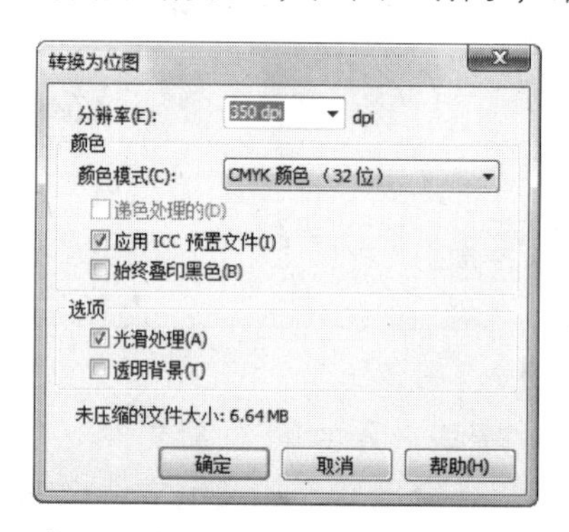

图8.5　“转换为位图”对话框

在“转换为位图”对话框中，各项参数的含义如下。

- **分辨率**：单击其右侧的下拉按钮，可以在打开的下拉列表框中选择转换成位图的分辨率。如果转换后的位图仅用于屏幕显示，可以选择72dpi；如果转换后的位图需要用于印刷，则需要选择300dpi。需要注意的是，分辨率越高，图像占用的磁盘空间就越大。
- **颜色模式**：单击其右侧的下拉按钮，即可在打开的下拉列表框中选择转换成位图的颜色模式和颜色位数。
- **递色处理的**：勾选该复选框，可以增强色彩的转换，提高颜色的转换效果。
- **应用ICC预置文件**：勾选该复选框，将应用国际颜色委员会（ICC）预置文件，使设备与颜色空间的颜色标准化。
- **始终叠印黑色**：勾选该复选框，在印刷中与底色进行“套印”时自动加上底色的色值。
- **光滑处理**：勾选该复选框，可以使转换后的位图边缘更平滑。
- **透明背景**：勾选该复选框，可以使转换后的位图背景透明。

8.1.2　位图的编辑

将位图导入到CorelDRAW X4中后，可以对位图进行相应的编辑，以达到用户的需要，下面就对位图的相关编辑进行讲解。

1. 裁剪位图

裁剪位图是指将位图中不需要的部分移除。选择位图，如图8.6所示，单击工具箱中的形状工具，此时位图的周围出现4个控制点。使用形状工具选择控制点，并按住控制点进行拖动即可裁剪位图，如图8.7所示。

图8.6　选择位图

图8.7　裁剪位图

提示　使用形状工具也可以为位图添加控制点或删除控制点，从而改变裁剪位图的形状。在拖动控制点时，按住“Ctrl”键，可以沿直线拖动控制点。

2. 自动调整

在CorelDRAW X4中，选择导入的位图，如图8.8所示，然后在菜单栏中执行“位图”→“自动调整”命令，即可自动调整图像的色调，效果如图8.9所示。

图8.8　选择位图

图8.9　自动调整效果

3. 图像调整实验室

图像调整实验室允许用户方便地调整大多数图像的颜色和色调。选择位图后，在菜单栏中执行“位图”→“图像调整实验室”命令，即可弹出“图像调整实验室”对话框，如

图8.10所示。

图8.10 “图像调整实验室”对话框

“图像调整实验室”对话框中各选项的含义如下。

- **自动调整**：单击该按钮，可以自动调整图像的对比度和颜色。
- **选择白点**：单击该按钮，然后在图像中单击，可以自动调整对象的对比度，使图像变亮，如图8.11所示。
- **选择黑点**：单击该按钮，然后在图像中单击，可以自动调整对象的对比度，使图像变暗，如图8.12所示。

图8.11 图像变亮

图8.12 图像变暗

- **温度**：拖动滑块，可以提高图像中冷色或暖色来矫正颜色转换，从而补偿拍摄照片时的照明条件。
- **淡色**：向右拖动滑块可以添加绿色，向左拖动滑块可以添加品红色。
- **饱和度**：拖动滑块可以调整颜色的鲜明程度。向右拖动滑块可以增加图像的饱和度，向左拖动滑块可以减小图像的饱和度，如图8.13所示。
- **亮度**：拖动滑块可以调整图像的明暗程度。
- **对比度**：拖动滑块可以使明亮区域更亮，阴暗区域更暗，效果如图8.14所示。
- **高光**：拖动滑块可以调整图像中最亮区域的亮度。
- **阴影**：拖动滑块可以调整图像中最暗区域的亮度。
- **中间色调**：拖动滑块可以调整图像中间范围色调的亮度。

图8.13　调整图像的饱和度

图8.14　调整图像的对比度

4. 矫正图像

使用CorelDRAW X4中的“矫正图像”命令，可以方便地对画面进行旋转和裁剪，以得到端正的图像效果。在菜单栏中执行“位图”→“矫正图像”命令，即可弹出“矫正图像”对话框，如图8.15所示。

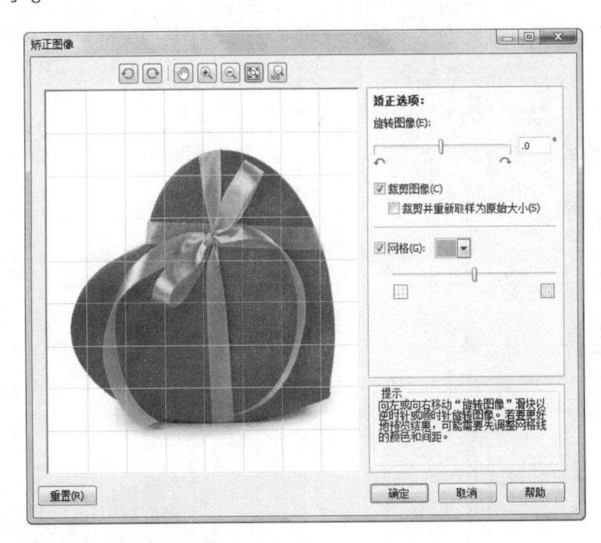

图8.15　“矫正图像”对话框

“矫正图像”对话框中各选项的含义如下。

- **旋转图像：**拖动滑块或在文本框中输入数值，可以顺时针或逆时针对图像进行旋转。左侧的预览窗格中可以显示旋转后的效果。
- **裁剪图像：**勾选该复选框，可以对图像进行裁剪操作。

- **裁剪并重新取样为原始大小**：勾选该复选框，可以使图像被裁剪后自动放大到与原图相同的尺寸。
- **网格**：在其后的颜色列表框中可以设置网格的颜色，拖动下面的滑块可以改变网格的疏密程度。

5. 编辑位图

选择位图，然后在菜单栏中执行“位图”→“编辑位图”命令，即可打开Corel PHOTO-PAINT X4程序，如图8.16所示。在该程序中完成编辑后，将图像进行保存，然后关闭该程序，编辑好的图像将出现在CorelDRAW X4中，如图8.17所示。

图8.16 Corel PHOTO-PAINT X4程序

图8.17 已编辑过的位图效果

6. 位图的颜色遮罩

使用“位图的颜色遮罩”命令，可以隐藏或显示位图中的颜色。导入位图后，在菜单栏中执行“位图”→“位图的颜色遮罩”命令，在页面的右侧将弹出如图8.18所示的“位图颜色遮罩”面板。选择“隐藏颜色”单选项，并勾选一个色彩条，然后单击“颜色选择”按钮，在位图中单击需要隐藏的颜色，并单击“应用”按钮后，效果如图8.19所示。

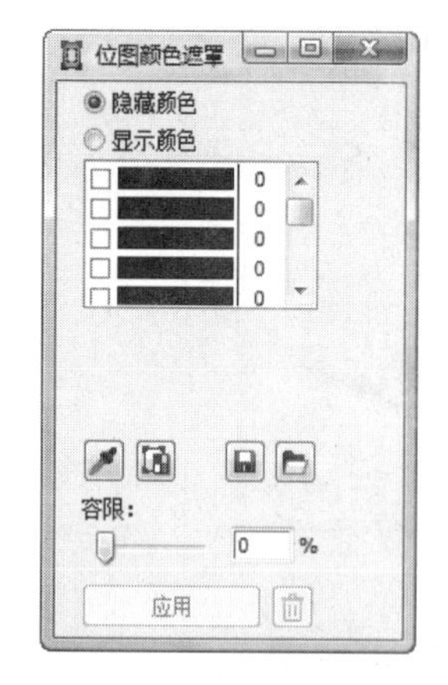

图8.18 “位图颜色遮罩”面板

图8.19 位图的颜色遮罩效果

7. 扩充位图边框

选择位图后，执行“位图”→“扩充位图边框”→“自动扩充位图边框”命令，可以快速扩充位图的边框。如果需要手动扩充位图的边框，可以执行“位图”→“扩充位图边框”→“手动扩充位图边框”命令，在弹出的“位图边框扩充”对话框中，可以自定义扩充的位图边框，如图8.20所示。

“位图边框扩充”对话框中各项参数的含义如下。

- **扩大到：**在该数值框中输入数值，可以设置要扩充的像素数量。
- **扩大方式：**在该数框中可以输入要扩充位图边框的百分比。
- **保持纵横比：**勾选该复选框，可以按原纵横比例扩充位图的边框。设置扩充边框后的效果如图8.21所示。

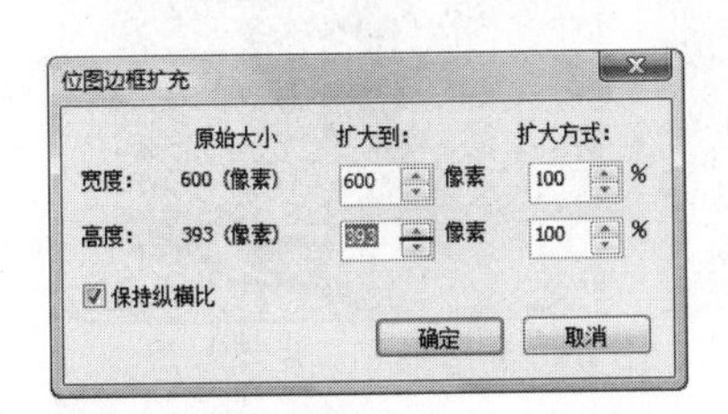

图8.20　“位图边框扩充”对话框

图8.21　扩充边框效果

8.1.3　位图的颜色模式

CorelDRAW X4中有多种颜色模式。在菜单栏中执行“位图”→“模式”命令，打开如图8.22所示的子菜单，在该子菜单中可以选择需要转换的颜色模式。

1. 黑白

使用黑白模式后，图像只显示为黑白色。该模式可以清楚地显示位图的线条，比较适用于艺术线条和一些层次简单的图形。执行“位图”→“模式”→“黑白”命令，将弹出如图8.23所示的“转换为1位”对话框。

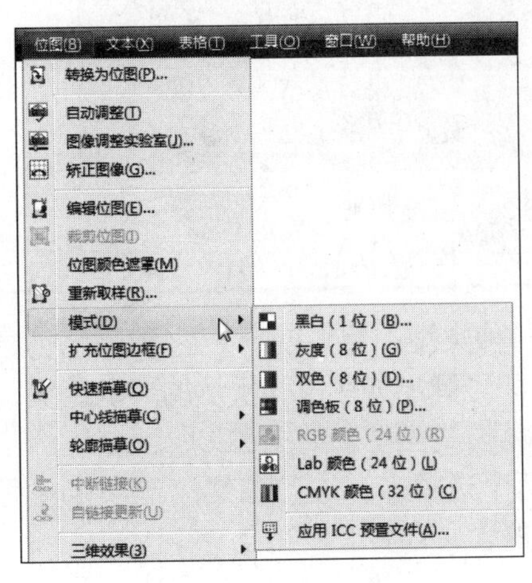

图8.22　“模式”子菜单

图8.23　“转换为1位”对话框

在“转换方法”下拉列表框中，可以选择不同的转换方法，使位图的黑白效果各有不同。选择不同的转换方法后黑白效果如图8.24所示。

图8.24　不同转换方法的效果

2. 灰度

选择需要转换的位图，如图8.25所示，然后在菜单栏中执行“位图”→“模式”→“灰度”命令，即可将位图的颜色模式转换为灰度模式，如图8.26所示。灰度模式将颜色分为0至256级，0表示黑色，256表示白色。

图8.25　原始位图

图8.26　灰度效果

3. 双色

双色模式包括单色调、双色调、三色调和四色调4种类型，用户使用1至4种颜色创建图像色彩。执行“位图”→“模式”→“双色”命令，即可弹出如图8.27所示的“双色调”对话框。在“类型”下拉列表框中，可以选择不同的双色模式类型，如图8.28所示。

“双色调”对话框中包括“曲线”和“叠印”两个选项卡，在“曲线”选项卡中可以设置灰度级的色调类型和色调曲线弧度，其中各选项的含义如下。

- **空** 空(N)：单击该按钮，可以使色调曲线编辑窗格中保持模式的未编辑状态。

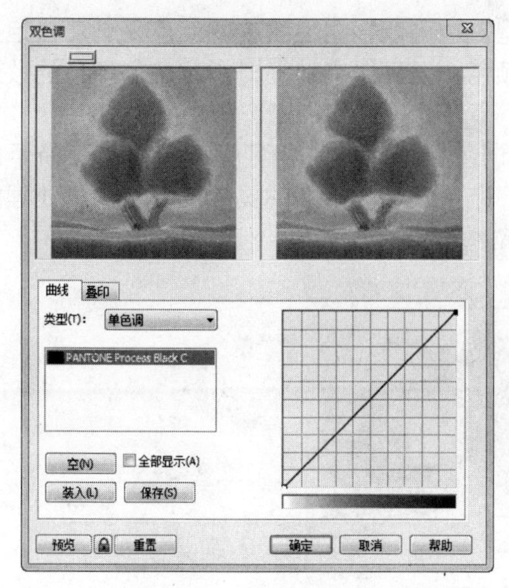

图8.27　“双色调”对话框

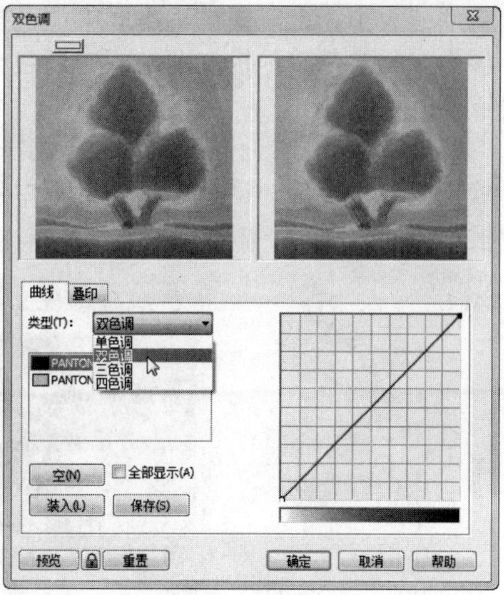

图8.28　“类型”下拉列表框

- **全部显示**：勾选该复选框，可以显示目前色调类型中所有的色调曲线。
- **装入** 装入(L) ：单击该按钮，即可弹出“加载双色调文件”对话框，在该对话框中可以选择程序为用户提供的双色调设置样本。
- **保存** 保存(S) ：单击该按钮，可以保存目前的双色调设置。
- **预览** 预览 ：单击该按钮，可以在“双色调”对话框中预览图像效果。
- **重置** 重置 ：单击该按钮，可以恢复对话框的默认状态。

在“双色调”对话框中设置好所有参数后，如图8.29所示，单击“确定”按钮，图像效果如图8.30所示。

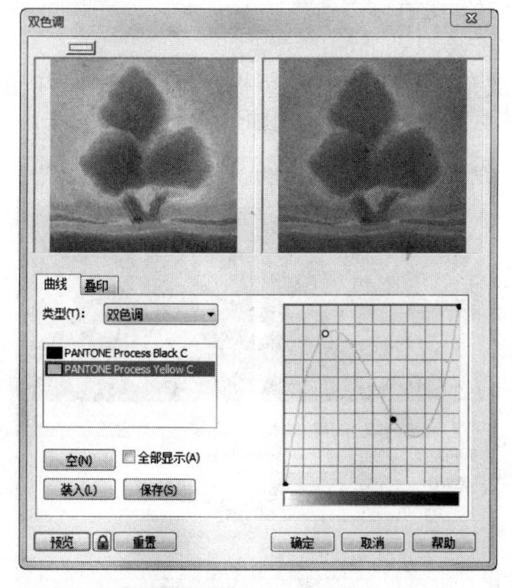

图8.29　设置参数

图8.30　图像效果

4. 调色板

调色板模式最多能使用256种颜色来保存和显示图像。位图转换成调色板模式后，可以减小文件的大小，系统提供了不同的调色板类型，也可以根据位图中的颜色来创建自定义调色板。如果要精确地控制调色板中所包含的颜色，还可以在转换时指定使用颜色的数量和灵敏度范围。

在菜单栏中执行“位图”→“模式”→“调色板”命令，即可弹出如图8.31所示的“转换至调色板色”对话框。该对话框中包含“选项”、“范围的灵敏度”和“已处理的调色板”三个选项卡。

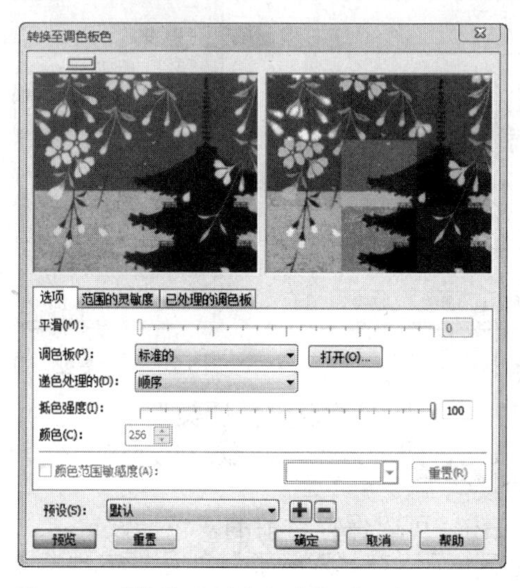

图8.31 “转换至调色板色”对话框

“选项”选项卡中各主要参数的含义如下。

- **平滑**：拖动滑块，可以设置颜色过渡的平滑程度。
- **调色板**：在其下拉列表框中，可以选择调色板的类型。
- **递色处理的**：在其下拉列表框中，可以选择图像抖动的处理方式。
- **颜色**：在该数值框中可以设置位图的颜色数量。只有在“调色板”下拉列表框中选择“适应性”或“优化”类型时，该文本框才可用，如图8.32和图8.33所示。

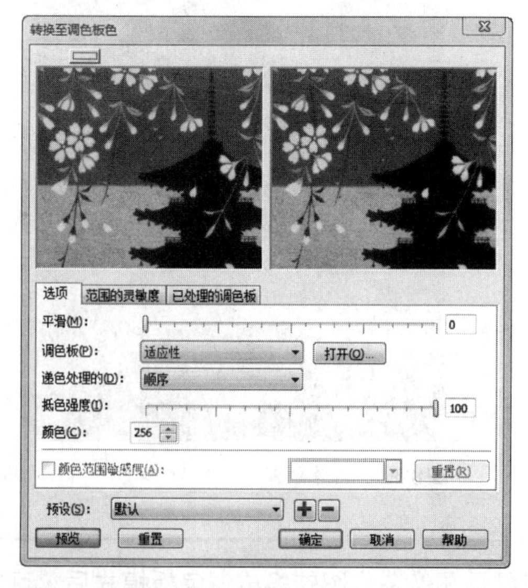

图8.32 “适应性”调色板类型

图8.33 “优化”调色板类型

切换到“范围的灵敏度”选项卡，可以在其中设置转换过程中某种颜色的灵敏度，如图8.34所示。切换到“已处理的调色板”选项卡，可以查看目前调色板中所包含的颜色，如图8.35所示。

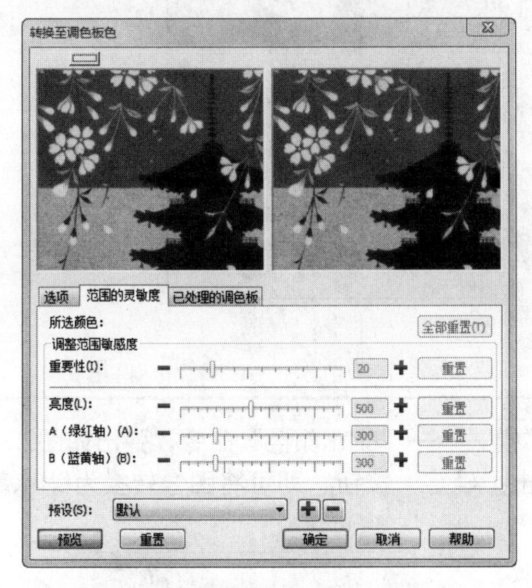

图8.34　切换到“范围的灵敏度”选项卡

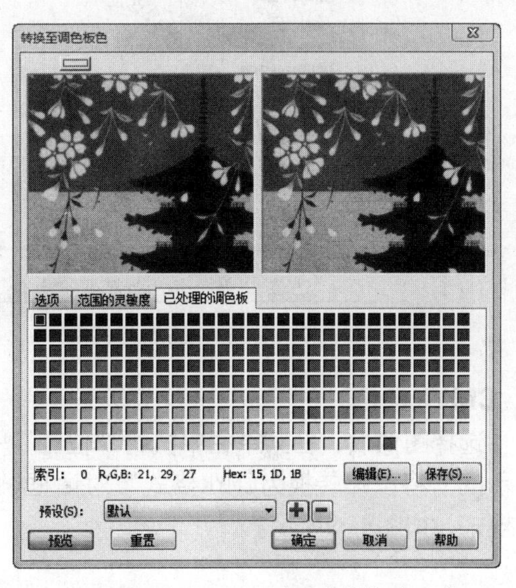

图8.35　切换到“已处理的调色板”选项卡

5. RGB颜色

执行“位图”→“模式”→“RGB颜色”命令，可以将CMYK色彩模式的图像转换成RGB颜色模式，如图8.36所示。

图8.36　转换为RGB颜色模式

提示　如果导入的图像文件为RGB颜色模式，则不能执行此命令，同理，其他颜色模式也是一样。

6. Lab颜色

执行“位图”→“模式”→“Lab颜色”命令，可以将图像转换成Lab颜色模式，如图8.37所示。

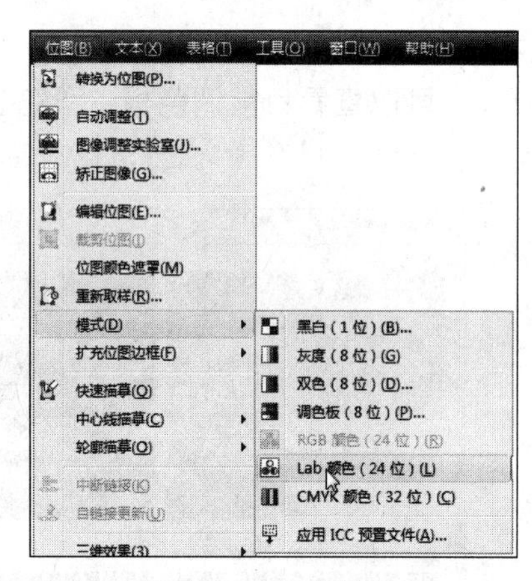

图8.37　转换为Lab颜色模式

7. CMYK颜色

选择图像后，在菜单栏中执行“位图”→“模式”→“CMYK颜色”命令，弹出如图8.38所示的“将位图转换为CMYK格式”对话框，单击“确定”按钮，即可将图像转换为CMYK颜色模式，如图8.39所示。

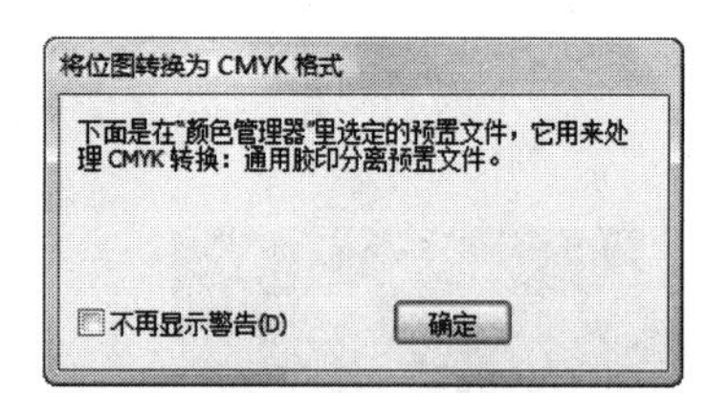

图8.38　“将位图转换为CMYK格式”对话框

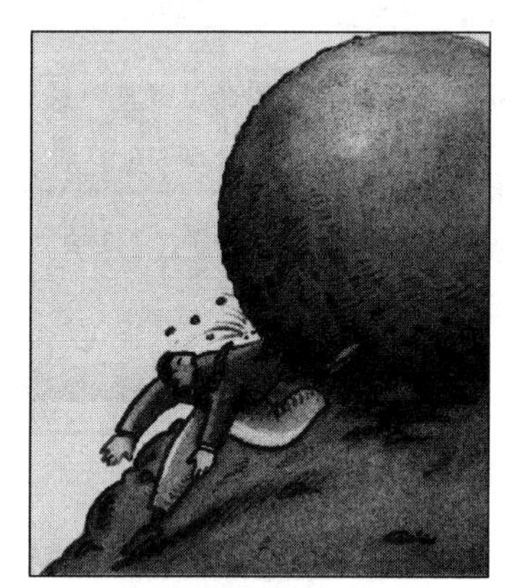

图8.39　转换为CMYK颜色模式

8. 应用ICC预置文件

ICC预置文件是国际颜色委员会制定的使设备与色彩空间的颜色标准化的文件。执行“位图”→“模式”→“应用ICC预置文件”命令，即可弹出“应用ICC预置文件”对话框，如图8.40所示，根据需要选择预置文件，然后单击“确定”按钮即可，效果如图8.41所示。

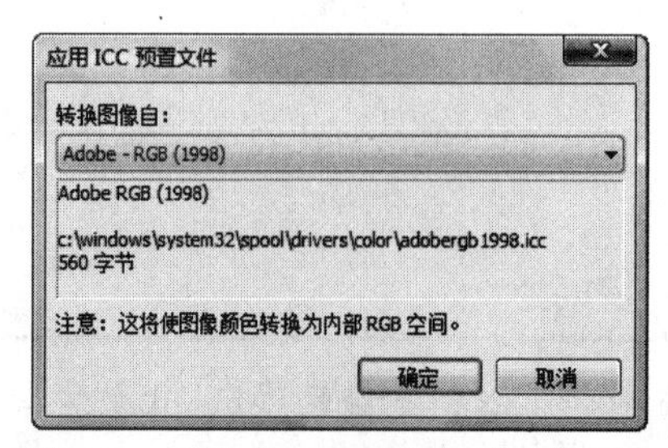

图8.40　“应用ICC预置文件”对话框

图8.41　为对象应用ICC预置文件

8.1.4　位图的色彩调整

在CorelDRAW X4中，可以对位图的色彩进行调整。通过调整，可以恢复阴影或高光中丢失的细节、校正图像曝光不足或过渡等情况，以提高图像的质量。

选择需要调整的位图后，在菜单栏中执行“效果”→“调整”命令，在弹出的如图8.42所示的子菜单中选择相应的命令，即可调整位图的各种色彩效果。

1. 高反差

“高反差”命令用于调整位图输出颜色的浓度。选择需要调整的位图，然后执行“效果”→“调整”→“高反差”命令，弹出如图8.43所示的“高反差”对话框。

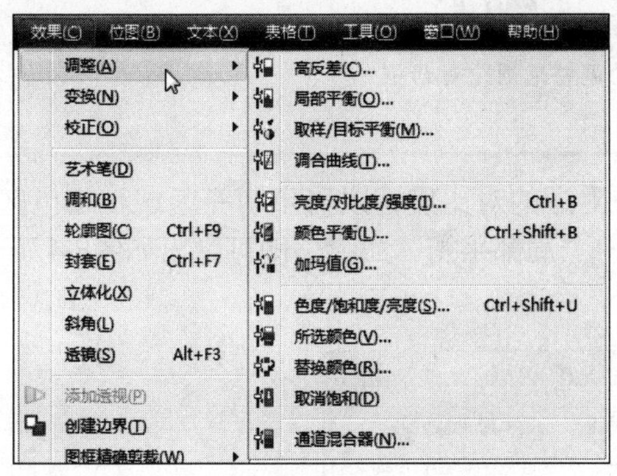

图8.42　“调整”子菜单

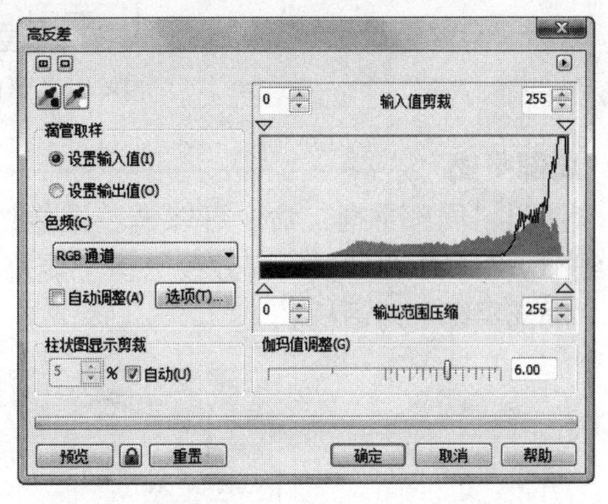

图8.43　“高反差”对话框

单击“高反差”对话框顶端的按钮，可以使对话框变为如图8.44所示的显示方式，该显示方式可以直观地查看图像调整前后的变化。单击按钮，可以使对话框变为如图8.45所示的显示方式，该显示方式可以直观地查看图像的最终调整效果。

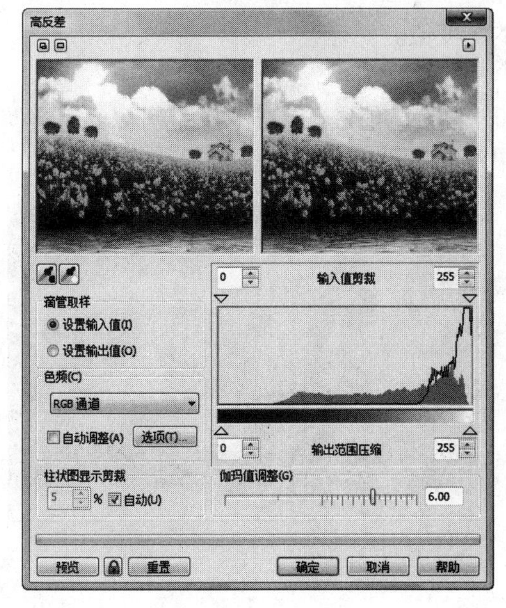

图8.44　更改显示方式

图8.45　更改显示方式

在“高反差”对话框中，各主要参数的含义如下。

- **设置输入值：**选择该单选项，可以设置最小值和最大值，颜色将在设置的范围中重新分布。
- **设置输出值：**选择该单选项，可以设置“输出范围压缩”的最小值和最大值。
- **自动调整：**勾选该复选框，系统将在色阶范围内自动分布像素值。
- **选项** 选项(T)... ：单击该按钮，将弹出如图8.46所示的“自动调整范围”对话框，在该对话框中可以设置自动调整的色阶范围。

图8.46 “自动调整范围”对话框

2. 局部平衡

使用“局部平衡”命令可以调整图像边缘附近的对比度，以显示明亮区域和暗色区域的细节。在菜单栏中执行“效果”→“调整”→“局部平衡”命令，即可弹出如图8.47所示的“局部平衡”对话框。

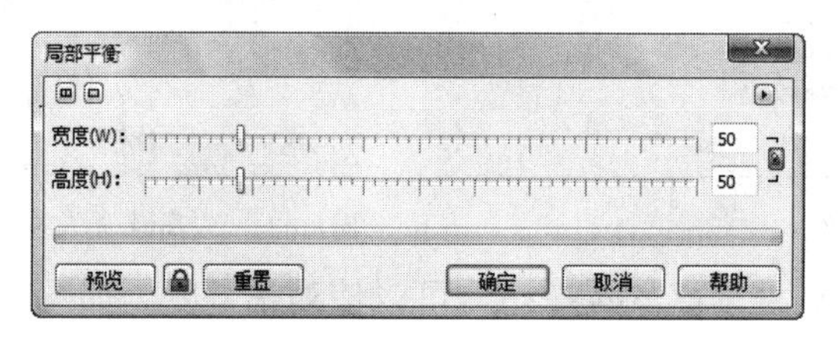

图8.47 “局部平衡”对话框

在“局部平衡”对话框中，各主要选项的含义如下。

- **宽度：**拖动滑块，可以设置像素局部区域的宽度值。
- **高度：**拖动滑块，可以设置像素局部区域的高度值。

单击滑块右侧的按钮，可以将“宽度”和“高度”值进行锁定，这时可以同时调整两个选项的值。对图像进行局部平衡调整前后效果对比如图8.48所示。

图8.48 执行“局部平衡”命令前后的效果对比

3. 取样/目标平衡

使用“取样/目标平衡”命令，可以从图像中选取色样来调整位图中的颜色值。在菜单栏中执行“效果”→“调整”→“取样/目标平衡”命令，即可弹出如图8.49所示的“样本/目标平衡”对话框。

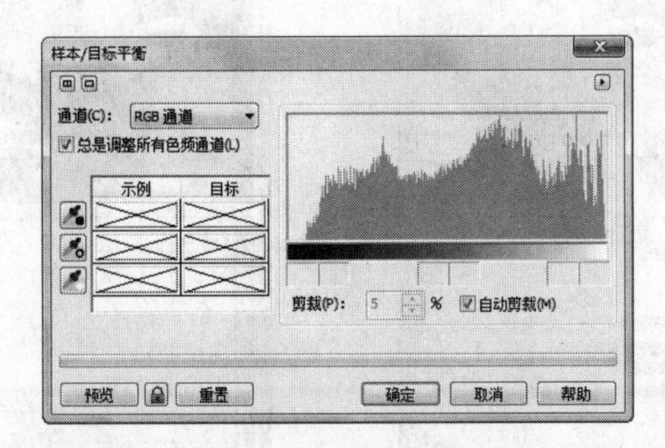

图8.49　“样本/目标平衡”对话框

在“样本/目标平衡”对话框中，各主要选项的含义如下。

- **通道**：在该下拉列表框中，可以选择图像的色彩模式，并可以从中选取单色通道对单一的色彩进行调整。
- **黑色吸管工具**：单击该按钮，然后在图像中单击，可以将图像中最暗处的色调设置为单击处的色调值。
- **灰色吸管工具**：单击该按钮，然后在图像中单击，可以使单击处的图像亮度成为图像中间色调的平均亮度。
- **白色吸管工具**：单击该按钮，然后在图像中单击，可以将图像中最亮处的色调值设置为单击处的色调值，图像中所有比该色调更亮的像素，都将以白色显示。

设置好相应的参数后，单击“预览”按钮，即可查看图像色调发生的变化，效果对比如图8.50所示。

图8.50　执行“取样/目标平衡”命令前后的效果对比

4. 调合曲线

“调合曲线”命令用于改变图像中单个像素的值。选择导入的位图后，执行“效果”→“调整”→“调合曲线”命令，即可弹出如图8.51所示的“调合曲线”对话框。在该对话框中，使用鼠标左键在曲线编辑窗格中的曲线上进行单击添加控制点，然后按住鼠标左键移动控制点，单击“预览”按钮即可观察到调节后的效果，如图8.52所示。

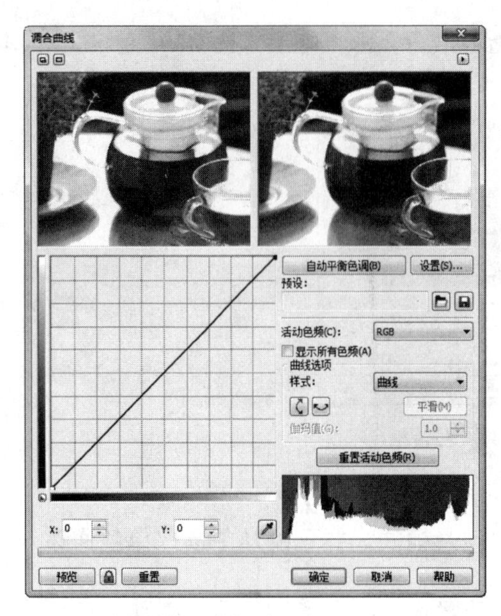

图8.51 “调合曲线”对话框

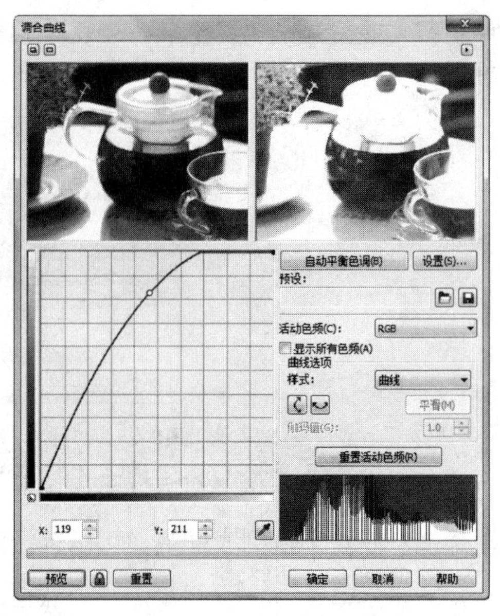

图8.52 调整曲线

5. 亮度/对比度/强度

使用“亮度/对比度/强度”命令可以调整位图中所有颜色的亮度，以及浅色与深色区域之间的颜色差异。执行“效果”→“调整”→“亮度/对比度/强度”命令，即可弹出如图8.53所示的“亮度/对比度/强度”对话框。

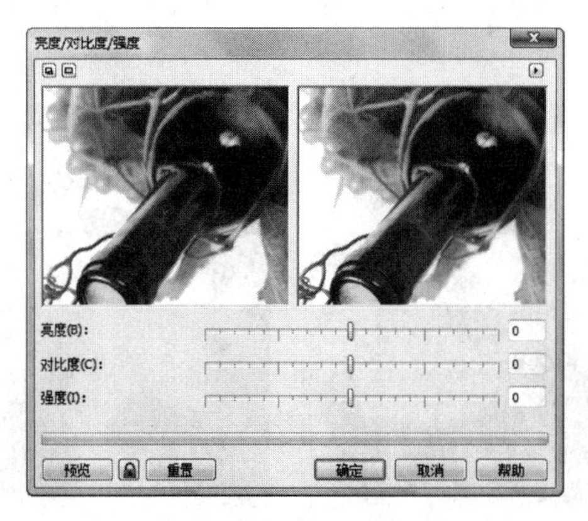

图8.53 “亮度/对比度/强度”对话框

“亮度/对比度/强度”对话框中各主要选项的含义如下。

- **亮度**：拖动滑块，可以增加或减少图像的亮度值，从而使所有的色彩同等程度地变亮或变暗。
- **对比度**：拖动滑块，可以改变最深和最浅像素之间的颜色差异。
- **强度**：拖动滑块，可以调整图像的强度。向右拖动滑块可以增加强度，可以使图像中的浅色区域更亮，但不会削弱深色区域的色彩。

提示

对比度和强度通常是相辅相成的，增加对比度有时候会削弱阴影和高光部分的细节，而增加强度可以将其进行还原。

使用鼠标拖动滑块，或者在后面的相应文本框中输入数值，然后单击“预览”按钮，即可查看调整后图像的效果，如图8.54所示。

图8.54　执行“亮度/对比度/强度”命令前后的效果对比

6. 颜色平衡

在菜单栏中执行“效果”→“调整”→“颜色平衡”命令，即可弹出“颜色平衡”对话框。在该对话框中，可以在位图所选的色调中添加青色或红色、品红或绿色、黄色或蓝色等颜色。还可以设置图像的“阴影”、“中间色调”以及“高光”等参数。对图像执行“颜色平衡”命令前后的效果对比如图8.55所示。

图8.55　执行“颜色平衡”命令前后的效果对比

7. 伽玛值

执行“伽玛值”命令，可以在对图像的阴影和高光等区域影响不太明显的情况下，改变低对比度图像的细节。“伽玛值”命令可以影响图像中的所有颜色值，但主要趋向于影响图像的中间色调。

选择导入的位图后，执行“效果”→“调整”→“伽码值”命令，即可弹出如图8.56所示的“伽玛值”对话框。使用鼠标左键拖动滑块，或在文本框中输入数值，然后单击“预览”按钮，即可在预览窗格中查看调整伽玛值后的图像效果，如图8.57所示。

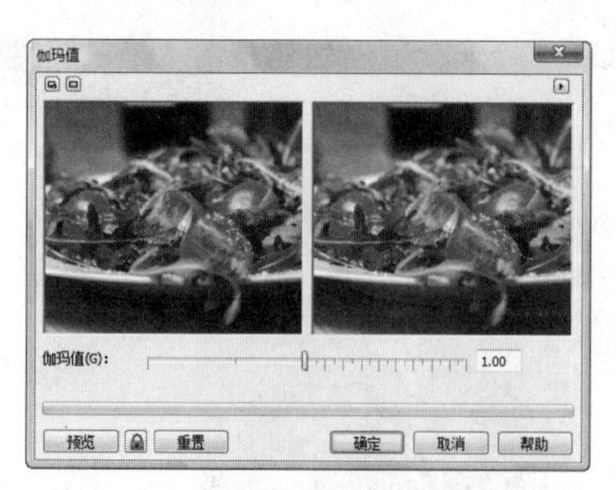

图8.56 “伽玛值”对话框

图8.57 图像调整后的效果

8. 色度/饱和度/亮度

使用“色度/饱和度/亮度”命令，可以调整位图中的颜色通道并改变色谱中的颜色位置，还可以改变图像的颜色和颜色浓度，以及图像中白色区域所占的百分比。

在菜单栏中执行“效果”→“调整”→“色度/饱和度/亮度”命令，即可弹出如图8.58所示的“色度/饱和度/亮度”对话框，在该对话框中进行相应的参数设置后，单击“确定”按钮，调整前后图像的效果对比如图8.59所示。

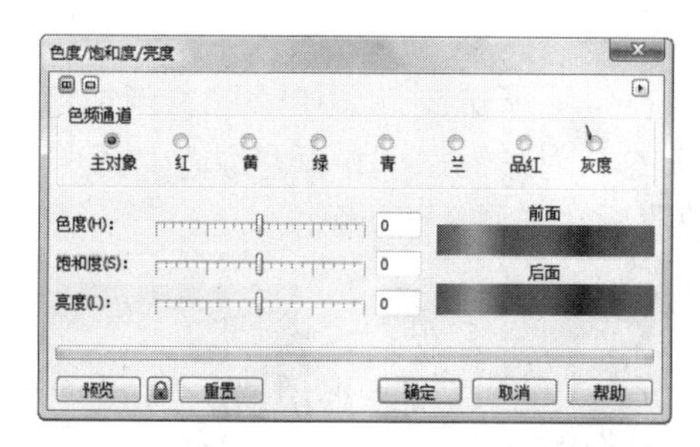

图8.58 “色度/饱和度/亮度”对话框

图8.59 执行“色度/饱和度/亮度”命令前后的效果对比

提示 按下“Ctrl+Shift+U”组合键，可以快速打开“色度/饱和度/亮度”对话框进行相应的参数设置。

9. 所选颜色

“所选颜色”命令可以通过改变图像中红、黄、绿、青、蓝和品红色谱的CMYK百分比来改变颜色。在菜单栏中执行“效果”→“调整”→“所选颜色”命令，即可弹出如图8.60所示的“所选颜色”对话框，在该对话框中对选项和参数进行设置后，单击“确定”按钮即可，调整前后的效果对比如图8.61所示。

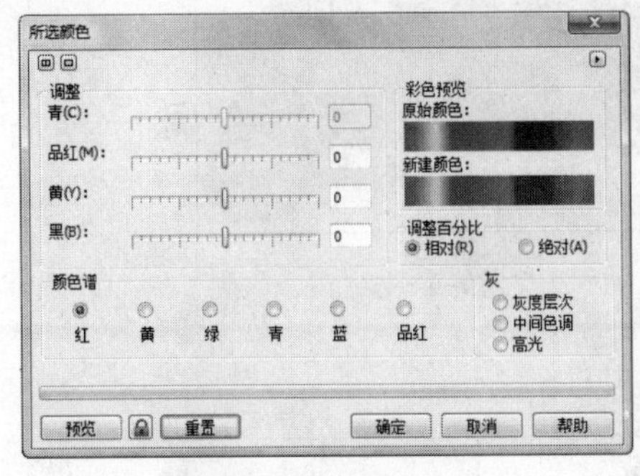

图8.60　“所选颜色”对话框

图8.61　调整前后的效果对比

10. 替换颜色

在CorelDRAW X4中使用“替换颜色”命令，可以对位图中的颜色进行替换。选择位图后，执行“效果”→“调整”→“替换颜色”命令，即可弹出如图8.62所示的“替换颜色”对话框，在该对话框中进行相应的设置后，单击“确定”按钮，调整前后图像效果对比如图8.63所示。

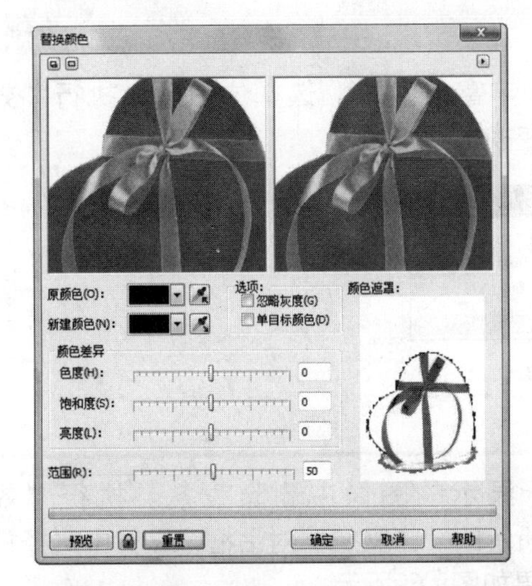

图8.62　“替换颜色”对话框

图8.63　替换颜色前后效果对比

11. 取消饱和

使用“取消饱和”命令，可以将图像中所有颜色的饱和度降为零，并将每种颜色转换为与其相对应的灰度。选择位图后，执行“效果”→“调整”→“取消饱和”命令即可取消图像的饱和，调整前后图像的效果对比如图8.64所示。

12. 通道混合器

使用“通道混合器”命令，可以混合色彩通道，以平衡位图的颜色。选择位图后，执行“效果”→“调整”→“通道混合器”命令，即可弹出如图8.65所示的“通道混合器”对话框，在该对话框中进行设置后，单击“确定”按钮，调整图像前后的效果对比如图8.66所示。

图8.64　取消饱和前后图像的效果对比

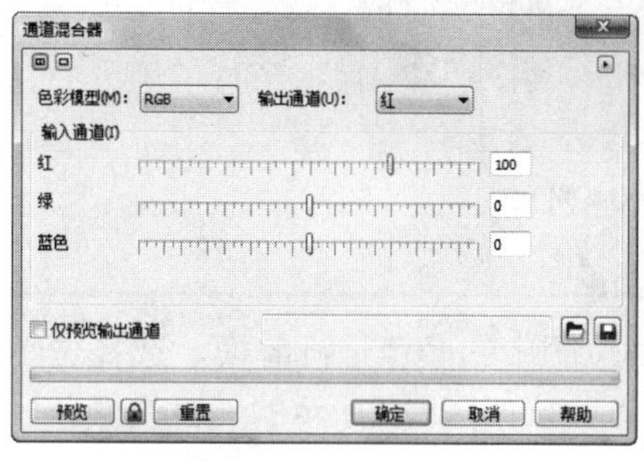

图8.65　“通道混合器”对话框

图8.66　调整前后图像的效果对比

8.1.5　位图的变换

使用位图的交换命令，可以为位图对象添加丰富的效果。选择位图后，执行“效果”→“交换”命令，即可展开如图8.67所示的“变换”子菜单。

图8.67　“变换”子菜单

1. 去交错

使用“去交错”命令，可以从扫描或隔行显示的图像中删除线条。执行“效果”→“变换”→“去交错”命令，弹出如图8.68所示的“去交错”对话框，在其中选择扫描行的方式和替换方式后，单击“确定”按钮，效果如图8.69所示。

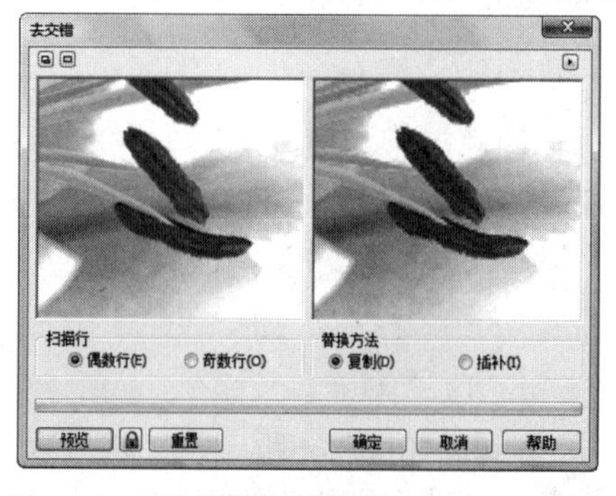

图8.68　“去交错”对话框

图8.69　变换后的效果

2. 反显

使用“反显”命令，可以反转对象的颜色，反显对象会形成负片的效果。在菜单栏中执行“效果”→“变换”→“反显”命令，即可反显图像颜色，反显前后效果对比如图8.70所示。

图8.70　执行“反显”命令前后的效果对比

3. 极色化

使用“极色化”命令，可以将图像中的颜色范围转换为纯色色块，使图像简化，常用于减少图像中的色调值数量。选择位图后，执行“效果”→“变换”→“极色化”命令，即可弹出如图8.71所示的“极色化”对话框，在对话框中进行参数设置后，单击“确定”按钮，调整图像前后的效果对比如图8.72所示。

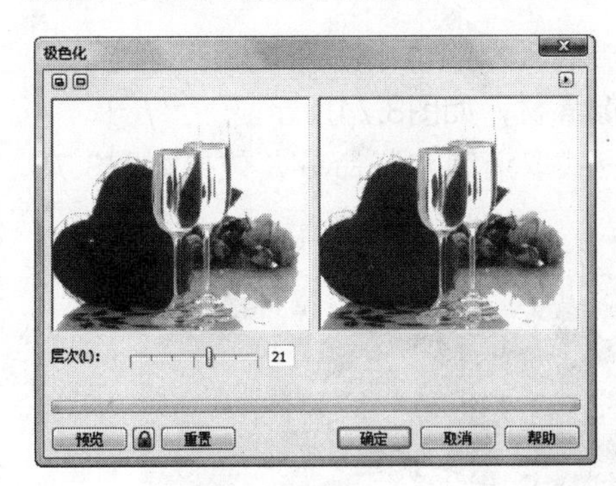

图8.71　“极色化”对话框

图8.72　执行“极色化”命令前后的效果对比

8.2 进阶——典型实例

通过前面的学习，相信读者已经对CorelDRAW X4中位图编辑处理的基本概念与基本操作有了一定的了解。下面在此基础上进行相应的练习。

8.2.1　制作复古照片

本例将运用调整命令为照片制作复古效果，通过本例可以让读者了解“取消饱和”和“颜色平衡”命令的使用方法和技巧。

最终效果

本例制作完成前后的效果对比如图8.73所示。

图8.73　前后效果对比

解题思路

1 将图像素材导入到页面中。
2 取消图像素材的饱和。
3 执行“颜色平衡”命令，为图像添加复古效果。

操作步骤

1 按下“Ctrl+N”组合键，新建一个文档，新建的文档默认为A4大小。
2 在菜单栏中执行“文件”→“导入”命令，导入图像素材，如图8.74所示。
3 选择导入的图像，然后执行“效果”→“调整”→“取消饱和”命令，效果如图8.75所示。

图8.74　导入图像素材

图8.75　取消饱和效果

4 在菜单栏中执行“效果”→“调整”→“颜色平衡”命令，弹出如图8.76所示的“颜色平衡”对话框。
5 在“色频通道”栏中，拖动“青--红”滑块至“-8”，拖动“品红--绿”滑块至“-39”，拖动“黄--蓝”滑块至“-100”，如图8.77所示。

图8.76　“颜色平衡”对话框

图8.77　调整参数

6 单击“确定”按钮，在页面中查看调整后图像的最终效果，如图8.78所示。

图8.78　最终效果

8.2.2　制作胶片效果

本例使用矩形工具以及图像的变换命令制作胶片效果，通过本例可以让读者掌握“反显”命令的使用方法和技巧。

最终效果

本例制作完成后的最终效果如图8.79所示。

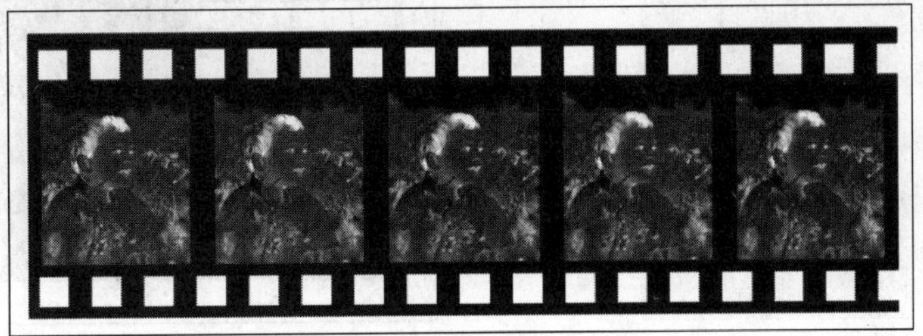

图8.79　最终效果

解题思路

1 使用矩形工具绘制胶片的效果。
2 导入图像素材，并执行“反显”命令。
3 对制作好的图像效果进行复制。

操作步骤

1 按下“Ctrl+N”组合键，新建一个文档，新建的文档默认为A4大小。
2 单击工具箱中的矩形工具□，在绘图区域中绘制一个矩形，然后将矩形填充为黑色，并删除轮廓线，如图8.80所示。
3 使用矩形工具□在绘制的黑色矩形上绘制一个小正方形，然后将其填充为白色，并删除轮廓线，如图8.81所示。

图8.80 绘制黑色矩形

图8.81 绘制白色矩形

4 将白色矩形进行复制，然后利用再制的方法，复制多个，制作胶片的边缘镂空效果，如图8.82所示。
5 选择复制的多个矩形，然后按住鼠标左键将其拖动到黑色矩形的下部，同时单击鼠标右键复制矩形，效果如图8.83所示。

图8.82 再制矩形

图8.83 复制矩形

6 在菜单栏中执行“文件”→“导入”命令，导入图像素材，如图8.84所示。
7 调整图像的大小，并将其放置到合适的位置，如图8.85所示。

图8.84 导入图像素材

图8.85 调整图像大小

8 选择图像，然后在菜单栏中执行“效果”→“变换”→“反显”命令，效果如图8.86所示。

9 选择图像，将图像向右进行复制，最终效果如图8.87所示。

图8.86　反显图像

图8.87　最终效果

8.2.3　改变图像颜色

本例使用“替换颜色”命令，替换图像中部分像素的颜色，通过本例可以让读者掌握“替换颜色”命令的方法和技巧。

最终效果

本例制作完成前后的效果对比如图8.88所示。

图8.88　前后效果对比

解题思路

1 导入图像素材。

2 执行“替换颜色”命令，并进行相关颜色设置。

操作步骤

1 按下“Ctrl+N”组合键，新建一个文档，新建的文档默认为A4大小。

2 在菜单栏中执行“文件”→“导入”命令，导入图像素材，如图8.89所示。

3 选择导入的位图，然后执行“效果”→“调整”→“替换颜色”命令，弹出如图8.90所示的“替换颜色”对话框。

4 单击“原颜色”后的按钮，在图像中单击红色区域，然后在“新建颜色”下拉列表框中选择需要替换成的颜色，如图8.91所示。

5 勾选“忽略灰度”复选框，并在“颜色差异”栏中设置“色度”为“41”，“饱和度”为“100”，“亮度”为“24”，“范围”为“35”，然后单击“预览”按钮，如图

8.92所示。

图8.89　导入图像素材

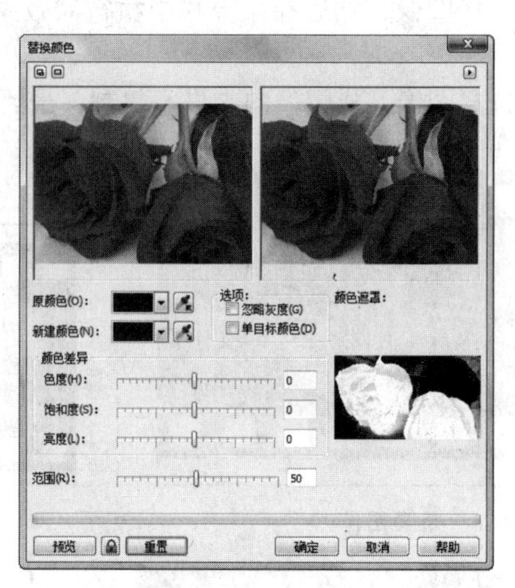

图8.90　“替换颜色”对话框

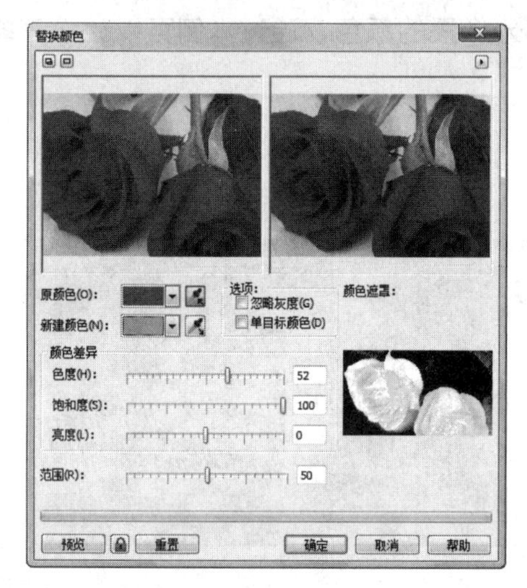

图8.91　设置替换颜色

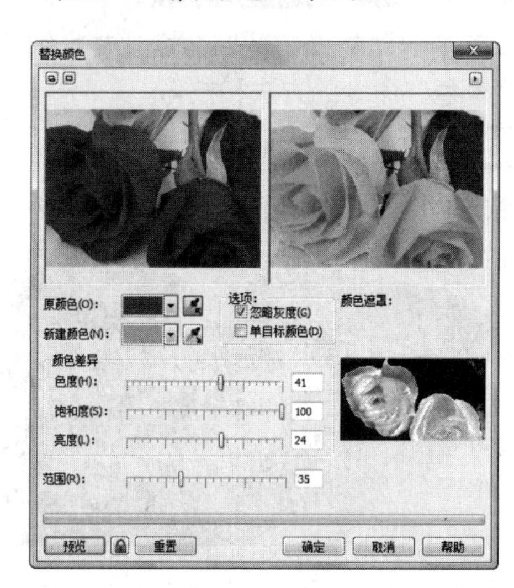

图8.92　设置颜色参数

6 设置完成后，单击“确定”按钮即可，替换颜色后的最终效果如图8.93所示。

图8.93　最终效果

8.3 提高——自己动手练

制作了相关的实例后，下面将进一步巩固本章所学的知识，并进行相关实例的演练，以达到提高读者动手能力的目的。

8.3.1 修复颜色偏暗的照片

在拍摄照片时，由于相机原因导致照片颜色偏暗，可以使用CorelDRAW X4中的“调整”命令对照片进行调整。本例就使用调整命令对颜色偏暗的照片进行修复。

最终效果

本例制作完成前后的效果对比如图8.94所示。

图8.94　前后效果对比

解题思路

1 导入图像素材。
2 执行“亮度/对比度/强度”命令。
3 设置图像调整参数。

操作步骤

1 按下“Ctrl+N”组合键，新建一个文档，新建的文档默认为A4大小。
2 在菜单栏中执行“文件”→“导入”命令，导入图像素材，如图8.95所示。
3 选择导入的位图，然后执行“效果”→“调整”→“亮度/对比度/强度”命令，弹出如图8.96所示的“亮度/对比度/强度”对话框。
4 在“亮度/对比度/强度”对话框中设置图像调整参数，如图8.97所示。
5 单击“确定”按钮，即可完成图像的调整，效果如图8.98所示。

图8.95 导入素材图像

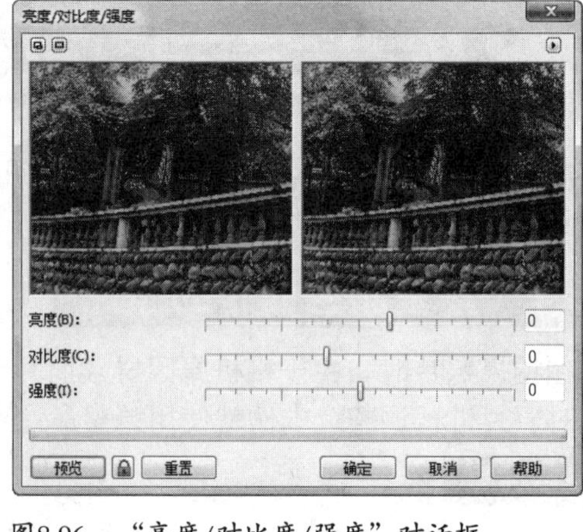

图8.96 “亮度/对比度/强度”对话框

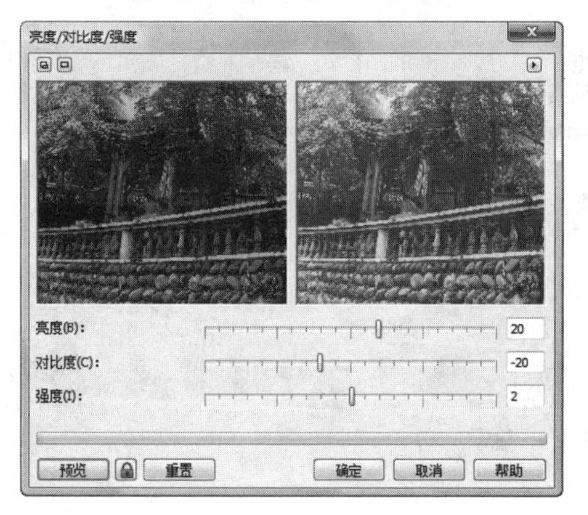

图8.97 设置调整参数

图8.98 调整后的效果

8.3.2 调整图像饱和度

本例讲解如何使用调整命令调整图像的饱和度，相信通过练习读者会对图像饱和度的调整方法有更进一步的了解。

最终效果

本例制作完成前后的效果对比如图8.99所示。

图8.99 前后效果对比

解题思路

1. 导入图像素材。
2. 执行“色度/饱和度/亮度”命令。
3. 设置各个色频通道的饱和度。

操作步骤

1. 按下“Ctrl+N”组合键，新建一个文档，新建的文档默认为A4大小。
2. 执行“文件”→“导入”命令，导入图像素材，如图8.100所示。
3. 选择导入的图像，在菜单栏中执行“效果”→“调整”→“色度/饱和度/亮度”命令，弹出如图8.101所示的“色度/饱和度/亮度”对话框。

图8.100 导入图像素材

图8.101 “色度/饱和度/亮度”对话框

4. 在“色度/饱和度/亮度”对话框中拖动“饱和度”滑块至“25”，如图8.102所示。
5. 选择“红”单选项，然后拖动“饱和度”滑块至“20”，如图8.103所示。

图8.102 设置主对象饱和度

图8.103 设置红色饱和度

6 选择“黄”单选项，然后拖动“饱和度”滑块至“15”，如图8.104所示。

7 单击“确定”按钮，调整饱和度后的效果如图8.105所示。

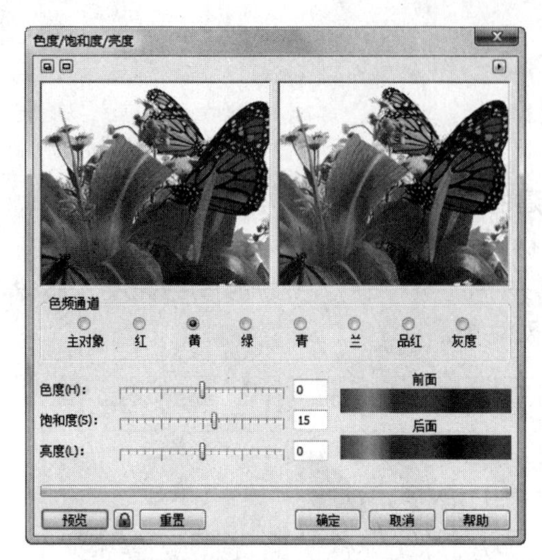

图8.104　设置黄色饱和度

图8.105　调整后的效果

结束语

本章详细介绍了CorelDRAW X4中位图的编辑和处理方法。在CorelDRAW X4中不仅可以对绘制的矢量图形进行编辑处理，还可以对位图进行编辑处理。在平面设计过程中，不仅可以把位图作为作品的一部分，还可以通过对位图进行处理制作出更优秀的作品。

Chapter 9

第9章 位图的特殊效果

本章要点

入门——基本概念与基本操作

- 滤镜的使用
- 外挂式过滤器

进阶——典型实例

- 制作下雪效果
- 制作卷页效果

提高——自己动手练

- 为照片添加艺术边框
- 绘制素描画

本章导读

Photoshop是处理位图的专业软件，其实在CorelDRAW X4中同样也可以对位图进行特殊效果处理，且毫不逊色。通过本章的学习，读者可以使用滤镜为位图制作出各种特殊效果，为平面设计添加更多的艺术色彩。

9.1 入门——基本概念与基本操作

在CorelDRAW X4中，不仅可以对导入的位图进行编辑，还可以为图形添加滤镜效果。下面我们就对CorelDRAW X4中的滤镜效果进行详细的介绍。

9.1.1 三维效果

使用三维效果滤镜，可以为位图添加各种模拟的3D效果。该滤镜组中包含了7种滤镜效果，在菜单栏中执行“位图”→“三维效果”命令，即可显示如图9.1所示的“三维效果”子菜单。

1. 三维旋转

使用“三维旋转”命令，可以将位图按照设置的垂直和水平角度进行旋转。进行三维旋转时，位图将变成三维空间中的一个面，可以绕两个相互垂直的轴旋转。

选择导入的位图后，在菜单栏中执行“位图”→“三维效果”→“三维旋转”命令，将弹出如图9.2所示的“三维旋转”对话框，在“垂直”和“水平”数值框中输入垂直方向和水平方向的旋转角度，然后单击“确定”按钮即可。

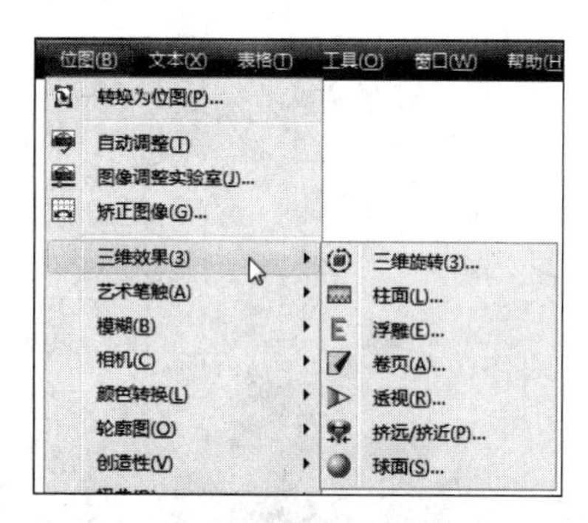

图9.1 “三维效果”子菜单

图9.2 “三维旋转”对话框

“三维旋转”对话框中各主要选项的含义如下。

- **垂直**：在该数值框中可以设置对象在垂直方向上的旋转效果。
- **水平**：在该数值框中可以设置对象在水平方向上的旋转效果。
- **最合适**：勾选该复选框，可以使经过变形后的位图适应于图框。

选中对象并执行“三维旋转”命令前后的效果对比如图9.3所示。

2. 柱面

使用“柱面”命令可以使图像产生缠绕在柱面或柱面外侧的效果。选择需要应用该效果的位图后，执行“位图”→“三维效果”→“柱面”命令，将弹出如图9.4所示的“柱面”对话框，在对话框中设置好相应的参数后，单击“确定”按钮即可。

图9.3　三维旋转图像前后效果对比

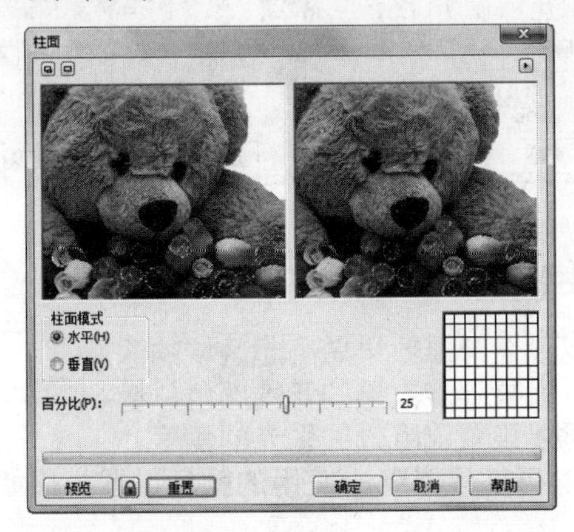

图9.4　“柱面”对话框

“柱面”对话框中各主要选项的含义如下。

- **水平：** 选择该单选项，表示沿水平柱面产生缠绕效果。
- **垂直：** 选择该单选项，表示沿垂直柱面产生缠绕效果。
- **百分比：** 拖动滑块，可以设置柱面凹凸的程度。

选中对象并执行“柱面”命令前后的效果对比如图9.5所示。

图9.5　执行“柱面”命令前后的效果对比

3. 浮雕

使用“浮雕”命令，可以使选取的图像具有浮雕效果。选择图像后，在菜单栏中执行“位图”→“三维效果”→“浮雕”命令，将弹出如图9.6所示的“浮雕”对话框，设置好各项参数后，单击“确定”按钮即可。

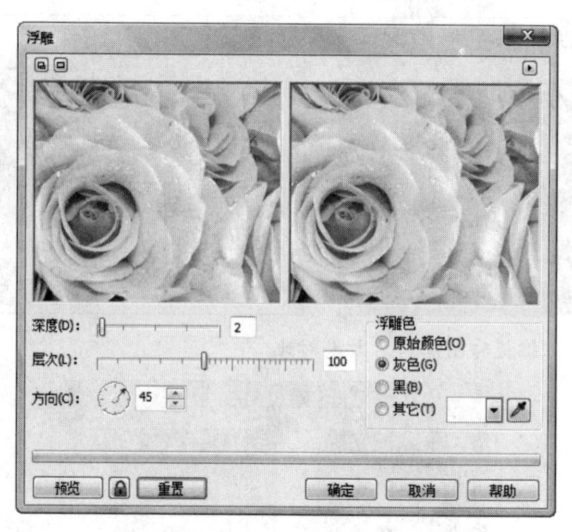

图9.6 “浮雕”对话框

“浮雕”对话框中各主要选项的含义如下。

- **深度：**拖动滑块，可以设置浮雕效果总凸起区域的深度。
- **层次：**拖动滑块，可以设置浮雕效果的背景颜色总量。
- **方向：**在该数值框中可以设置浮雕效果采光的角度。
- **浮雕色：**在该栏中可以将创建浮雕所使用的颜色设置为原始颜色、灰色、黑色或其他颜色。

选中对象并执行“浮雕”命令前后的效果对比如图9.7所示。

图9.7 执行“浮雕”命令前后的效果对比

4. 卷页

使用“卷页”命令可以为图像添加类似于卷起页面一角的卷曲效果。选择图像后，在菜单栏中执行“位图”→“三维效果”→“卷页”命令，将弹出如图9.8所示的“卷页”对话框，在该对话框中设置好相应的参数后，单击“确定”按钮即可。

“卷页”对话框中各主要选项的含义如下。

- **按钮：**单击其中一个按钮，可以选择页面卷曲的图像边角。
- **定向：**在该选项组中，可以设置页面卷曲的方向。
- **纸张：**在该选项组中，可以设置纸张上卷曲区域的透明性。
- **颜色：**可以在选择页面卷曲时，同时选择纸张背面抛光效果的卷曲部分和背景部分。
- **“宽度”和“高度”：**拖动滑块，可以设置页面卷曲区域的宽度和高度范围。

选中对象并执行“卷页”命令前后的效果对比如图9.9所示。

图9.8　“卷页”对话框

图9.9　执行“卷页”命令前后的效果对比

5. 透视

使用“透视”命令，可以使图像产生三维透视的效果。选择图像后，在菜单栏中执行“位图”→“三维效果”→“透视”命令，将弹出如图9.10所示的“透视”对话框。

图9.10　“透视”对话框

“透视”对话框中各主要选项的含义如下。

- **调节框**：拖动调节框中的4个白色方块，可以设置图像的透视方向。
- **透视**：选择该单选项，可以使图像产生透视的效果。
- **切变**：选择该单选项，可以使图像产生倾斜的效果。
- **最合适**：勾选该复选框，可以使经过变形后的位图适应图框。

选中对象并执行“透视”命令前后的效果对比如图9.11所示。

图9.11　执行“透视”命令前后的效果对比

6. 挤远/挤近

使用“挤远/挤近”命令，可以使图像相对于某点进行弯曲，从而产生拉远或拉近的效果。选择图像后，在菜单栏中执行“位图”→“三维效果”→“挤远/挤近”命令，将弹出如图9.12所示的“挤远/挤近”对话框。

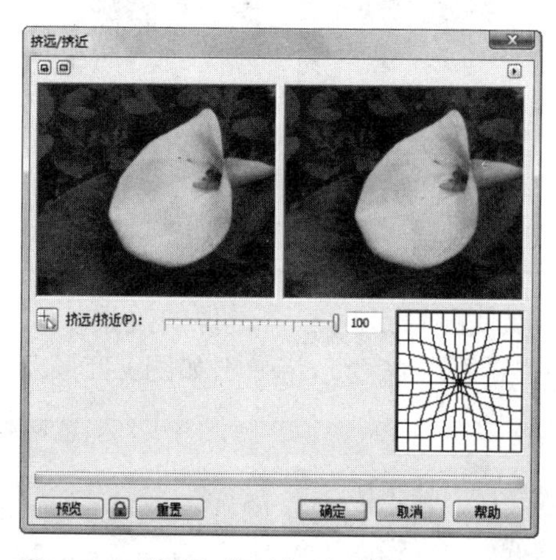

图9.12　“挤远/挤近”对话框

单击按钮后，即可在预览窗格中单击设置变形的中心位置。拖动“挤远/挤近”滑块，可以设置图像拉远或拉近的变形效果。选中对象并执行“挤远/挤近”命令前后的效果对比如图9.13所示。

7. 球面

使用“球面”命令，可以使图像产生凹凸的球面效果。选择图像后，执行“位图”→“三维效果”→“球面”命令，将弹出如图9.14所示的“球面”对话框。

图9.13　执行“挤远/挤近”命令前后的效果对比

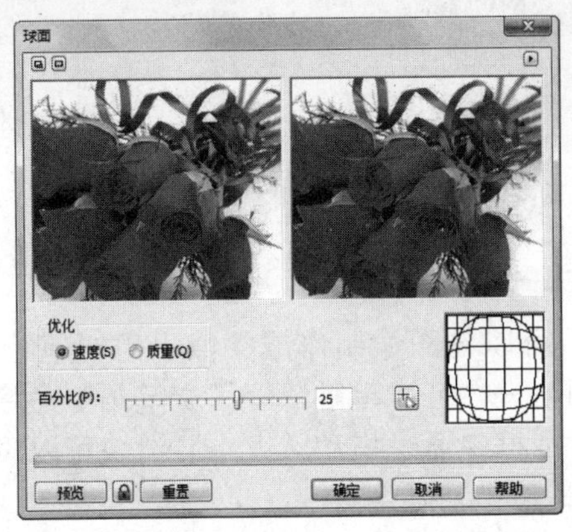

图9.14　“球面”对话框

“球面”对话框中各主要选项的含义如下。

- **优化：**在该栏中，可以根据需要选择“速度”或“质量”作为优化标准。
- **百分比：**拖动滑块，可以设置球面凹凸的程度。
- **按钮：**单击该按钮，然后在图像中单击，可以确定变形的中心位置。

选中对象并执行“球面”命令前后的效果对比如图9.15所示。

图9.15　执行“球面”命令前后的效果对比

9.1.2　艺术笔触

使用艺术笔触滤镜，可以为位图添加一些特殊的美术效果。该滤镜组中包括炭笔画、单色蜡笔画、蜡笔画、立体派、印象派、调色刀、彩色蜡笔画、钢笔画、点彩派、木版画、素描、水彩画、水印画和波纹纸画共14种滤镜效果。在菜单栏中执行“位图”→“艺术笔触”命令，可以打开如图9.16所示的“艺术笔触”子菜单。

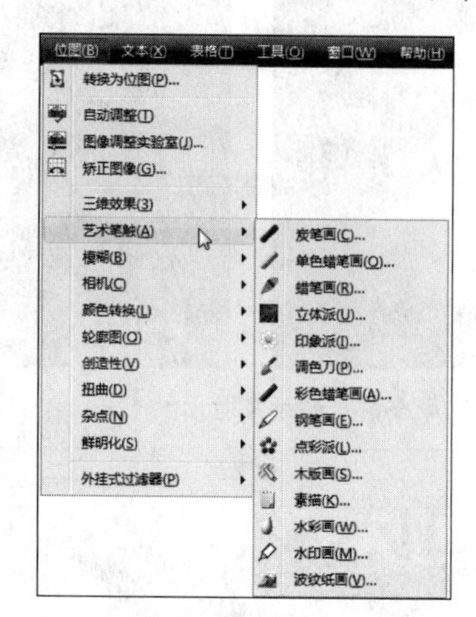

图9.16 “艺术笔触”子菜单

1. 炭笔画

使用“炭笔画”命令，可以将图像制作成类似于用炭笔绘制的图画效果。选择位图后，在菜单栏中执行“位图”→“艺术笔触”→“炭笔画”命令，将弹出如图9.17所示的“炭笔画”对话框。在该对话框中通过拖动“大小”滑块可以设置画笔的尺寸大小，拖动“边缘”滑块可以设置边缘轮廓的清晰度。

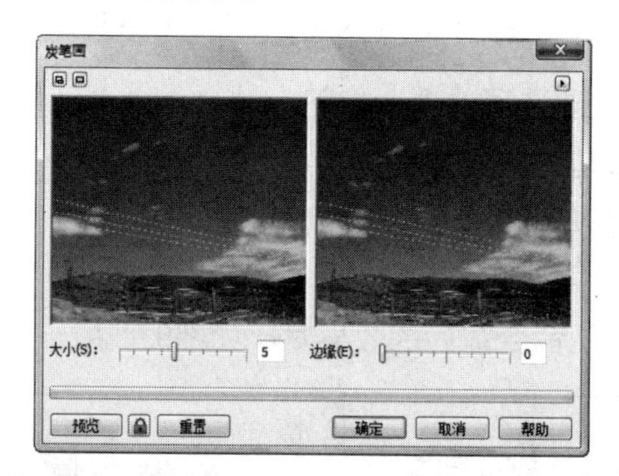

图9.17 “炭笔画”对话框

执行“炭笔画”命令前后图像的效果对比如图9.18所示。

图9.18 执行“炭笔画”命令前后的效果对比

2. 单色蜡笔画

使用“单色蜡笔画”命令，可以将图像制作成类似于粉笔画的图像效果。选择位图后，在菜单栏中执行“位图”→“艺术笔触”→“单色蜡笔画”命令，将弹出如图9.19所示的“单色蜡笔画”对话框。在该对话框中设置相应的参数后，单击“确定”按钮即可。

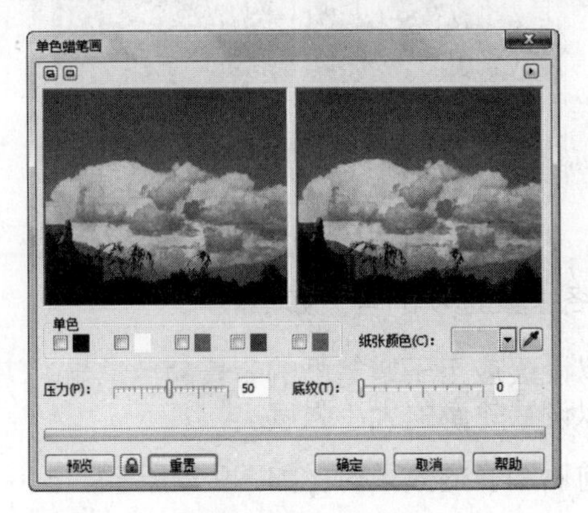

图9.19　“单色蜡笔画”对话框

“单色蜡笔画”对话框中各主要选项的含义如下。

- **单色：**在该栏中，可以设置制作成单色蜡笔画的整体色调，也可以勾选多个颜色复选框，组成混合色调。
- **纸张颜色：**在该下拉列表框中，可以设置背景纸张的颜色。
- **“压力”和“底纹”：**拖动滑块，可以设置笔触的强度。

执行“单色蜡笔画”命令前后图像的效果对比如图9.20所示。

图9.20　执行“单色蜡笔画”命令前后的效果对比

3. 蜡笔画

使用“蜡笔画”命令，可以将图像制作成蜡笔画的效果。选择位图后，在菜单栏中执行“位图”→“艺术笔触”→“蜡笔画”命令，将弹出如图9.21所示的“蜡笔画”对话框。在对话框中设置相应的参数后，单击“确定”按钮即可。

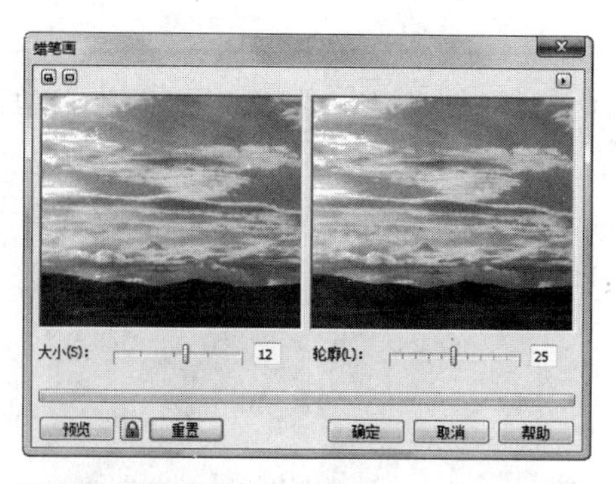

图9.21 “蜡笔画”对话框

“蜡笔画”对话框中各主要选项的含义如下。

- **大小：** 拖动滑块，可以设置应用于蜡笔画的背景颜色总量。
- **轮廓：** 拖动滑块，可以设置轮廓的大小强度。

执行“蜡笔画”命令前后图像的效果对比如图9.22所示。

图9.22 执行“蜡笔画”命令前后的效果对比

4. 立体派

使用“立体派”命令，可以将图像中相同颜色的像素结合成颜色块，制作出类似于立体派绘画风格的图像。

选择位图后，在菜单栏中执行“位图”→“艺术笔触”→“立体派”命令，将弹出如图9.23所示的“立体派”对话框。

图9.23 “立体派”对话框

“立体派”对话框中各主要选项的含义如下。

- **大小：**拖动滑块，可以设置颜色块的色块大小。
- **亮度：**拖动滑块，可以调整画面的亮度。
- **纸张色：**在该下拉列表框中，可以设置背景纸张的颜色。

执行“立体派”命令前后图像的效果对比如图9.24所示。

图9.24　执行“立体派”命令前后的效果对比

5. 印象派

使用“印象派”命令，可以将图像制作成类似于印象派绘画风格的效果。选择位图后，在菜单栏中执行“位图”→“艺术笔触”→“印象派”命令，将弹出如图9.25所示的“印象派”对话框。

在“样式”栏中，可以选择“笔触”或“色块”样式作为构成画面的元素。在“技术”栏中，可以通过调整“笔触”、“着色”和“亮度”3个滑块，使图像获得最佳的画面效果。执行“印象派”命令前后图像的效果对比如图9.26所示。

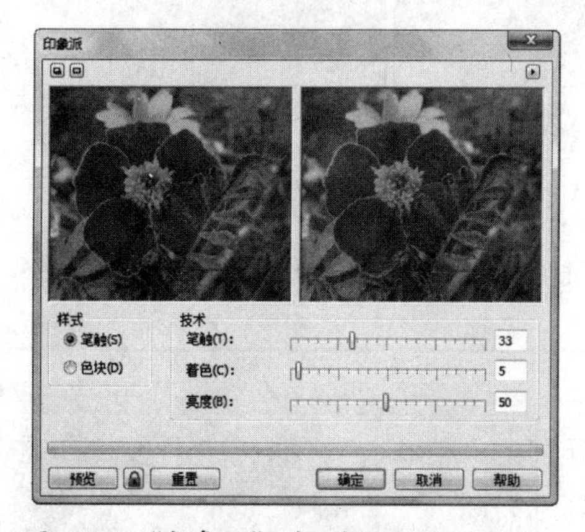

图9.25　“印象派”对话框

图9.26　执行“印象派”命令前后的效果对比

6. 调色刀

使用“调色刀”命令，可以将图像制作成类似于调色刀绘制的绘画效果。选择位图后，在菜单栏中执行“位图”→“艺术笔触”→“调色刀”命令，将弹出如图9.27所示的“调色刀”对话框。在对话框中设置好相应的参数后，单击“确定”按钮即可。执行“调色刀”命令前后图像的效果对比如图9.28所示。

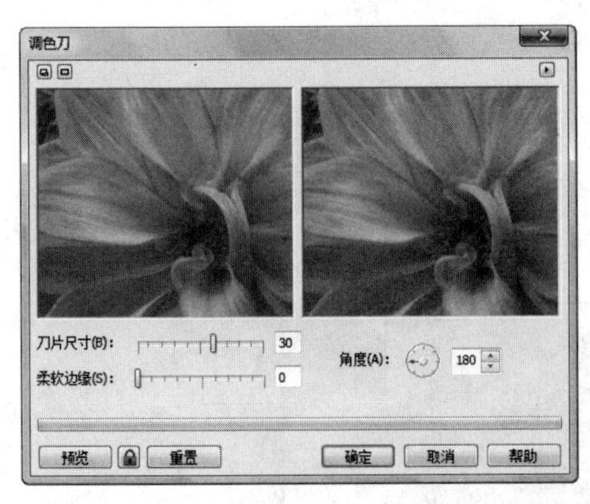

图9.27 “调色刀”对话框

图9.28 执行“调色刀”命令前后的效果对比

7. 彩色蜡笔画

使用“彩色蜡笔画”命令，可以使图像产生使用彩色蜡笔绘画的效果。选择位图后，在菜单栏中执行“位图”→“艺术笔触”→“彩色蜡笔画”命令，将弹出如图9.29所示的“彩色蜡笔画”对话框。

在该对话框的“彩色蜡笔类型”栏中，可以选择彩色蜡笔的类型。通过拖动“笔触大小”和“色度变化”滑块，可以获得最佳的画面效果。执行“彩色蜡笔画”命令前后图像的效果对比如图9.30所示。

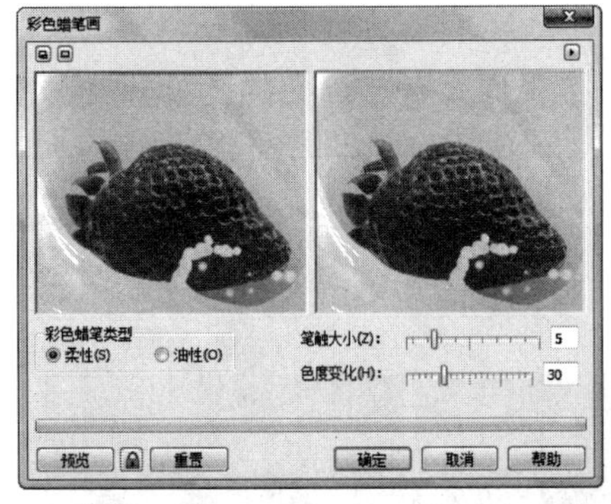

图9.29 “彩色蜡笔画”对话框

图9.30 执行“彩色蜡笔画”命令前后的效果对比

8. 钢笔画

使用“钢笔画”命令，可以将图像制作成类似于使用钢笔绘画的效果。选择位图后，在菜单栏中执行“位图”→“艺术笔触”→“钢笔画”命令，将弹出如图9.31所示的“钢笔画”对话框。

“钢笔画”对话框中各主要选项的含义如下。

- **样式：** 在该栏中，可以选择“交叉阴影”和“点画”两种绘画方式，其效果分别如图9.32和图9.33所示。

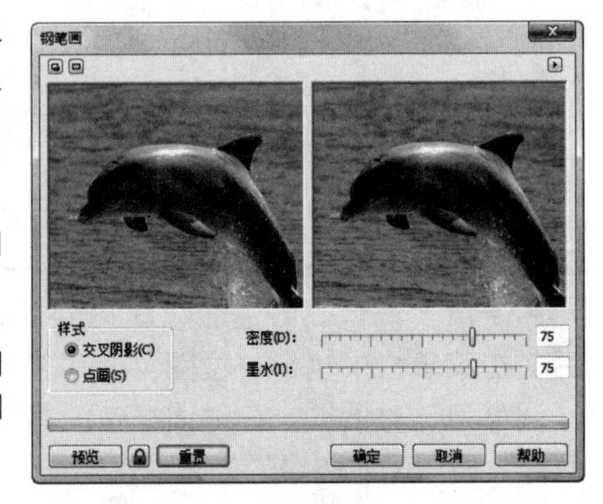

图9.31 “钢笔画”对话框

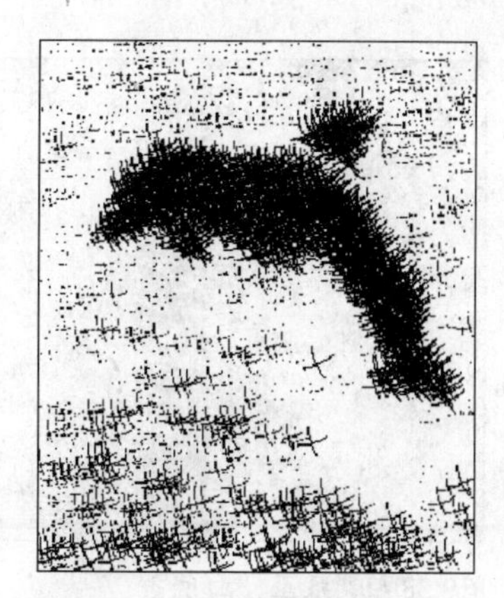

图9.32　“交叉阴影”样式

图9.33　“点画”样式

- **密度：**拖动滑块，可以设置笔触的密度。
- **墨水：**拖动滑块，可以设置画面颜色的深浅。

9. 点彩派

使用“点彩派”命令，可以将图像制作成由颜色点组成的效果。选择位图后，在菜单栏中执行“位图”→“艺术笔触”→“点彩派”命令，将弹出如图9.34所示的“点彩派”对话框。在该对话框中设置好相应的参数后，单击“确定”按钮即可。执行“点彩派”命令前后图像的效果对比如图9.35所示。

图9.34　“点彩派”对话框

图9.35　执行“点彩派”命令前后的效果对比

10. 木版画

使用“木版画”命令，可以在图像的彩色和黑白之间产生鲜明的对照点。选择位图后，在菜单栏中执行“位图”→“艺术笔触”→“木版画”命令，将弹出如图9.36所示的“木版画”对话框。

“木版画”对话框的“刮痕至”栏中单选项的含义如下。

- **颜色：**选择该单选项，图像可以制作成为彩色木版画效果，如图9.37所示。
- **白色：**选择该单选项，图像可以制作成为黑白木版画效果，如图9.38所示。

图9.36　“木版画”对话框

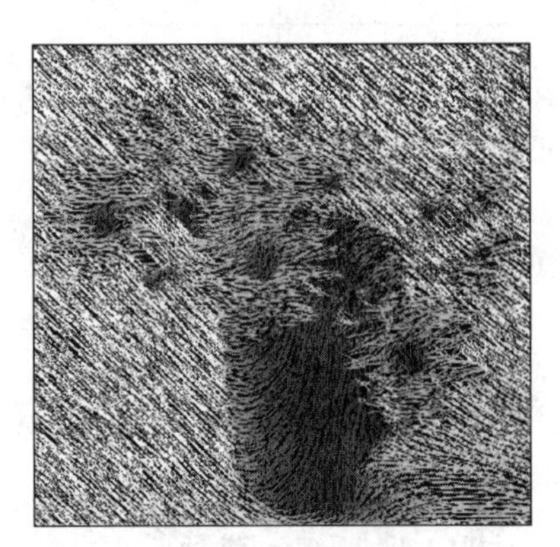
图9.37 刮痕至“颜色”

图9.38 刮痕至“白色”

11. 素描

使用“素描”命令，可以将图像制作成素描的绘画效果。选择位图后，在菜单栏中执行“位图”→“艺术笔触”→“素描”命令，将弹出如图9.39所示的“素描”对话框。“素描”对话框中各主要选项的含义如下。

- **碳色**：选择该单选项，图像可以制作成黑白素描效果。
- **颜色**：选择该单选项，图像可以制作成彩色素描效果。
- **样式**：拖动滑块，可以设置从粗糙到精细的画面效果。
- **笔芯**：拖动滑块，可以设置画笔颜色的深浅。
- **轮廓**：拖动滑块，可以设置轮廓的清晰度。

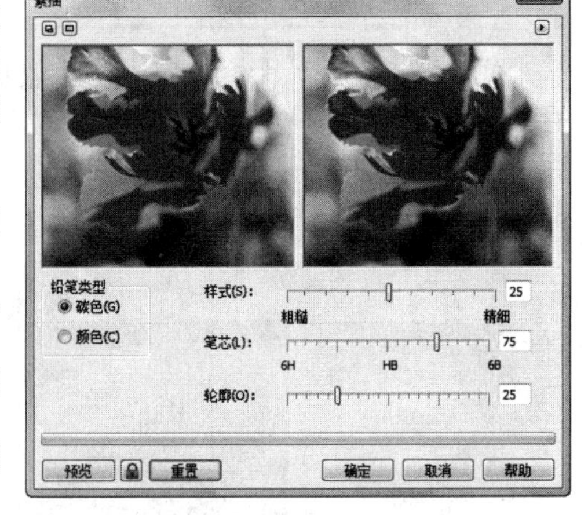

图9.39 “素描”对话框

原图和使用不同的铅笔类型后，图像效果分别如图9.40、图9.41和图9.42所示。

图9.40 原图

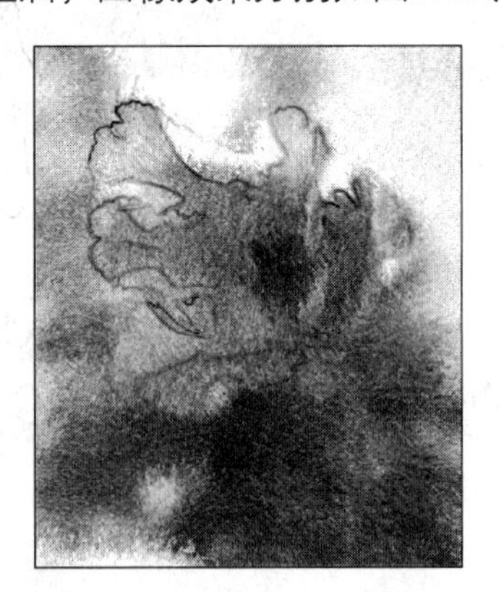
图9.41 铅笔类型为“碳色”

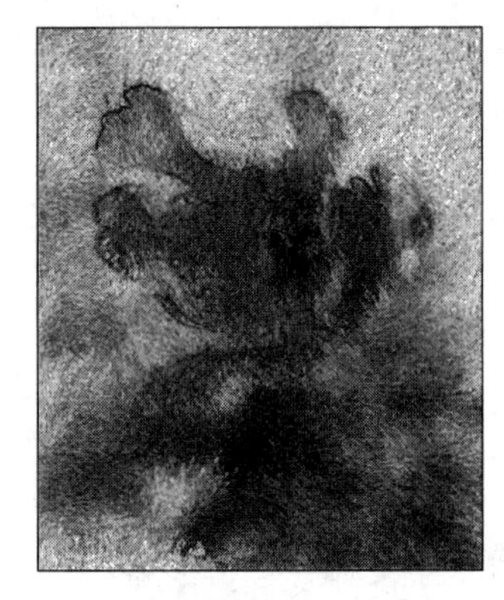
图9.42 铅笔类型为“颜色”

12. 水彩画

使用“水彩画”命令，可以将图像制作成类似于水彩画的效果。选择位图后，在菜单栏中执行“位图”→“艺术笔触”→“水彩画”命令，将弹出如图9.43所示的“水彩画”对话框。“水彩画”对话框中各主要选项的含义如下。

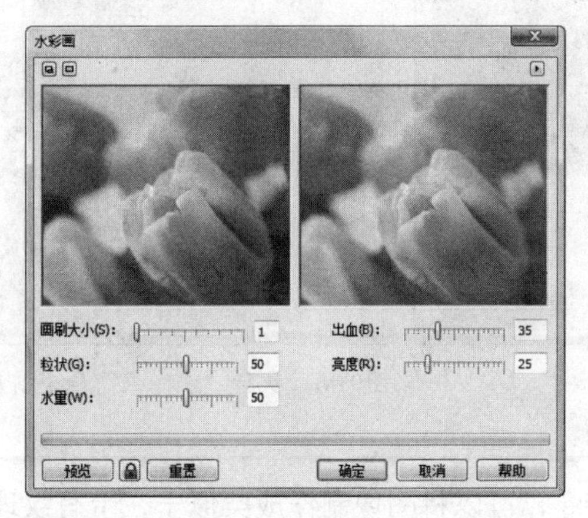

图9.43　“水彩画”对话框

- **画刷大小**：拖动滑块，可以设置笔刷的大小。
- **粒状**：拖动滑块，可以设置纸张底纹的粗糙程度。
- **水量**：拖动滑块，可以设置笔刷中的水分值。
- **出血**：拖动滑块，可以设置笔刷的速度值。
- **亮度**：拖动滑块，可以设置画面的亮度。

执行“水彩画”命令前后图像的效果对比如图9.44所示。

图9.44　执行“水彩画”命令前后的效果对比

13. 水印画

使用“水印画”命令，可以将图像制作成类似于水印绘制的画面效果。选择位图后，在菜单栏中执行“位图”→“艺术笔触”→“水印画”命令，将弹出如图9.45所示的“水印画”对话框。

在“水印画”对话框中，可以选择“默认”、“顺序”或“随即”单选项，选择不同的单选项，水印画的效果也不同。执行“水印画”命令前后图像的效果对比如图9.46所示。

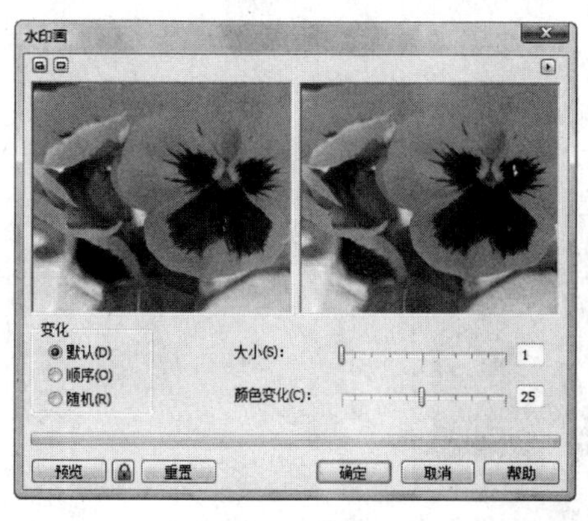

图9.45 “水印画”对话框

图9.46 执行“水印画”命令前后的效果对比

14. 波纹纸画

使用“波纹纸画”命令，可以将图像制作成类似于在带有纹理的纸张上绘制出的画面效果。选择位图后，在菜单栏中执行“位图”→“艺术笔触”→“波纹纸画”命令，将弹出如图9.47所示的“波纹纸画”对话框。“波纹纸画”对话框中两个单选项的含义如下。

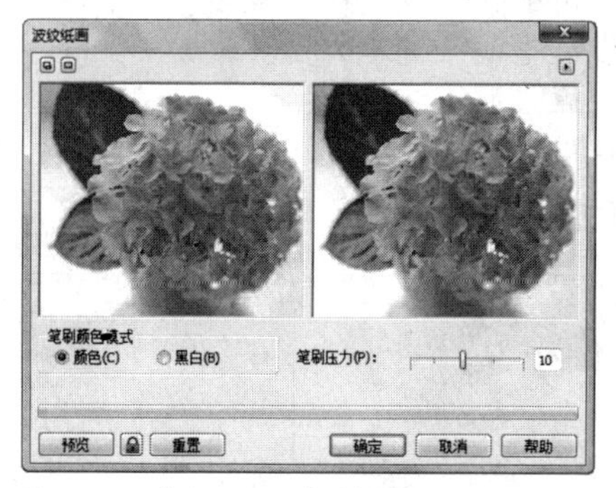

图9.47 “波纹纸画”对话框

- **颜色**：选择该单选项，图像可以制作成为彩色波纹纸画效果。
- **黑色**：选择该单选项，图像可以制作成为黑白波纹纸画效果。

对如图9.48所示图像使用不同的笔刷颜色模式后，图像效果分别如图9.49和图9.50所示。

图9.48 原图

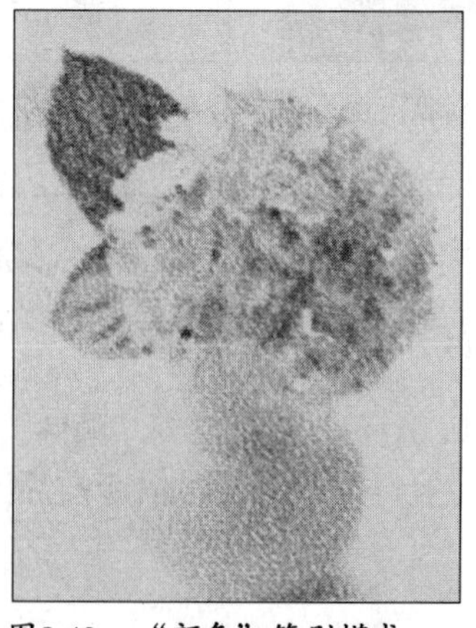

图9.49 “颜色”笔刷模式

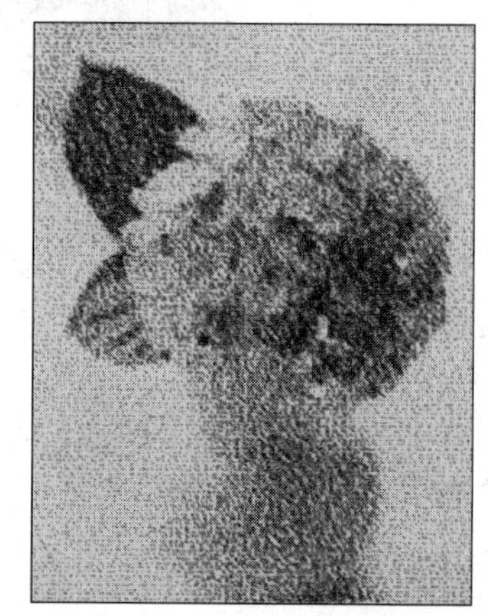

图9.50 “黑白”笔刷模式

9.1.3　模糊效果

使用模糊滤镜，可以使位图产生具有动感的画面效果。该滤镜组中包含定向平滑、高斯式模糊、锯齿状模糊、低通滤波器、动态模糊、放射式模糊、平滑、柔和与缩放共9种功能滤镜。在菜单栏中执行“位图”→“模糊”命令，即可显示如图9.51所示的“模糊”子菜单。

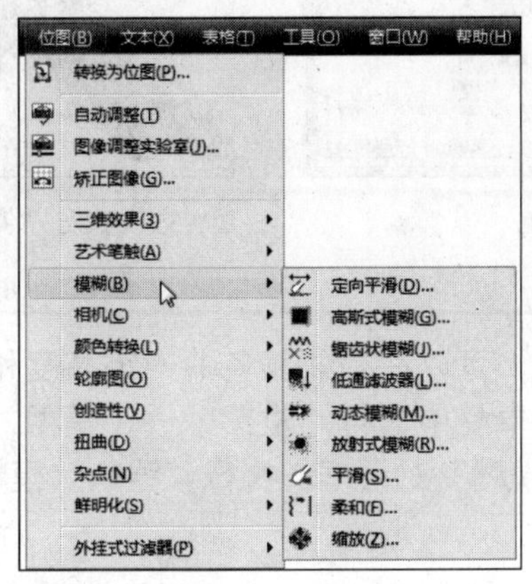

图9.51　“模糊”子菜单

1. 定向平滑

使用“定向平滑”命令，可以为图像添加细微的模糊效果，使图像中的颜色过渡平滑。选择位图后，在菜单栏中执行“位图”→“模糊”→“定向平滑”命令，将弹出如图9.52所示的“定向平滑”对话框。在该对话框中，拖动“百分比”滑块，可以设置定向平滑的强度，设置完成后，单击“确定”按钮即可，效果如图9.53所示。

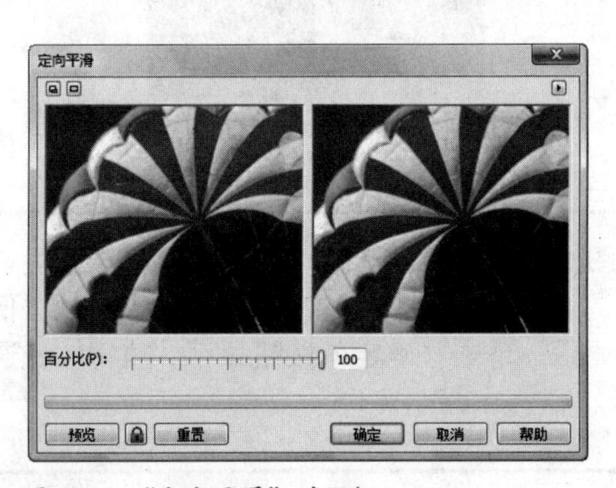

图9.52　“定向平滑”对话框

图9.53　设置定向平滑后的效果

2. 高斯式模糊

使用“高斯式模糊”命令，可以将图像按照高斯分布变化来产生模糊效果。选择位图后，在菜单栏中执行“位图”→“模糊”→“高斯式模糊”命令，将弹出如图9.54所示的“高斯式模糊”对话框。在该对话框中，拖动“半径”滑块可以设置高斯式模糊的强度。执行“高斯式模糊”命令前后图像的效果对比如图9.55所示。

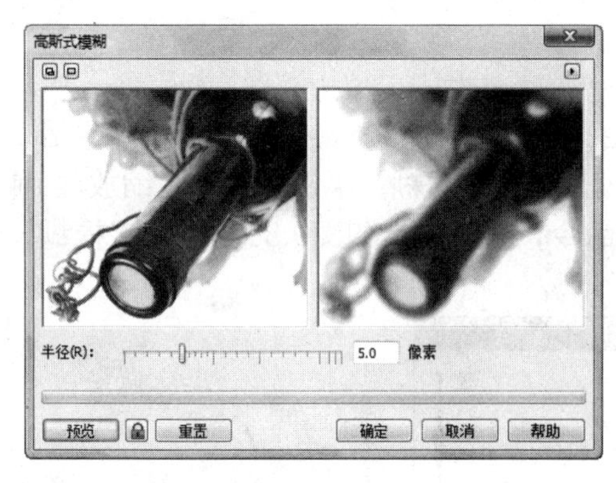

图9.54 “高斯式模糊”对话框

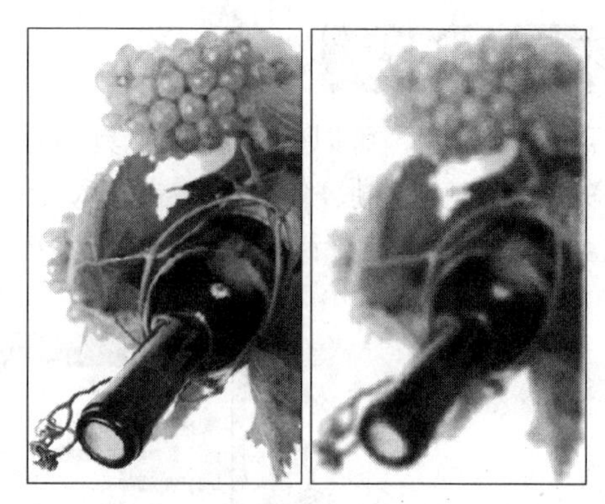

图9.55 执行“高斯式模糊”命令前后的效果对比

3. 锯齿状模糊

使用“锯齿状模糊”命令，可以在相邻颜色的一定高度和宽度范围内产生锯齿状波动模糊效果。选择位图后，在菜单栏中执行“位图”→“模糊”→“锯齿状模糊”命令，将弹出如图9.56所示的“锯齿状模糊”对话框。执行“锯齿状模糊”命令后图像效果如图9.57所示。

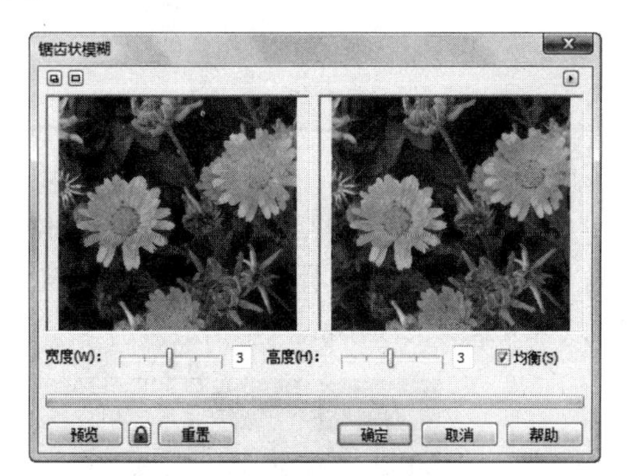

图9.56 “锯齿状模糊”对话框

图9.57 执行“锯齿状模糊”命令后的效果

4. 低通滤波器

使用“低通滤波器”命令，可以降低图像相邻像素之间的对比度。选择位图后，在菜单栏中执行“位图”→“模糊”→“低通滤波器”命令，将弹出如图9.58所示的“低通滤波器”对话框。在对话框中进行相应的设置后，单击“确定”按钮即可。执行“低通滤波器”命令前后图像的效果对比如图9.59所示。

5. 动态模糊

使用“动态模糊”命令，可以将图像沿一定方向创建镜头运动所产生的动态模糊效果。选择位图后，在菜单栏中执行“位图”→“模糊”→“动态模糊”命令，将弹出如图9.60所示的“动态模糊”对话框。“动态模糊”对话框中各主要选项的含义如下。

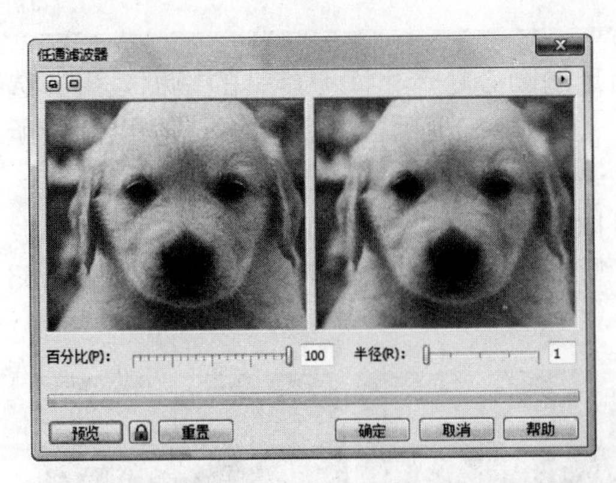

图9.58 “低通滤波器”对话框

图9.59 执行“低通滤波器”命令前后的效果对比

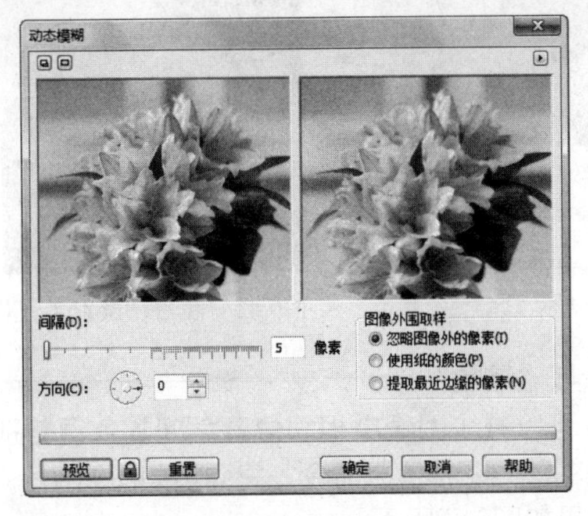

图9.60 “动态模糊”对话框

- **间隔**：拖动滑块，可以调整运动模糊的距离。数值越大，模糊的运动感就越强。
- **方向**：拖动拨盘或在数值框中输入数值，可以设置运动模糊的方向。
- **图像外围取样**：在该栏中，可以选择“忽略图像外的像素”、“使用纸的颜色”或“提取最近边缘的像素”单选项，以设置图像外围取样方式。

图像执行“动态模糊”命令前后的效果对比如图9.61所示。

图9.61 执行“动态模糊”命令前后的效果对比

6. 放射式模糊

使用“放射式模糊”命令，可以使图像从指定的圆心处产生同心旋转的模糊效果。选择位图后，在菜单栏中执行“位图”→“模糊”→“放射式模糊”命令，将弹出如图9.62所示的“放射状模糊”对话框。

单击按钮，然后在图像预览框中单击，可以确定放射式模糊的圆心位置。拖动“数量”滑块，可以设置模糊效果的强度。图像执行“放射式模糊”命令前后效果对比如图9.63所示。

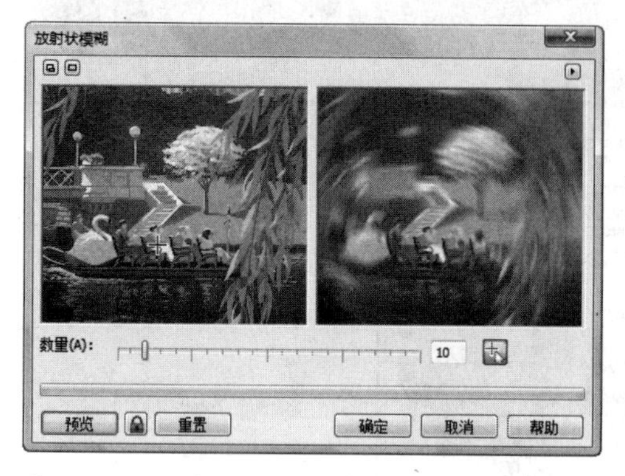

图9.62 “放射状模糊”对话框

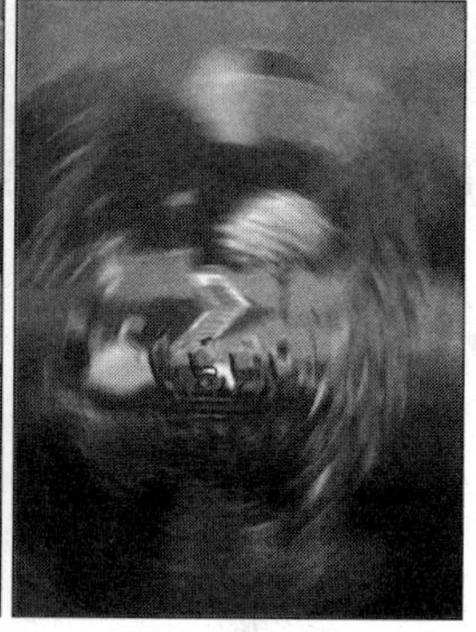

图9.63 执行“放射式模糊”命令前后的效果对比

7. “平滑”、“柔和”与“缩放”

使用“平滑”命令，可以减少图像中相邻像素之间的色调差别。选择位图后，在菜单栏中执行“位图”→“模糊”→“平滑”命令，将弹出如图9.64所示的“平滑”对话框。图像执行“平滑”命令后效果如图9.65所示。

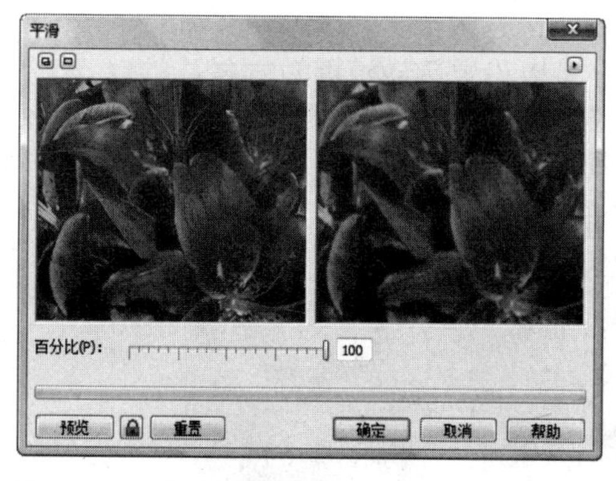

图9.64 “平滑”对话框

图9.65 执行“平滑”命令后的效果

使用“柔和”命令，可以使图像产生轻微的模糊效果，从而达到柔和画面的目的。选择位图后，在菜单栏中执行“位图”→“模糊”→“柔和”命令，将弹出如图9.66所示的“柔和”对话框。执行“柔和”命令后图像的效果如图9.67所示。

使用“缩放”命令，可以使图像从图像中的某个点向外扩散，从而产生爆炸的视觉冲击效果。选择位图后，在菜单栏中执行“位图”→“模糊”→“缩放”命令，弹出如图9.68所示的“缩放”对话框。执行“缩放”命令后图像的效果如图9.69所示。

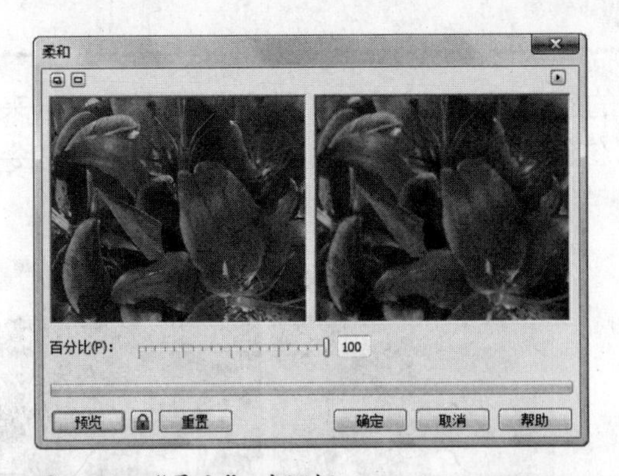

图9.66　“柔和”对话框

图9.67　执行“柔和”命令后的效果

图9.68　“缩放”对话框

图9.69　执行“缩放”命令后的效果

9.1.4　相机效果

使用“相机”滤镜，可以模仿照相机的原理，使图像产生散光的效果。该滤镜组中只有“扩散”一个命令。选择位图后，在菜单栏中执行“位图”→“相机”→“扩散”命令，将弹出如图9.70所示的“扩散”对话框，拖动“层次”滑块调整图像扩散的程度后，单击“确定”按钮即可。执行“扩散”命令后的图像效果如图9.71所示。

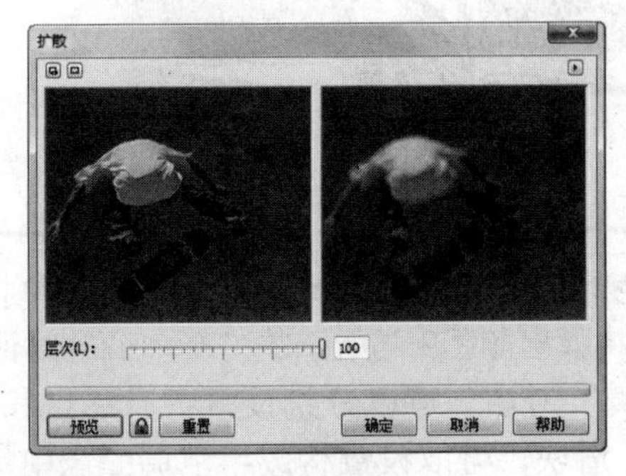

图9.70　“扩散”对话框

图9.71　执行“扩散”命令后的效果

9.1.5　颜色转换效果

使用“颜色转换”滤镜，可以改变图像原有的颜色。该滤镜组中包括位平面、半色调、梦幻色调和曝光共4种功能滤镜。执行“位图”→“颜色转换”命令，即可显示如图9.72所示的“颜色转换”子菜单。

1. 位平面

使用“位平面”命令，可以将图像中的颜色以红、绿和蓝3种色块平面显示出来，从而产生特殊的视觉效果。在菜单栏中执行“位图”→“颜色转换”→“位平面”命令，将弹出如图9.73所示的“位平面”对话框。

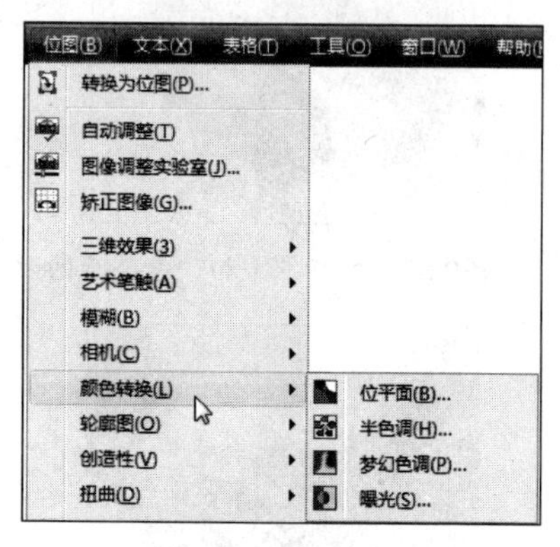

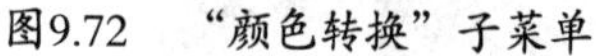

图9.72 “颜色转换”子菜单

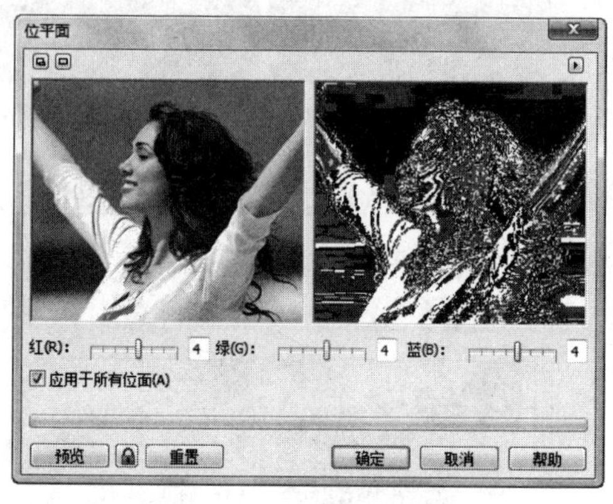

图9.73 “位平面”对话框

在对话框中拖动“红”、“绿”和“蓝”滑块，可以设置红、绿和蓝3种颜色在色块平面中的比例。勾选“应用于所有位面”复选框，3种颜色等量显示；取消勾选该复选框，则3种颜色可以按不同的数量设置显示。执行“位平面”命令前后图像的效果对比如图9.74所示。

图9.74 执行“位平面”命令前后的效果对比

2. 半色调

使用“半色调”命令，可以使图像产生彩色网格的效果。选择位图后，在菜单栏中执行“位图”→“颜色转换”→“半色调”命令，将弹出如图9.75所示的“半色调”对话框。

在对话框中，拖动“青”、“品红”和“黄”滑块，可以分别设置青、品红和黄3种颜色在色块平面中的比例。拖动“最大点半径”滑块，可以设置构成半色调图像中最大点的半径，数值越大，半径越大。执行“半色调”命令前后图像的效果对比如图9.76所示。

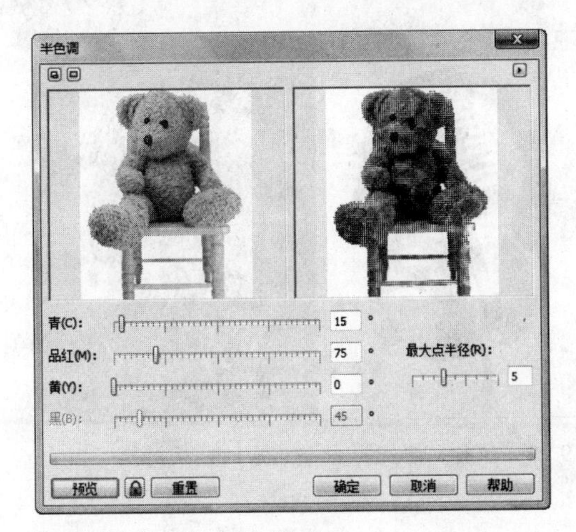

图9.75　“半色调”对话框

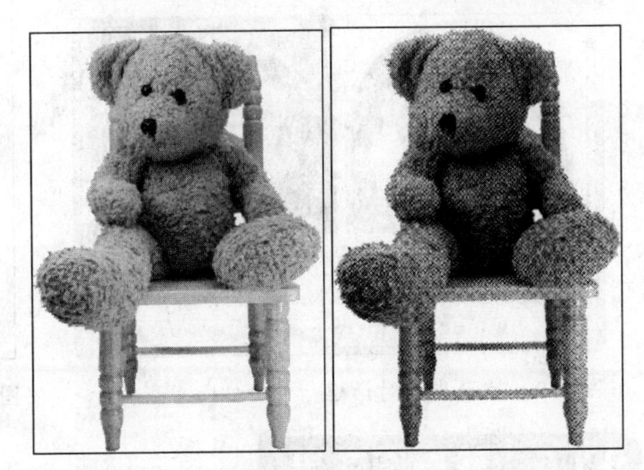

图9.76　执行“半色调”命令前后的效果对比

3. 梦幻色调

使用“梦幻色调”命令，可以将图像的颜色变换为明快、鲜艳的颜色，从而产生一种高对比度的幻觉效果。选择位图后，在菜单栏中执行“位图”→“颜色转换”→“梦幻色调”命令，将弹出如图9.77所示的“梦幻色调”对话框。

在对话框中拖动“层次”滑块，可以设置梦幻色调的强度，数值越大，图像中的颜色参与转换的数量越多，效果变换也就越强烈。执行“梦幻色调”命令前后图像的效果对比如图9.78所示。

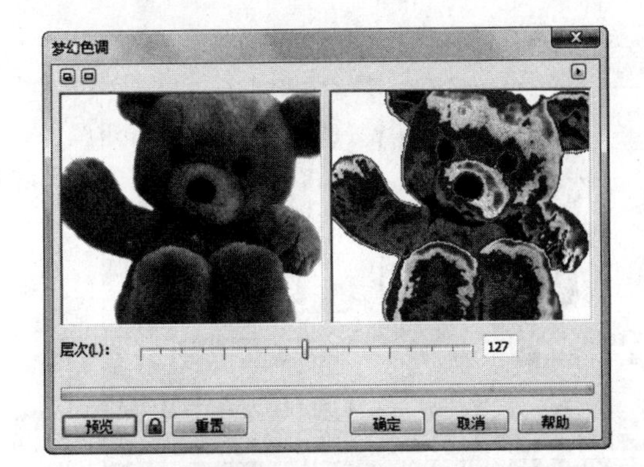

图9.77　“梦幻色调”对话框

图9.78　执行“梦幻色调”命令前后的效果对比

4. 曝光

使用“曝光”命令，可以将图像制作成类似于照片底片的效果。选择位图后，在菜单栏中执行“位图”→“颜色转换”→“曝光”命令，将弹出如图9.79所示的“曝光”对话框。

在对话框中拖动“层次”滑块可以调整图像的曝光程度，设置完成后单击“确定”按钮即可。执行“曝光”命令前后图像的效果对比如图9.80所示。

图9.79 “曝光”对话框

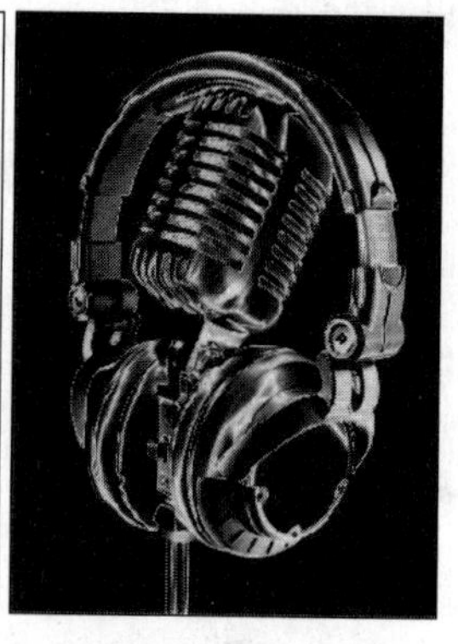

图9.80 执行“曝光”命令前后的效果对比

9.1.6 轮廓图效果

使用轮廓图滤镜，可以根据图像的对比度，使图像的轮廓变成特殊的线条效果。该滤镜组包括边缘检测、查找边缘和描摹轮廓共3种滤镜效果。执行“位图”→“轮廓图”命令，即可显示如图9.81所示的“轮廓图”子菜单。

1. 边缘检测

使用“边缘检测”命令，可以查找图像中对象的边缘并勾画出图像的轮廓，适用于高对比度的图像的轮廓查找。选择位图后，在菜单栏中执行“位图”→“轮廓图”→“边缘检测”命令，弹出如图9.82所示的“边缘检测”对话框。

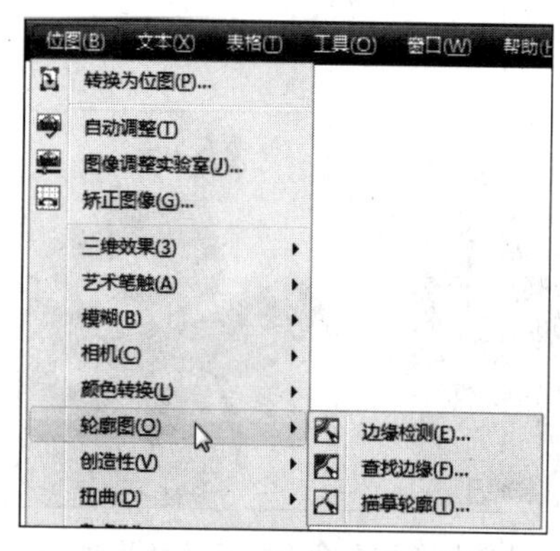

图9.81 “轮廓图”子菜单

图9.82 “边缘检测”对话框

“边缘检测”对话框中各主要选项的含义如下。

- **背景色**：在该栏中，可以将背景色设置为“白色”、“黑”或“其他”颜色。选择“其他”单选项时，可以在其后的颜色列表框中选择一种颜色，也可以使用吸管工具在预览框中选取图像中的颜色作为背景色。
- **灵敏度**：拖动滑块，可以调整检测的灵敏度。

图像执行“边缘检测”命令前后的效果对比如图9.83所示。

图9.83　执行“边缘检测”命令前后的效果对比

2. 查找边缘

使用“查找边缘”命令，可以彻底显示图像中的对象边缘。选择位图后，在菜单栏中执行“位图”→“轮廓图”→“查找边缘”命令，弹出如图9.84所示的“查找边缘”对话框。

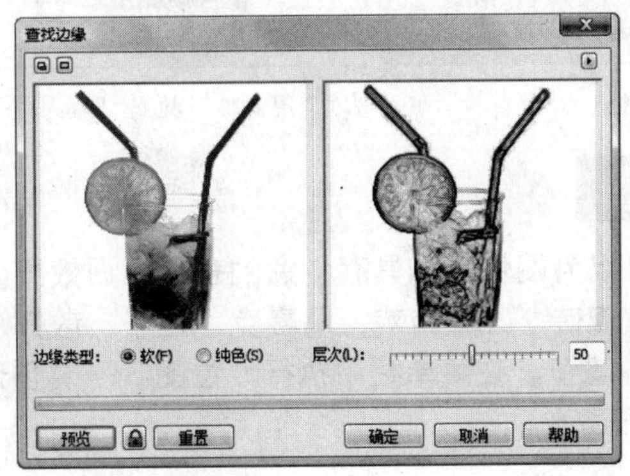

图9.84　“查找边缘”对话框

“查找边缘”对话框中各主要选项的含义如下。

- **边缘类型：**在该栏中，可以选择“软”或“纯色”单选项，作为边缘类型。
- **层次：**拖动滑块，可以调整边缘的强度。

为如图9.85所示的图像选择不同的边缘类型后，图像效果分别如图9.86和图9.87所示。

图9.85　原图

图9.86　边缘类型为“软”

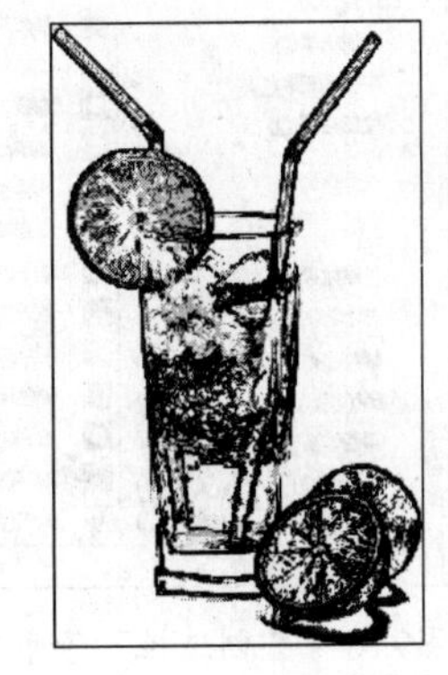

图9.87　边缘类型为“纯色”

3. 描摹轮廓

使用“描摹轮廓”命令，可以勾画出图像的边缘，边缘以外的大部分区域用白色填充。选择位图后，在菜单栏中执行“位图”→“轮廓图”→“描摹轮廓”命令，将弹出如图9.88所示的“描摹轮廓”对话框。

在“描摹轮廓”对话框中，拖动“层次”滑块，可以调整跟踪边缘的强度。执行“描摹轮廓”命后，前后图像的效果对比如图9.89所示。

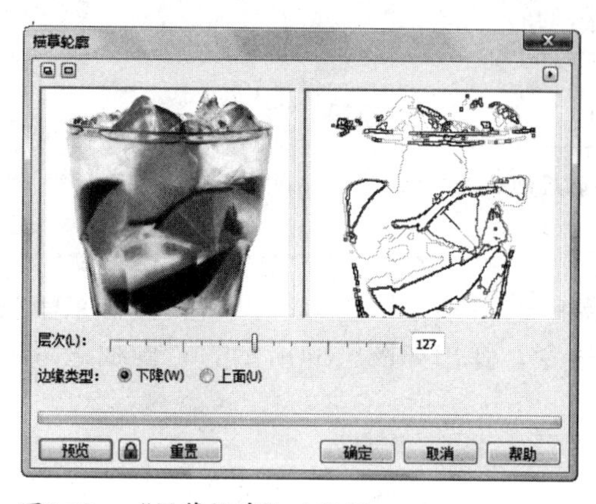

图9.88 “描摹轮廓”对话框

图9.89 执行“描摹轮廓”命令前后的效果对比

9.1.7 创造性效果

使用创造性滤镜，可以为图像添加具有创意的各种画面效果。该滤镜组中包括工艺、晶体化、织物、框架、玻璃砖、儿童游戏、马赛克、粒子、散开、茶色玻璃、彩色玻璃、虚光、旋涡和天气共13种滤镜。在菜单栏中执行“位图”→“创造性”命令，即可显示如图9.90所示的“创造性”子菜单。

1. 工艺

使用“工艺”命令，可以将图像制作成类似于用工艺元素拼接成的画面效果。在菜单栏中执行“位图”→“创造性”→“工艺”命令，弹出如图9.91所示的“工艺”对话框。

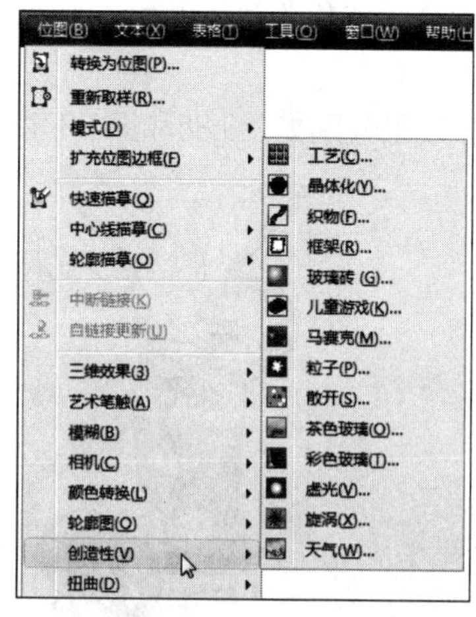

图9.90 “创造性”子菜单

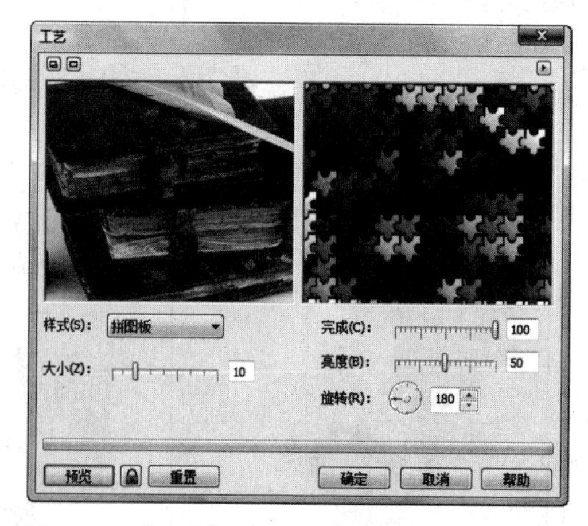

图9.91 “工艺”对话框

“工艺”对话框中各主要选项的含义如下。

- **样式**：在该下拉列表框中，可以选择用于拼接的工艺元素，其中包括“拼图板”、“齿轮”、“弹珠”、“糖果”、“瓷砖”和“筹码”共6种样式。
- **大小**：拖动滑块，可以设置用于拼接的工艺元素的尺寸大小。
- **完成**：拖动滑块，可以设置被工艺元素覆盖的百分比。
- **亮度**：拖动滑块，可以设置图像中光照的亮度。
- **旋转**：拖动拨盘，可以设置图像中光照的角度。

图像执行“工艺”命令前后的效果对比如图9.92所示。

图9.92　执行“工艺”命令前后的效果对比

2. 晶体化

使用“晶体化”命令，可以将图像制作成类似于晶体块状组合的画面效果。选择位图后，在菜单栏中执行“位图”→“创造性”→“晶体化”命令，将弹出如图9.93所示的“晶体化”对话框。在对话框中拖动“大小”滑块，可以设置晶体块大小。图像执行“晶体化”命令前后的效果对比如图9.94所示。

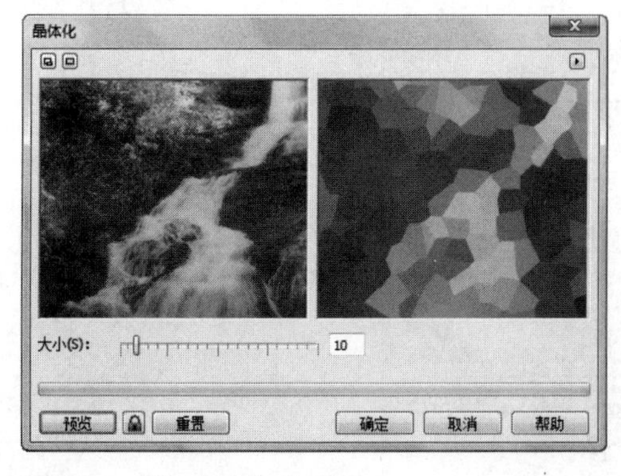

图9.93　“晶体化”对话框

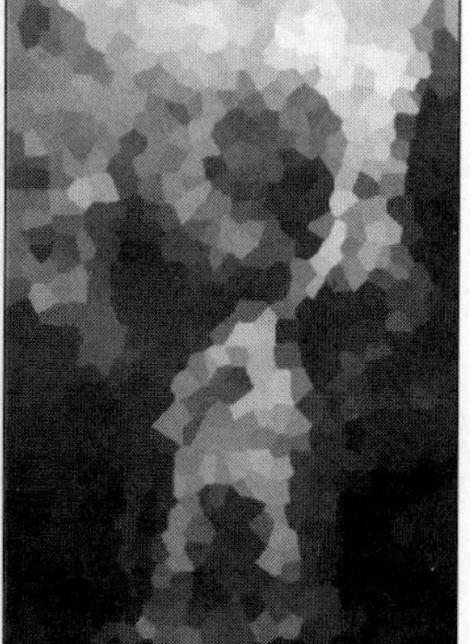

图9.94　执行“晶体化”命令前后的效果对比

3. 织物

使用“织物”命令，可以将图像制作成类似于编织物的画面效果。选择位图后，在菜单栏中执行“位图”→“创造性”→“织物”命令，将弹出如图9.95所示的“织物”对话框。

“织物”对话框中各主要选项的含义如下。

- **样式**：在该下拉列表框中，可以选择用于拼接的工艺元素，其中包括“刺绣”、“地毯勾织”、“拼布”、“珠帘”、“丝带”和“拼纸”共6种样式。

- **大小：**拖动滑块，可以设置用于拼接的样式元素的尺寸大小。
- **完成：**拖动滑块，可以设置图像被样式元素覆盖的百分比。
- **亮度：**拖动滑块，可以设置图像中的光照的亮度。
- **旋转：**拖动拨盘，可以设置图像中光照的角度。

图像执行“织物”命令前后的效果对比如图9.96所示。

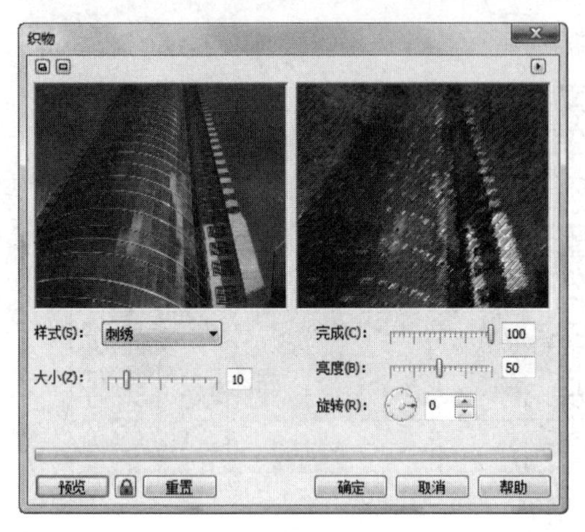

图9.95 “织物”对话框

图9.96 执行“织物”命令前后的效果对比

4. 框架

使用“框架”命令，可以使图像产生艺术的抹刷效果。选择位图后，在菜单栏中执行“位图”→“创造性”→“框架”命令，将弹出如图9.97所示的“框架”对话框。在“选择”选项卡中，可以设置不同的框架效果，如图9.98所示；在“修改”选项卡中，可以对不同的框架样式进行修改，如图9.99所示。

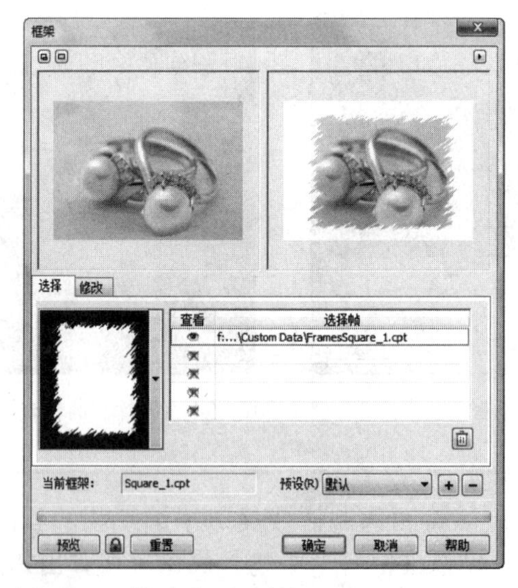

图9.97 “框架”对话框

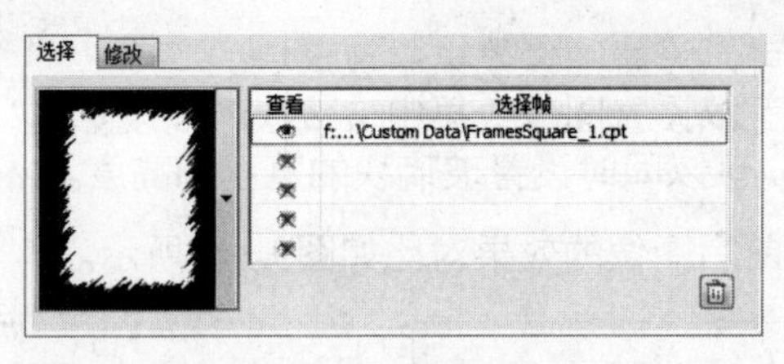

图9.98　“选择”选项卡

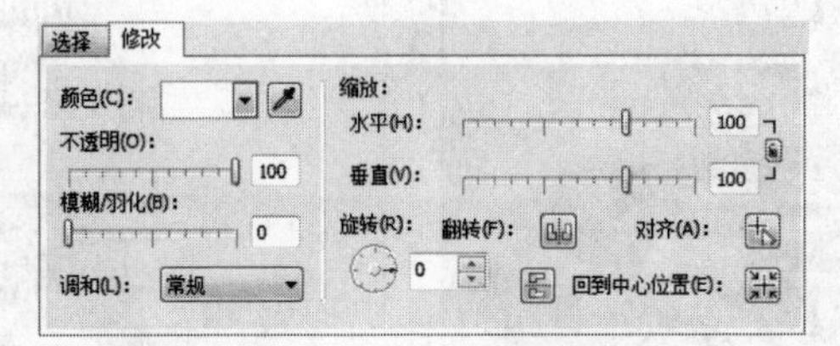

图9.99　“修改”选项卡

图像执行“框架”命令前后的效果对比如图9.100所示。

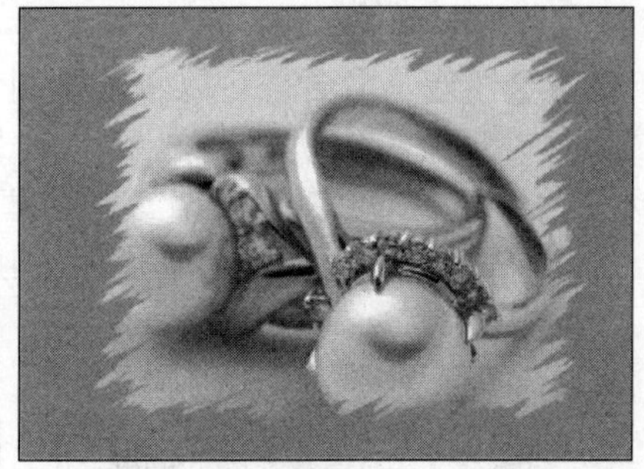

图9.100　执行“框架”命令前后的效果对比

5. 玻璃砖

使用“玻璃砖”命令，可以将图像制作成映照在块状玻璃上的图像效果。选择位图后，在菜单栏中执行“位图”→“创造性”→“玻璃砖”命令，将弹出如图9.101所示的“玻璃砖”对话框。

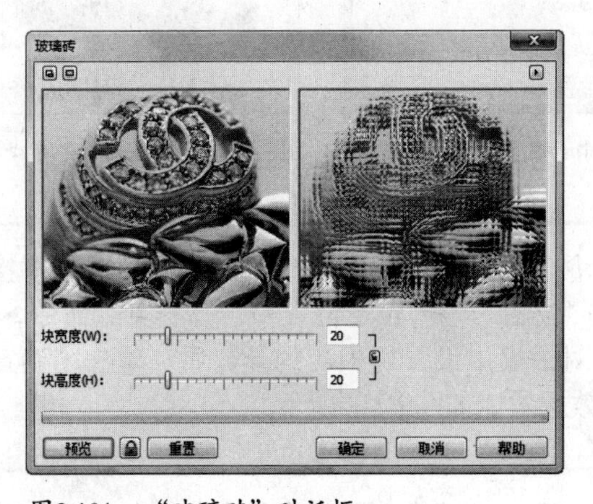

图9.101　“玻璃砖”对话框

“玻璃砖”对话框中各主要选项的含义如下。

- **块宽度：** 拖动滑块，可以设置图像效果中玻璃块的宽度。
- **块高度：** 拖动滑块，可以设置图像效果中玻璃块的高度。
- **锁定🔒：** 单击该按钮，可以同时设置玻璃块的宽度和高度。

执行“玻璃砖”命令前后图像的效果对比如图9.102所示。

图9.102　执行“玻璃砖”命令前后的效果对比

6. 儿童游戏

使用“儿童游戏”命令，可以将图像制作成类似于儿童涂鸦时所绘制出的画面效果。选择位图后，在菜单栏中执行“位图”→“创造性”→“儿童游戏”命令，将弹出如图9.103所示的“儿童游戏”对话框。该对话框中选项的设置与“工艺”滤镜相似。执行“儿童游戏”命令前后图像的效果对比如图9.104所示。

图9.103　“儿童游戏”对话框

图9.104　执行“儿童游戏”命令前后的效果对比

7. 马赛克

使用“马赛克”命令，可以将图像制作成类似于用马赛克拼接成的画面效果。选择位图后，在菜单栏中执行“位图”→“创造性”→“马赛克”命令，将弹出如图9.105所示的“马赛克”对话框。在对话框中设置好相应的参数后，单击“确定”按钮即可。执行“马赛克”命令前后图像的效果对比如图9.106所示。

8. 粒子

使用“粒子”命令，可以在图像上添加星星和气泡的效果。选择位图后，在菜单栏中执行“位图”→“创造性”→“粒子”命令，将弹出如图9.107所示的“粒子”对话框。

"粒子"对话框中各主要选项的含义如下。

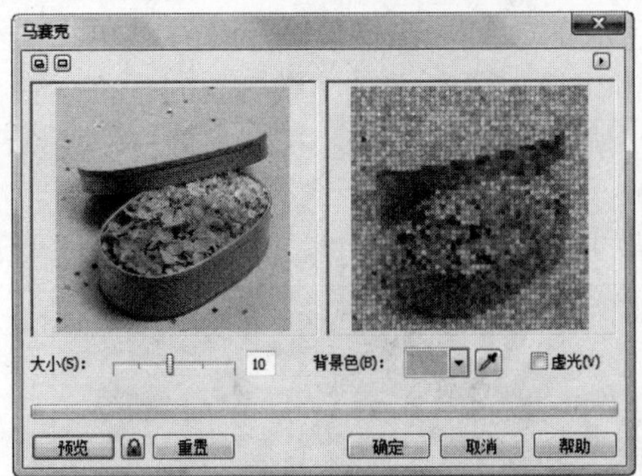

图9.105　"马赛克"对话框

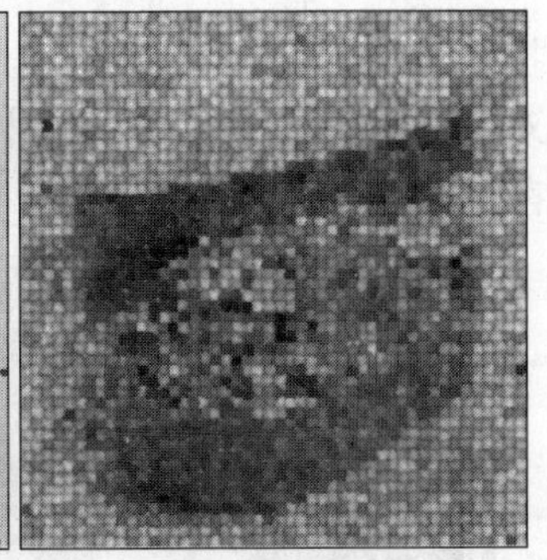

图9.106　执行"马赛克"命令前后的效果对比

- **样式：**在该列表框中，可以设置粒子的样式类型，其中包括"星星"和"气泡"两种。
- **粗细：**拖动滑块，可以设置粒子的尺寸大小。
- **密度：**拖动滑块，可以设置粒子的疏密程度，数值越大，密度越大。
- **着色：**拖动滑块，可以设置粒子的颜色。
- **透明度：**拖动滑块，可以设置粒子颜色的透明度。
- **角度：**拖动拨盘，可以设置粒子的角度。

图9.107　"粒子"对话框

对如图9.108所示的图像选择不同的粒子样式后，图像效果分别如图9.109和图9.110所示。

图9.108　原图

图9.109　样式为"星星"

图9.110　样式为"气泡"

9. 散开

使用“散开”命令，可以使图像产生散开成颜色点的效果。选择位图后，在菜单栏中执行“位图”→“创造性”→“散开”命令，将弹出如图9.111所示的“散开”对话框。在对话框中设置好“水平”和“垂直”参数后，单击“确定”按钮即可。执行“散开”命令前后图像的效果对比如图9.112所示。

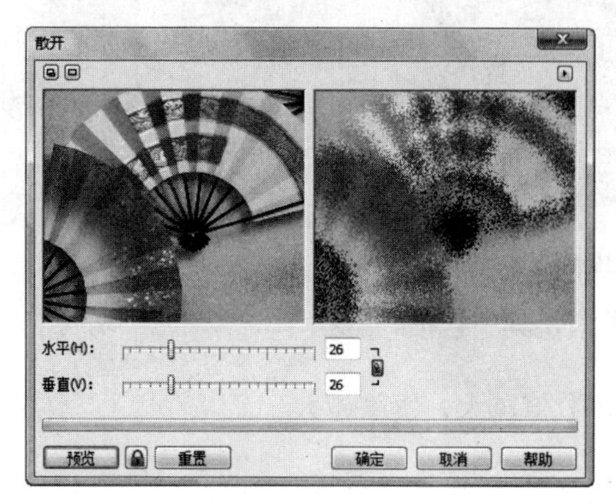

图9.111 “散开”对话框

图9.112 执行“散开”命令前后的效果对比

10. 茶色玻璃

使用“茶色玻璃”命令，可以使图像产生类似于透过茶色玻璃或其他单色玻璃看图像的效果。选择位图后，在菜单栏中执行“位图”→“创造性”→“茶色玻璃”命令，将弹出如图9.113所示的“茶色玻璃”对话框。

“茶色玻璃”对话框中各主要选项的含义如下。

- **淡色：** 拖动滑块，可以设置应用图像的玻璃颜色深度。
- **模糊：** 拖动滑块，可以设置画面的模糊程度。
- **颜色：** 在颜色列表框中，可以设置应用于图像的玻璃颜色。

执行“茶色玻璃”命令前后图像的效果对比如图9.114所示。

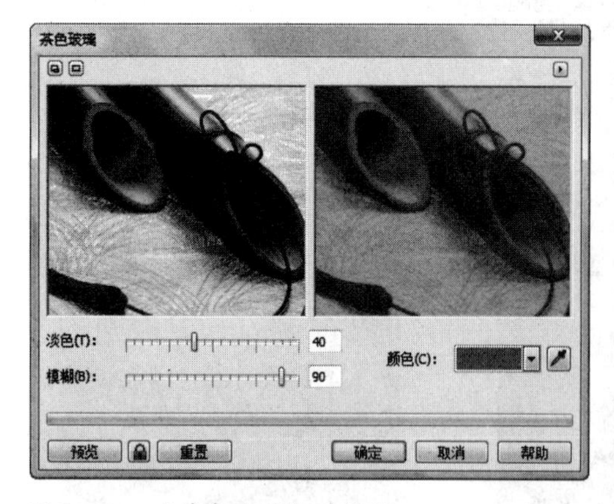

图9.113 “茶色玻璃”对话框

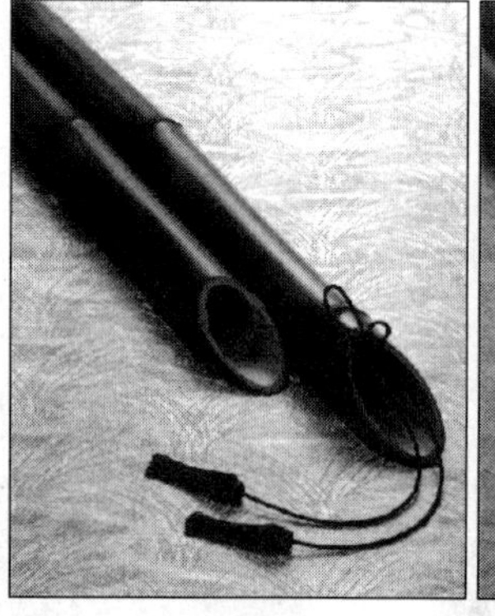
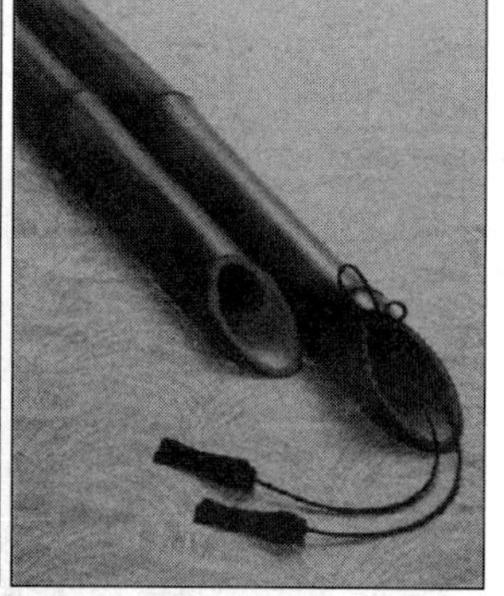

图9.114 执行“茶色玻璃”命令前后的效果对比

11. 彩色玻璃

使用“彩色玻璃”命令，可以将图像制作成类似于彩色玻璃的画面效果。选择位图后，在菜单栏中执行“位图”→“创造性”→“彩色玻璃”命令，将弹出如图9.115所示的“彩色玻璃”对话框。

图9.115　“彩色玻璃”对话框

“彩色玻璃”对话框中各主要选项的含义如下。

- **大小：** 拖动滑块，可以调整图像效果中彩色玻璃块的大小。
- **焊接宽度：** 在数值框中输入数值，可以设置彩色玻璃块焊接时的轮廓宽度。
- **光源强度：** 拖动滑块，可以调节图像效果的明暗程度。
- **焊接颜色：** 在颜色下拉列表框中可以设置玻璃块焊接时的轮廓颜色。
- **三维照明：** 勾选该复选框，可以使图像具有三维立体效果。

执行“彩色玻璃”命令前后图像的效果对比如图9.116所示。

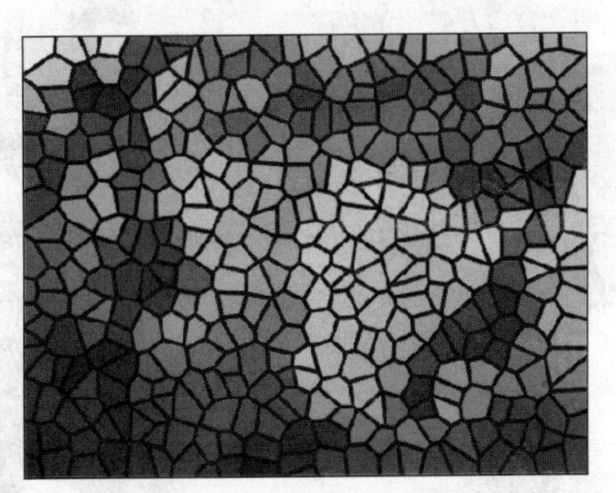

图9.116　执行“彩色玻璃”命令前后的效果对比

12. 虚光

使用“虚光”命令，可以使图像的周围产生虚光效果。选择位图后，在菜单栏中执行“位图”→“创造性”→“虚光”命令，将弹出如图9.117所示的“虚光”对话框。

在“虚光”对话框的“颜色”栏中，可以设置应用于图像中的虚光颜色，其中包括“黑”、“白色”和“其他”3种颜色。在“形状”栏中，可以设置虚光的形状，其中包括“椭圆形”、“圆形”、“矩形”和“正方形”4种形状。在“调整”栏中，拖动“偏移”和“褪色”滑块，可以设置虚光的偏移距离和虚光的强度。

执行“虚光”命令前后图像的对比效果如图9.118所示。

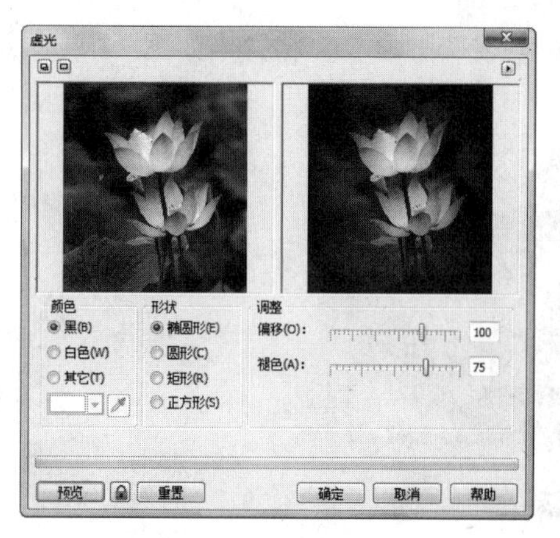

图9.117　“虚光”对话框

图9.118　执行“虚光”命令前后的效果对比

13. 旋涡

使用“旋涡”命令，可以使图像产生旋涡旋转的变形效果。选择位图后，在菜单栏中执行“位图”→“创造性”→“旋涡”命令，将弹出如图9.119所示的“旋涡”对话框。

“旋涡”对话框中各主要选项的含义如下。

- **样式：** 在下拉列表框中，可以选择应用于图像的旋涡样式。
- **大小：** 拖动滑块，可以调整旋涡的强度。
- **“内部方向”和“外部方向”：** 用于设置旋涡内部和外部的旋转方向。

执行“旋涡”命令前后图像的效果对比如图9.120所示。

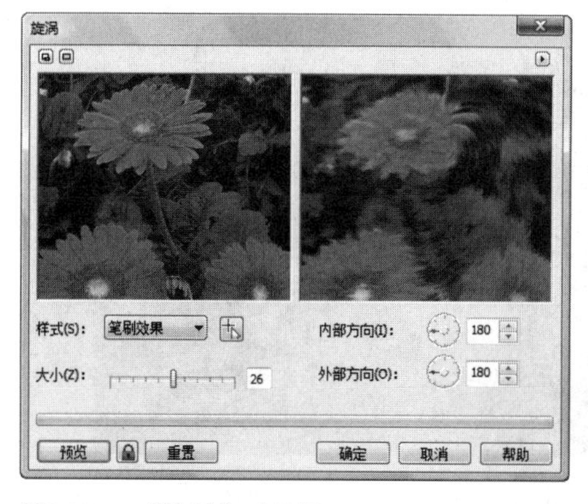

图9.119　“旋涡”对话框

图9.120　执行“旋涡”命令前后的效果对比

14. 天气

使用“天气”命令，可以在图像中模拟雨、雪、雾的天气效果。选择位图后，在菜单栏中执行“位图”→“创造性”→“天气”命令，将弹出如图9.121所示的“天气”对话框。

图9.121　“天气”对话框

“天气”对话框中，各个选项的含义如下。

- **预报：** 在该栏中，可以设置天气类型，其中包括雪、雨、雾三种。
- **浓度：** 拖动滑块，可以设置天气效果中雪、雨、雾的浓度。
- **大小：** 拖动滑块，可以设置雨点和雪花的大小。
- **随机化：** 单击该按钮，在其后的文本框中将出现一个相应的随机数，图像中的效果将根据该数值进行随机分布，读者也可以在文本框中手动输入数值进行设置。

执行“天气”命令前后图像的效果对比如图9.122所示。

图9.122　执行“天气”命令前后的效果对比

9.1.8　扭曲效果

使用扭曲滤镜，可以为图像添加各种扭曲变形的效果。该滤镜组中包括块状、置换、偏移、像素、龟纹、旋涡、平铺、湿笔画、涡流和风吹效果共10种滤镜。执行“位图”→“扭曲”命令，即可显示如图9.123所示的“扭曲”子菜单。

1. 块状

使用“块状”命令，可以将图像分裂成块状效果。选择位图后，在菜单栏中执行“位图”→“扭曲”→“块状”命令，将弹出如图9.124所示的“块状”对话框。

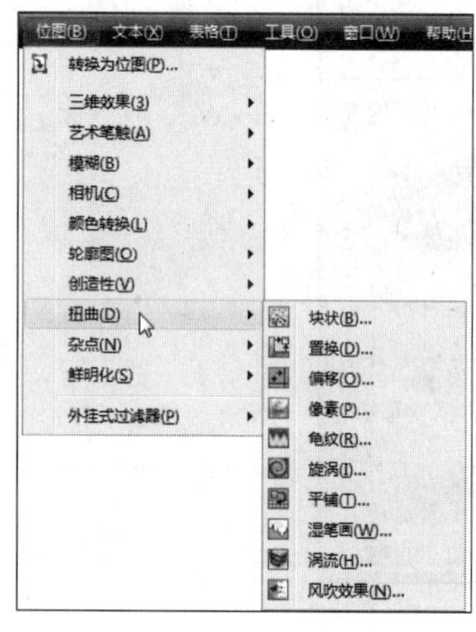

图9.123 “扭曲”子菜单

图9.124 “块状”对话框

“块状”对话框中各主要选项的含义如下。

- **未定义区域：**在该下拉列表框中，可以设置图像的块状样式。
- **“块宽度”和“块高度”：**拖动滑块，可以设置图像效果中块的大小。
- **最大偏移：**拖动滑块，可以设置块的偏移距离。

执行“块状”命令前后图像的效果对比如图9.125所示。

图9.125 执行“块状”命令前后的效果对比

2. 置换

使用“置换”命令，可以使图像用给定预设值的波浪、星形或方格等图形置换出来，从而产生特殊的效果。选择位图后，在菜单栏中执行“位图”→“扭曲”→“置换”命令，将弹出如图9.126所示的“置换”对话框。

“置换”对话框中，各个选项的含义如下。

- **缩放模式：**在该栏中，可以选择“平铺”或“伸展适合”缩放方式。
- **未定义区域：**在该下拉列表框中，可以选择“重复边缘”或“环绕”选项。
- **缩放：**拖动“水平”和“垂直”滑块，可以调整置换的大小密度。
- **置换样式：**在该列表框中，可以选择系统提供的置换样式。

执行“置换”命令前后图像的效果对比如图9.127所示。

图9.126　“置换”对话框

图9.127　执行“置换”命令前后的效果对比

3. 偏移

使用“偏移”命令，可以使图像产生画面的位置偏移效果。选择位图后，在菜单栏中执行“位图”→“扭曲”→“偏移”命令，将弹出如图9.128所示的“偏移”对话框。在对话框中进行参数设置后，单击“确定”按钮即可。执行“偏移”命令前后图像的效果对比如图9.129所示。

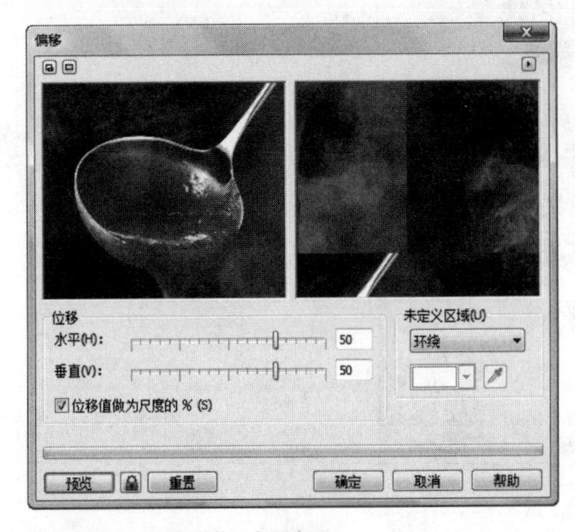

图9.128　“偏移”对话框

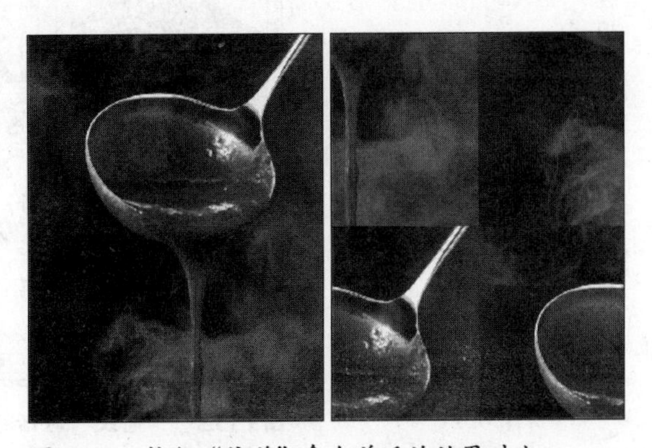

图9.129　执行“偏移”命令前后的效果对比

4. 像素

使用“像素”命令，可以使图像产生由矩形、正方形或射线组成的像素效果。选择位图后，在菜单栏中执行“位图”→“扭曲”→“像素”命令，将弹出如图9.130所示的“像素”对话框。该对话框中各主要选项的含义如下。

- **像素化模式：**在该栏中，可以设置图像效果的像素化模式，其中包括“正方形”、“矩形”和“射线”3个单选项。
- **调整：**在该栏中，可以通过拖动“宽度”、“高度”和“不透明”3个滑块，来设置对象的像素化效果。

执行“像素”命令前后图像的效果对比如图9.131所示。

图9.130 “像素”对话框

图9.131 执行“像素”命令前后的效果对比

5. 龟纹

使用“龟纹”命令，可以对图像中的像素进行颜色混合，从而使图像产生畸变的波浪效果。执行“龟纹”命令后，将弹出如图9.132所示的“龟纹”对话框。

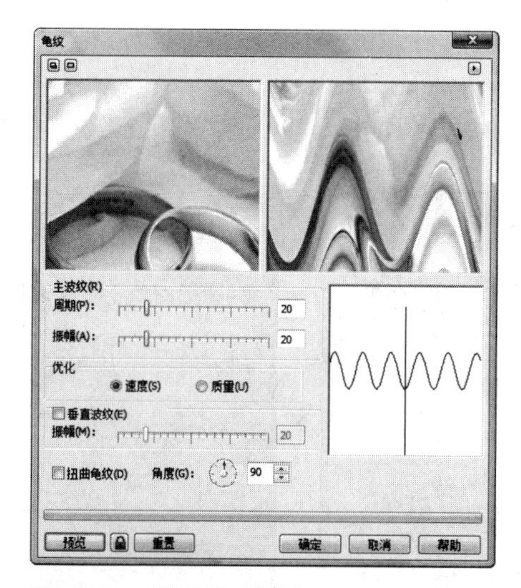

图9.132 “龟纹”对话框

该对话框中各主要选项的含义如下。

- **主波纹**：拖动“周期”和“振幅”滑块，可以设置纵向波动的周期以及振幅。
- **优化**：在该栏中，可以选择“速度”或“质量”单选项。
- **垂直波纹**：勾选该复选框，可以为图像添加正交的波纹。拖动“振幅”滑块，可以设置正交波纹的振动幅度。
- **扭曲龟纹**：勾选该复选框，可以使图像中的波纹产生变形，形成干扰波。
- **角度**：拖动拨盘，可以设置波文的角度。

执行“龟纹”命令前后图像的效果对比如图9.133所示。

图9.133 执行“龟纹”命令前后的效果对比

6. 旋涡

“扭曲”滤镜组中的“旋涡”命令和“创造性”滤镜组中的“旋涡”命令不同，使用该滤镜，可以使图像产生顺时针或逆时针的旋涡变形效果。执行“位图”→“扭曲”→“旋涡”命令后，将弹出如图9.134所示的“旋涡”对话框，其中主要选项的含义如下。

- **顺时针**：选择该单选项，图像效果按顺时针方向进行旋转。
- **逆时针**：选择该单选项，图像效果按逆时针方向进行旋转。
- **优化**：在该栏中，可以选择“速度”或“质量”单选项。
- **角**：在该栏中，可以通过拖动“整体旋转”和“附加度”滑块来设置旋涡的效果。

图9.134 “旋涡”对话框

执行“旋涡”命令前后图像的效果对比如图9.135所示。

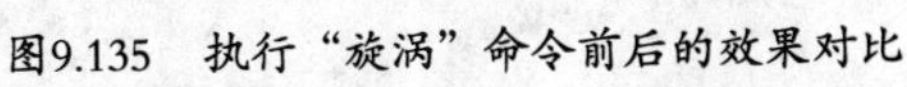

图9.135 执行“旋涡”命令前后的效果对比

7. 平铺

使用“平铺”命令，可以使图像产生由多个原图平铺成的画面效果。执行“平铺”命令后，将弹出如图9.136所示的“平铺”对话框。

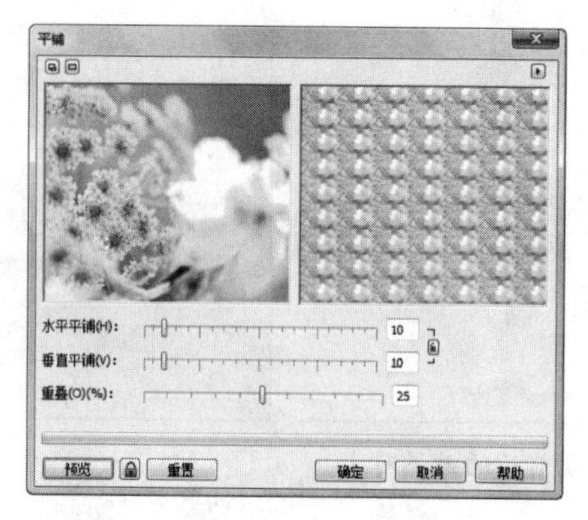

图9.136 “平铺”对话框

对话框中各主要选项的含义如下。

- **水平平铺**：拖动滑块，可以设置水平方向上的对象平铺量。
- **垂直平铺**：拖动滑块，可以设置垂直方向上的对象平铺量。
- **重叠**：拖动滑块，可以设置对象平铺时画面的重叠量。

执行“平铺”命令前后图像的效果对比如图9.137所示。

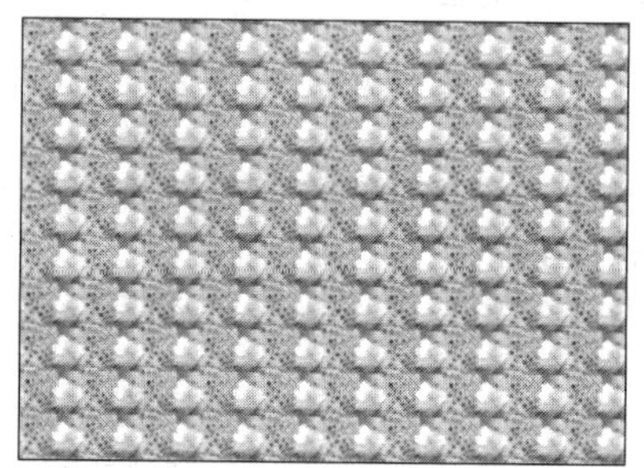

图9.137 执行“平铺”命令前后的效果对比

8. 湿笔画

使用“湿笔画”命令，可以使图像产生类似于油漆未干时往下流的效果。执行“湿笔画”命令后，将弹出如图9.138所示的“湿笔画”对话框。拖动“润湿”滑块，可以设置图像中对象的油漆滴落数量。数值为正时，油漆由上向下流；数值为负时，油漆由下向上流。拖动“百分比”滑块，可以设置油漆滴的数量。执行“湿笔画”命令前后图像的效果对比如图9.139所示。

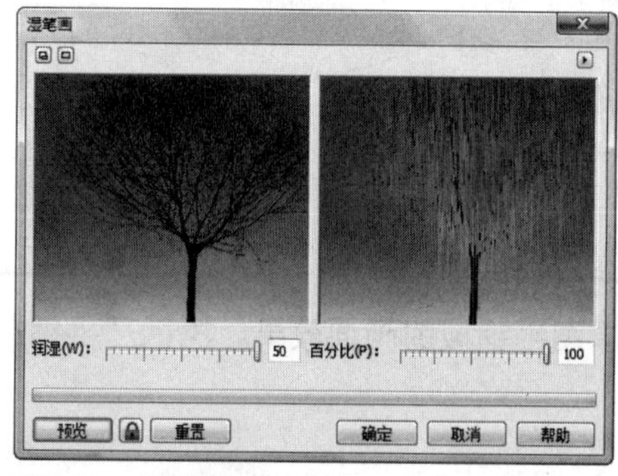

图9.138 “湿笔画”对话框

图9.139 执行“湿笔画”命令前后的效果对比

9. 涡流

使用“涡流”命令，可以使图像产生无规则的条纹流动效果。执行“涡流”命令后，将弹出如图9.140所示的“涡流”对话框。

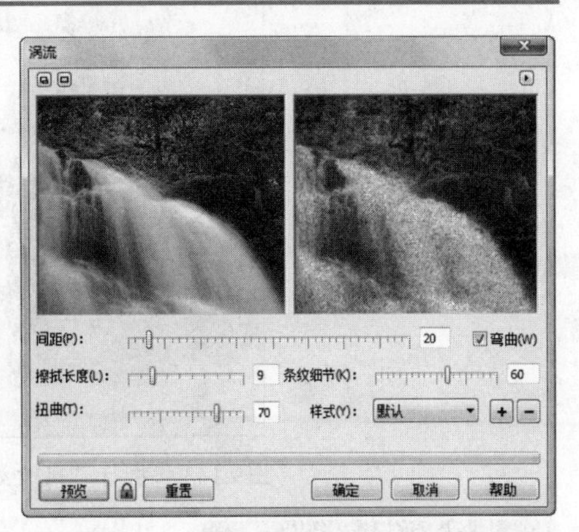

图9.140　“涡流”对话框

对话框中各主要选项的含义如下。

- **间距**：拖动滑块，可以设置各个涡流之间的间距。
- **擦拭长度**：拖动滑块，可以设置涡流擦拭的长度。
- **扭曲**：拖动滑块，可以设置涡流扭曲的程度。
- **条纹细节**：拖动滑块，可以设置条纹细节的丰富程度。
- **样式**：在该下拉列表中，可以设置涡流的样式，其中包括“画刷一笔”、“明确”、“源泉”、“环形”、“污迹”和“过分弯曲”6种样式。

执行“涡流”命令前后图像的效果对比如图9.141所示。

图9.141　执行“涡流”命令前后的效果对比

10. 风吹效果

使用“风吹效果”命令，可以将图像制作成类似于被风吹过的效果。执行“风吹效果”命令后，将弹出如图9.142所示的“风吹效果”对话框。

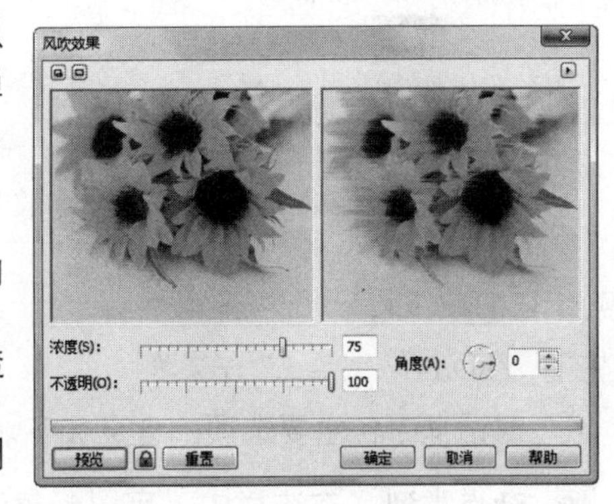

图9.142　“风吹效果”对话框

对话框中各主要选项的含义如下。

- **浓度**：拖动滑块，可以设置图像效果中风的强度。
- **不透明**：拖动滑块，可以设置图像效果中风的透明度大小。
- **角度**：拖动拨盘或在数值框中输入数值，可以调整风吹的方向。

执行“风吹效果”命令前后图像的效果对比如图9.143所示。

图9.143　执行“风吹效果”命令前后的效果对比

9.1.9　杂点效果

使用杂点滤镜，可以在图像中模拟或消除在扫描或颜色过渡时产生的颗粒效果。该滤镜组中包括添加杂点、最大值、中值、最小、去除龟纹和去除杂点共6种滤镜效果。执行“位图”→“杂点”命令，可以显示如图9.144所示的“杂点”子菜单。

1. 添加杂点

使用“添加杂点”命令，可以为图像添加颗粒，使图像具有粗糙的效果。选择位图后，在菜单栏中执行“位图”→“杂点”→“添加杂点”命令，将弹出如图9.145所示的“添加杂点”对话框。

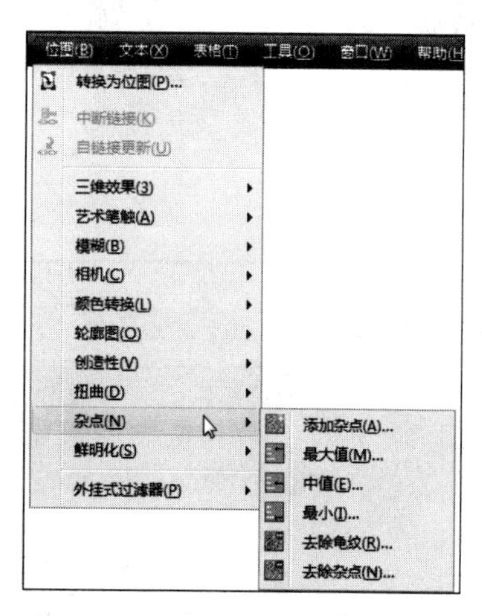

图9.144　“杂点”子菜单

图9.145　“添加杂点”对话框

对话框中各主要选项的含义如下。

- **杂点类型：** 在该栏中，可以设置添加杂点的类型，其中包括“高斯式”、“尖突”和“均匀”3种类型。
- **层次：** 拖动滑块，可以调整图像中受杂点效果影响的颜色及亮度的变化范围。
- **密度：** 拖动滑块，可以调整图像中杂点的密度。
- **颜色模式：** 在该栏中，可以将杂点的颜色模式设置为“强度”、“随机”或“单一”。

对如图9.146所示图像执行“添加杂点”命令，并在对话框中分别设置不同的参数，图像的效果分别如图9.147、图9.148和图9.149所示。

图9.146　原图　　图9.147　高斯式　　图9.148　尖突　　图9.149　杂点

2. 最大值

使用“最大值”命令，可以使图像具有非常明显的杂点效果。执行“最大值”命令后，将弹出如图9.150所示的“最大值”对话框。在对话框中拖动“百分比”滑块，可以调整最大值效果的变化程度。拖动“半径”滑块，可以调整应用最大值效果时发生变化的像素数量。

执行“最大值”命令前后图像的效果对比如图9.151所示。

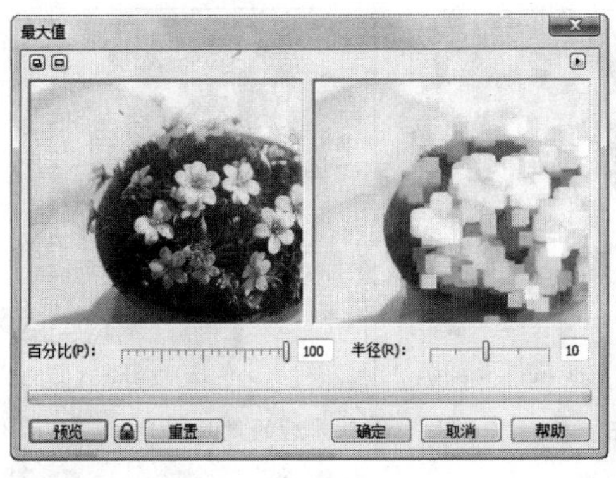

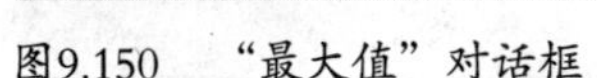

图9.150　“最大值”对话框　　图9.151　执行“最大值”命令前后的效果对比

3. 中值

使用“中值”命令，可以使图像具有比较明显的杂点效果。执行“中值”命令后，将弹出如图9.152所示的“中值”对话框。在对话框中拖动“半径”滑块，可以调整应用中值效果时产生变化的像素数量。

执行“中值”命令前后图像的效果对比如图9.153所示。

图9.152 “中值”对话框

图9.153 执行“中值”命令前后的效果对比

4. 最小

使用“最小”命令，可以为图像添加具有块状的杂点效果。执行“最小”命令后，将弹出如图9.154所示的“最小”对话框。

对话框中各主要选项的含义如下。

- **百分比：** 拖动滑块，可以调整最小效果的变化程度。
- **半径：** 拖动滑块，可以调整应用最小效果时发生变化的块状大小。

执行“最小”命令前后图像的效果对比如图9.155所示。

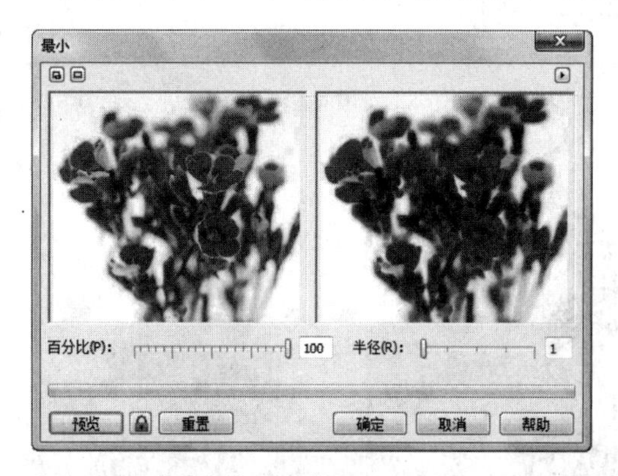

图9.154 “最小”对话框

图9.155 执行“最小”命令前后的效果对比

5. 去除龟纹

使用“去除龟纹”命令，可以去除图像中的龟纹杂点，减少粗糙程度，但同时去除龟纹后的图像画面会变得模糊。执行“去除龟纹”命令后，将弹出如图9.156所示的“去除龟纹”对话框。在对话框中拖动“数量”滑块，可以设置去除龟纹的数量。数值越大，去除龟纹的数量越多，同时图像画面的模糊程度就越大。

执行“去除龟纹”命令前后图像的效果对比如图9.157所示。

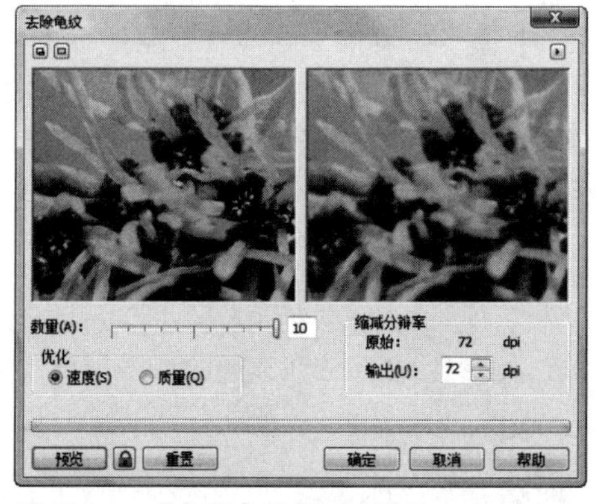

图9.156 “去除龟纹”对话框

图9.157 执行"去除龟纹"命令前后的效果对比

6. 去除杂点

使用"去除杂点"命令，可以去除图像中的杂点和灰尘，使图像具有更加干净的画面效果，但去除杂点后图像的画面会相对比较模糊。执行"去除杂点"命令后，将弹出如图9.158所示的"去除杂点"对话框。

在对话框中，拖动"阈值"滑块，可以设置去除杂点的数量。勾选"自动"复选框，可以自动设置去除杂点的数量。执行"去除杂点"命令前后图像的效果对比如图9.159所示。

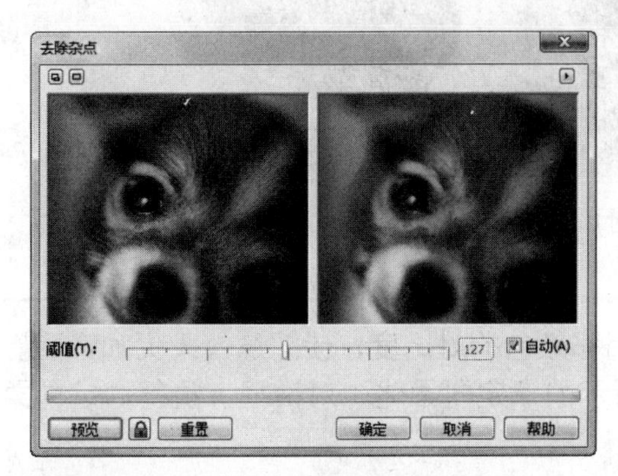

图9.158 "去除杂点"对话框

图9.159 执行"去除杂点"命令前后的效果对比

9.1.10 鲜明化效果

使用"鲜明化"滤镜，可以改变图像中相邻色素的色度、亮度和对比度，从而增强图像的锐度，使图像的颜色更加鲜艳。该滤镜组中包括适应非鲜明化、定向柔化、高通滤波器、鲜明化和非鲜明化遮罩共5种滤镜效果。执行"位图"→"鲜明化"命令，即可显示如图9.160所示的"鲜明化"子菜单。

1. 适应非鲜明化

使用"适应非鲜明化"命令，可以增强图像中对象边缘的色彩锐度，使对象边缘鲜明化。选择位图后，在菜单栏中执行"位图"→"鲜明化"→"适应非鲜明化"命令，弹出如图9.161所示的"适应非鲜明化"对话框。

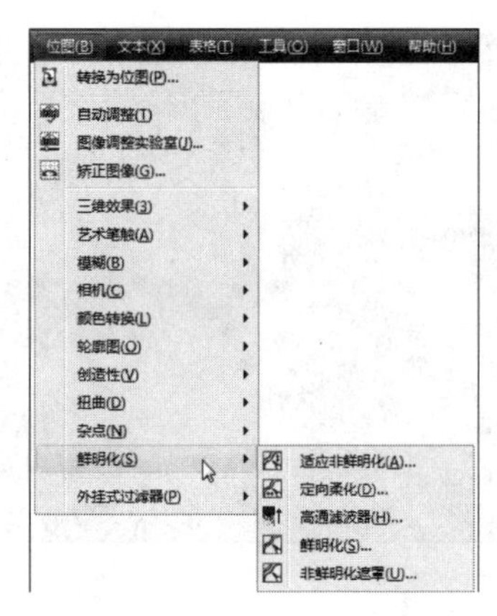

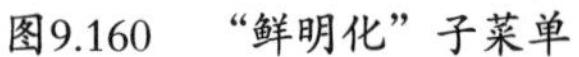

图9.160 “鲜明化”子菜单　　图9.161 “适应非鲜明化”对话框

在对话框中，拖动“百分比”滑块，可以设置图像边缘颜色的锐化程度。执行“适应非鲜明化”命令前后图像的效果对比如图9.162所示。

图9.162 执行“适应非鲜明化”命令前后的效果对比

2. 定向柔化

使用“定向柔化”命令，可以增强图像中相邻颜色的对比度，使图像效果更加鲜明。执行“定向柔化”命令后，将弹出如图9.163所示的“定向柔化”对话框。执行“定向柔化”命令后，图像效果如图9.164所示。

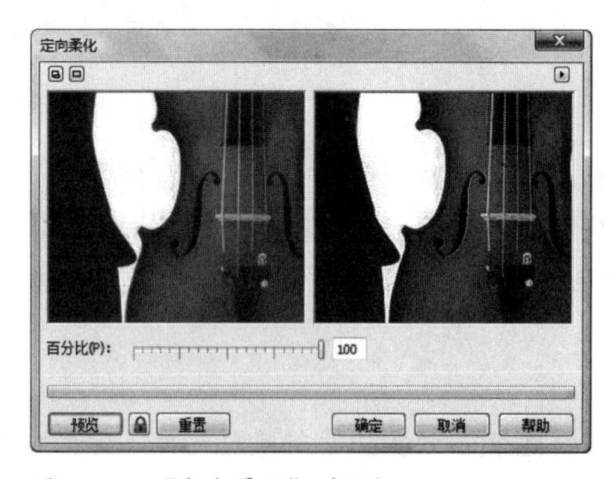

图9.163 “定向柔化”对话框　　图9.164 执行“定向柔化”命令后的效果

3. 高通滤波器

使用“高通滤波器”命令，可以很清晰地突显出图像中绘图元素的边缘。执行“高通滤波器”命令后，将弹出如图9.165所示的“高通滤波器”对话框。

对话框中各主要选项的含义如下。

- **百分比：**拖动滑块，可以调整效果的强弱。
- **半径：**拖动滑块，可以调整图像中参与转换的颜色范围。

执行“高通滤波器”命令前后图像的效果对比如图9.166所示。

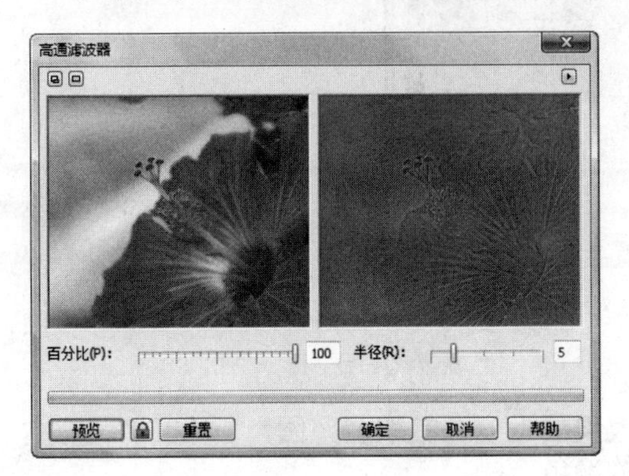

图9.165　“高通滤波器”对话框

图9.166　执行“高通滤波器”命令前后的效果对比

4. 鲜明化

使用“鲜明化”命令，也可以调整图像颜色的锐度，它可以增强图像中相邻像素的色度、亮度和对比度，使图像达到更加鲜明的效果。执行“鲜明化”命令后，将弹出如图9.167所示的“鲜明化”对话框。

对话框中各主要选项的含义如下。

- **边缘层次：**拖动滑块，可以设置边缘层次的丰富程度。
- **阈值：**拖动滑块，可以设置鲜明化效果的临界值，其取值范围为0~255，临界值越小，效果越明显。

执行“鲜明化”命令前后图像的效果对比如图9.168所示。

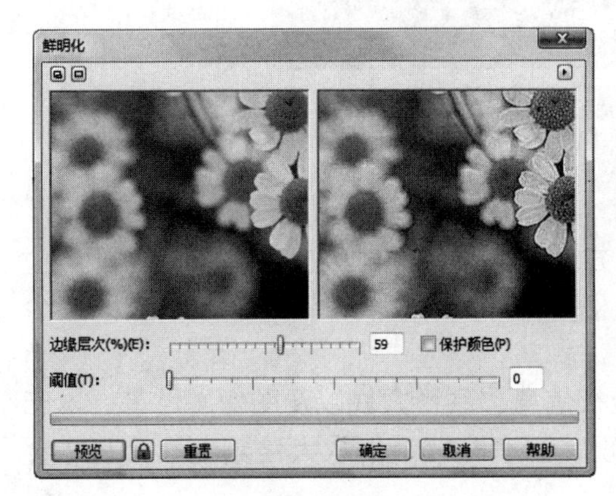

图9.167　“鲜明化”对话框

图9.168　执行“鲜明化”命令前后的效果对比

5. 非鲜明化遮罩

使用“非鲜明化遮罩”命令，可以增加图像的边缘细节，对某些模糊的区域进行调焦，使图像产生特殊的锐化效果。执行“非鲜明化遮罩”命令后，将弹出如图9.169所示的

“非鲜明化遮罩”对话框。

图9.169 “非鲜明化遮罩”对话框

对话框中各主要选项的含义如下。

- **百分比：**拖动滑块，可以调整非鲜明化遮罩效果的程度，其取值范围为1~500。
- **半径：**拖动滑块，可以调整图像中参与转换的颜色范围。
- **阈值：**拖动滑块，可以设置非鲜明化遮罩效果的临界值，其取值范围为0~255。

执行“非鲜明化遮罩”命令前后图像的效果对比如图9.170所示。

图9.170 执行“非鲜明化遮罩”命令前后的效果对比

9.1.11 外挂式过滤器

在CorelDRAW X4中，可以对位图应用第三方过滤器的效果。在菜单栏中执行“位图”→“外挂式过滤器”→“Digimarc”命令，然后在弹出的子菜单中选择相应的命令即可。

Digimarc是水印的意思，用于在图像中嵌入版权信息、联系方式以及图像属性等。水印可以改变图像像素的亮度，但这些变化不易被发现，只有在较高的放大倍数下，读者才会发现图像的像素发生了变化。

1. 检查水印

在CorelDRAW X4中打开图像时，用户可以检查图像是否含有水印。如果发现水印，在标题栏上会显示一个版权符号。通过阅读嵌入信息或链接到Digimarc数据库中的联系预置文件，可以找到水印图像的相关信息。

选择位图后，在菜单栏中执行“位图”→“外挂式过滤器”→“Digimarc”→“Read Watermark”命令，然后可以单击Web查找链接，查看具有详细资料的网页，或通过列出的传真号码与Digimarc回传服务部门联系。

2. 嵌入水印

在CorelDRAW X4中，还可以在图像中嵌入水印。要为图像嵌入水印，首先必须预订Digimarc在线服务，以获取一个创作者身份标识。创作者身份包括姓名、电话号码、地址、电子邮件和因特网地址等详细信息。一旦拥有了创作者身份标识，用户就可以在图像中嵌入水印了，包括指定版权年份、图像属性和水印耐久性，还可以指定图像的目标输出方法。

嵌入水印的具体操作步骤如下。

1 在菜单栏中执行“位图”→“外挂式过滤器”→“Digimarc”→“Embed Watermark”命令，弹出如图9.171所示的“Embed Watermark”对话框。

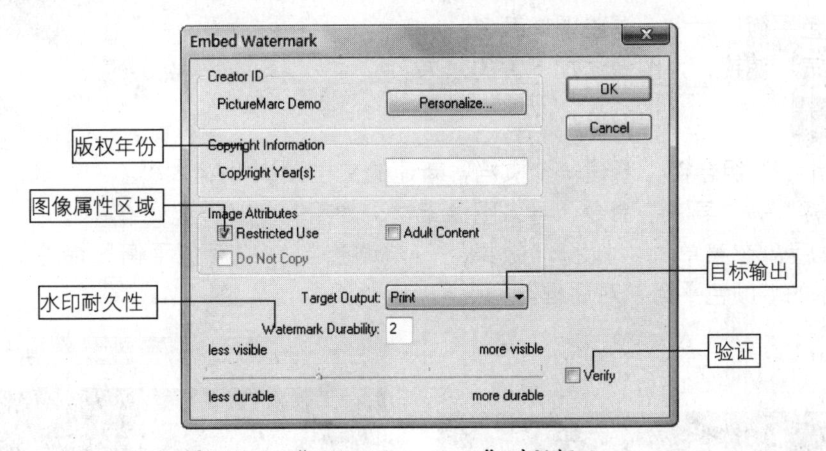

图9.171 “Embed Watermark”对话框

2 在“版权年份”文本框中输入一个或多个年份，然后勾选“图像属性区域”复选框。

3 在“目标输出”下拉列表框中选择一个选项，然后在“水印耐久性”文本框中输入一个值。

4 如果希望确认检测水印的人看到这些信息，勾选“验证”复选框，最后单击“确定”按钮即可。

9.2 进阶——典型实例

通过前面的学习，相信读者已经对CorelDRAW X4中滤镜的基本概念与基本操作有了一定的了解。下面将在此基础上进行相应的实例练习。

9.2.1 制作下雪效果

本例使用“颜色平衡”命令调整图像的颜色，然后再使用“天气”滤镜为图像添加下雪的效果。通过本例的练习，可以让读者熟悉并掌握创造性滤镜的使用方法。

最终效果

本例制作完成前后的效果对比如图9.172所示。

图9.172　前后效果对比

解题思路

1 导入图像素材。

2 使用“颜色平衡”命令，调整图像颜色。

3 使用“天气”滤镜，为图像添加下雪的效果。

操作步骤

1 按下“Ctrl+N”组合键，新建一个文档，新建的文档默认为A4大小。

2 执行“文件”→“导入”命令，导入图像素材，如图9.173所示。

3 选择图像后，在菜单栏中执行“效果”→“调整”→“颜色平衡”命令，弹出如图9.174所示的“颜色平衡”对话框。

图9.173　导入图像素材

图9.174　“颜色平衡”对话框

4 在对话框中，拖动“青--红”滑块至“–46”，拖动“品红--绿”滑块至“–25”，并拖动“黄--蓝”滑块至“46”，然后单击“确定”按钮，调整后的图像如图9.175所示。

5 选择图像后，在菜单栏中执行“位图”→“创造性”→“天气”命令，弹出如图9.176所示的“天气”对话框。

6 在对话框中，选择“雪”单选项，拖动“浓度”滑块至“9”，拖动“大小”滑块至“3”，然后单击“随机化”按钮得到一个随机数，如图9.177所示。

7 单击“确定”按钮，图像添加下雪效果后如图9.178所示。

图9.175　调整后的图像

图9.176　“天气”对话框

图9.177　设置参数

图9.178　添加滤镜后的效果

9.2.2　制作卷页效果

本例使用“三维效果”滤镜组中的“卷页”命令，为图像添加卷页效果。通过本练习，可以让读者了解卷页效果的制作方法。

最终效果

本例制作完成后的效果对比如图9.179所示。

图9.179　前后效果对比

解题思路

1 新建图形文件。
2 执行“导入”命令，导入图像素材。
3 执行“卷页”命令，为图像添加卷页效果。

操作步骤

1 按下“Ctrl+N”组合键，新建一个文档，新建的文档默认为A4大小。
2 执行“文件”→“导入”命令，导入图像素材，如图9.180所示。
3 选择图像后，在菜单栏中执行“位图”→“三维效果”→“卷页”命令，可弹出如图9.181所示的“卷页”对话框。

图9.180 导入图像素材

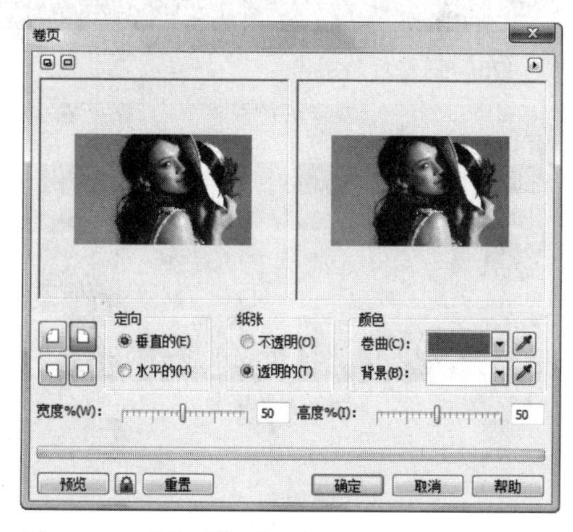

图9.181 “卷页”对话框

4 单击按钮，然后设置“卷曲”颜色为“灰色”，“背景”颜色为“白色”，并单击“确定”按钮，设置后的效果如图9.182所示。
5 单击按钮，在“定向”栏中选择“垂直的”单选项，在“纸张”栏中选择“不透明”单选项，然后设置“卷曲”颜色为“灰色”，“背景”颜色为“浅灰色”，单击“确定”按钮，设置后的效果如图9.183所示。

图9.182 设置后的效果

图9.183 最终效果

9.3 提高——自己动手练

使用滤镜制作相关的实例后，下面将进一步巩固本章所学的知识并进行相关的实例演练，以达到提高读者动手能力的目的。

9.3.1 为照片添加艺术边框

本练习使用“创造性”滤镜组中的“框架”命令，为照片添加艺术边框，让读者掌握“框架”命令的使用方法和技巧。

最终效果

本例制作完成前后的效果对比如图9.184所示。

图9.184　前后效果对比

解题思路

1 新建图形文件。

2 执行“导入”命令，导入图像素材。

3 执行“框架”命令，为照片添加艺术边框。

操作步骤

1 按下“Ctrl+N”组合键，新建一个文档，新建的文档默认为A4大小。

2 执行“文件”→“导入”命令，导入图像素材，如图9.185所示。

3 选择图像后，在菜单栏中执行“位图”→“创造性”→“框架”命令，弹出如图9.186所示的“框架”对话框。

4 切换到“选择”选项卡，在左侧的框架列表框中选择边框的样式，如图9.187所示。

5 切换到“修改”选项卡，在“颜色”下拉列表框中设置边框的颜色为“粉红色”，在“缩放”栏中，拖动“水平”和“垂直”滑块至“100”，然后单击“确定”按钮，设置完成后的效果如图9.188所示。

图9.185　导入图像素材

图9.186　“框架”对话框

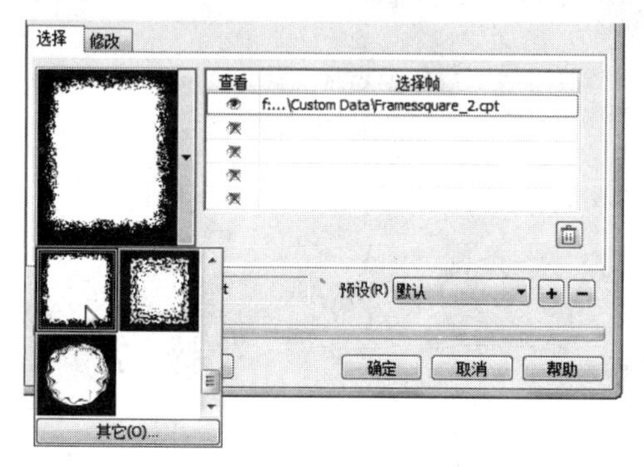

图9.187　设置参数

图9.188　添加边框后的效果

9.3.2　绘制素描画

本练习使用“艺术笔触”滤镜组中的“素描”命令，将图像制作成素描画，让读者掌握“素描”滤镜的使用方法和技巧。

最终效果

本例制作完成前后的效果对比如图9.189所示。

图9.189　前后效果对比

解题思路

1 新建图形文件。
2 执行“导入”命令，导入图像素材。
3 执行“取消饱和度”命令，取消图像的饱和，使其变为黑白图像。
4 执行“素描”命令，将图像制作成素描效果。

操作步骤

1 按下“Ctrl+N”组合键，新建一个文档，新建的文档默认为A4大小。
2 执行“文件”→“导入”命令，导入图像素材，如图9.190所示。
3 选择图像后，在菜单栏中执行“效果”→“调整”→“取消饱和”命令，效果如图9.191所示。

图9.190　导入图像素材

图9.191　取消饱和

4 在菜单栏中执行“位图”→“艺术笔触”→“素描”命令，弹出如图9.192所示的“素描”对话框。
5 在“铅笔类型”栏中选中“碳色”单选项，并对相应的参数进行设置，如图9.193所示。

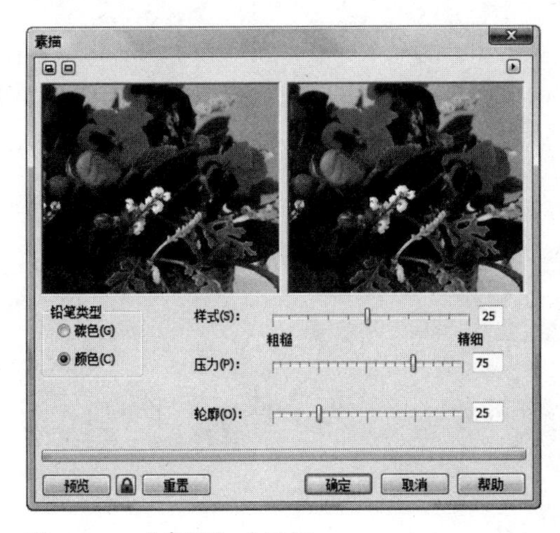

图9.192　“素描”对话框

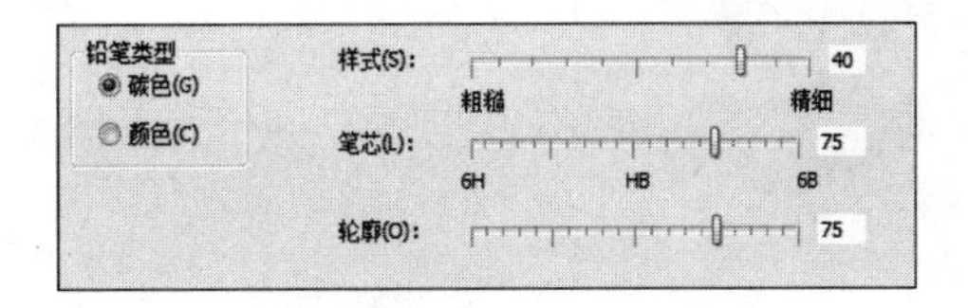

图9.193　设置参数

6 单击“确定”按钮，完成素描画的绘制，制作完成后的效果如图9.194所示。

图9.194　制作完成后的效果

结束语

本章详细介绍了CorelDRAW X4中，对位图应用特殊效果的命令。通过本章的学习，读者可以发现，CorelDRAW X4中的滤镜与Photoshop中的大部分滤镜效果类似，因此可以说图形图像软件在某些方面是共享的。对位图应用特殊滤镜效果可以为平面设计增添许多艺术色彩，同时也有利于拓展设计者的设计思路。

Chapter 10

第10章 文件的输出和打印

本章要点

导出文件

发送文件

打印文件

- 选择打印机和打印介质
- 打印前的设置
- 打印设置

本章导读

平面作品制作完成后，需要将图像以打印的方式呈现在纸张上。作为一个平面设计人员，只有对打印的相关知识有一定的了解，才能更好地将作品呈现在纸上。本章将详细介绍文件输出和打印的相关知识。

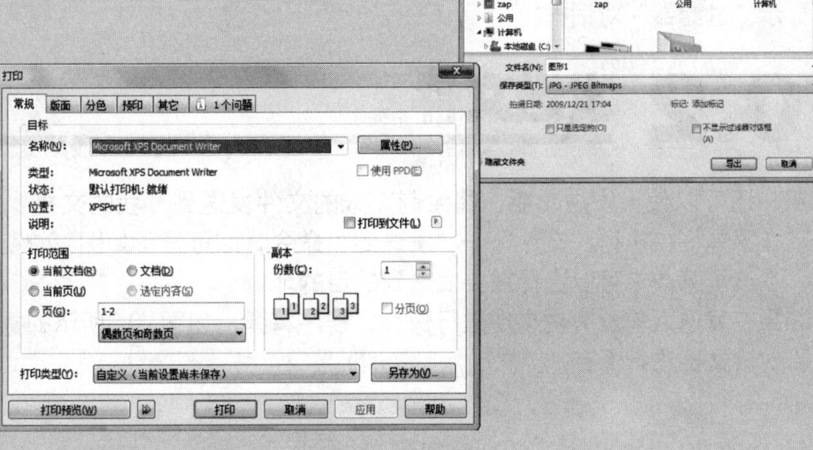

10.1 导出文件

在CorelDRAW X4中，可以使用“导出”命令，将绘制好的图形输出为不同文件格式进行保存，导出文件的具体操作步骤如下。

1 在菜单栏中执行“文件”→“导出”命令，或单击属性栏中的“导出”按钮，弹出如图10.1所示的“导出”对话框。

图10.1 “导出”对话框

2 在“导出”对话框的地址栏中选择导出文件的保存位置。
3 在“文件名”文本框中输入文件的保存名称。
4 在“保存类型”下拉列表框中选择要导出的文件类型。
5 设置完成后单击“导出”按钮，即可将文件导出到指定位置。

如果文件是以BMP，TIF或CMX等格式导出的，在对话框中勾选“只是选定的”复选框，系统将只导出图形窗口中选中的对象。勾选“不显示过滤器对话框”复选框，可以在导出时不显示“过滤器”对话框。

10.2 发送文件

用户还可以使用发送功能，将绘制完成的文件发送到“我的文档”文件夹或其他指定位置。在菜单栏中执行“文件”→“发送到”命令，即可显示如图10.2所示的“发送到”子菜单，在该子菜单中可以选择需要发送到的目的地。

如果在发送之前没有对文件进行保存，程序将弹出如图10.3所示的提示对话框，询问用户是否对该文档进行保存。

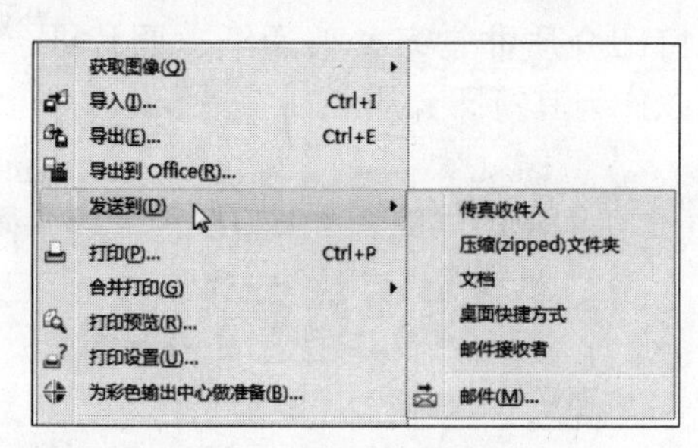

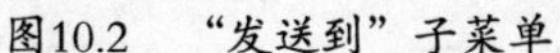
图10.2 “发送到”子菜单

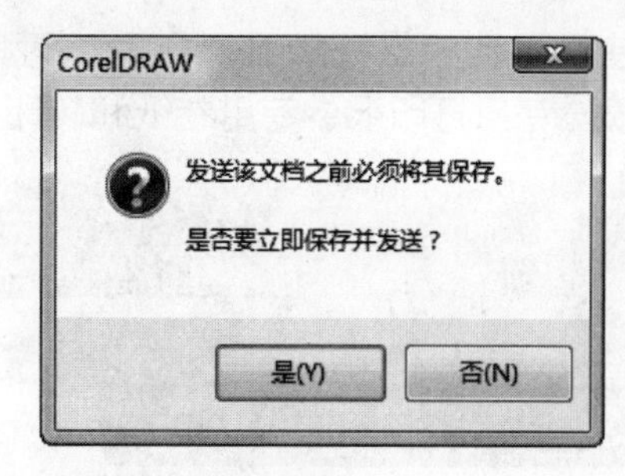

图10.3 提示对话框

在提示对话框中单击“是”按钮，可以保存文件并将文件直接发送到目的地；单击“否”按钮，即可取消对文件的发送。

10.3 打印文件

打印是指通过与电脑相连接的打印设备，把电脑中的数字信息经过转换传输到纸张上形成可视信息的过程。打印的主要设备有喷墨打印机、激光打印机、彩色热升华打印机以及大型喷绘机等。

10.3.1 选择打印机和打印介质

在打印平面设计作品时，对打印质量的要求较高，因此选择打印机和打印介质也尤为重要。

1. 选择打印机

目前使用较为普遍的打印机主要有彩色激光打印机、彩色喷墨打印机和彩色热升华打印机，下面将分别对其进行详细的介绍。

彩色激光打印机

彩色激光打印机的分辨率一般为2400dpi，打印质量较好，色彩十分细腻，对纸张的要求不高。但彩色激光打印机的价格较高，体积较大。

彩色喷墨打印机

彩色喷墨打印机的分辨率很高，有一定的色彩锐度，如果采用合适的纸张、墨水和合适的打印参数，其打印质量非常好。但彩色喷墨打印机的墨水价格较高，所以打印成本也较高。

彩色热升华打印机

彩色热升华打印机是专业的彩色打印机，不管是在色彩、锐度还是层次方面，都有很好的优势，是打印质量最好的机型，常用于照片的输出、印刷前的打样等。但使用彩色热升华打印机打印时，需要使用特殊的纸张，且打印成本较高。

2. 选择打印介质

不同的打印机需要选择不同的打印介质才能得到最完美的打印效果。一种打印机可以选择多种打印介质。

使用彩色激光打印机打印平面作品时，可以选用普通复印纸、专用光面纸和表面挂胶的纸等，其中专用光面纸的打印效果最好。

使用彩色喷墨打印机打印时，可以选择的打印介质非常多，普通纸、照片纸、硬卡纸、喷墨专用打印纸、专用卷纸和转印纸等都可以作为其打印介质。

提示 在打印的过程中，如果在打印程序中所选用的打印介质与实际使用的介质不同，则不能达到最佳的打印效果。

10.3.2 打印前的设置

当设计工作完成后，需要将作品打印出来，而在打印前还需要对输出的版面和相关参数进行调整，以确保更好地打印作品。

1. 设置页面大小

用户在打印前应该根据需要，设置合适的页面尺寸。单击工具箱中的挑选工具后，可以在其对应的属性栏中设置页面的大小。此外，还可以使用“选项”对话框对页面大小进行设置，其具体操作步骤如下。

1 在菜单栏中执行“工具”→“选项”命令，弹出如图10.4所示的“选项”对话框。

2 单击对话框左侧的“文档”选项，在展开的列表中单击“页面”选项，然后在弹出的下一级列表中单击“大小”选项，如图10.5所示。

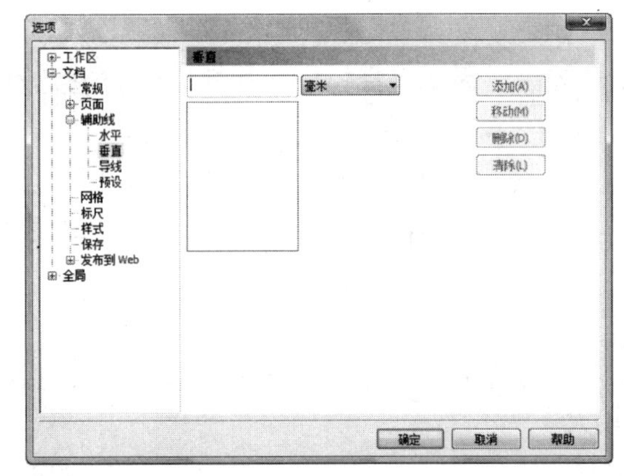

图10.4 “选项”对话框

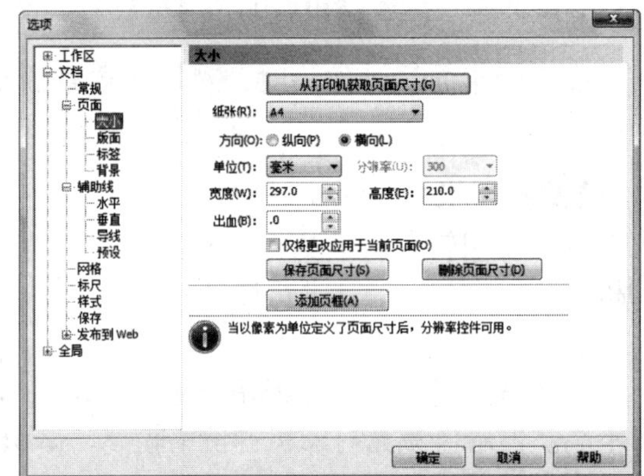

图10.5 单击“大小”选项

3 在“纸张”下拉列表框中，可以设置页面的尺寸；在“方向”栏中，可以选择“纵向”或“横向”单选项，设置页面的方向。

4 在“宽度”和“高度”数值框中，显示的是当前页面的实际尺寸，用户可以根据需要进行设定。

5 在“出血”数值框中，可以指定出血的宽度。

提示 出血是避免印刷品在裁剪后页面的四周漏白而设定的边缘，一般情况下，四周各保留3mm即可。

6 单击“从打印机获取页面尺寸”按钮，系统会自动按照打印机来设置页面的大小；单击“添加页框”按钮，可以在页面中添加一个页面大小的边框线；单击“保存页面尺寸”

按钮，在弹出的对话框中可将自定义的页面尺寸保存在“纸张”下拉列表框中。

7 如果只想设定当前的页面尺寸，则可以勾选“仅将更改应用于当前页面”复选框，设置完成后单击“确定”按钮即可。

2. 设置页面背景

用户在打印时，还可以为页面添加背景颜色以及图案。设置页面背景的具体操作步骤如下。

1 在菜单栏中执行“工具”→“选项”命令，弹出“选项”对话框。

2 单击对话框左侧的“文档”选项，在展开的列表中单击“页面”选项，然后在弹出的下一级列表中单击“背景”选项，如图10.6所示。

3 在对话框中，选择“无背景”单选项，背景为透明的；选择“纯色”单选项，可以在其下拉列表框中选择一种颜色作为背景色；选择“位图”单选项，可以指定位图作为背景。

4 如果选择了“位图”单选项，可以单击“浏览”按钮在弹出的对话框中选择位图作为背景，效果如图10.7所示。选择位图后，在“来源”栏中将会显示位图文件的保存路径，并可以根据需要选择位图为“链接”或“嵌入”方式。

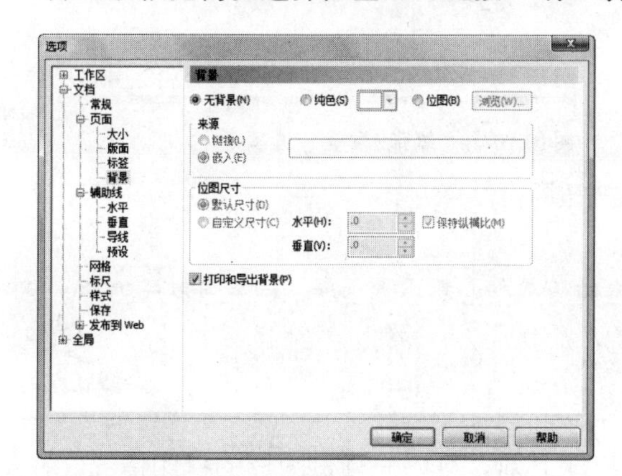

图10.6 单击“背景”选项

图10.7 设置背景

10.3.3 打印设置

打印设置是指对打印页面中的布局和打印机类型等参数进行的设置。

1. 设置打印参数

设置打印参数是指对打印机的形式以及其他各种打印事项进行设置，其具体操作步骤如下。

1 在CorelDRAW X4中，执行“文件”→“打印设置”命令，弹出如图10.8所示的“打印设置”对话框。该对话框中显示了有关打印机的相关信息，如名称、状态、类型、位置和备注等。

2 单击对话框中的“属性”按钮，弹出如图10.9所示的文档属性对话框，在该对话框中可以对打印的方向、页序和页面格式等参数进行设置。切换到“纸张/质量”选项卡，在其中可以对纸张来源和颜色进行设置，如图10.10所示。

图10.8 “打印设置”对话框

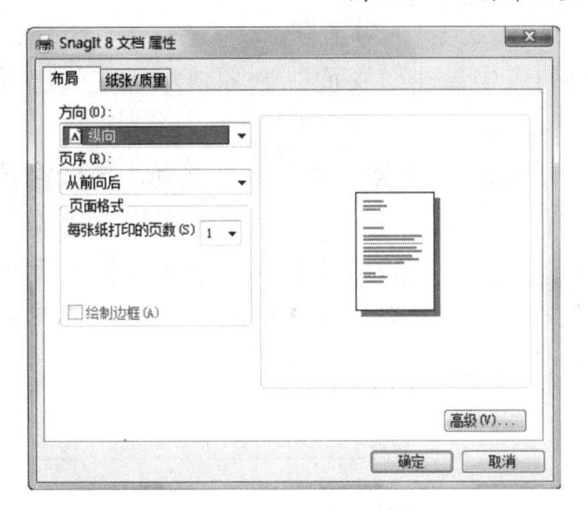

图10.9 “布局”选项卡

图10.10 “纸张/质量”选项卡

3 设置好相关的打印参数后，单击“确定”按钮即可。

提示 不同的打印机，文档属性对话框的格式和参数设置不同，但都有打印纸张、打印份数和打印质量等基本设置。

2. 打印预览

用户在设置好各项打印参数后，在正式打印之前，可以先预览图形的打印情况。在菜单栏中执行“文件”→“打印预览”命令，即可打开如图10.11所示的预览窗口。

图10.11 打印预览窗口

在预览窗口中，可以移动和缩放打印的图形，以便更好地观察打印的效果，还可以选择图形的预览颜色、创建底片和镜像图像等。

在预览窗口中移动和缩放对象

当图形在预览窗口中显示时，有时候图形的位置不符合要求，这时就可以选择对象，然后按住鼠标左键在页面中进行拖动。

在预览窗口中单击“缩放工具”按钮，可显示如图10.12所示的“缩放工具”属性栏，单击不同的缩放按钮可以放大或缩小图形对象。

图10.12　“缩放工具”属性栏

选择图形的预览颜色

在菜单栏中执行“查看”→“颜色预览”命令，然后在其子菜单中选择相应的命令，可以使对象以选择的颜色模式显示。选择“自动（模拟输出）”命令，是指以输出设备显示颜色的方式显示对象；选择“彩色”命令，是指以彩色方式显示对象，这种方式的显示速度较慢；选择“灰度”命令，是指以灰色级颜色显示对象，其显示速度较快。

创建底片

图形可以以原图像的形式打印出来，也可以转换成底片进行打印。单击标准工具栏中的“反色”按钮预览图形即可以底片形式显示，如图10.13所示。再次单击该按钮，即可恢复到原图形。

图10.13　原图和“反色”显示后的图形对比

创建镜像图形

单击标准工具栏中的“镜像”按钮，可以将图形以镜像的方式进行显示，如图10.14所示。再次单击该按钮，可以恢复到原图形。

3. 打印选项设置

在打印图形之前，用户可以根据实际情况设置打印范围、打印份数等，还可以创建分色打印等操作。在菜单栏中执行“文件”→“打印”命令，或按下“Ctrl+P”组合键，即可弹出如图10.15所示的“打印”对话框。该对话框中包含5个选项卡，下面我们将对选项卡中的内容分别进行详细介绍。

图10.14　原图与“镜像”后图形的对比

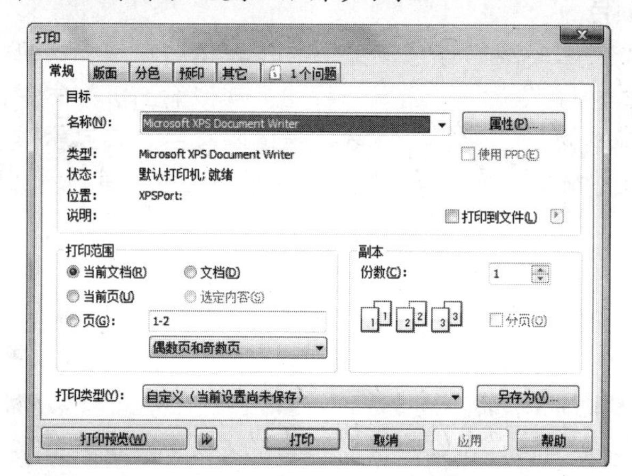

图10.15　“打印”对话框

“常规”选项卡

在“常规”选项卡中可以设置打印的基本参数，其中各主要参数的含义如下。

- **名称：** 单击其下拉按钮，可以在打开的下拉列表框中选择合适的打印机。
- **属性：** 单击该按钮，可以打开文档属性对话框，在该对话框中可以设置打印机的属性。
- **打印范围：** 选择“当前文档”单选项，可以打印当前文件；选择“文档”单选项，可以从列表框中选择要打印的文档；选择“当前页”单选项，可以打印当前页面；选择“选定内容”单选项，可以打印用户选择的对象；选择“页”单选项，可以在其后的文本框中指定打印的页面范围，并在下拉列表框中选择奇偶页。
- **打印类型：** 在其下拉列表框中，可以设置打印样式。
- **份数：** 在该数值框中，可以设置打印份数。

设置好打印参数后，单击“另存为”按钮，可以将当前的打印设置保存到CorelDRAW X4中，以便以后需要时进行调用。

“版面”选项卡

单击“打印”对话框中的“版面”选项卡，即可切换到版面设置界面，如图10.16所示，下面将对选项卡中的主要参数进行详细介绍。

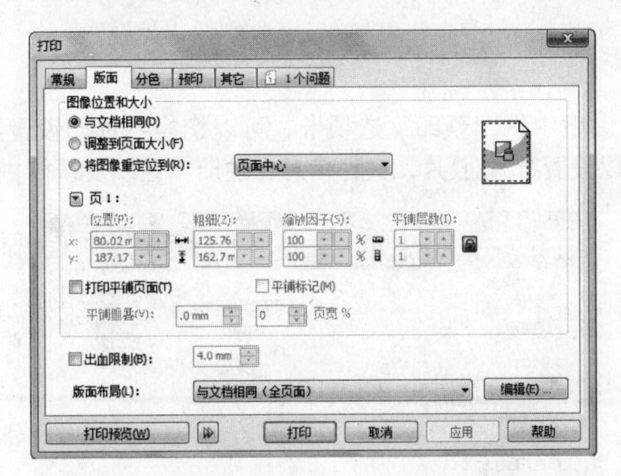

图10.16　“版面”选项卡

- **图像位置和大小：**在该栏中可以设置每个绘图页面的拼接数目，通过该功能可以在较小输出尺寸的输出设备上，输出较大尺寸的图形。选择“与文档相同”单选项，可以按照对象在绘图页面中的当前位置进行打印；选择“调整到页面大小”单选项，可以快速地将绘图尺寸调整到输出设备所能打印的最大范围；选择“将图像重定位到”单选项，可以在其后的下拉列表框中选项图形在打印页面中的位置。
- **打印平铺页面：**勾选该复选框，可以将一个大的图形打印在多张纸上并进行拼接。
- **平铺重叠：**在该数值框中，可以设置拼接页面相互交叠的尺寸。
- **出血限制：**勾选该复选框，可以在其后的数值框中设置出血尺寸。
- **版面布局：**在该下拉列表框中，可以选择版面布局方案。

“分色”选项卡

在CorelDRAW X4中，可以将图像按照4色创建CMYK颜色分离的页面文档，并且可以指定颜色分离顺序。单击“打印”对话框中的“分色”选项卡，即可切换到分色设置界面，如图10.17所示。下面将对选项卡中的主要参数进行详细介绍。

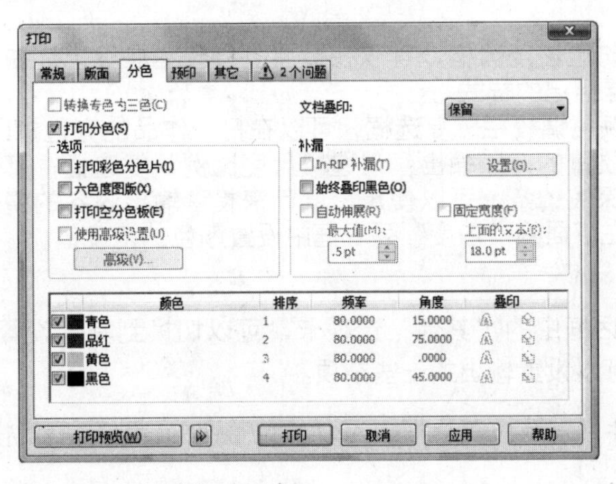

图10.17　“分色”选项卡

- **打印分色：**勾选该复选框，可以在“选项”栏中设置颜色分离打印的选项。
- **六色度图版：**勾选该复选框，可以使用六色度图版进行打印。六色度图版是指在CMYK模式的基础上再加入橙色和绿色，它可以产生更广泛的颜色区域，创作出逼真的色彩。该选项只有部分打印机支持。
- **始终叠印黑色：**勾选该复选框，可以使任何含有95%以上的黑色对象与其下层的对象叠印在一起。

"预印"选项卡

单击"打印"对话框中的"预印"选项卡，可以切换到预印设置界面，如图10.18所示。在该选项卡中可以设置纸片/胶片、文件信息、注册标记以及调校栏等。

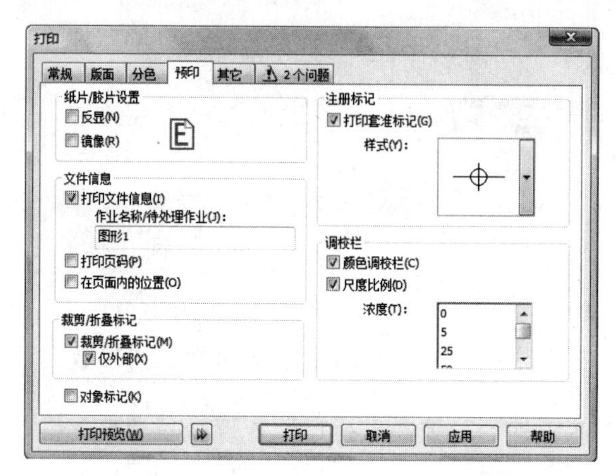

图10.18 "预印"选项卡

- **纸片/胶片设置：**勾选"反显"复选框，可以打印负片图像；勾选"镜像"复选框，可以打印图像的镜像效果。
- **文件信息：**勾选"打印文件信息"复选框，可以在页面底部打印出文件名、当前日期和时间等信息；勾选"打印页码"复选框，可以打印页码；勾选"在页面内的位置"复选框，可以在页面中打印文件信息。
- **裁剪/折叠标记：**勾选"裁剪/折叠标记"复选框，可以让裁剪线标记在输出的胶片上，作为装订的参照；勾选"仅外部"复选框，可以在同一张纸上打印多个面，并将其分割成各个单张。
- **对象标记：**勾选该复选框，可以将打印标记置于对象的边框内，而不是页面的边框内。
- **打印套准标记：**勾选该复选框，可以在页面上打印套准标记。在其后的"样式"列表框中可以选择套准标记的样式。
- **调校栏：**勾选"颜色调校栏"复选框，可以在打印作品的旁边打印包括6种基本颜色的色条，用于较高质量的打印输出；勾选"尺度比例"复选框，可以在每个分色版上打印一个不同灰度深浅的条，可以使用密度计来检查输出内容的精确性、质量程度和一致性，用户可以在下面的"浓度"列表框中设置颜色的浓度值。

"其他"选项卡

单击"打印"对话框中的"其他"选项卡，可以切换到其他设置界面，如图10.19所示。在该选项卡中，可以设置输出的一些杂项。

- **应用ICC预置文件：**勾选该复选框，可以使用普通的CMYK印刷机按照ICC颜色精确地印刷颜色。
- **打印作业信息表：**勾选该复选框，可以打印出相关的工作信息。
- **校样选项：**在该栏中，可以设置用于校样的项目。
- **光栅化整页：**勾选该复选框，可以在普通的设备上输出复杂的PostScript图形。
- **位图缩减取样：**在该栏中，可以为客户提供优质的彩色输出胶片。

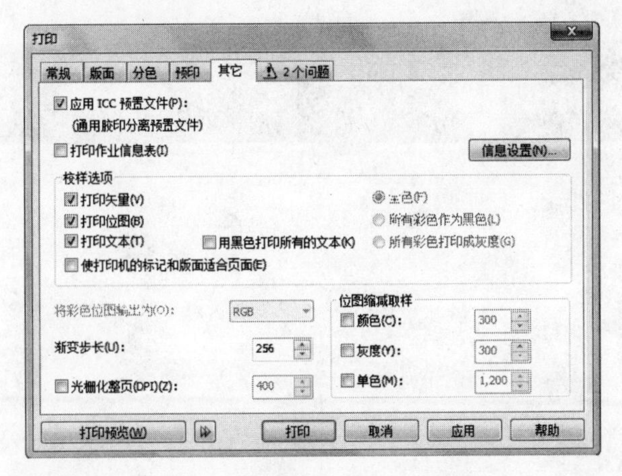

图10.19　“其他”选项卡

4. 印前检查

单击“打印”对话框中的最后一个选项卡，切换到印前检查界面，如图10.20所示。

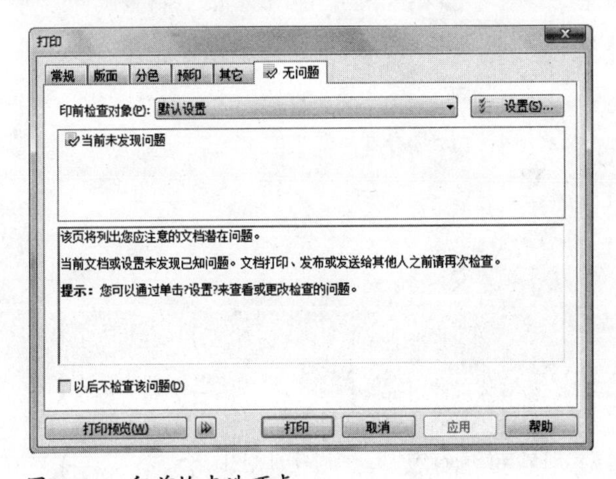

图10.20　印前检查选项卡

在该选项卡中显示了CorelDRAW X4自动检查到的绘图页面存在的打印错误或打印冲突信息，并在下面的列表框中提供了解决问题的方案。勾选“以后不检查该问题”复选框，再次出现问题时系统将不再进行检查和提示。

设置完成后单击“打印”按钮，即可打印图形对象。

结束语

本章主要介绍了CorelDRAW中文件的输出和打印的相关知识，分别介绍了导出文件、发送文件和打印文件的操作。希望读者在学习了本章的内容后能够做好打印的准备工作，从而输出精美的平面设计作品。

Chapter 11

第11章 VI设计

本章要点

入门——基本概念与基本操作

- VI的基本概念
- 标志的基本概念

进阶——典型实例

- 标志设计
- 工作证设计
- 信笺纸设计

提高——自己动手练

- 员工制服设计
- 雨伞设计

本章导读

本章以设计一个策划公司的VI为例，介绍VI的相关知识及设计方法，其中包括设计标志、工作证设计、信笺纸设计、员工制服设计和雨伞设计。希望读者通过本章的学习，可以更加深刻地认识VI，从而设计出优秀的作品。

11.1 入门——基本概念与基本操作

在制作本章案例之前，首先介绍一下VI的基本概念和标志的基本概念。

11.1.1 VI的基本概念

VI全称Visual Identity，即企业视觉识别，是CIS的重要组成部分。要理解VI的定义，首先要了解CIS的概念。

CIS全称Corporate Identity System，即企业识别系统。CIS是指企业有意识、有计划地将企业或品牌特征向公众展示，使公众对某一个企业或品牌有一个标准化、差异化和美观化的认识，以便更好地识别，以提升企业或品牌的经济效益和社会效益。其中，CIS由MI（企业理念识别）、BI（企业行为识别）和VI（企业视觉识别）组成。

MI全称Mind Identity，即企业理念识别，是指企业思想的整合化。通过企业的经营想法及做法，进行标语的整合、宣传画的美化、思想观念的教育，向公众及员工传递独特的企业思想特点。包括企业的经营信条、企业精神、座右铭、企业风格、经营战略策略、广告、员工的价值观等。

BI全称Behavior Identity，即企业行为识别，是企业思想的行为化。通过企业思想指导员工对内对外的各种行为，以及企业的各种生产经营活动，传达企业的管理特色。其中包括对内和对外两部分，对内包括对干部的教育、对员工的教育（如服务态度、接待技巧、服务水准、工作精神等）、生产福利、工作环境、生产效益、公害对策和研究发展等，对外包括市场调查、产品开发公共关系、促销活动、流通政策、银行关系、股市对策、公益性和文化性活动等。

VI全称Visual Identity，即企业视觉识别，是指企业识别的视觉化。企业通过VI设计对内可以征得员工的认同感，归属感，加强企业的凝聚力；对外可以树立企业的整体形象，实现资源整合，有控制地将企业的信息传达给受众，通过视觉符号，不断地强化受众的意识，从而获得认同。

根据作用的不同，视觉识别系统分为基本要素系统和应用要素系统两个方面，基本要素系统主要包括企业标志、品牌标志、标准字和标准色等，应用要素系统主要包括产品及其包装、交通运输工具、办公事务用品和衣着制服等。

11.1.2 标志的基本概念

企业标志是VI中的核心部分，是一种系统化的形象归纳和形象的符号化提炼，经过抽象和具象的结合与统一，最后创造出的高度简洁的图形符号，既要能展示公司的经营理念，又要能在实际应用中方便适用，保持一致。

标志有抽象、具象和文字三种表现形式。抽象型标志是由点、线、面、体等造型要素设计而成的标志，它突破了具象的束缚，在造型效果上有较大的发挥余地，可以产生强烈的视觉刺激，但在理解上易于产生不确定性。具象型标志是在具体图像的基础上，经过各种修饰，如简化、概括、夸张等设计而成的，其优点在于直观地表达具象特征，使人一目了然。

无论是哪一种形式的标志设计都应遵循以下原则：标志设计应能集中反映企业的经营

理念，突出企业形象；标志设计应结合企业的行业特征和产品特征；标志设计应符合时代的审美特征。

11.2 进阶——典型实例

通过前面的学习，相信读者一定对VI的基本概念和标志的基本概念有了一定的了解。下面在此基础上进行相应的实例练习。

11.2.1 标志设计

本例将结合前面所学的知识，制作一个策划公司的标志，标志的主要部分运用了抽象的表现形式。

最终效果

本例制作完成后的最终效果如图11.1所示。

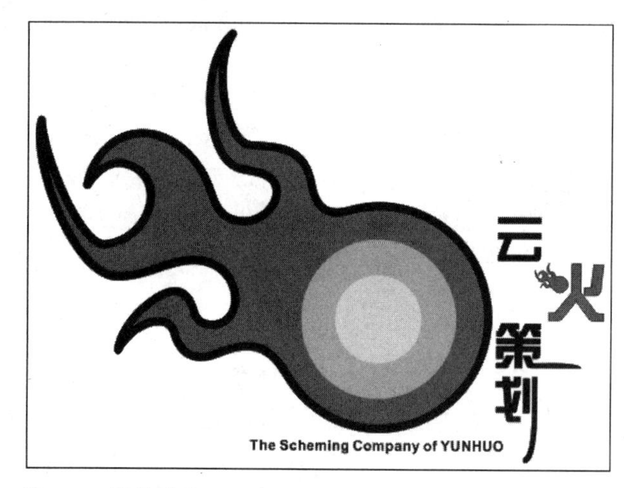

图11.1 最终效果

解题思路

1 绘制标志的图案部分。
2 使用文本工具制作标志的文本部分。
3 使用形状工具调整标志的文本部分。

操作步骤

1 按下“Ctrl+N”组合键，新建一个文档，新建的文档默认为A4大小。
2 单击工具箱中的钢笔工具，绘制如图11.2所示的图形。
3 单击工具箱中的形状工具，对绘制的图形的节点进行调整，使其变得平滑，效果如图11.3所示。

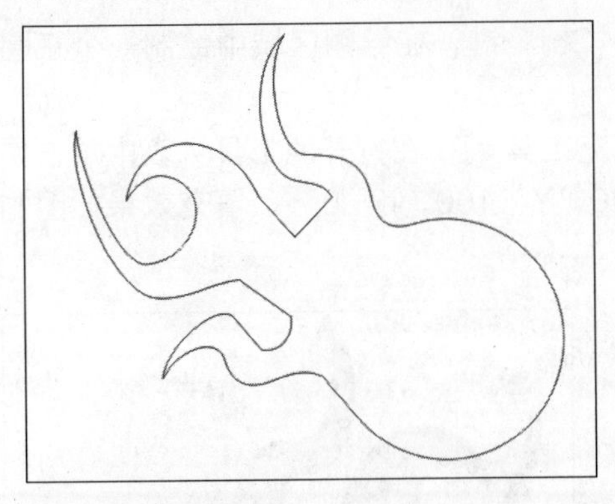

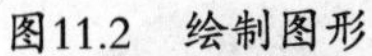

图11.2 绘制图形

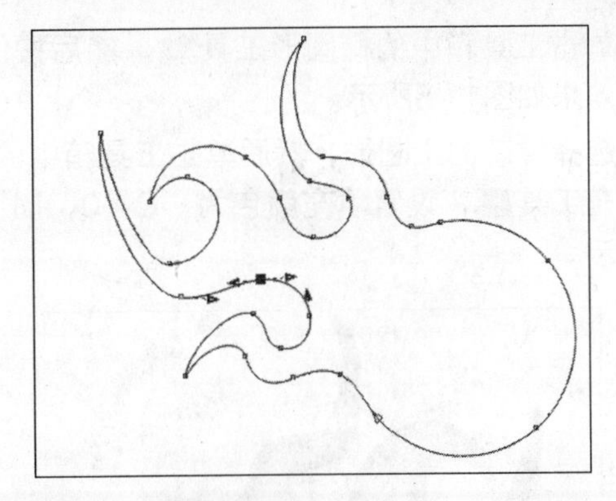

图11.3 调整节点

4 选择绘制的图形，单击工具箱中的填充工具，在打开的工具列表中单击均匀填充工具，弹出如图11.4所示的“均匀填充”对话框。

5 在对话框中，设置填充颜色为“C：1，M：73，Y：89，K：0”，然后单击“确定”按钮，填充后的效果如图11.5所示。

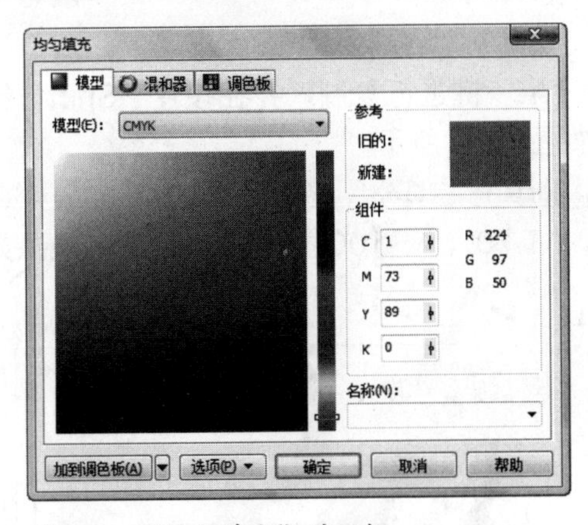

图11.4 “均匀填充”对话框

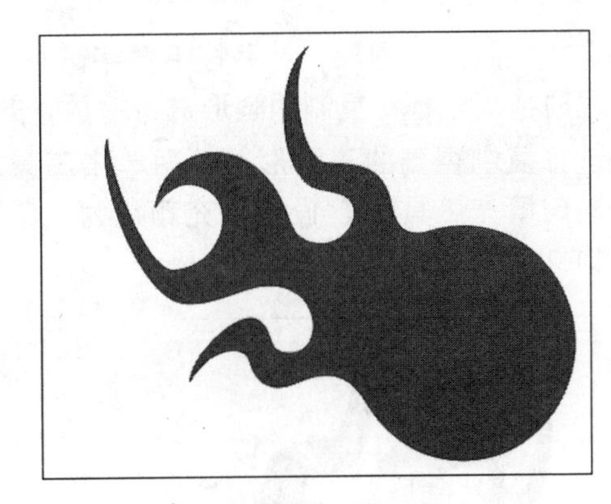

图11.5 填充后的效果

6 选择图形，按下“F12”快捷键，弹出如图11.6所示的“轮廓笔”对话框，在对话框中设置轮廓笔“宽度”为“3.0mm”，在“角”栏中选择第二个单选项，设置完成后单击“确定”按钮，效果如图11.7所示。

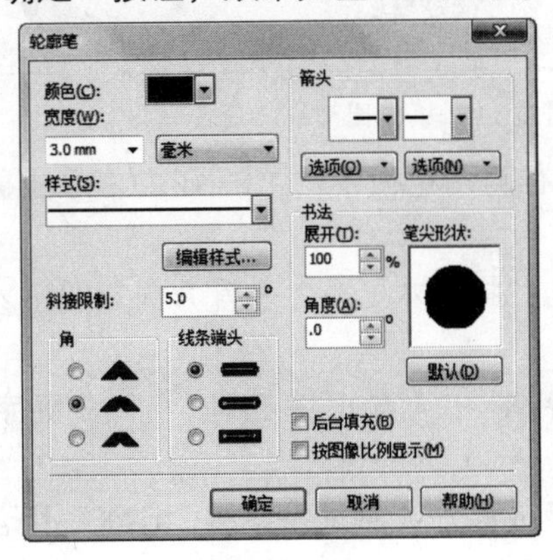

图11.6 “轮廓笔”对话框

图11.7 设置轮廓笔参数后的效果

7 单击工具箱中的椭圆形工具，然后按住“Ctrl”键，在绘图区域中绘制一个正圆形，效果如图11.8所示。

8 选择绘制的正圆形，然后单击工具箱中的填充工具，在打开的工具列表中单击均匀填充工具，设置填充颜色为“C：0，M：20，Y：100，K：0”，填充效果如图11.9所示。

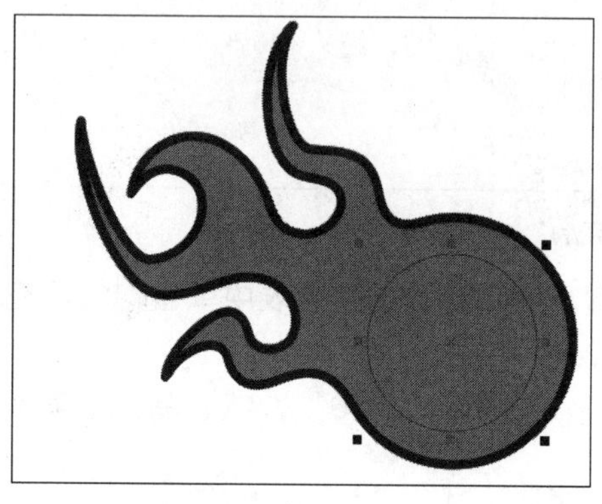
图11.8 绘制正圆

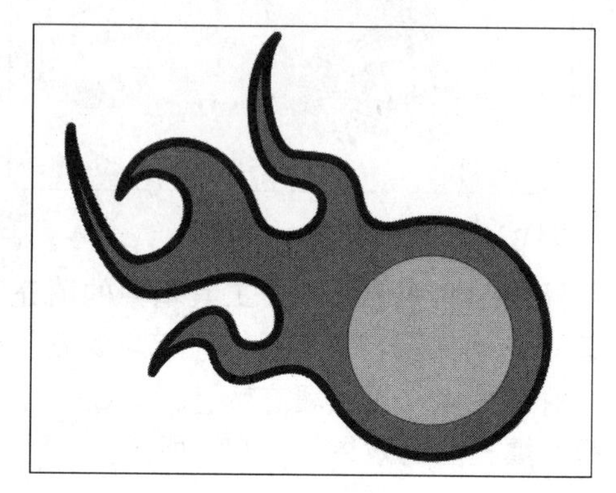
图11.9 填充正圆

9 选择绘制的正圆形，然后按下数字键盘上的“+”键进行复制，并在按住“Shift”键的同时拖动鼠标对复制的圆形进行缩放，效果如图11.10所示。

10 选择复制得到的正圆形，然后单击工具箱中的填充工具，在打开的工具列表中单击均匀填充工具，设置填充颜色为“C：0，M：0，Y：100，K：0”，填充效果如图11.11所示。

图11.10 复制并缩放圆形

图11.11 填充圆形

11 使用挑选工具选择两个正圆形，然后在页面右侧调色板中的☒按钮上，单击鼠标右键，删除轮廓线，效果如图11.12所示。

12 单击工具箱中的文本工具字，并在属性栏中单击“将文本更改为垂直方向”按钮，然后在页面中输入文本，如图11.13所示。

13 选择输入的文本，在属性栏中设置文本的字体为“方正综艺体”，设置字号为“72pt”，效果如图11.14所示。

14 选择文本，按下“Ctrl+Q”组合键，将文本转换成曲线，然后按下“Ctrl+K”组合键，打散曲线。

15 选择文本中的“火”字，然后按住鼠标左键，将文本向右进行移动，效果如图11.15所示。

16 选择文本“火”，然后按住鼠标左键对其进行缩放，效果如图11.16所示。

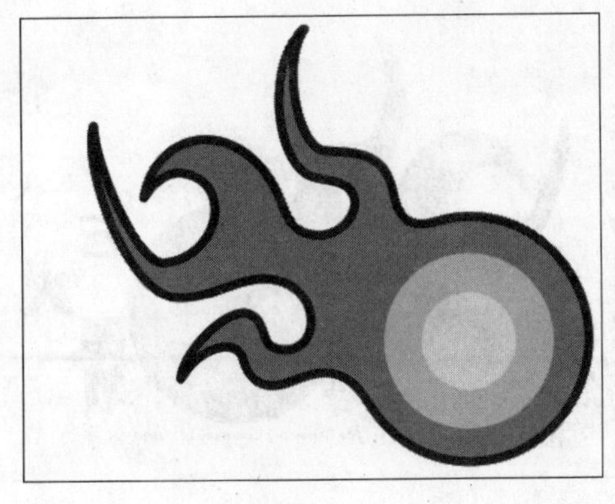

图11.12 删除轮廓线

图11.13 输入文本

图11.14 设置文本

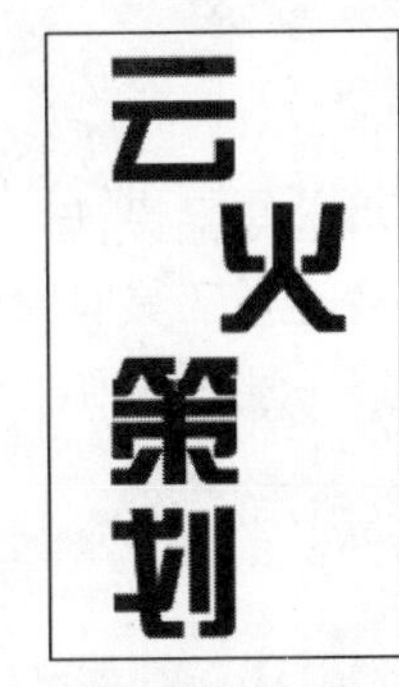

图11.15 移动文本

图11.16 缩放文本

17 选择文本“火”，然后设置文本填充颜色为“C：1，M：73，Y：89，K：0”，设置轮廓线宽度为“0.75mm”，效果如图11.17所示。

18 使用形状工具对文本的节点进行调整，效果如图11.18所示。

19 选择所有的文本，按下“Ctrl+G”组合键，将文本进行群组，然后按住鼠标左键进行拖动，对文本进行缩放并放到合适的位置，效果如图11.19所示。

图11.17 填充文本

图11.18 调整文本节点

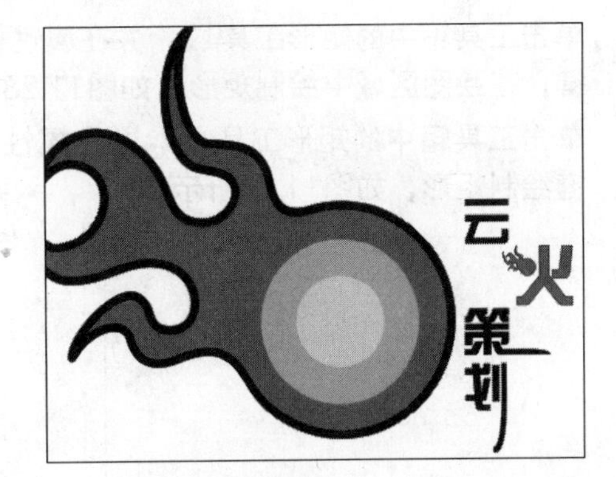

图11.19 缩放并移动文本

20 单击工具箱中的文本工具字，并在属性栏中单击“将文本更改为水平方向”按钮，然后在页面中输入文本，如图11.20所示。

21 选择输入的文本，在属性栏中设置文本的字体为“Arial”，设置字号为“14pt”，然后将其放到合适的位置，效果如图11.21所示。

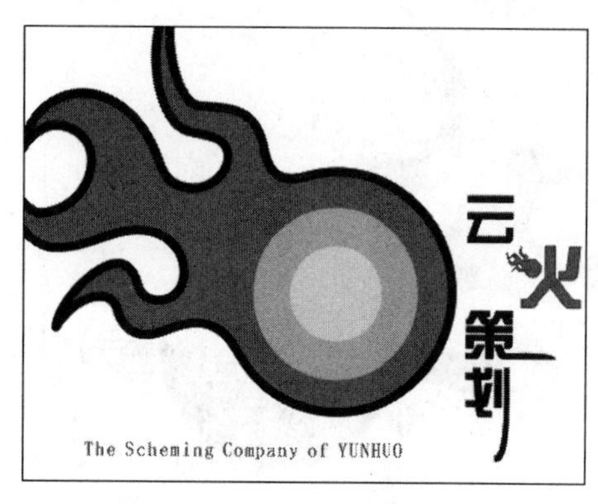

图11.20 输入文本

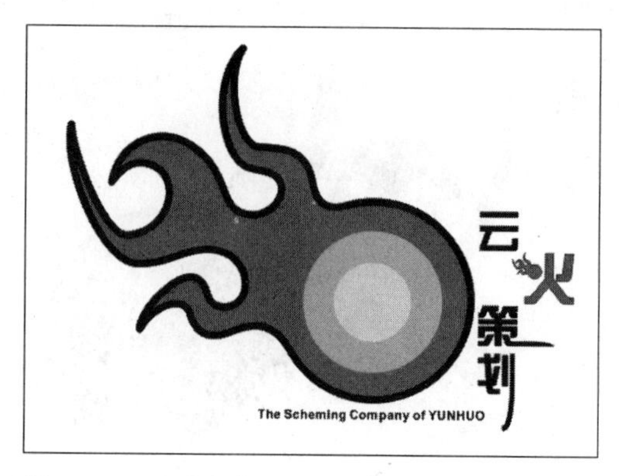

图11.21 设置文本

11.2.2 工作证设计

工作证设计属于VI应用要素系统中的办公用品设计，工作证不仅可以证明工作人员的身份，还可以使企业员工具有归属感。

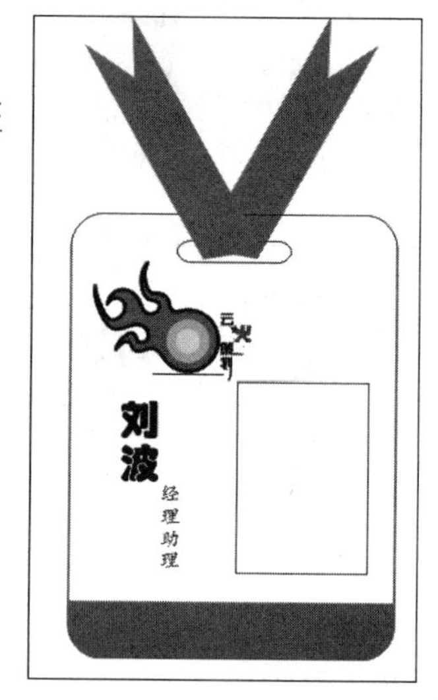

图11.22 最终效果

最终效果

本例制作完成后的最终效果如图11.22所示。

解题思路

1 使用矩形工具和“造形”泊坞窗制作工作证的外形。
2 使用矩形工具和形状工作制作工作证的带子。
3 使用矩形工具和文本工具制作工作证的主体。

操作步骤

1 按下“Ctrl+N”组合键，新建一个文档，新建的文档默认为A4大小。
2 单击工具箱中的矩形工具□，并在属性栏中设置边角圆滑度为“20”，然后按住鼠标左键，在绘图区域中绘制矩形，如图11.23所示。
3 单击工具箱中的矩形工具□，并在属性栏中设置边角圆滑度为“0”，然后按住鼠标左键绘制矩形，如图11.24所示。

图11.23 绘制圆角矩形

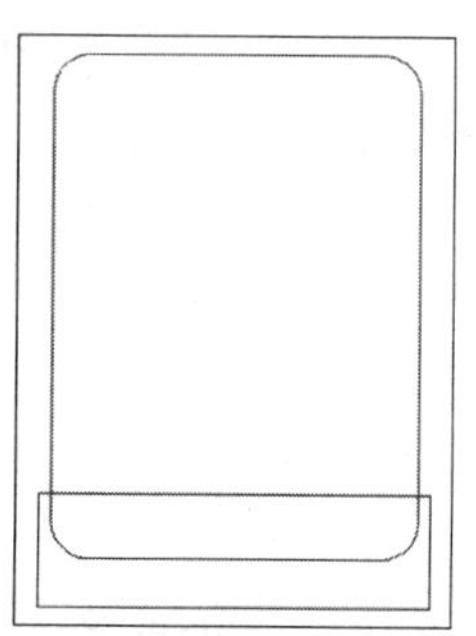

图11.24 绘制矩形

4 在菜单栏中执行“排列”→“造形”→“造形”命令，打开“造形”泊坞窗，在下拉列表框中选择“相交”选项，并勾选“目标对象”复选框，如图11.25所示。

5 单击“相交”按钮，当鼠标指针呈显示时，单击圆角矩形，即可将大圆角矩形与小矩形相交，效果如图11.26所示。

6 选择相交得到的图形，设置填充颜色为“C：1，M：73，Y：89，K：0”，然后删除轮廓线，效果如图11.27所示。

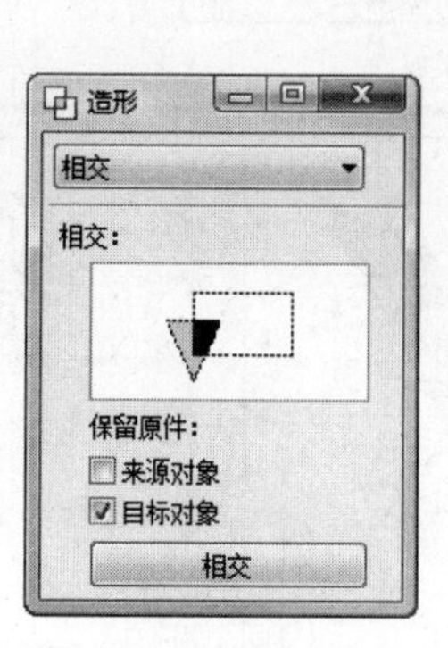

图11.25　“造形”泊坞窗

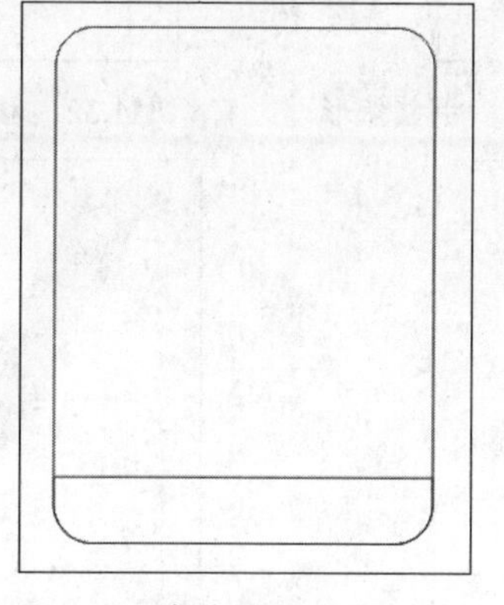
图11.26　相交后的效果

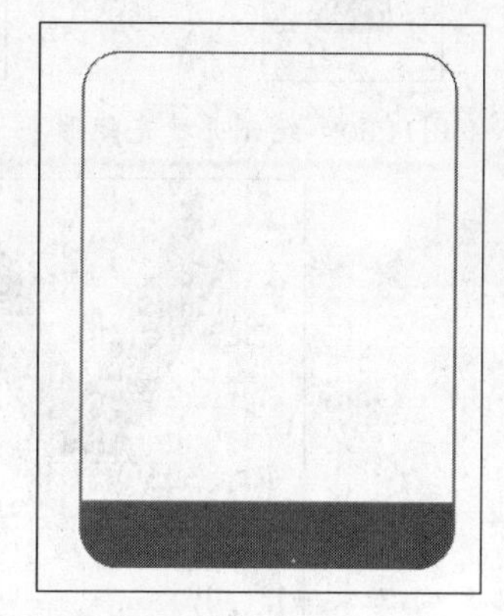
图11.27　填充图形

7 单击工具箱中的矩形工具，然后按住鼠标左键绘制矩形，如图11.28所示。

8 使用形状工具选择并按住矩形的节点进行拖动，如图11.29所示。

图11.28　绘制矩形

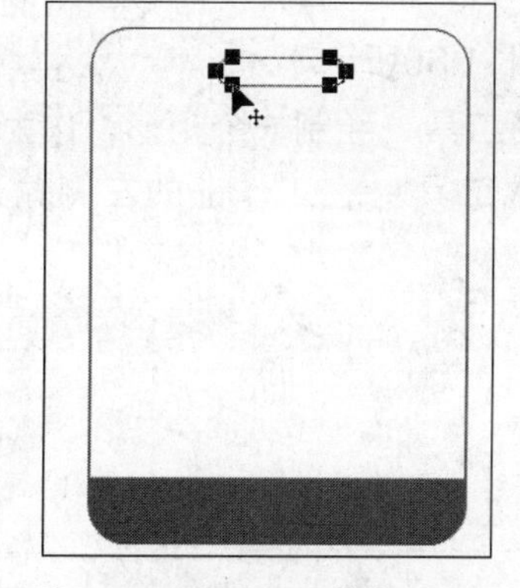
图11.29　拖动矩形节点

9 使用矩形工具按住鼠标左键绘制矩形，然后将绘制的矩形进行填充并删除轮廓线，效果如图11.30所示。

10 选择绘制的矩形，按下“Ctrl+Q”组合键将其转换成曲线，然后使用形状工具对绘制的矩形进行调整，效果如图11.31所示。

11 使用挑选工具将图形进行旋转，然后放置到合适的位置，效果如图11.32所示。

12 选择图形，然后按下数字键盘上的“+”键进行复制，并将其拖动到合适的位置，效果如图11.33所示。

13 选择复制的图形，然后在菜单栏中执行“排列”→“顺序”→“置于此对象后”命令，当鼠标指针呈➡显示时，单击工作卡背景，效果如图11.34所示。

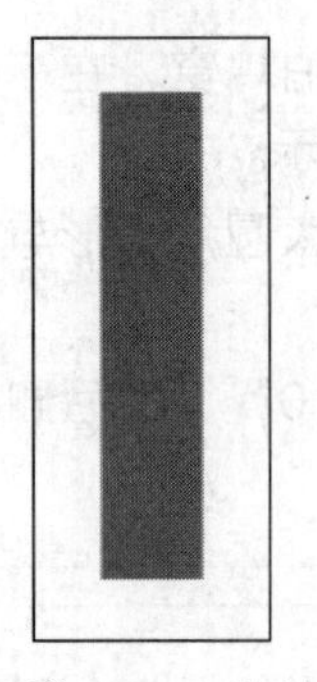

图11.30　绘制并填充矩形

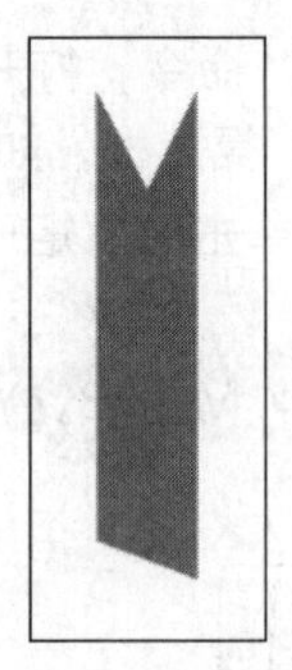

图11.31　调整矩形

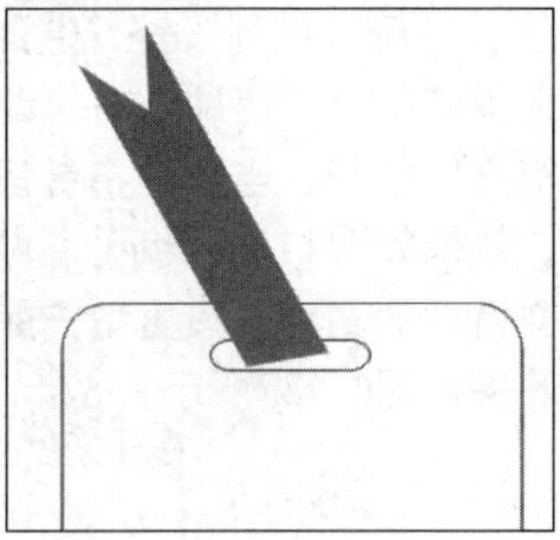

图11.32　移动图形

图11.33　复制图形

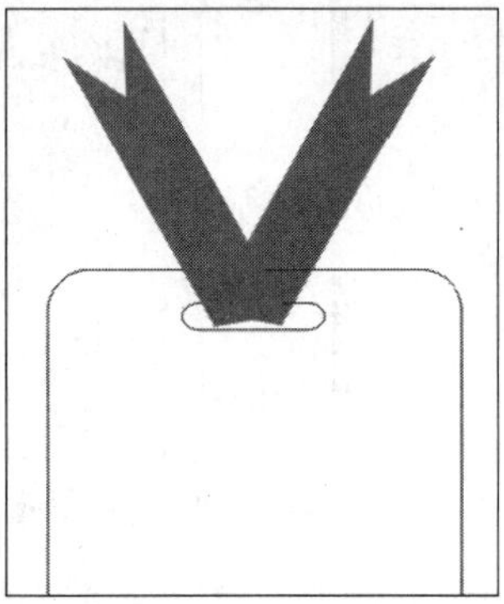

图11.34　调整图形顺序

14 执行“文件”→“导入”命令，将制作的标志导入到页面中，然后将其放置到合适的位置，如图11.35所示。

15 使用矩形工具□绘制一个矩形，作为放照片的位置，效果如图11.36所示。

16 使用文本工具字在工作证的左侧输入证件所有人的名字以及职位，效果如图11.37所示。

图11.35　导入标志

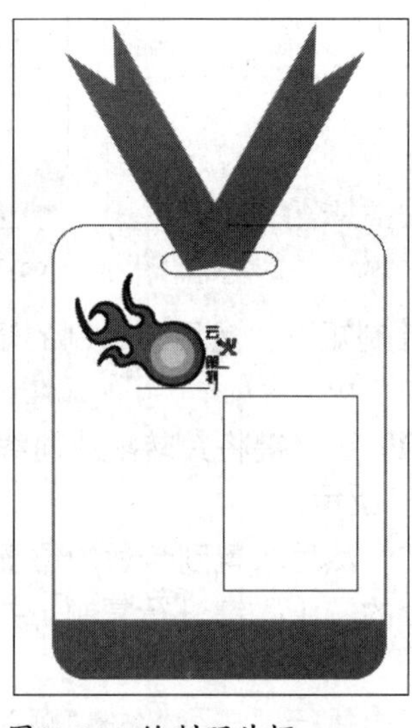

图11.36　绘制照片框

图11.37　输入名字和职位

11.2.3 信笺纸设计

信笺纸设计属于VI应用要素系统中的办公用品设计。

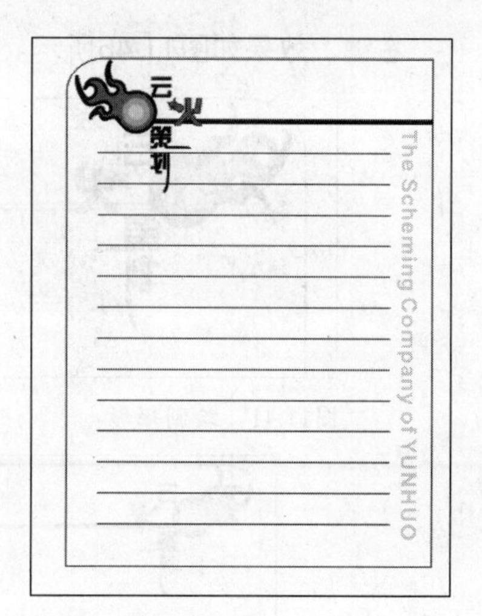

图11.38 最终效果

最终效果

本例制作完成后的最终效果如图11.38所示。

解题思路

1 使用矩形工具绘制信笺纸的外形。
2 导入标志，并调整位置。
3 输入文本，作为信笺纸的底纹。
4 绘制信笺纸中的横线。

操作步骤

1 按下“Ctrl+N”组合键，新建一个文档，新建的文档默认为A4大小。

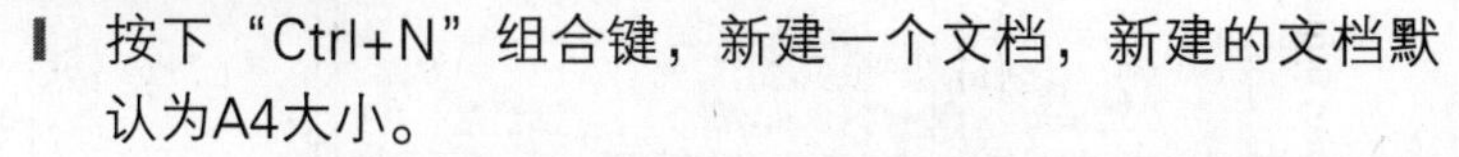

2 单击工具箱中的矩形工具，并在属性栏中设置左上方的边角圆滑度为“20”，然后按住鼠标左键，在绘图区域中绘制矩形，如图11.39所示。
3 执行“文件”→“导入”命令，将标志导入到绘图页面中，并将其放置到合适的位置，效果如图11.40所示。

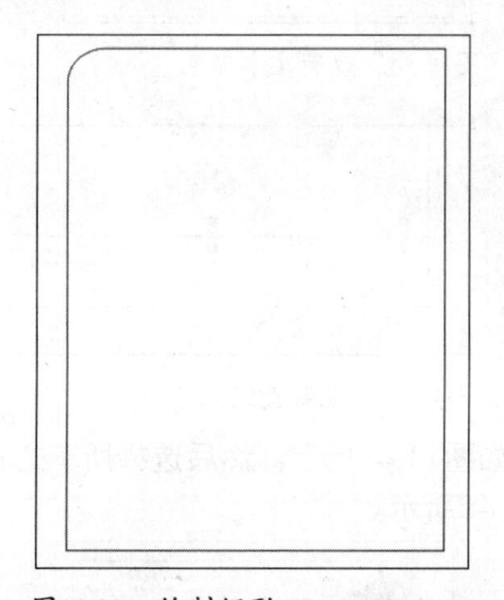

图11.39 绘制矩形

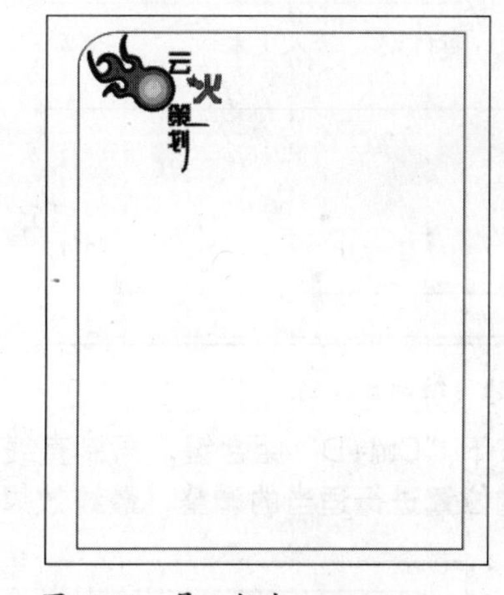

图11.40 导入标志

4 使用矩形工具在信笺纸的顶部，绘制一个长条矩形，效果如图11.41所示。
5 选择绘制的矩形，然后在页面右侧调色板中的“黑”色块上单击鼠标左键，将矩形填充成黑色，效果如图11.42所示。
6 单击工具箱中的文本工具字，并在属性栏中单击“将文本更改为垂直方向”按钮，然后在页面中输入文本，如图11.43所示。
7 选择输入的文本，然后在页面右侧调色板中的“10%黑”色块上单击鼠标左键，将文本填充成灰色，效果如图11.44所示。
8 单击工具箱中的钢笔工具，然后按住“Shift”键绘制一条直线，如图11.45所示。
9 使用鼠标左键选择绘制的直线，然后按住鼠标进行拖动，拖动到适当位置后，单击鼠标右键，效果如图11.46所示。

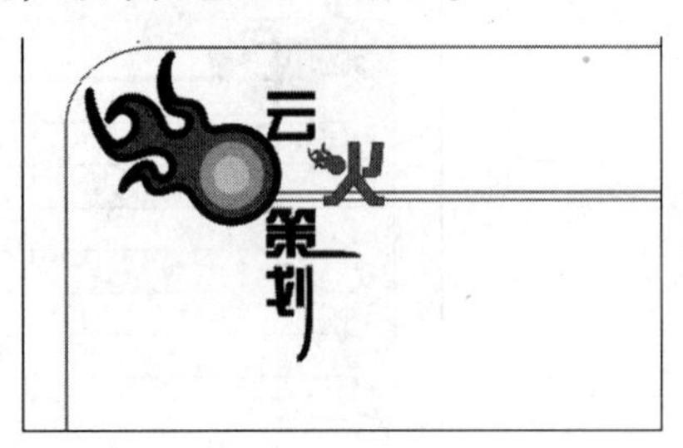

图11.41　绘制矩形

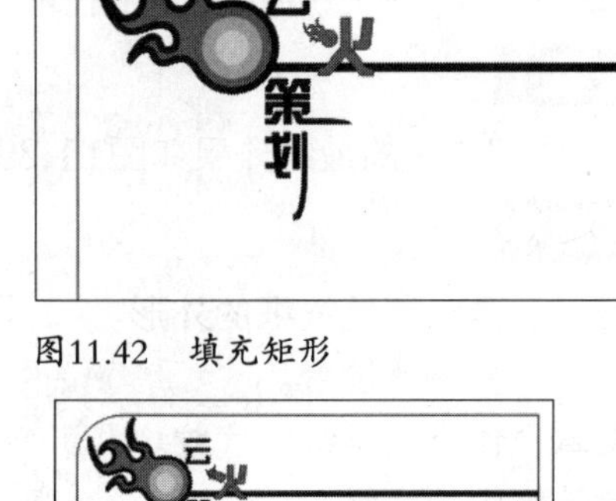

图11.42　填充矩形

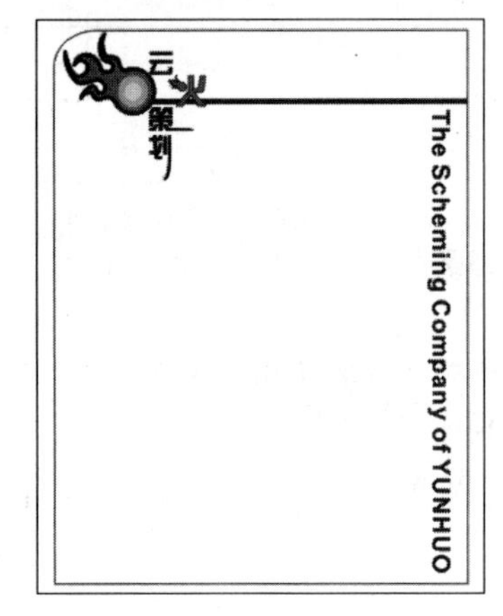

图11.43　输入文本

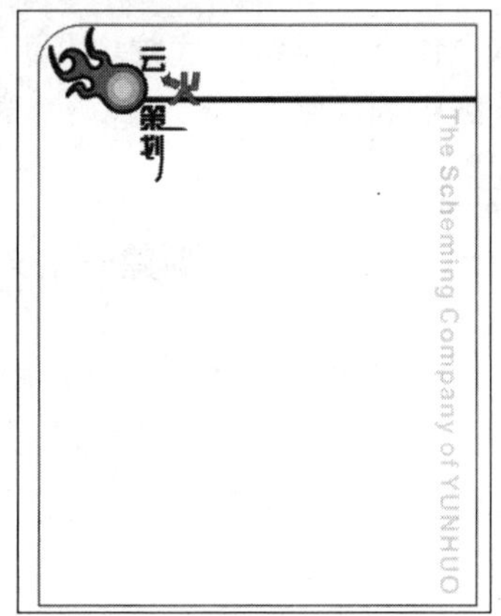

图11.44　改变文本颜色

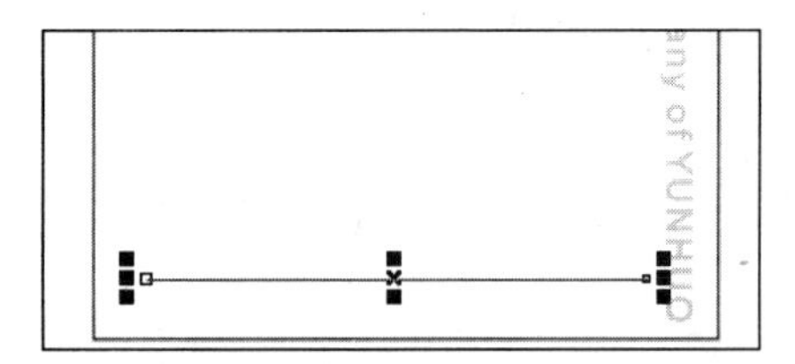

图11.45　绘制直线

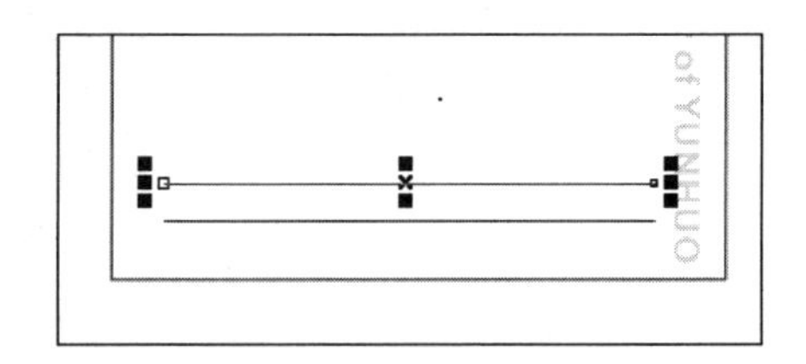

图11.46　复制直线

10 多次按下“Ctrl+D”组合键，再制直线，效果如图11.47所示。然后选择所有的直线，对直线的位置进行适当的调整，最终效果如图11.48所示。

图11.47　再制直线

图11.48　最终效果

11.3 提高——自己动手练

根据VI的基本概念和标志的基本概念制作了相关的实例后，下面将进一步巩固本章所学知识并进行相关的演练，以达到提高读者动手能力的目的。

11.3.1　员工制服设计

员工制服设计属于VI的应用要素系统。职工的服装，是企业识别系统中一个重要的组成部分，它展现了一个企业以及所属员工的精神面貌。

最终效果

本例制作完成后的最终效果如图11.49所示。

图11.49　最终效果

解题思路

1 使用贝济埃工具绘制员工制服的大致形状。
2 对绘制的图形进行填充。
3 绘制制服的细节，如扣子和胸卡等。

操作步骤

1 按下“Ctrl+N”组合键，新建一个文档，新建的文档默认为A4大小。
2 单击工具箱中的贝济埃工具，在绘图区域中绘制制服的大致形状，效果如图11.50所示。
3 使用形状工具对绘制的图形的节点进行调整，效果如图11.51所示。

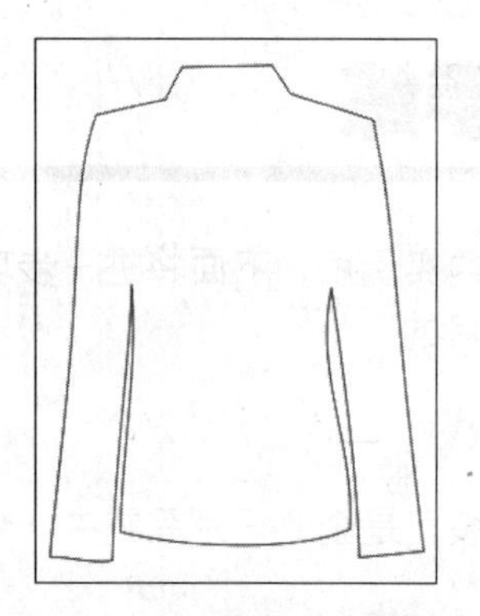

图11.50　绘制制服大致形状

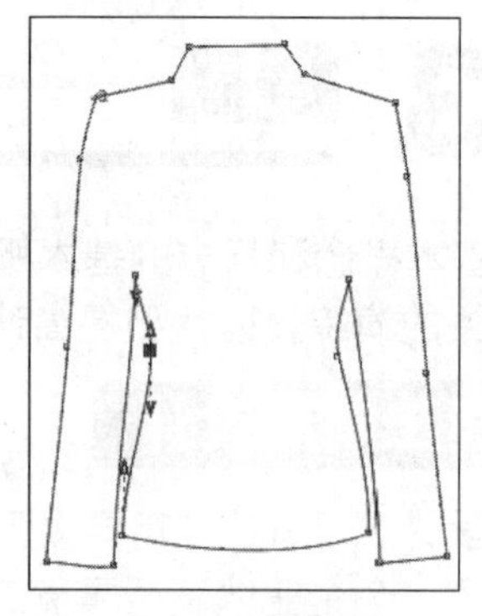

图11.51　调整图形

4 选择绘制的图形，设置填充颜色为“C：100，M：0，Y：0，K：0”，对图形进行填充，然后在属性栏中设置轮廓线宽度为“0.5mm”，效果如图11.52所示。

5 使用贝济埃工具在原来图形的基础上，绘制制服的衣领，并对其进行调整，效果如图11.53所示。

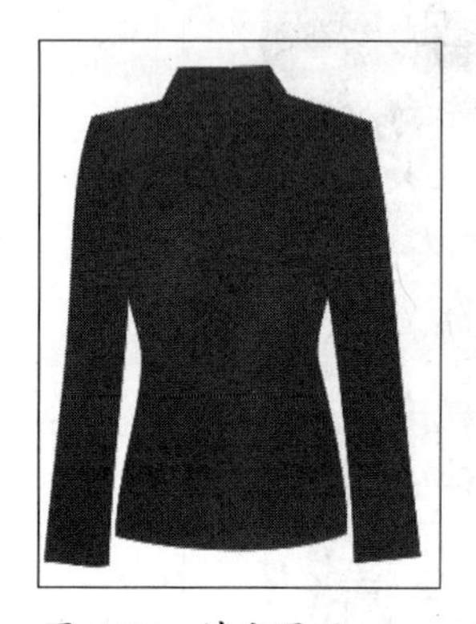

图11.52　填充图形

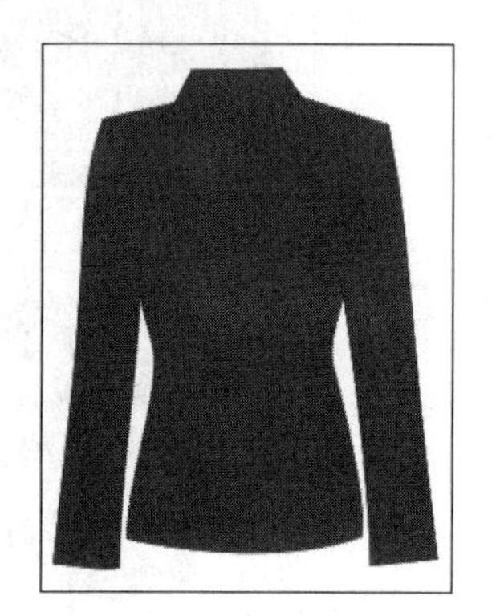

图11.53　绘制制服衣领图形

6 使用贝济埃工具绘制如图11.54所示的图形，然后将其填充成为白色，设置轮廓线为“0.5mm”。

7 使用贝济埃工具绘制衬衣的衣领，然后将其填充成白色，设置轮廓线宽度为“0.5mm”，如图11.55所示。

图11.54　绘制并填充图形

图11.55　绘制并填充衣领

8 再次使用贝济埃工具绘制领带，设置填充颜色为“C：1，M：73，Y：89，K：0”，对图形进行填充，然后在属性栏中设置轮廓线宽度为“0.5mm”，效果如图11.56所示。

9 使用贝济埃工具绘制制服的细节部分，然后在属性栏中设置轮廓线宽度为“0.5mm”，效果如图11.57所示。

图11.56 绘制领带

图11.57 绘制制服细节

10 单击工具箱中的椭圆形工具，绘制制服的扣子，然后将扣子填充成白色，效果如图11.58所示。

11 使用贝济埃工具绘制制服裙子，效果如图11.59所示。

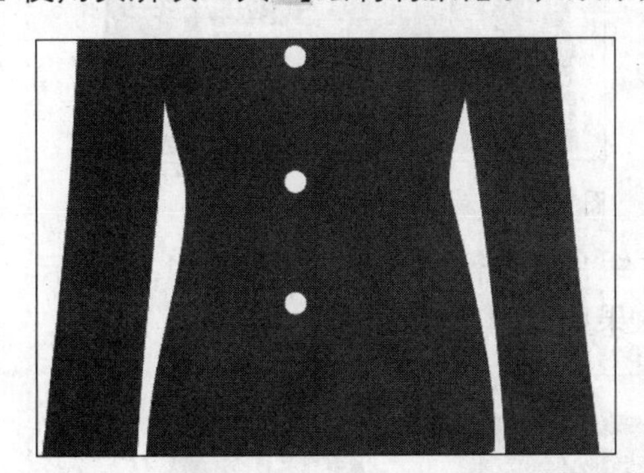

图11.58 绘制扣子

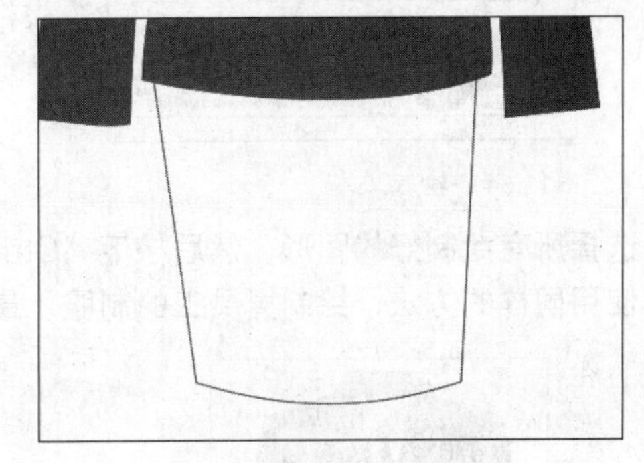

图11.59 绘制裙子

12 选择绘制的图形，设置填充颜色为“C：100，M：0，Y：0，K：0”，对图形进行填充，然后在属性栏中设置轮廓线宽度为“0.5mm”，效果如图11.60所示。

13 选择绘制的裙子，执行“排列”→“顺序”→“到图层后面”命令，对图层的顺序进行调整，效果如图11.61所示。

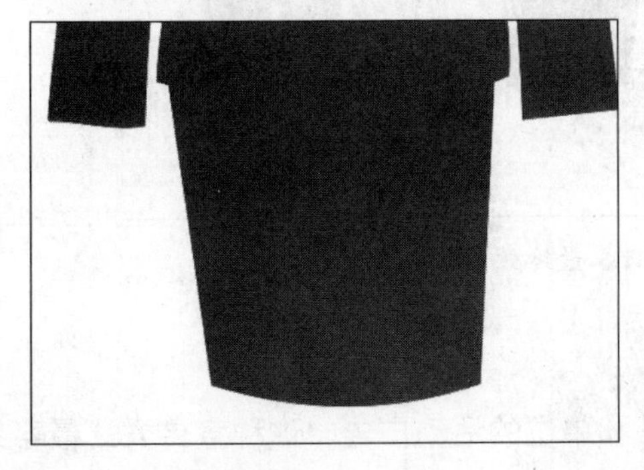

图11.60 填充裙子

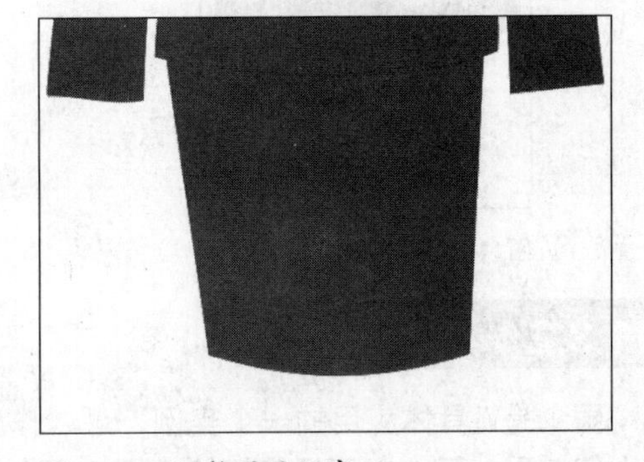

图11.61 调整图层顺序

14 单击工具箱中的矩形工具，并在属性栏中设置边角圆滑度为“20”，然后按住鼠标左键，在绘图区域中绘制矩形，如图11.62所示。

15 选择绘制的矩形，然后将其填充成为白色，设置轮廓线宽度为“0.5mm”。

16 执行“文件”→“导入”命令，将标志导入到页面中，将其缩放后，放置到合适的位置，效果如图11.63所示。

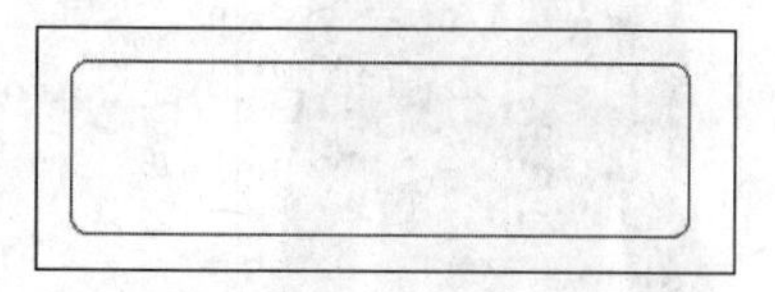

图11.62 绘制矩形

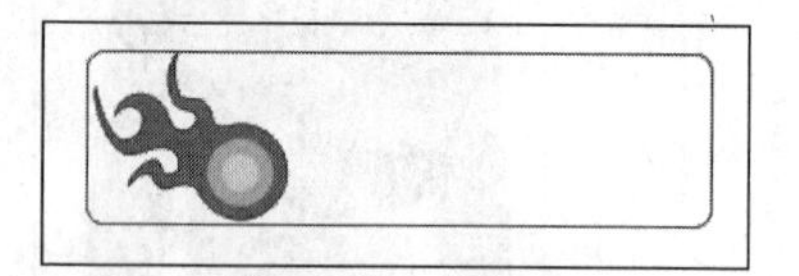

图11.63 导入标志

17 单击工具箱中的文本工具字，在胸卡上输入公司名称，效果如图11.64所示。

18 将制作的胸卡图形放置到合适的位置，然后对其进行缩放，效果如图11.65所示。

图11.64 输入文本

图11.65 放置并缩放胸卡图形

19 选择所有绘制好的图形，然后按下“Ctrl+G”组合键进行组合，效果如图11.66所示。

20 使用同样的方法，绘制男员工的制服，最终效果如图11.67所示。

图11.66 群组图形

图11.67 最终效果

11.3.2 雨伞设计

雨伞是VI具体应用的一个实例，可以作为礼品和单位的活动广告。这种宣传方式最容易被人们接受，可以在不经意间给人留下深刻的印象。

最终效果

本例制作完成后的最终效果如图11.68所示。

图11.68　最终效果

解题思路

1. 使用椭圆形工具和矩形工具绘制雨伞的外形。
2. 使用形状工具调整雨伞的形状。
3. 使用交互式透明工具绘制雨伞的高光部分。
4. 使用矩形工具绘制雨伞的顶部以及手柄等。

操作步骤

1. 按下“Ctrl+N”组合键，新建一个文档，新建的文档默认为A4大小。
2. 单击工具箱中的椭圆形工具，在绘图区域中绘画一个椭圆形，如图11.69所示。
3. 单击工具箱中的矩形工具，绘制如图11.70所示的矩形。
4. 同时选中椭圆形和矩形，单击属性栏中的“移除前面对象”按钮，将椭圆形的下半部分裁减掉，然后将其填充成白色，如图11.71所示。

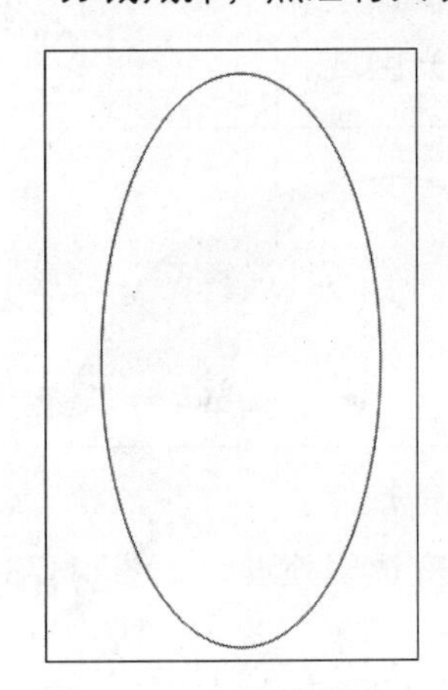

图11.69　绘制椭圆形

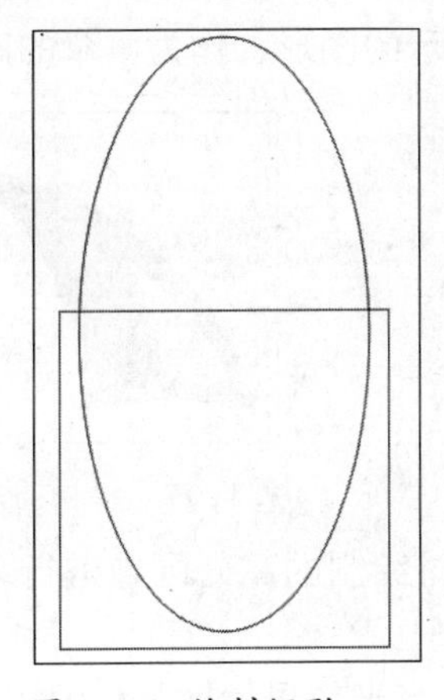

图11.70　绘制矩形

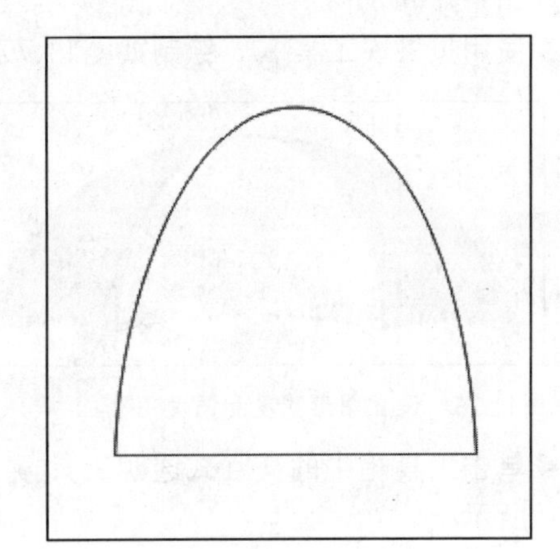

图11.71　裁剪后的椭圆形

5 选择裁剪后的椭圆形，然后按下数字键盘上的“+”键进行复制。

6 选中复制得到的椭圆形，在属性栏的“对象大小”文本框中，设置椭圆形的轮廓线宽度为“80mm”，效果如图11.72所示。

7 选中椭圆形，设置填充颜色为“C：1，M：73，Y：89，K：0”，对其进行填充，然后调整图形对象的顺序，效果如图11.73所示。

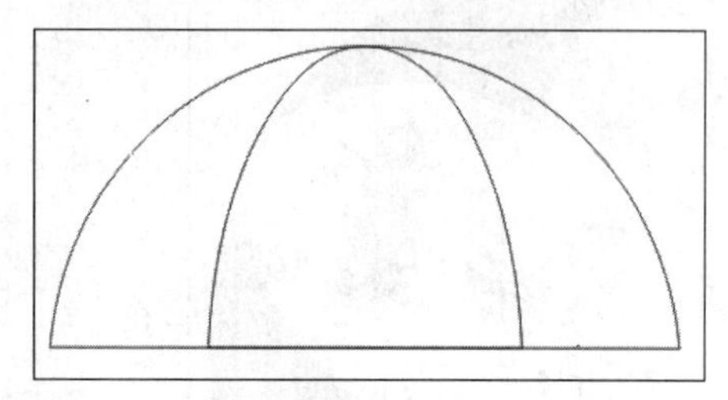

图11.72　复制并调整椭圆形

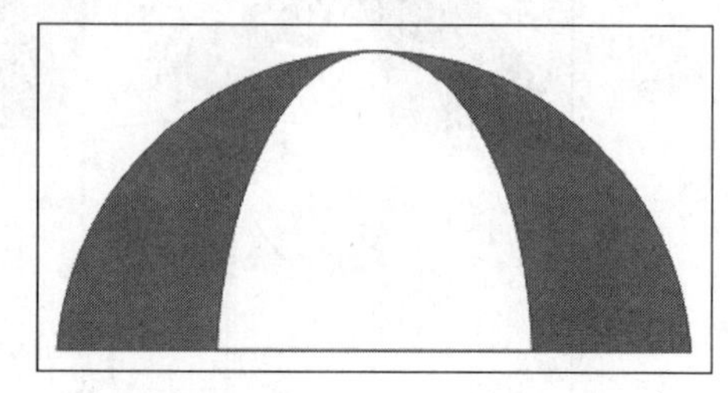

图11.73　填充图形

8 选择较小的椭圆形，再次按下数字键盘上的“+”键进行复制。

9 按住“Shift”键，同时选中复制得到的椭圆和填充后的大椭圆，然后单击属性栏中的“移除前面对象”按钮。

10 单击工具箱中的形状工具，对图形进行调整，效果如图11.74所示。

11 再次使用形状工具分别选择伞左下角和右下角的节点，调整伞的弧度，效果如图11.75所示。

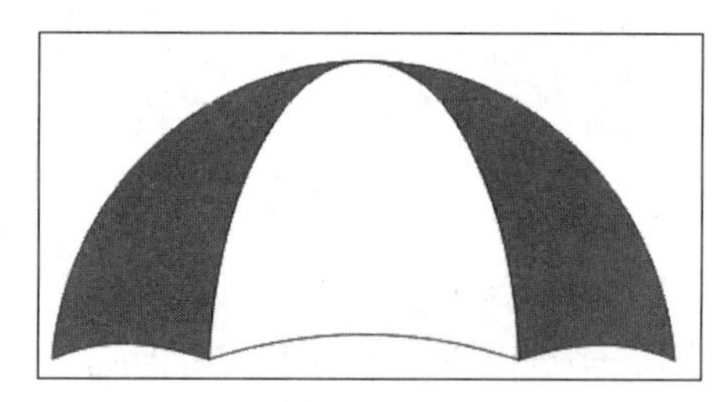

图11.74　调整曲线

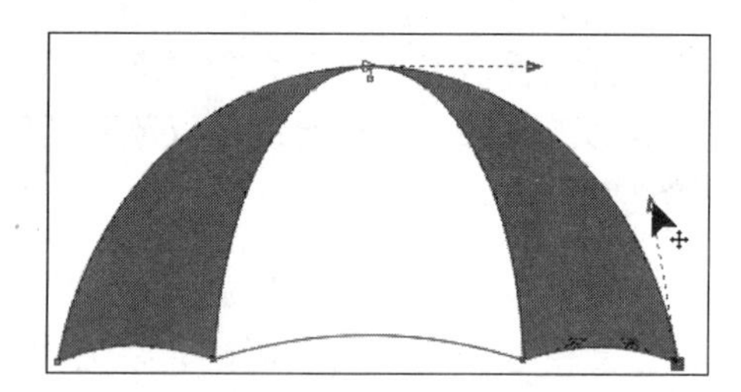

图11.75　调节弧度

12 选择所有的图形，在属性栏中设置高度值为“32mm”，宽度值为“90mm”，效果如图11.76所示。

13 使用贝济埃工具，绘制如图11.77所示的图形，作为雨伞的高光区域。

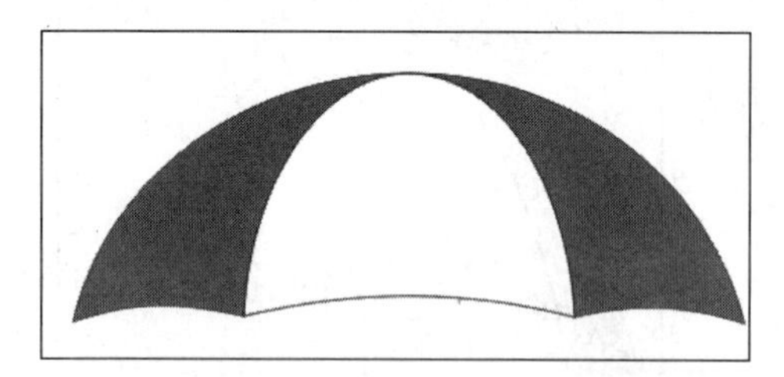

图11.76　设置图形宽度和高度

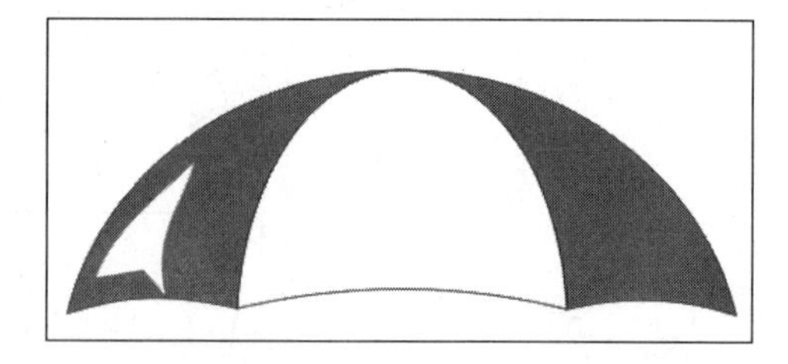

图11.77　绘制高光部分

14 单击工具箱中的交互式透明工具，对绘制的高光区域进行渐变透明处理，如图11.78所示。

15 使用同样的方法，为雨伞的另一边添加高光效果，效果如图11.79所示。

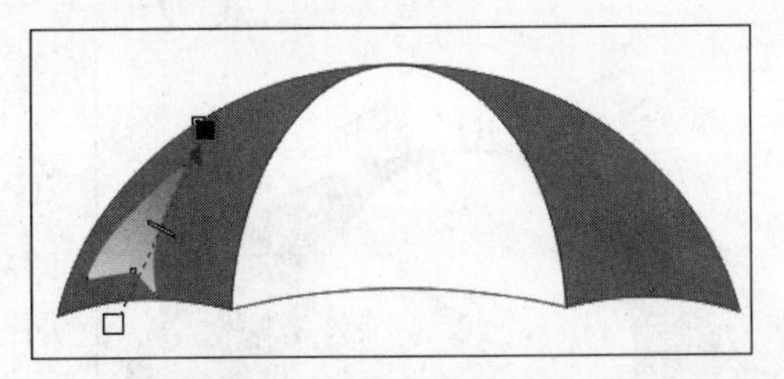

图11.78　调整高光效果

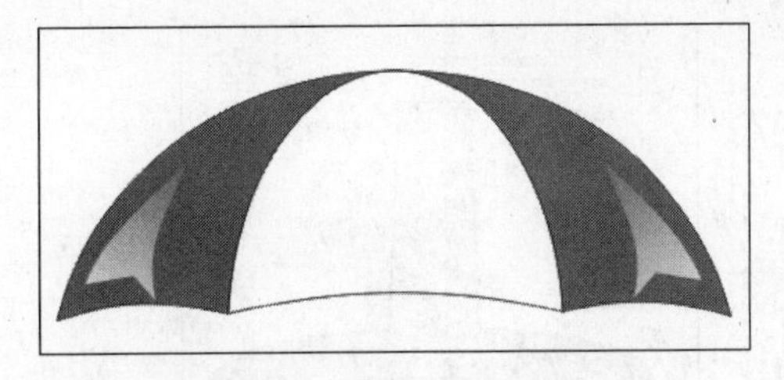

图11.79　添加高光效果

16 使用椭圆形工具和矩形工具，绘制如图11.80所示的图形。

17 同时选中椭圆形和矩形，单击属性栏中的“焊接”按钮，效果如图11.81所示。

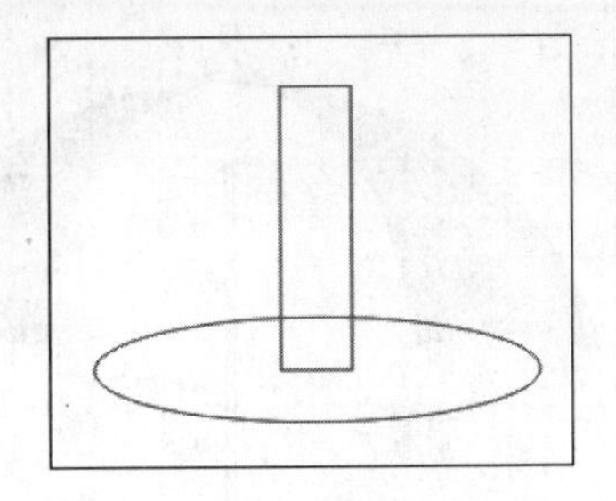

图11.80　绘制椭圆形和矩形

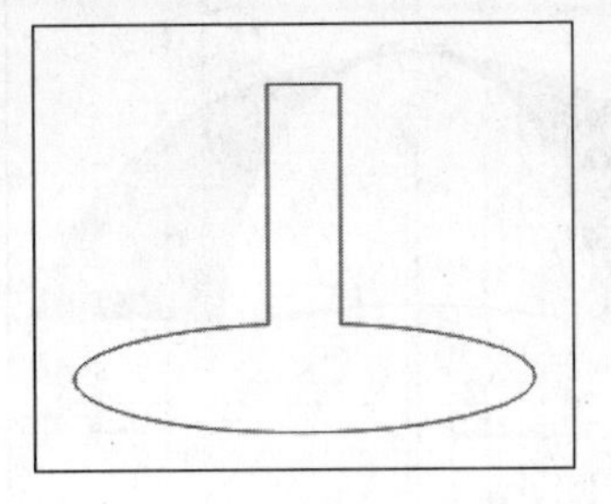

图11.81　焊接图形

18 选中焊接得到的图形，按下“F11”快捷键，弹出“渐变填充”对话框，在对话框中设置填充参数，如图11.82所示。

19 设置完成后单击“确定”按钮，得到如图11.83所示的效果。

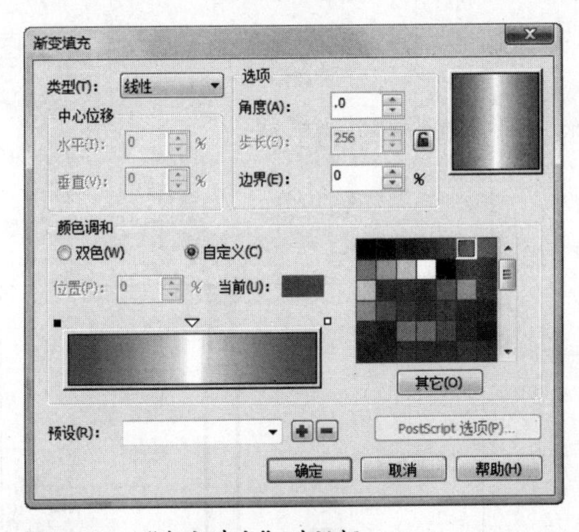

图11.82　“渐变填充”对话框

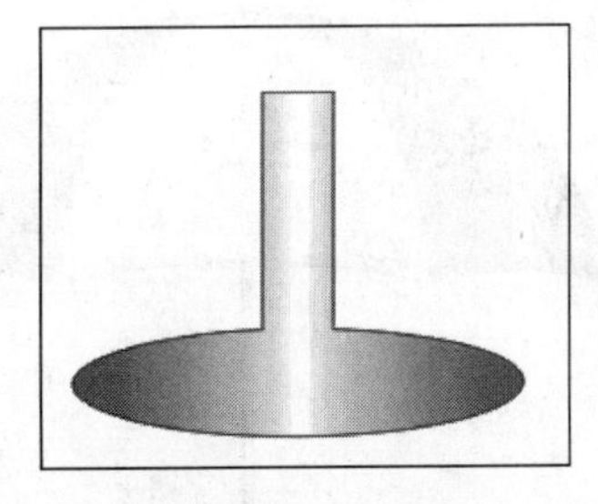

图11.83　填充后的效果

20 单击工具箱中的形状工具，对填充得到的图形进行调整得到伞顶，效果如图11.84所示。

21 对绘制的调整后的图形进行缩放，然后将图形放置到合适的位置，效果如图11.85所示。

22 使用矩形工具绘制如图11.86所示的矩形，用来作为伞柄。

23 使用鼠标右键选中伞顶不放，将其拖动到伞柄上，当出现一个十字准星形时，松开鼠标右键，然后在弹出的快捷菜单中选中“复制所有属性”命令，效果如图11.87所示。

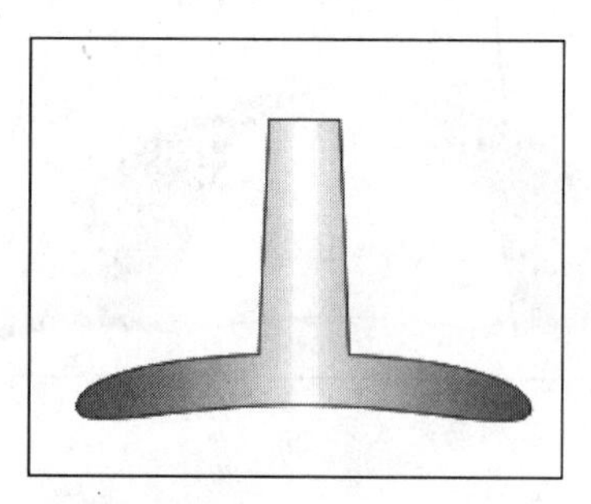

图11.84　调整图形

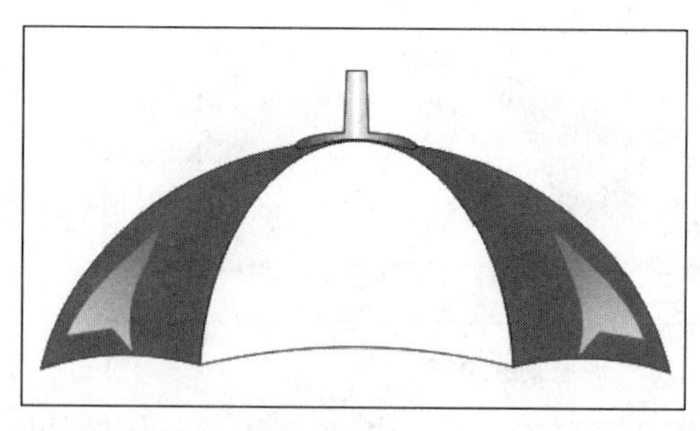

图11.85　缩放并调整图形

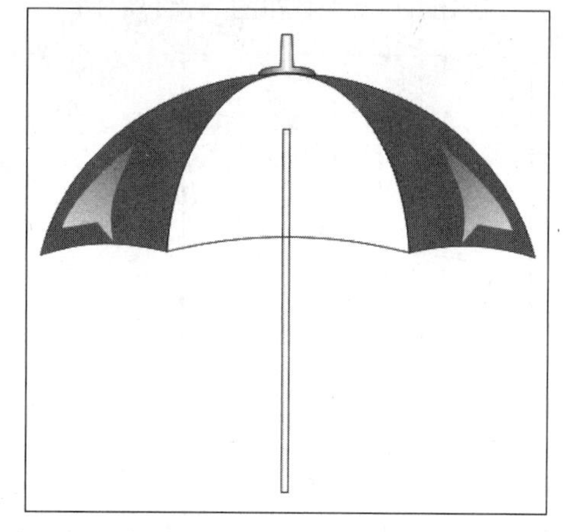

图11.86　绘制矩形

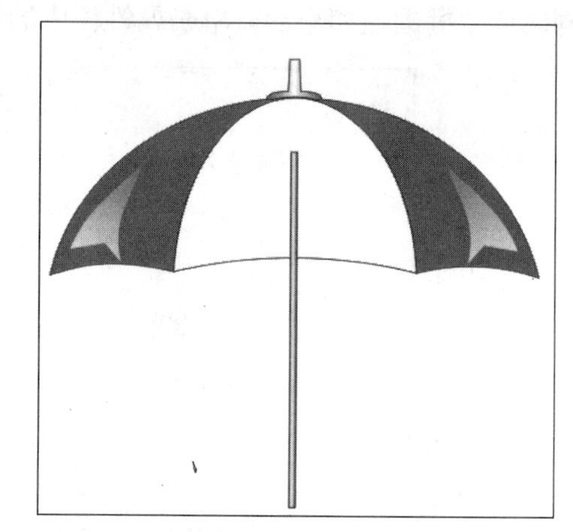

图11.87　填充矩形

24 选中填充后的矩形，然后执行“排列”→“顺序”→“到图层后面”命令，调整图层顺序，效果如图11.88所示。

25 使用贝济埃工具绘制如图11.89所示的图形，作为雨伞的手柄。

图11.88　调整图层顺序

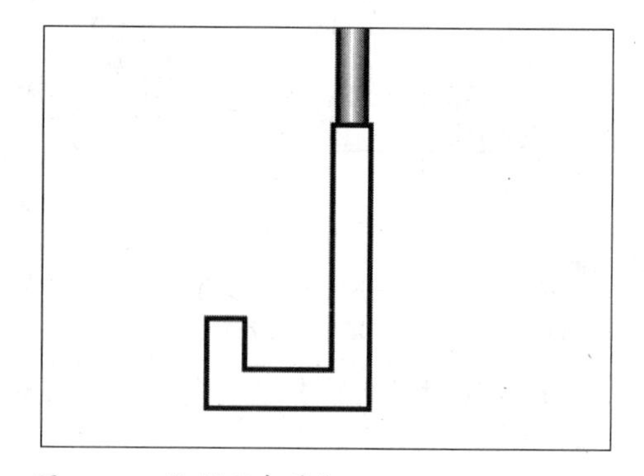

图11.89　绘制雨伞手柄

26 使用形状工具对绘制的雨伞手柄进行调整，效果如图11.90所示。

27 按下“F11”快捷键，打开“渐变填充”对话框，设置参数对绘制的手柄进行填充，效果如图11.91所示。

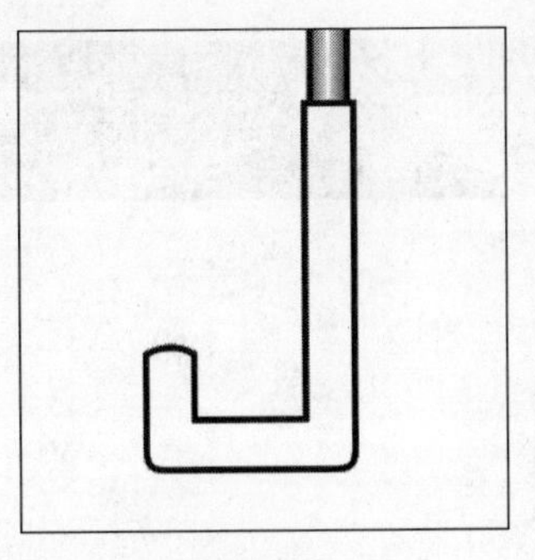

图11.90　调整手柄

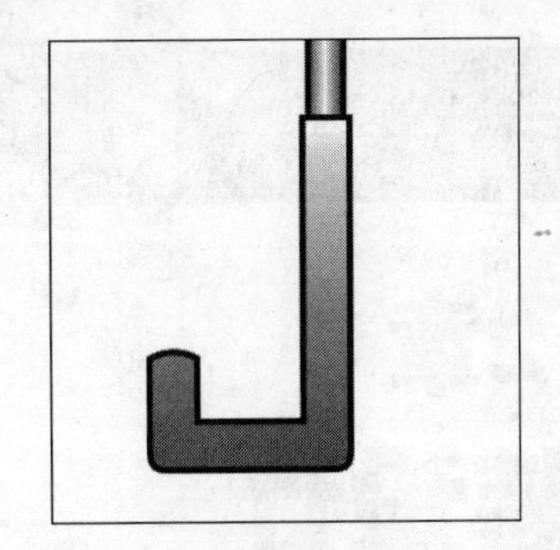

图11.91　填充手柄

28 执行“文件”→“导入”命令，将制作好的标志导入到绘图区域中，并将对象进行缩放，然后放置到合适的位置，效果如图11.92所示。

29 选择绘制的所有图形，按下“Ctrl+G”组合键进行群组，雨伞的最终效果如图11.93所示。

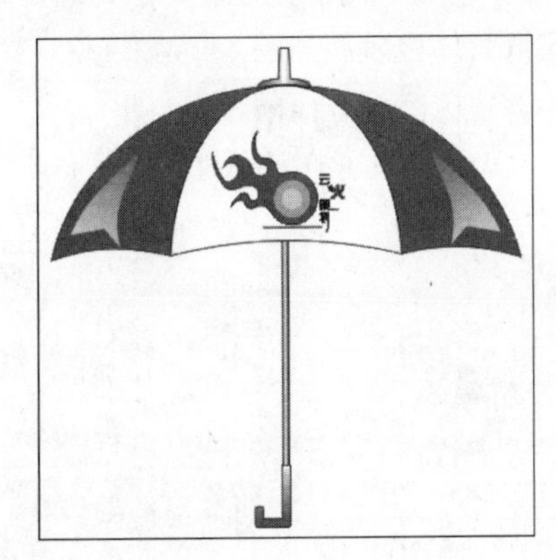

图11.92　导入标志

图11.93　最终效果

结束语

VI利用平面设计的手法将企业文化等抽象语意转换为具象的符号，从而形成企业独特的身份标识。企业通过VI设计对内征得员工的认同感，归属感，加强企业凝聚力；对外树立企业的整体形象，实现资源整合，有控制地将企业的信息传达给受众，通过视觉符号，不断地强化受众的意识，从而获得认同。由此可见，VI在CIS企业识别系统中，占据着主导地位。

Chapter 12

第12章 包装设计

本章要点

入门——基本概念和基本操作

- 包装设计的概念和分类
- 包装设计的原则

进阶——典型实例

- 绘制瓶身和瓶盖
- 绘制啤酒瓶标
- 绘制背景

提高——自己动手练

- 绘制牙膏管体包装展开图
- 绘制牙膏管体包装立体图

本章导读

包装的主要功能为容纳商品、保护商品和利于携带。商品经济的发展带动了包装的发展，在保证包装的基本功能以外，商家开始注意包装的外表和结构，以此提升商品的内涵。CorelDRAW X4因具有强大的功能在包装设计领域占据着重要地位，本章将详细介绍如何通过该软件进行包装设计。

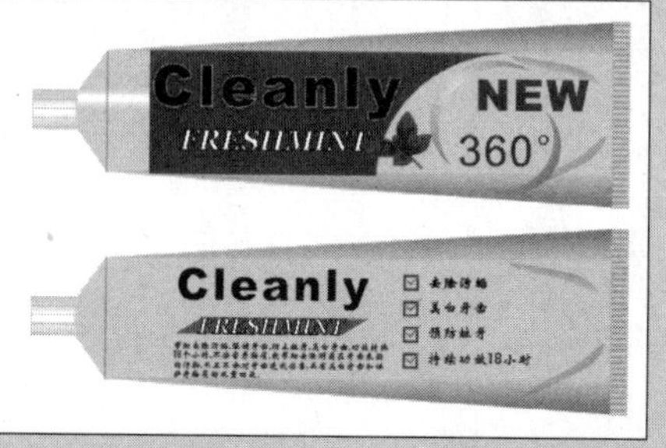

12.1 入门——基本概念和基本操作

包装设计不仅是市场活动，也是市场营销活动。包装不仅其本身是一种传播，也可以透过其他媒体而传播加强其印象。在制作本章实例之前，首先必须对包装设计的概念、分类以及一些行业内的设计原则有所了解。

12.1.1 包装设计的概念与分类

包装是盛装商品的容器、材料及辅助物品。包装设计是针对商品外包装的平面设计，其主要目的是运用平面的设计理念和手段，对商品的包装版面、结构功能及相关信息内容进行设计。

成功的包装不仅要通过造型、色彩、图案和材质的使用引起消费者对产品的注意与兴趣，准确传达产品信息，还要使消费者通过包装精确理解产品，因为人们购买的目的并不是包装，而是包装内的产品。商品种类繁多，形态各异、五花八门，其功能作用、外观内容也各有千秋，最常见的包装是盒状包装、桶状包装和袋状包装。

1. 盒状包装

盒状包装一般由纸、纸箱、纸盒或其他材料构成，主要用于容纳商品、说明书以及与商品相关的配件。优秀的盒状包装可以提升商品的档次，从而吸引消费者购买。包装盒的外表面是版面设计所涉及的主要对象，美观的版面、清晰的图片和准确的文字说明都是设计时要重点考虑的。

2. 桶状包装

桶状包装一般由金属、玻璃、硬纸板或塑料等材料构成，如各种罐头、酒瓶、茶叶罐、化妆品以及洗浴用品的包装等。但因为桶状包装的顶部和底部多用于印刷产品名、出厂日期、合格章等，其主要的设计版就只能是桶的四周表面。

3. 袋状包装

袋状包装一般由塑料、纸张或皮革等材料构成。包装袋的外表和结构是包装设计的对象，通过设计，可以使商品包装具有美观、醒目的外表与科学的结构。

12.1.2 包装设计的原则

与任何平面设计一样，包装设计应在“醒目原则”、“理解原则”和“好感原则”的设计原则下进行。

1. 醒目原则

包装要起到促销的作用，首先要能引起消费者的注意，因为只有引起消费者注意的商品才有被购买的可能。因此，包装要使用新颖别致的造型、鲜艳夺目的色彩、美观精巧的图案等，达到醒目的效果，使消费者一看见就产生强烈的兴趣。

2. 理解原则

好的包装可以让消费者一目了然地了解包装内的产品，准确传达产品信息的最有效办法是真实地传达产品形象，在设计时可以采用全透明包装；可以在包装容器上开窗展示产品；可以在包装上绘制产品图形；可以在包装上做简洁的文字说明；可以在包装上印刷彩色的产品照片等。准确地传达产品信息也要求包装的档次与产品的档次相适应，掩盖或夸大产品的质量、功能等都是失败的包装。我国出口的人参曾用麻袋、纸箱包装，外商怀疑是萝卜干，自然是从这种粗陋的包装档次上去理解的。

3. 好感原则

包装的造型、色彩、图案、材质要能引起人们喜爱的情感，因为人的喜厌对购买冲动起着极为重要的作用。好感来自实用性方面，即包装能否满足消费者的各方面需求，提供方便。这涉及包装的大小、多少以及精美程度等方面，同样的护肤霜，可以是大瓶装，也可以是小盒装，消费者可以根据自己的习惯选择。同样的产品，包装精美的容易被人们选为礼品，包装差一点的只能自己使用。当产品的包装提供了方便时，自然会引起消费者的好感。

12.2 进阶——典型实例

通过前面的学习，相信读者已经对包装设计的基本概念有了一定的了解。下面将在此基础上进行相应的实例练习，进行一个啤酒瓶的包装设计。

最终效果

本例制作完成后的最终效果如图12.1所示。

图12.1 最终效果

解题思路

1 绘制啤酒瓶的瓶身和瓶盖。
2 绘制啤酒瓶标。
3 绘制啤酒瓶的背景。

12.2.1 绘制瓶身和瓶盖

操作步骤

1 按下“Ctrl+N”组合键，新建一个文档，新建的文档默认为A4大小。
2 单击工具箱中的贝济埃工具，在绘图区域中绘制如图12.2所示的啤酒瓶外形。

3 单击工具箱中的形状工具![形状工具], 对绘制的啤酒瓶进行调整，效果如图12.3所示。

4 选择绘制的图形，按下数字键盘上的“+”键进行复制，然后单击属性栏中的“水平镜像”按钮镜像复制图形，并调整位置，如图12.4所示。

5 选择所有的图形，然后单击属性栏中的“焊接”按钮，效果如图12.5所示。

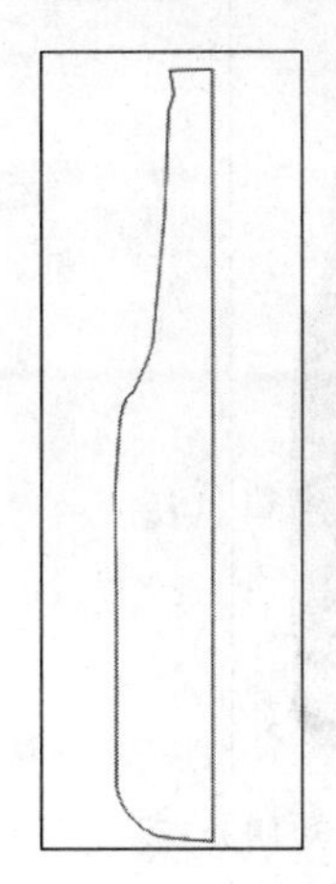

图12.2 绘制啤酒瓶外形

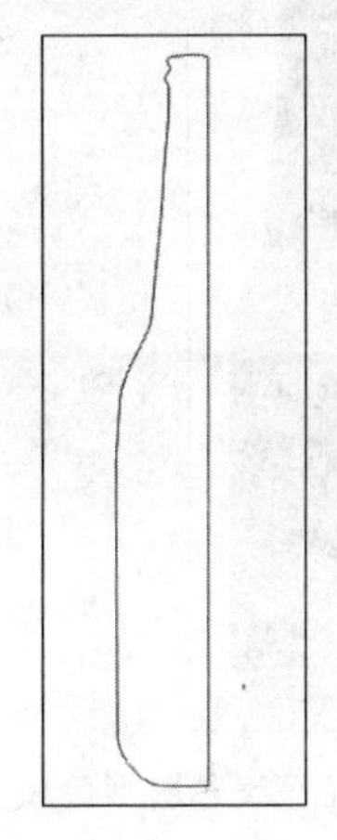

图12.3 调整图形

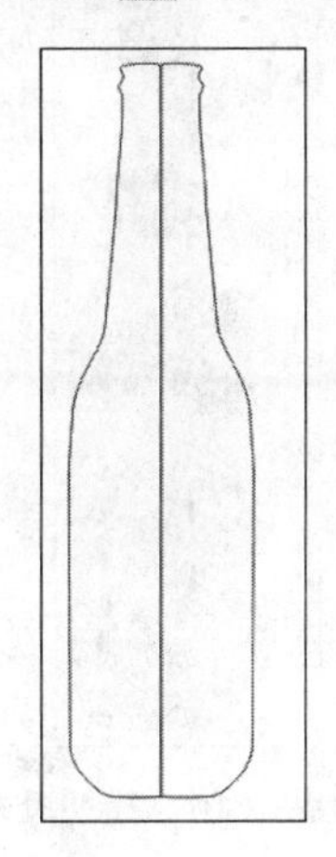

图12.4 复制并调整图形

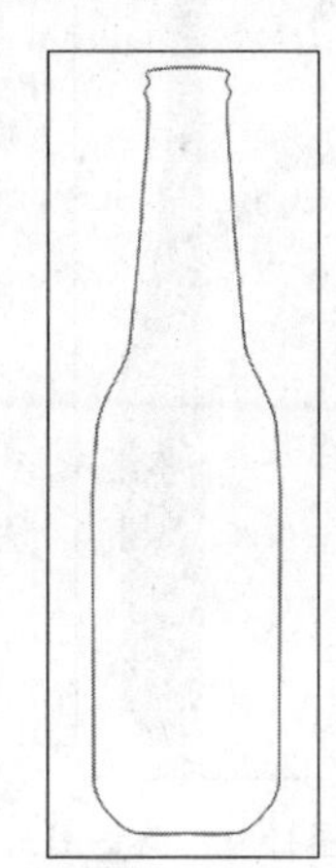

图12.5 焊接图形

6 选择绘制的酒瓶，按下“F11”快捷键，弹出“渐变填充”对话框，在对话框中设置填充类型为“线性”，然后设置填充颜色为从“C：63，M：3，Y：2，K：68，”到“C：75，M：0，Y：84，K：0”，再到“C：63，M：3，Y：17，K：56”，如图12.6所示。

7 单击“确定”按钮，填充效果如图12.7所示，然后选择填充的图形，并删除轮廓线。

8 选择填充得到的啤酒瓶，按下“+”键进行复制，并将其填充成白色，效果如图12.8所示。

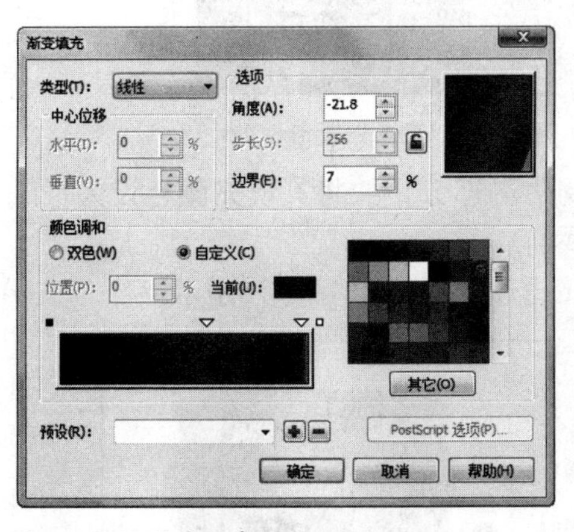

图12.6 设置填充参数

图12.7 填充后的效果

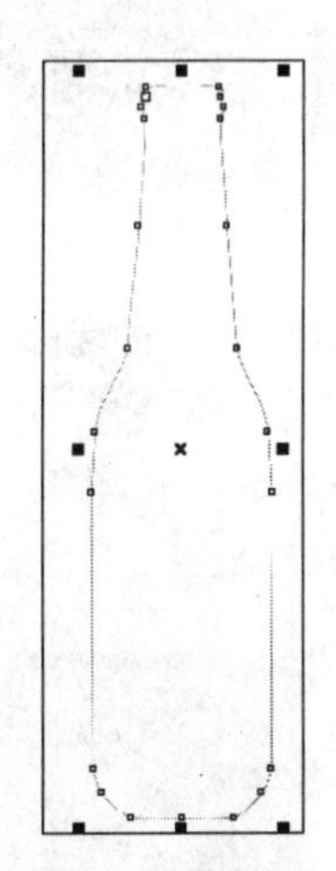

图12.8 复制并填充酒瓶

9 使用形状工具对复制得到的图形进行调整，删除其右边部分，如图12.9所示。

10 单击工具箱中的交互式透明工具，对白色图形区域做线性渐变透明处理，效果如图12.10所示。

11 使用同样的方法，制作右边部分的图形，设置其填充颜色为“C：71，M：60，Y：

60，K：35”，如图12.11所示。

12 使用交互式透明工具，对填充的图形区域做线性渐变透明处理，效果如图12.12所示。

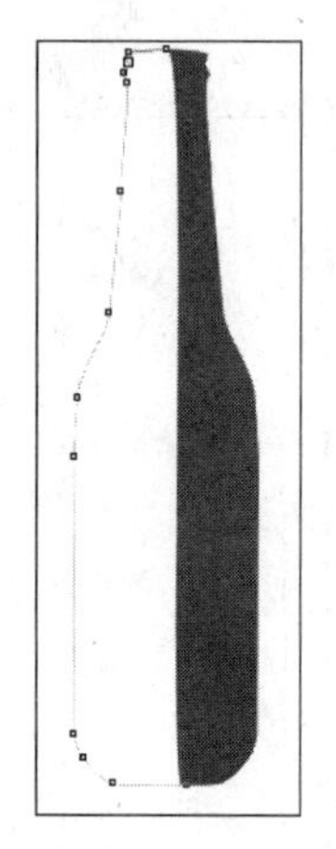

图12.9 调整图形

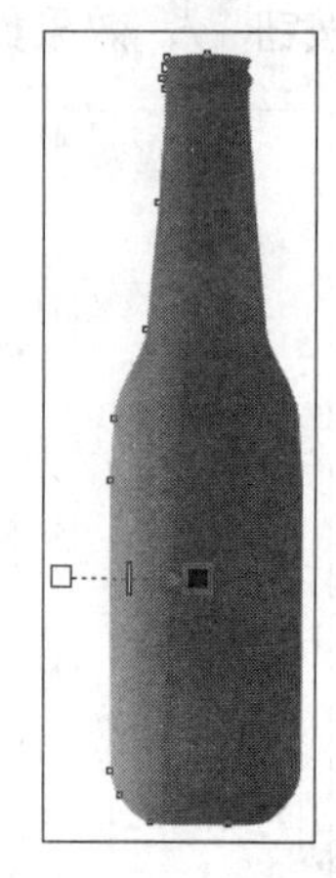

图12.10 透明处理

图12.11 填充图形区域

图12.12 透明处理

13 单击工具箱中的椭圆形工具，在瓶口处绘制一个椭圆形，如图12.13所示。

14 选择绘制的椭圆形，将其填充成从“C：78，M：66，Y：66，K：38”到“C：51，M：35，Y：35，K：0”的渐变色，并删除轮廓线，效果如图12.14所示。

图12.13 绘制椭圆形

图12.14 填充椭圆形

15 单击工具箱中的贝济埃工具，在瓶口处绘制阴影部分，并将其填充颜色设为“C：84，M：70，Y：65，K：40”，如图12.15所示。

16 使用交互式透明工具，对填充区域做线性渐变透明处理，如图12.16所示。

图12.15 绘制阴影部分

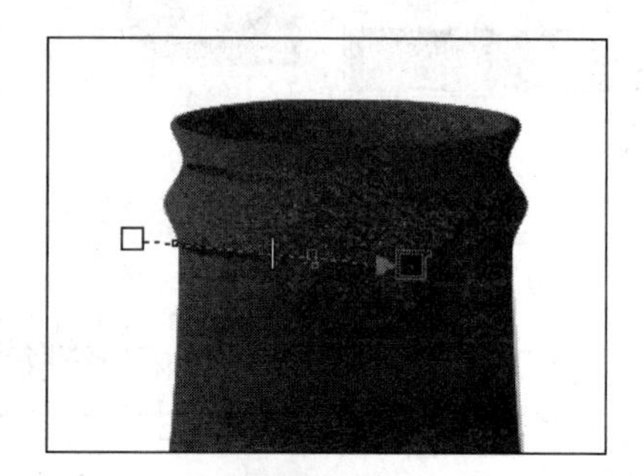

图12.16 透明处理

17 使用同样的方法，绘制瓶颈和瓶身的高光部分，效果如图12.17所示。

18 单击工具箱中的贝济埃工具，在瓶子的顶部绘制瓶盖的大致形状，如图12.18所示。
19 选择绘制的瓶盖，按下“F11”快捷键，弹出“渐变填充”对话框，然后在对话框中设置填充颜色为从“C：5，M：20，Y：90，K：0”到“C：3，M：3，Y：33，K：0”、再到“C：3，M：7，Y：94，K：0”的渐变，并删除轮廓线，效果如图12.19所示。

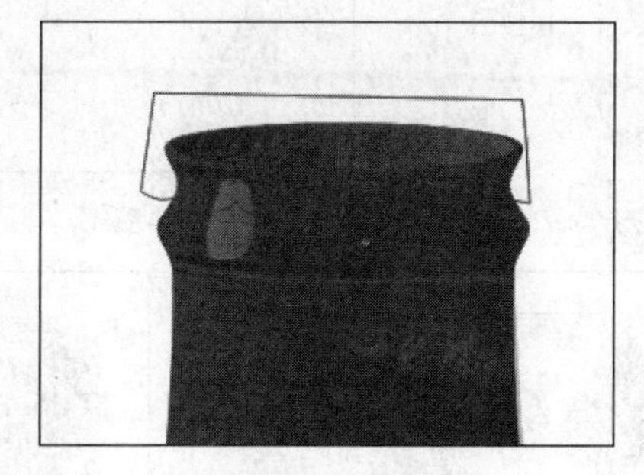

图12.17　绘制高光 图12.18　绘制瓶盖外形 图12.19　填充瓶盖

20 单击工具箱中的椭圆形工具，在绘制图形的上面绘制椭圆形，如图12.20所示。
21 选择绘制的椭圆形，然后设置填充颜色为从“C：5，M：20，Y：90，K：0”到“C：27，M：60，Y：98，K：0”的渐变，并删除轮廓线，效果如图12.21所示。

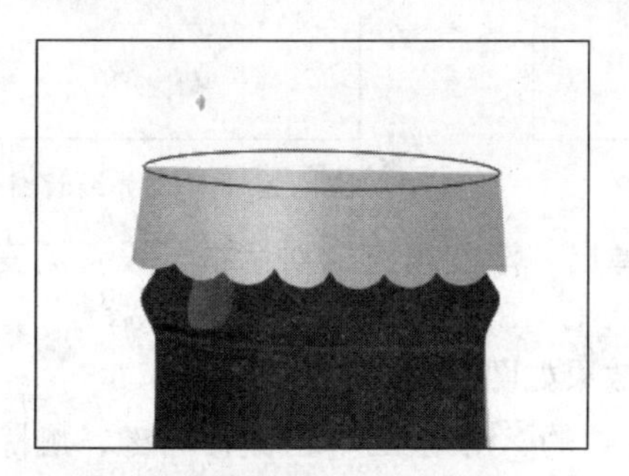

图12.20　绘制椭圆形

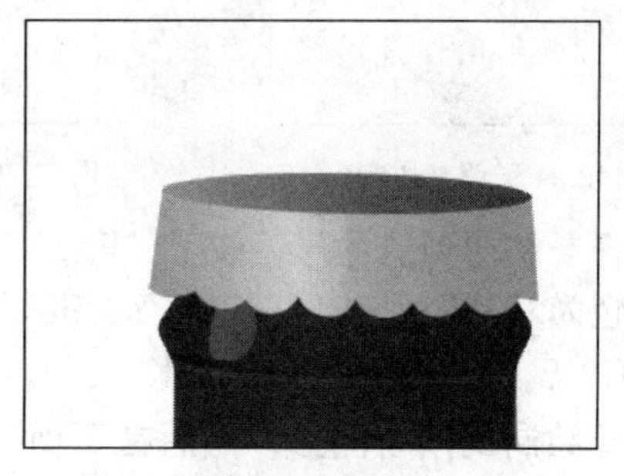

图12.21　填充椭圆形

12.2.2　绘制啤酒瓶标

操作步骤

1 使用矩形工具和多边形工具，在页面中绘制一个矩形和一个三角形，如图12.22所示。
2 选择绘制的矩形和椭圆形，然后在属性栏中单击“焊接”按钮，将图形进行焊接，效果如图12.23所示。
3 使用形状工具对焊接得到的图形进行调整，调整后的效果如图12.24所示。
4 选择调整后的图形，按下“F11”快捷键，弹出“渐变填充”对话框，设置渐变填充颜色为从“C：0，M：0，Y：0，K：30”到“C：0，M：0，Y：0，K：10”，再到“C：0，M：0，Y：0，K：30”，设置完成后的效果如图12.25所示。
5 选择填充后的图形，按下“+”键进行复制，然后对其进行缩放，如图12.26所示。

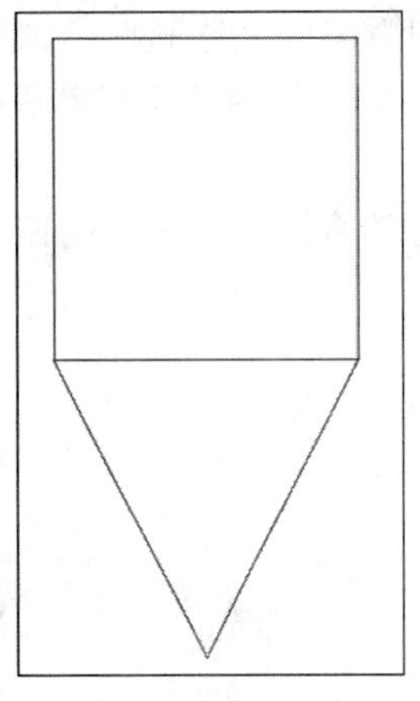

图12.22　绘制矩形和三角形

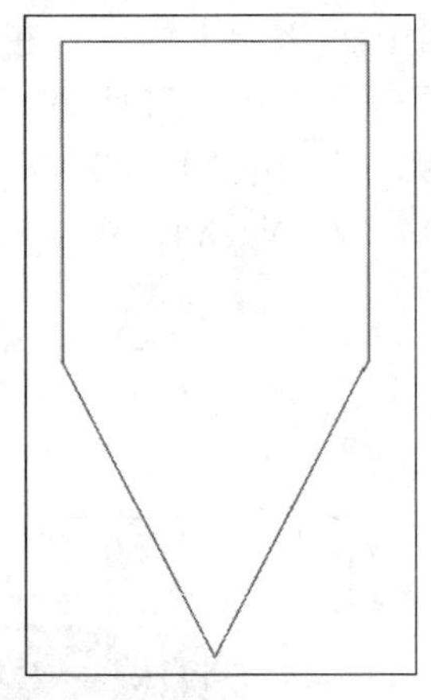

图12.23　焊接图形

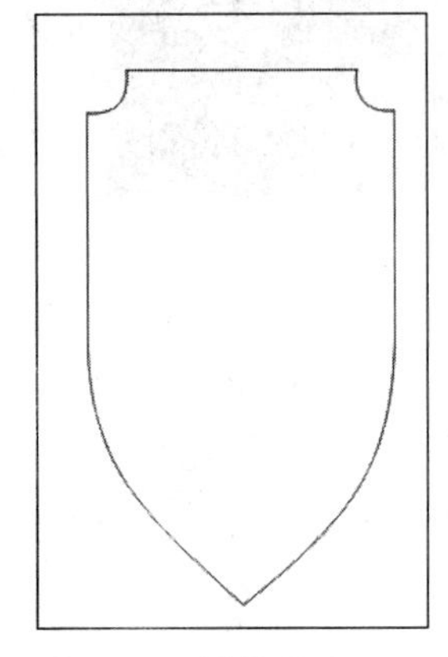

图12.24　调整图形

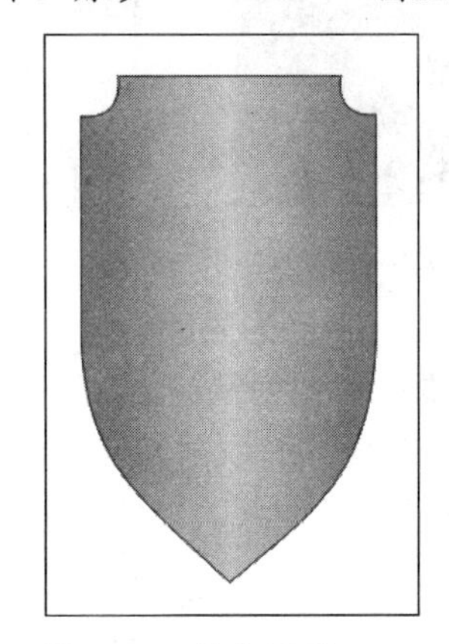

图12.25　填充图形

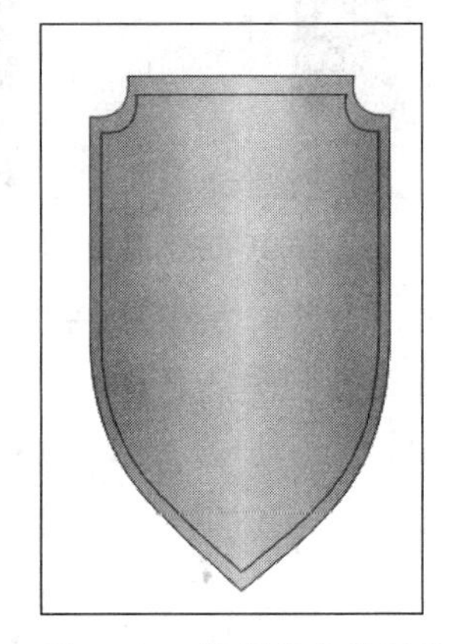

图12.26　复制并缩放图形

6 选择复制得到的图形，按下“F11”快捷键，弹出“渐变填充”对话框，设置渐变填充颜色为从“C：5，M：20，Y：90，K：0”到“C：3，M：7，Y：66，K：0”，再到“C：5，M：20，Y：90，K：0”，填充后的效果如图12.27所示。

7 选择绘制的所有图形，然后在页面右侧调色板中的⊠按钮上单击鼠标右键，删除轮廓线，效果如图12.28所示。

8 使用贝济埃工具，绘制如图12.29所示的图形。

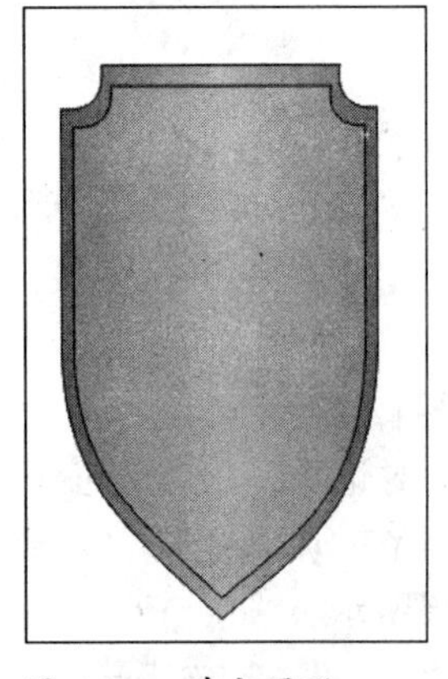

图12.27　填充图形

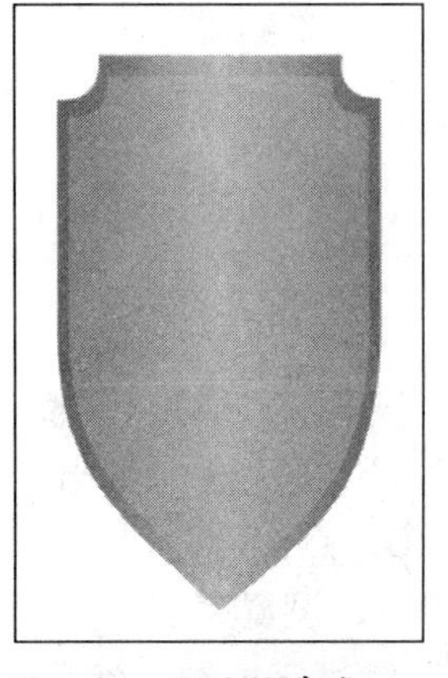

图12.28　删除轮廓线

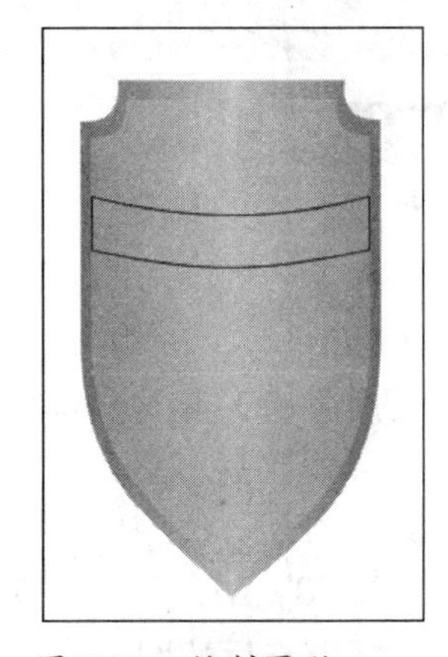

图12.29　绘制图形

9 选择绘制的图形，然后设置填充颜色为从“C：0，M：60，Y：80，K：0”到“C：0，M：40，Y：80，K：0”，再到“C：0，M：60，Y：80，K：0”，填充后的效果如图12.30所示。

10 使用文本工具字，在页面中输入文本“SANQUAN”，然后在属性栏中设置文本的属性，效果如图12.31所示。

11 选择输入的文本，执行“文本”→“使文本适合路径”命令，将文本放置到弧线上，如图12.32所示。

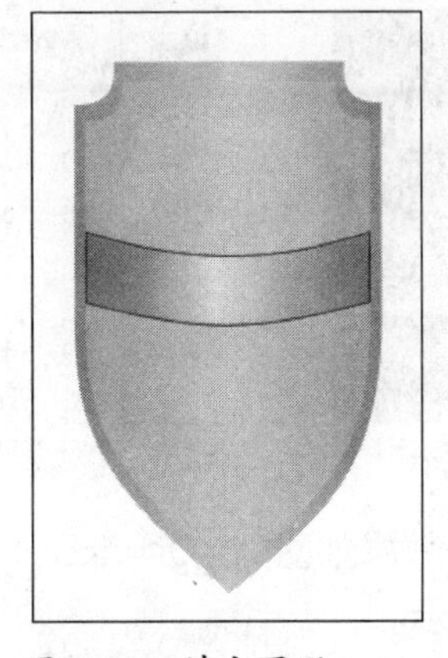

图12.30　填充图形

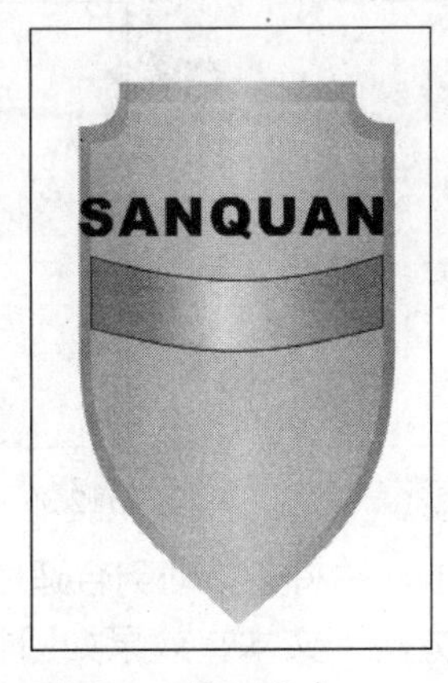

图12.31　输入文本

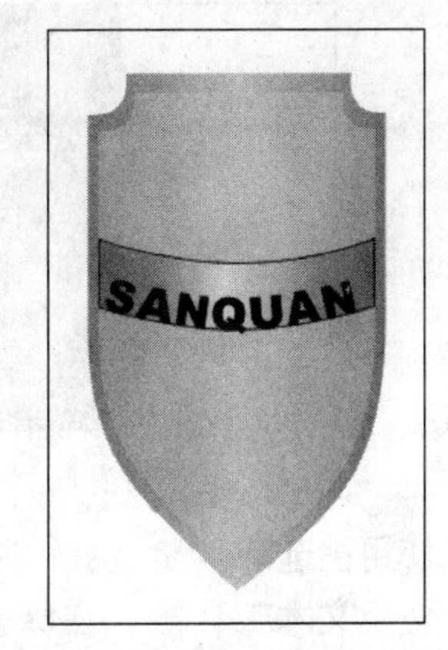

图12.32　使文本沿路径显示

12 选择文本，按下“Ctrl+Q”组合键，将文本转换成曲线，然后将文本移动到合适的位置，效果如图12.33所示。

13 使用文本工具字，输入啤酒瓶标签上的其他文本信息，效果如图12.34所示。

14 使用椭圆形工具，绘制三个椭圆，然后使用形状工具将绘制的椭圆形调整成为如图12.35所示的形状。

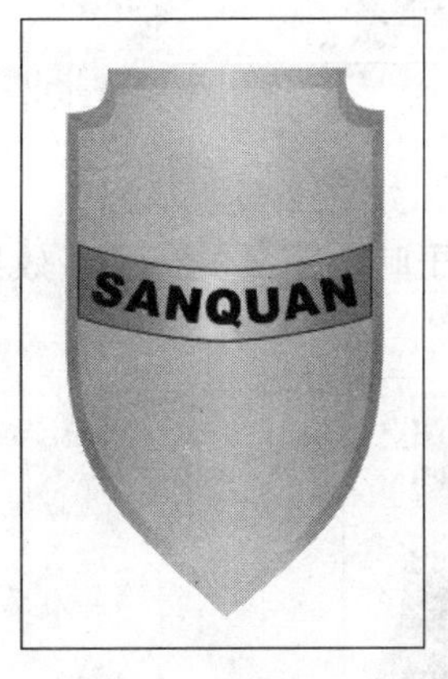

图12.33　调整文本

图12.34　输入文本

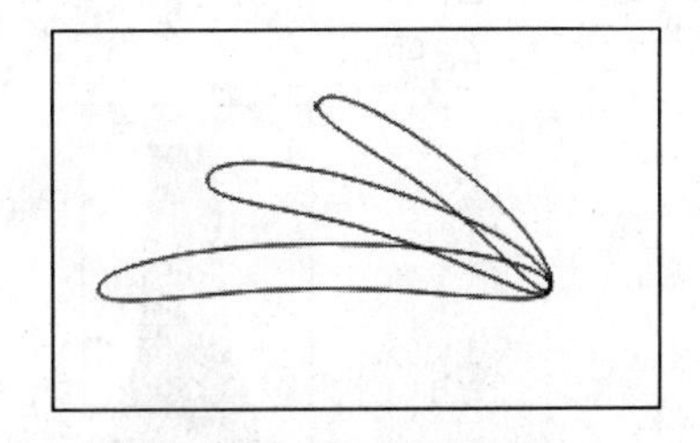

图12.35　绘制并调整椭圆形

15 为绘制的图形填充颜色，然后将其进行复制，效果如图12.36所示。

16 使用文本工具字，在页面中输入文本“SQ”，并在属性栏中设置文本的属性，然后将其放置到合适的位置，如图12.37所示。

17 单击工具箱中的贝济埃工具，在瓶颈处绘制如图12.38所示的图形。

18 选择绘制的图形，设置填充颜色为从“C：5，M：20，Y：90，K：0”到“C：3，M：7，

Y：66，K：0”，再到“C：5，M：20，Y：90，K：0”，填充后的效果如图12.39所示。

图12.36 填充并复制图形

图12.37 输入文本

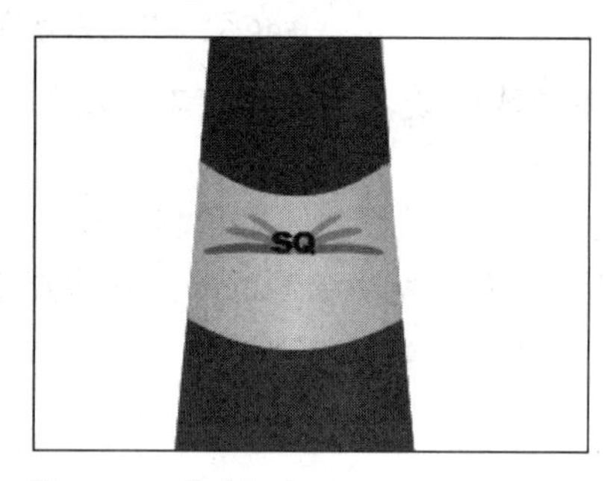

图12.38 绘制图形

图12.39 填充图形

19 使用挑选工具选择绘制的标志，并将其移动到合适的位置，效果如图12.40所示。

20 使用文本工具，在标志的下方输入文本，效果如图12.41所示。

图12.40 移动标志

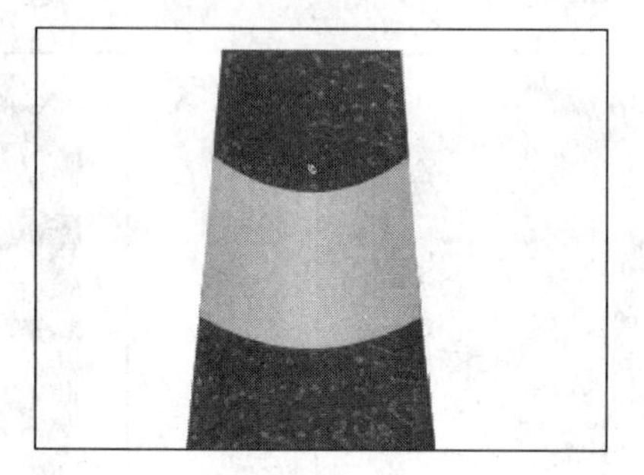

图12.41 输入文本

21 使用挑选工具选择绘制的啤酒瓶标，然后将其移动到合适的位置，如图12.42所示。

22 选择啤酒瓶标，然后按住“Shift”键对其进行缩放，使其适合于啤酒瓶身的宽度，效果如图12.43所示。

图12.42 移动啤酒瓶标

图12.43 缩放啤酒瓶标

12.2.3 绘制背景

操作步骤

1 单击工具箱中的矩形工具，在绘图区域中绘制一个矩形，如图12.44所示。

2 选择绘制的矩形，然后将矩形填充为从深灰色到白色的线性渐变，效果如图12.45所示。

图12.44 绘制矩形

图12.45 填充矩形

3 使用同样的方法，绘制一个填充为从白色到灰色的渐变矩形，如图12.46所示。

4 将绘制好的啤酒瓶放置到合适的位置，效果如图12.47所示。

图12.46 绘制渐变矩形

图12.47 将啤酒瓶放置到合适的位置

5 选择绘制的啤酒瓶，按下“+”键进行复制，然后单击属性栏中的“垂直镜像”按钮，将啤酒瓶进行镜像操作，如图12.48所示。

6 使用交互式透明工具，对复制得到的啤酒瓶进行交互式透明处理，效果如图12.49所示。

图12.48 复制并镜像对象

图12.49 交互式透明操作

12.3 提高——自己动手练

根据包装设计的基本概念和原则制作了相关的实例后，下面将进一步巩固本章所学知识并进行相关的实例演练，以达到提高读者动手能力的目的，本例是一个牙膏包装设计。

最终效果

本例制作完成后的最终效果如图12.50所示。

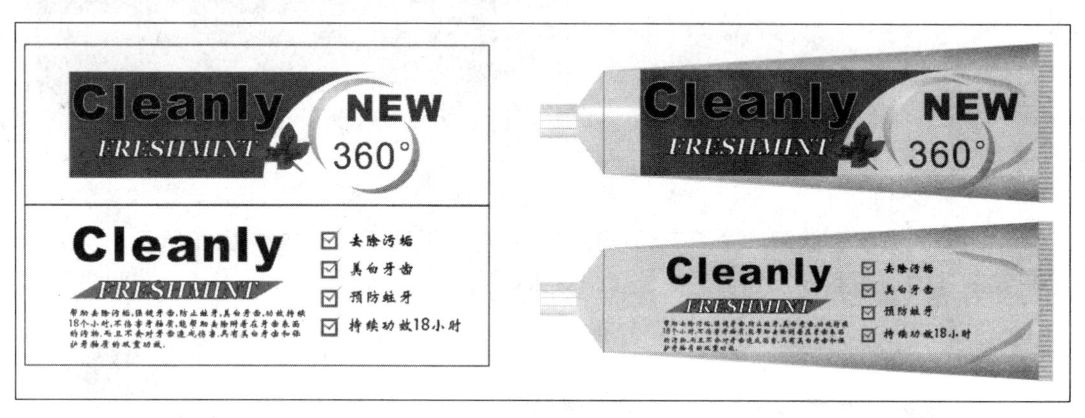

图12.50　最终效果

解题思路

1 绘制牙膏管体包装展开图。
2 绘制牙膏管体包装立体图。

12.3.1　绘制牙膏管体包装展开图

操作步骤

1 按下“Ctrl+N”组合键，新建一个文档，新建的文档默认为A4大小。
2 在菜单栏中执行“版面”→“页面设置”命令，弹出“选项”对话框，在文本框中设置页面的“宽度”和“高度”分别为165mm和110mm，然后单击“确定”按钮，如图12.51所示。
3 执行“视图”→“设置”→“辅助线设置”命令，弹出“选项”对话框，单击“水平”选项，在右侧的文本框中添加3条辅助线，如图12.52所示。
4 单击“垂直”选项，在其右侧的文本框中，添加4条辅助线，如图12.53所示，添加辅助线后的效果如图12.54所示。
5 单击工具箱中的矩形工具□，在绘图区中绘制一个长为165mm、宽为55mm的矩形，如图12.55所示。
6 执行“排列”→“对齐与分布”→“对齐与分布”命令，在弹出的“对齐与分布”对话框中设置对齐方式，如图12.56所示。

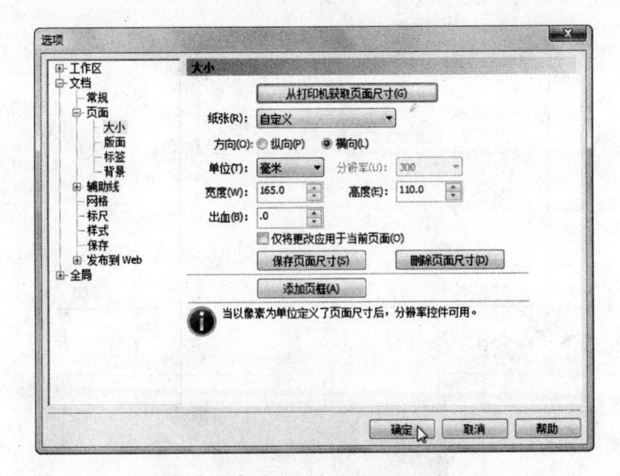

图12.51　设置页面大小

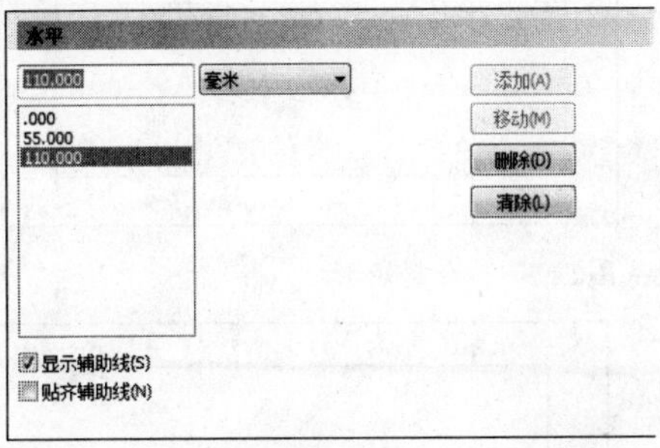

水平
110.000
毫米
.000
55.000
110.000
添加(A)
移动(M)
删除(D)
清除(L)
显示辅助线(S)
贴齐辅助线(N)

图12.52　添加水平辅助线

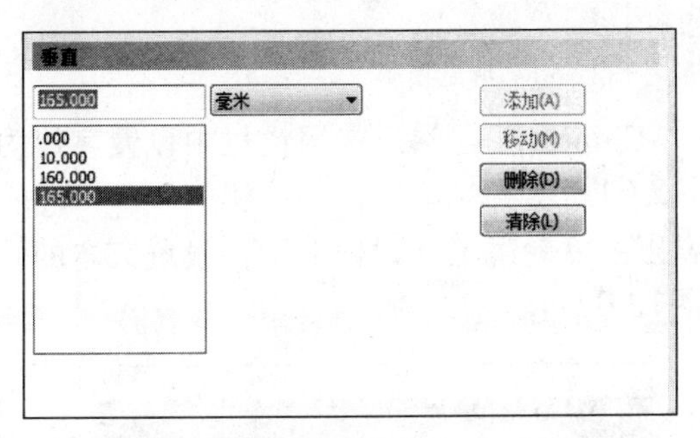

图12.53　添加垂直辅助线

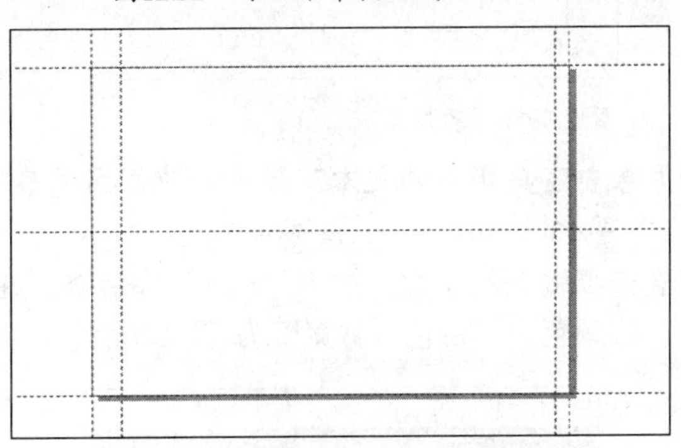

图12.54　添加辅助线后的效果

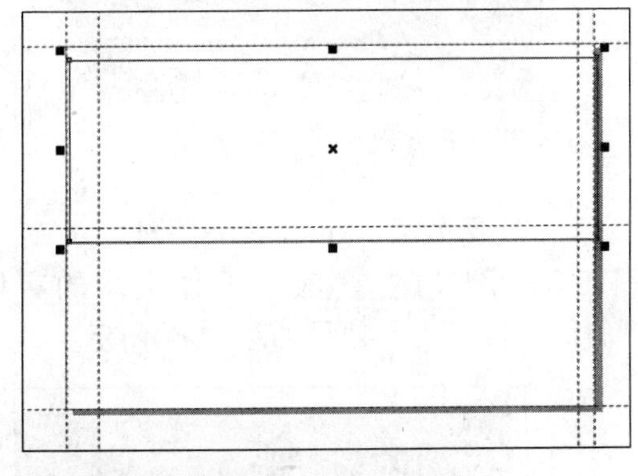

图12.55　绘制矩形

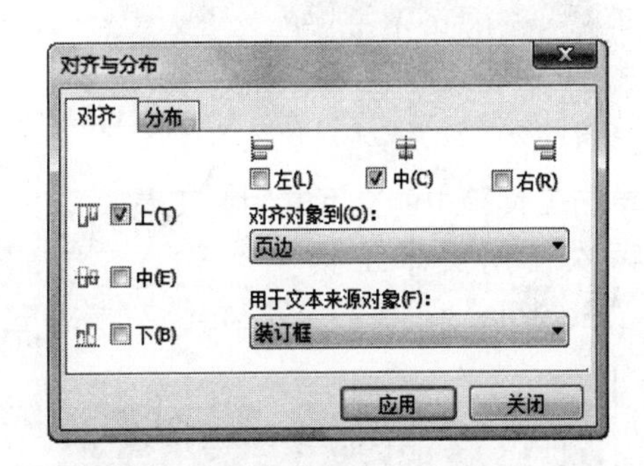

图12.56　设置对齐方式

7 使用矩形工具，在绘图区域中绘制一个长为110mm、宽为36.4mm的矩形，如图12.57所示。

8 单击工具箱中的椭圆形工具，在页面中绘制一个椭圆形，如图12.58所示。

9 选择绘制的矩形和椭圆形，然后单击属性栏中的“移除前面对象”按钮，得到如图12.59所示的图形。

10 选择图形，然后将图形颜色填充成“C：73，M：0，Y：1，K：0”，并删除轮廓线，效果如图12.60所示。

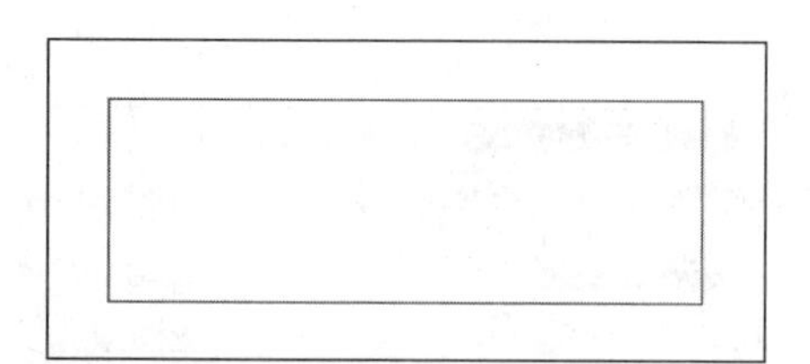
图12.57 绘制矩形

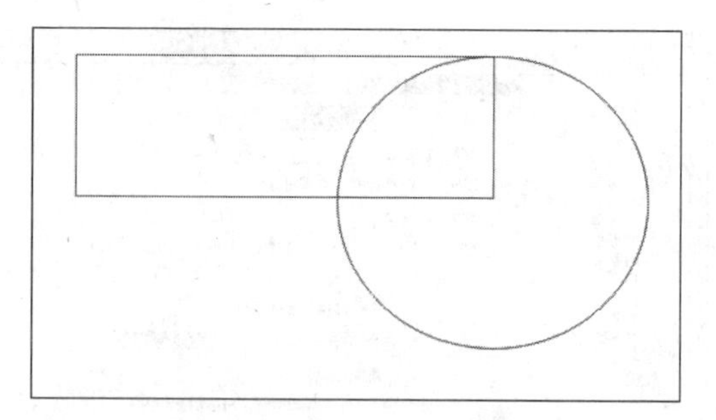
图12.58 绘制椭圆形

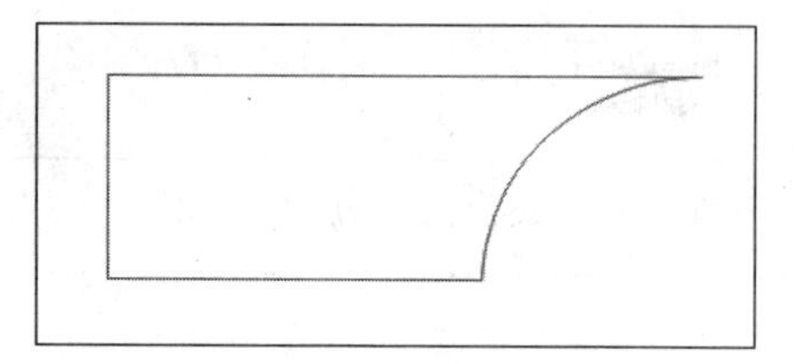
图12.59 修剪图形

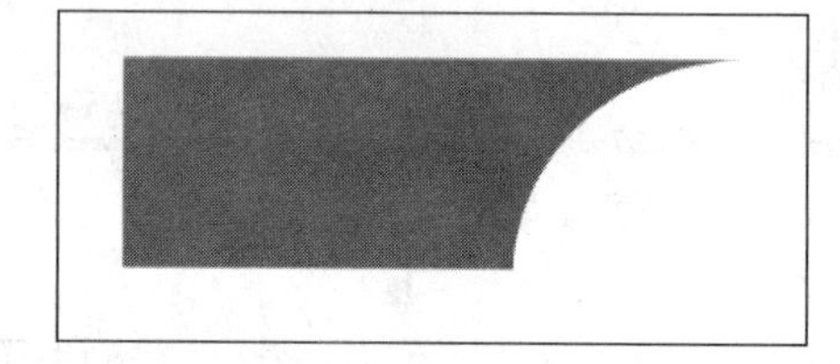
图12.60 填充图形

11 单击工具箱中的文本工具字，在页面中输入“Cleanly”，然后在属性栏中设置字体为“Arial Black”，设置字号为“48pt”，如图12.61所示。

12 选择输入的文本，按下“F12”快捷键，在弹出的“轮廓笔”对话框中，设置文本的轮廓颜色为“白色”，宽度为“0.5mm”，如图12.62所示。

图12.61 设置文本属性

图12.62 设置轮廓参数

13 单击工具箱中的交互式阴影工具，为文本添加阴影效果，如图12.63所示。

14 再次使用文本工具字，输入文本“FRESHMINT”，然后设置文本的字体为“Georgia”，字号为“24pt”，并单击“斜体”按钮，效果如图12.64所示。

图12.63 设置阴影

图12.64 输入文本

15 选择输入的文本，设置文本颜色为“白色”，然后按下“F12”快捷键，在弹出的“轮廓笔”对话框中，设置文本的轮廓颜色为“C：100，M：100，Y：0，K：0”，宽度为

"0.2mm"，如图12.65所示。

16 单击工具箱中的椭圆形工具，绘制一个椭圆形，将后将其进行复制，如图12.66所示。

图12.65　设置文本参数

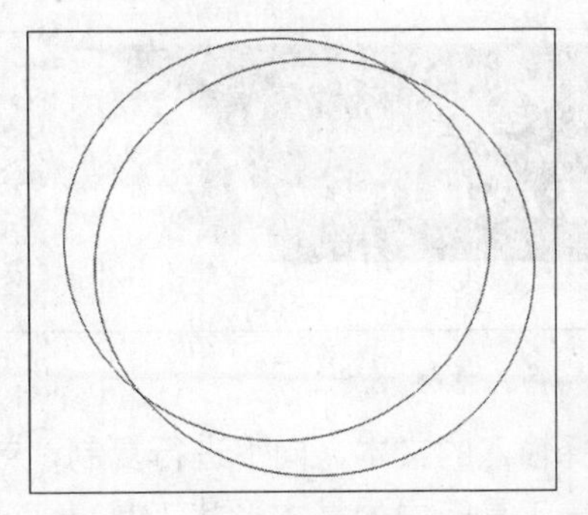

图12.66　绘制并复制椭圆形

17 选择两个椭圆形，然后单击属性栏中的"移除前面对象"按钮，得到如图12.67所示的图形。

18 使用同样的方法绘制如图12.68所示的图形。

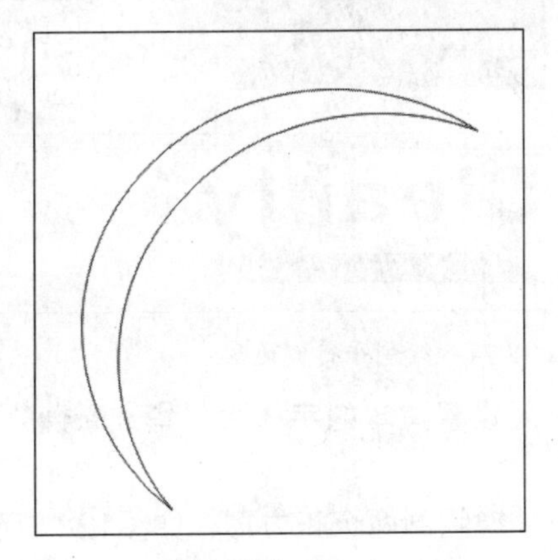

图12.67　绘制图形

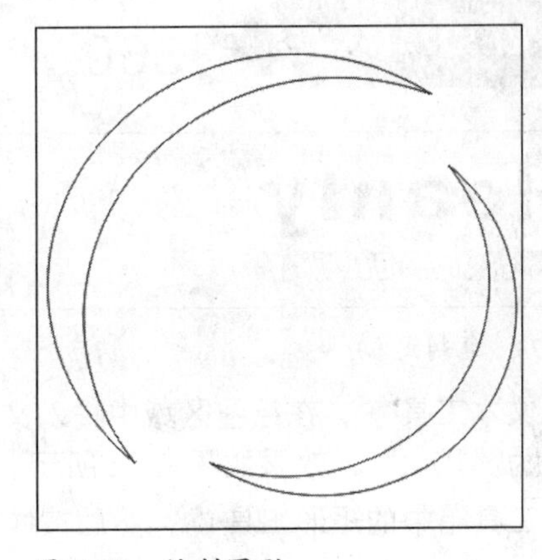

图12.68　绘制图形

19 选择绘制的图形，然后将图形填充为白色到橙色的渐变，并删除轮廓线，效果如图12.69所示。

20 选择填充后的图形，将其放置到合适的位置，效果如图12.70所示。

图12.69　填充图形

图12.70　放置图形

21 执行“文件”→“导入”命令，将准备好的素材图形导入到图形中，如图12.71所示。

22 使用文本工具字输入文本“NEW 360°”，然后设置文本的字体为“Arial Black”，设置字号为“36pt”，并设置颜色为青色，效果如图12.72所示。

图12.71 导入素材

图12.72 输入文本

23 选择输入的文本，向下进行复制，效果如图12.73所示。

24 单击工具箱中的基本形状工具，然后在页面中绘制一个平行四边形，并将其填充为橙色，放置于文本的下方，如图12.74所示。

图12.73 复制文本

图12.74 绘制平行四边形

25 使用文本工具字，在绘图区域中输入文本，然后设置文本的字体为“华文新魏”，设置字号为“10pt”，效果如图12.75所示。

26 单击工具箱中的矩形工具，然后按住“Shift”键绘制两个正方形，如图12.76所示。

图12.75 设置文本参数

图12.76 绘制正方形

27 选择两个正方形，然后单击属性栏中的“移除前面对象”按钮，将得到的图形颜色填充成为“C：73，M：0，Y：1，K：0”，并删除轮廓线，效果如图12.77所示。

28 单击工具箱中的贝济埃工具，绘制如图12.78所示的图形，并将其填充为橙色。

图12.77　填充正方形

图12.78　绘制并填充图形

29 将绘制的图形进行缩放，并复制多个，效果如图12.79所示。

30 使用文本工具字在图形的后面输入文本，然后设置文本的字体为“华文新魏”，设置字号为“16pt”，效果如图12.80所示。

图12.79　缩放并复制图形

图12.80　输入文本

12.3.2　绘制牙膏管体包装立体图

操作步骤

1 单击工具箱中的贝济埃工具，绘制如图12.81所示图形。

2 选择绘制的图形，然后在页面右侧调色板中的“10%黑”色块上单击鼠标左键，对图形进行填充，并删除轮廓线，效果如图12.82所示。

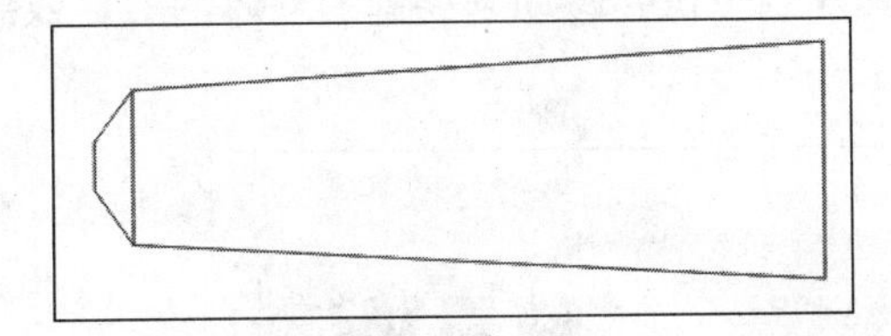

图12.81　绘制图形

图12.82　填充图形

3 单击工具箱中的矩形工具，绘制如图12.83所示的矩形。

4 选择绘制的矩形，然后按下“F11”快捷键，在弹出的“渐变填充”对话框中，设置颜色为从浅灰到白色的渐变填充，效果如图12.84所示。

5 使用矩形工具，在填充的矩形上绘制长条矩形，作为牙膏盖子的纹路，效果如图12.85所示。

6 使用矩形工具□，在牙膏管尾部绘制一个长条矩形，如图12.86所示。

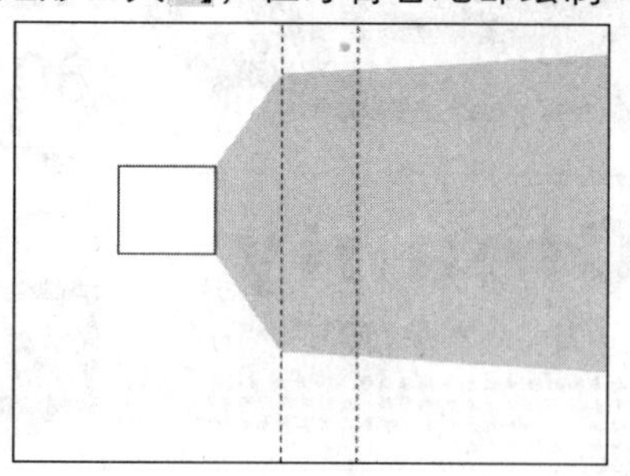
图12.83　绘制矩形

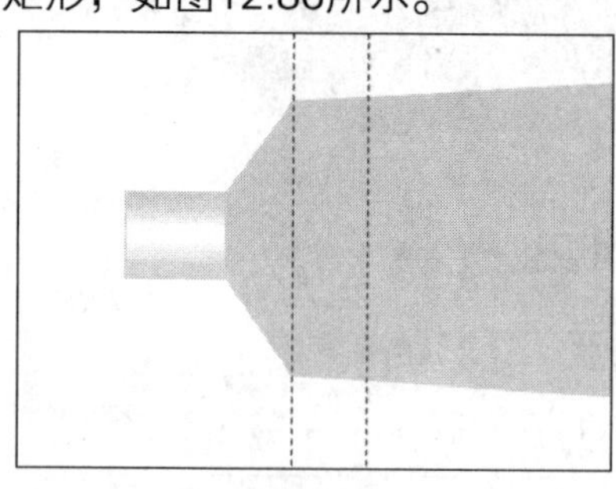
图12.84　填充矩形

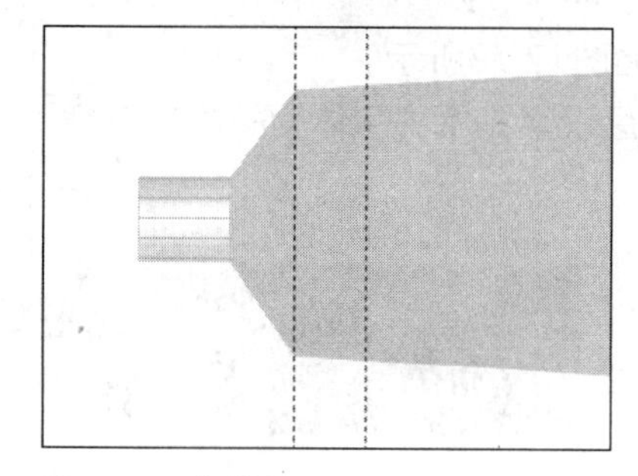
图12.85　绘制矩形

图12.86　绘制矩形

7 选择绘制的图形，将图形填充成为“20%黑”，效果如图12.87所示。

8 使用矩形工具□，在牙膏管尾部绘制多个矩形，作为牙膏管尾的纹路，如图12.88所示。

图12.87　填充矩形

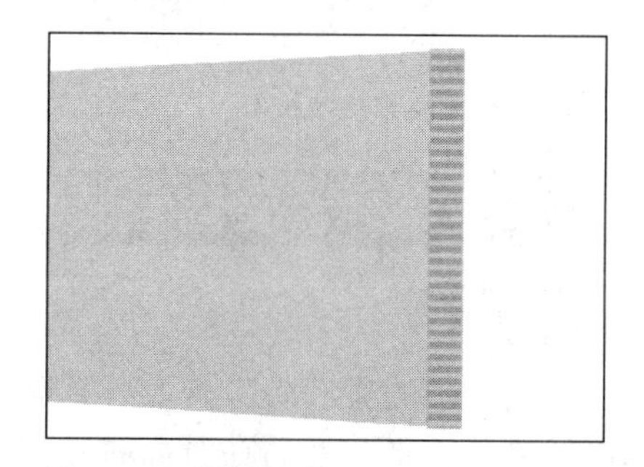
图12.88　绘制纹路

9 使用挑选工具选择制作的牙膏包装正面，将其复制一份并移动到绘制的立体图上，效果如图12.89所示。

图12.89　复制并移动图形

10 单击工具箱中的贝济埃工具，在牙膏管体包装立体图上绘制阴影部分，如图12.90

所示。

图12.90　绘制阴影部分

11 单击工具箱中的交互式透明工具，在绘图区域中创建线性透明区域，效果如图12.91所示。

图12.91　创建线性透明区域

12 使用同样的方法，绘制其他部分的阴影区域，效果如图12.92所示。

图12.92　绘制阴影区域

13 单击工具箱中的贝济埃工具，在牙膏管体包装立体图上绘制如图12.93所示的图形。

14 选择绘制的图形，然后按下“F12”快捷键，将图形填充为由深灰到白色的渐变，并删除轮廓线，如图12.94所示。

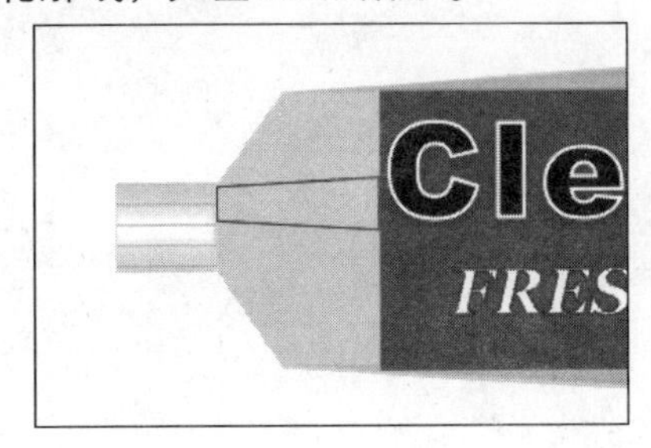

图12.93　绘制图形

图12.94　填充图形

15 单击工具箱中的贝济埃工具，在牙膏管体包装立体图上绘制细节部分，效果如图12.95所示。

图12.95　绘制细节

16 使用同样的方法，制作牙膏管体包装立体图背面，效果如图12.96所示。

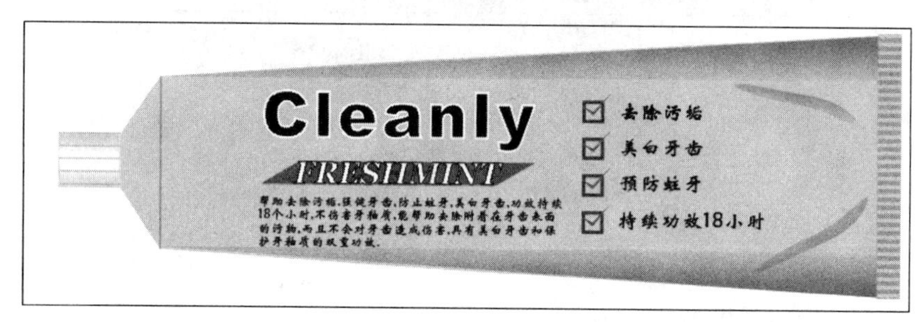

图12.96　绘制背面

结束语

本章通过制作两个包装设计实例，向读者展示了包装设计的方法。不同的产品使用不同的包装样式，才能更好地体现产品的特征。通过本章的学习，希望读者能够举一反三，制作出更优秀的平面设计作品。

Chapter 13

第13章 POP广告设计

本章要点

入门——基本概念和基本操作

- POP广告的概念
- POP广告的分类
- POP广告的作用

进阶——典型实例

- 服装POP广告
- 商场POP吊旗

提高——自己动手练

- 制作价目表
- 新年POP广告

本章导读

本章主要讲述POP广告设计的基本概念和基本操作，包括POP广告的概念、POP广告的分类和POP广告的作用，以及一些具体实例。通过对这些知识的学习，读者可以对POP广告有一个深刻的认识，为设计POP广告打下坚实的基础。

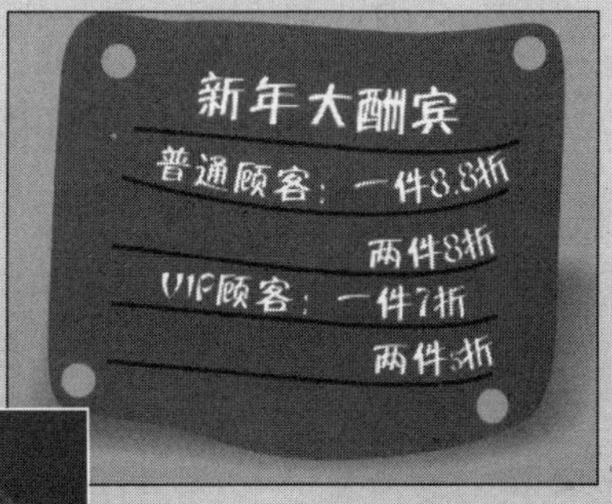

13.1 入门——基本概念和基本操作

POP广告是近几年发展最快的广告媒体，具有惊人的传播力。在制作本章实例之前，首先必须对POP广告的概念、分类以及作用有所了解。

13.1.1 POP广告的概念

POP广告是在一般广告形式的基础上发展起来的一种新型的商业广告形式。与一般的广告相比较，其特点主要体现在广告展示和陈列的方式、地点和时间三个方面。

POP是英文Point Of Purchase的缩写形式。Point是“点”的意思，Purchase是“购买”的意思，Point Of Purchase即“购买点”。POP广告的主要商业用途是刺激引导消费和活跃卖场气氛，简称“卖点广告”。POP广告的形式有户外招牌、展板、橱窗海报、店内台牌、价目表、吊旗和立体卡通模型等。

13.1.2 POP广告的分类

市面上所能见到的POP广告种类很多，从POP广告设计的角度主要有三种不同的分类形式。

1. 按时间性分类

POP广告在使用过程中的时间性及周期性很强。按照不同的时间性，可把POP广告分为三大类型，即长期POP广告、中期POP广告和短期POP广告。

2. 按材料分类

POP广告所使用的材料也多种多样，根据产品的不同档次，可使用高档到低档的不同材料。常用的材料主要有金属材料、木料、木材、塑料、纺织面料、人工仿皮、真皮和各种纸材等。其中金属材料、真皮等多用于高档商品的POP广告；塑料、纺织面料、人工仿皮等材料多用于中档商品的POP广告。当然纸材也有较高档的，而且由于纸材加工方便、成本低，所以在实际的运用中它是POP广告大范围使用的材料。

3. 按陈列的位置和陈列方式分类

POP广告除使用时间上的特殊性外，其另一特点就在于陈列空间和陈列方式上。陈列的位置和方式不同，将对POP广告的设计产生很大的影响。根据陈列位置和陈列方式不同，可把POP广告分为柜台展示POP、壁面POP、天花板POP、柜台POP和地面立式POP五种。

13.1.3 POP广告的作用

POP广告是零售企业开展市场营销活动、赢得竞争优势的利器，其作用主要表现在以下几个方面。

- 及时传递商品信息。在商店的货架、墙壁、天花板和楼梯口等地方，都可将有关商品的信息及时地向顾客进行展示，从而使他们了解产品的功能、价格、使用方法以及各种辅助服务信息等。
- 配合季节、节假日进行促销，营造一种欢乐的气氛。
- 吸引顾客注意，引发兴趣。POP广告可以凭借其新颖的图案、绚丽的色彩、独特的构思等形式引起顾客注意，使之驻足停留进而对广告中的商品产生兴趣。

- 巧妙利用销售空间与时间，达成即时的购买行为。企业可充分利用空间与时间的巧妙安排，调动消费者的情绪，将潜在的购买力转化成即时的购买力。
- 塑造企业形象，与顾客保持良好的关系。企业可将商店的标识、标准字、标准色、企业形象图案、宣传标语、口号等制成各种形式的POP广告，以塑造富有特色的企业形象。
- 取代推销员，传达商品信息。商店内的各种POP广告传达着广告商品的信息，它们不会轻易擅离职守，因此被誉为“最忠诚推销员”。

此外，POP广告还起着唤起消费者的潜在意识、使其产生购买欲望、达成交易的作用，而且，POP广告的成本相对是最低的。这也就使POP广告的作用较其他类型的广告更突出了。

13.2 进阶——典型实例

通过前面的介绍，相信读者已经对POP广告的基本概念有了一定的了解。下面将在此基础上进行相应的实例练习。

13.2.1 服装POP广告

服装POP广告在商场和服装店里随处可见，通过服装POP广告不仅可以告诉顾客相关的服装信息，还可以吸引顾客。本例将制作一个服装POP广告。

最终效果

本例制作完成后的最终效果如图13.1所示。

图13.1　最终效果

解题思路

1. 绘制POP广告的背景。
2. 制作文字效果。
3. 绘制POP广告的细节部分。

操作步骤

1 按下“Ctrl+N”组合键，新建一个文档，新建的文档默认为A4大小。

2 单击工具箱中的矩形工具，在绘图区域中绘制一个矩形，如图13.2所示。

3 选择绘制的矩形，将矩形颜色填充为“C：0，M：20，Y：100，K：0”，然后删除轮廓线，效果如图13.3所示。

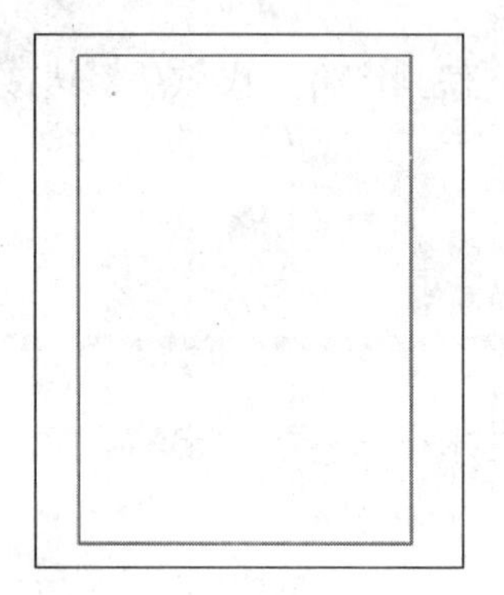

图13.2　绘制矩形

图13.3　填充矩形

4 单击工具箱中的文本工具，在属性栏中设置字体为“方正毡毛黑简体”，设置字号为“100pt”，然后输入文本“新品上市”，如图13.4所示。

5 选择输入的文本，按下“Ctrl+Q”组合键，将文本转换成曲线，效果如图13.5所示。

图13.4　输入文本

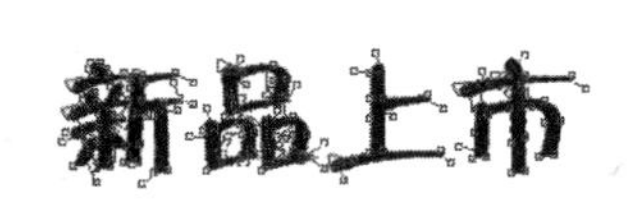

图13.5　将文本转换成为曲线

6 使用形状工具对转换成曲线的文本进行调整，效果如图13.6所示。

7 选择调整后的文本，按下“+”键进行复制，然后将文本颜色填充为“C：0，M：0，Y：100，K：0”，效果如图13.7所示。

图13.6　调整文本

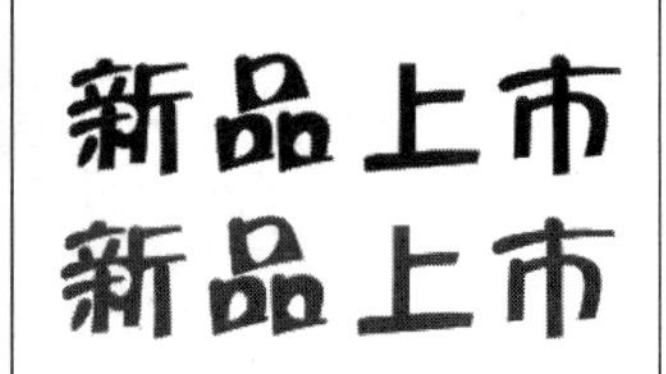

图13.7　填充颜色

8 将蓝色文本移动到黑色文本上方，然后设置黑色文本的轮廓宽度为“5mm”，效果如图13.8所示。

9 使用挑选工具将重叠的文本移动到合适的位置，效果如图13.9所示。

图13.8　重叠文本

图13.9　移动文本

10 单击工具箱中的贝济埃工具，在绘图区域中勾画出如图13.10所示的文字轮廓。

11 选择图形，单击工具箱中的填充工具，在打开的工具列表中单击图样填充工具，弹出“图样填充”对话框。

12 在对话框中选择“双色”单选项，然后分别在“前部”和“后部”颜色下拉列表框中选择颜色，如图13.11所示。

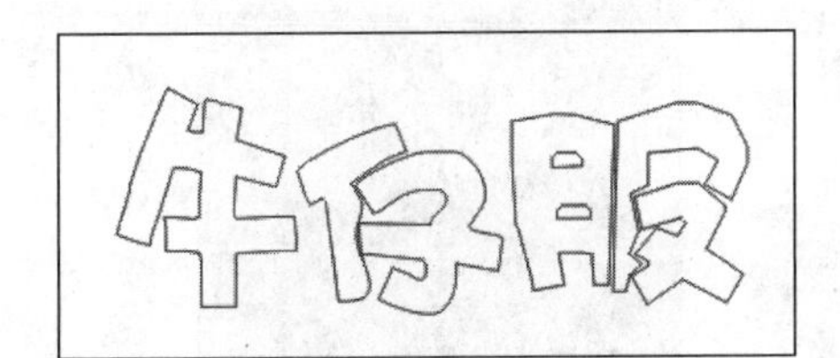

图13.10　勾画文字轮廓

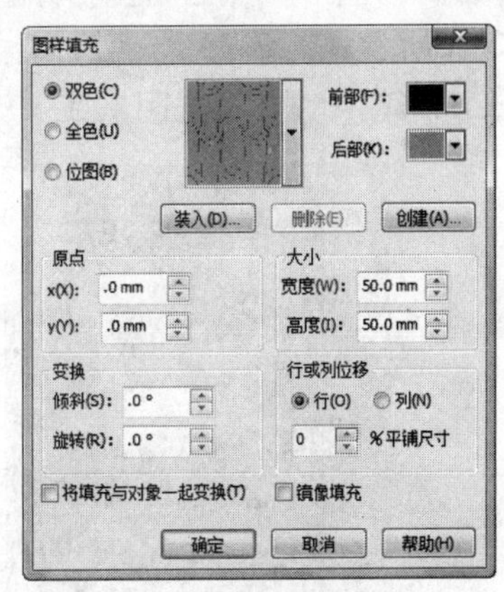

图13.11　设置填充参数

13 单击“确定”按钮，图形的填充效果如图13.12所示。

14 选择填充后的图形，然后按下“F12”快捷快，在弹出的“轮廓笔”对话框中设置轮廓线宽度为“2.0mm”，效果如图13.12所示。

图13.12　填充效果

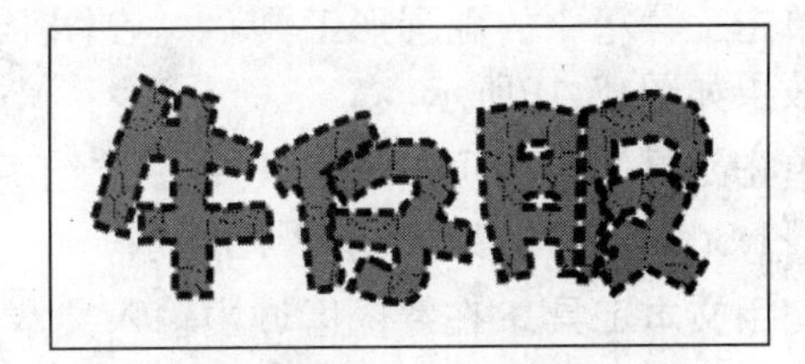

图13.13　设置轮廓线

15 使用挑选工具将填充后的图形移动到合适的位置，效果如图13.14所示。

16 单击工具箱中的贝济埃工具，在绘图区域中勾画出如图13.15所示的轮廓。

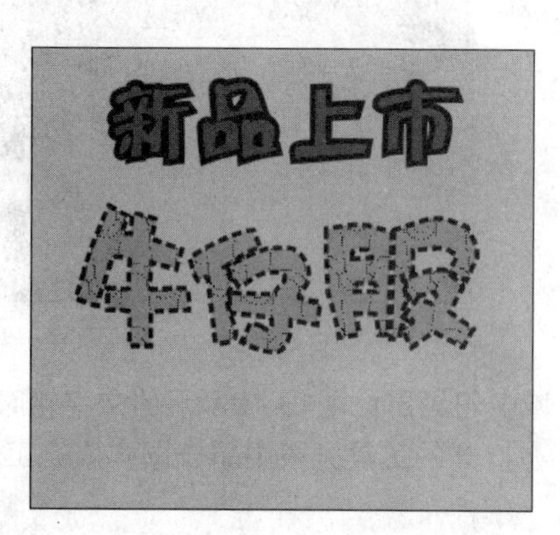

图13.14　移动图形

图13.15　绘制图形

17 选择绘制的图形，然后将图形颜色填充为“C：40，M：40，Y：0，K：20”，效果如图13.16所示。

18 单击工具箱中的交互式阴影工具，为图形添加阴影效果，效果如图13.17所示。

图13.16　填充图形

图13.17　添加阴影

19 单击工具箱中的椭圆形工具，在图形的四周绘制四个正圆形，然后将其填充成灰色，效果如图13.18所示。

20 单击工具箱中的贝济埃工具，在绘图区域中绘制出5条曲线，然后设置曲线的宽度为“1.5mm”，效果如图13.19所示。

21 使用文本工具在绘图区域中输入文本“新年大酬宾”，效果如图13.20所示。

22 选择输入的文本，执行“文本”→“使文本适合路径”命令，使文本沿曲线显示，如图13.21所示。

23 选择文本，按下“Ctrl+Q”组合键，将文本转换成曲线，然后将文本向上进行移动，效果如图13.22所示。

24 使用同样的方法，输入剩余的文本，效果如图13.23所示。

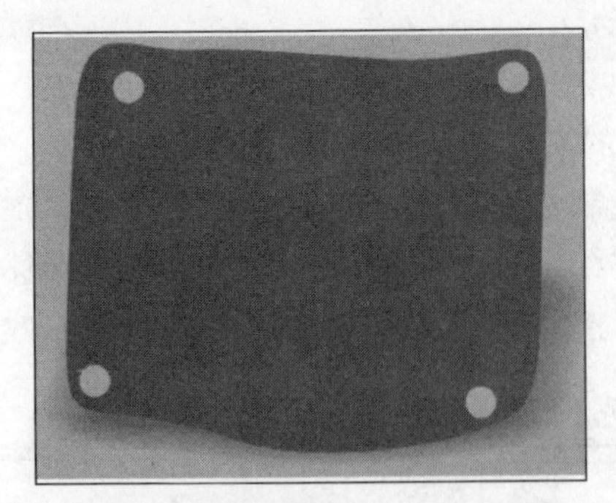
图13.18　绘制正圆形

图13.19　绘制曲线

图13.20　输入文本

图13.21　使文本沿曲线显示

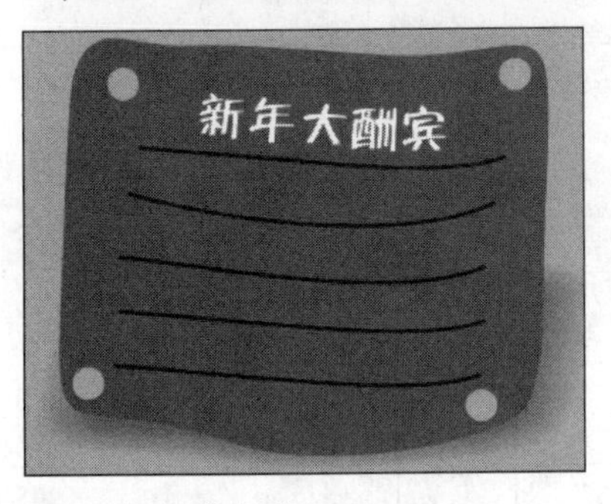

图13.22　调整文本

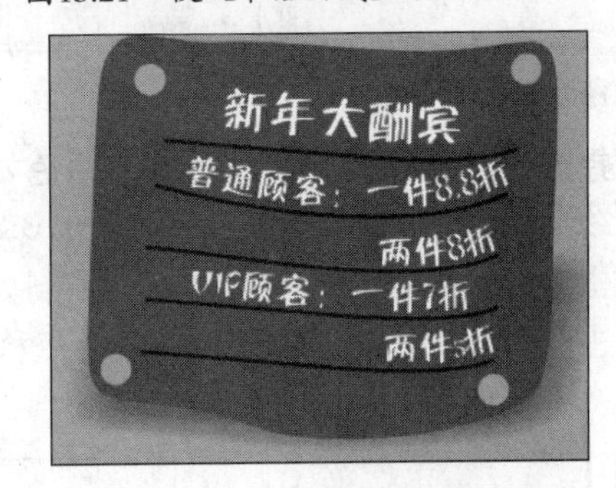

图13.23　输入剩余的文本

13.2.2　商场POP吊旗

用户还可以将POP广告制作成为吊旗，悬挂在天花板上，下面我们就具体讲解商场 POP吊旗的制作方法。

最终效果

本例制作完成后的最终效果如图13.24所示。

图13.24　最终效果

解题思路

1 绘制吊旗的基本形状。
2 绘制吊旗的背景。
3 制作吊旗上的文字。

操作步骤

1 按下“Ctrl+N”组合键，新建一个文档，新建的文档默认为A4大小。

2 单击工具箱中的矩形工具，在绘图区域中绘制一个矩形，如图13.25所示。

3 单击工具箱中的多边形工具，在矩形的下方绘制一个如图13.26所示的三角形。

4 同时选择两个图形，然后单击属性栏中的“焊接”按钮，将图形焊接起来，效果如图13.27所示。

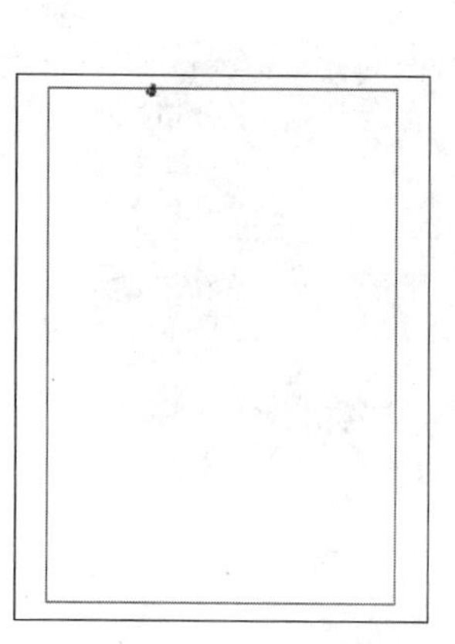

图13.25 绘制矩形

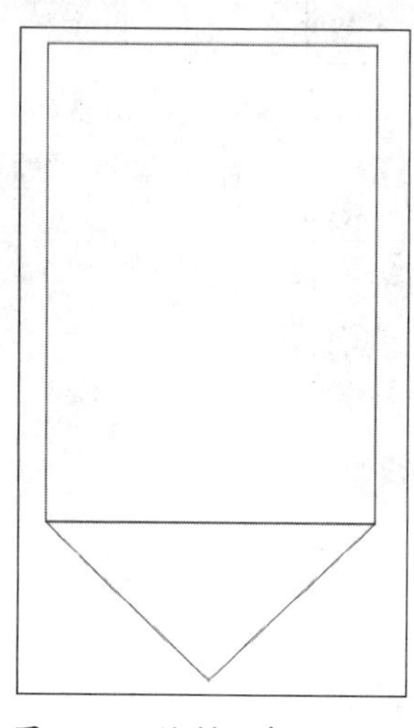

图13.26 绘制三角形

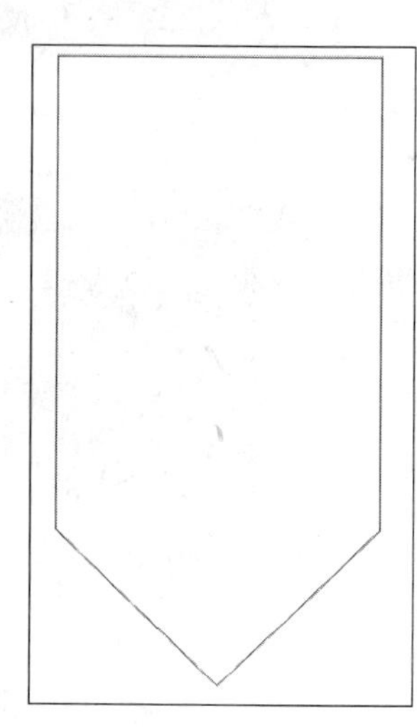

图13.27 焊接图形

5 选择焊接得到的图形，设置填充颜色为“C：0，M：0，Y：100，K：0”，然后设置轮廓线宽度为“2.0mm”，效果如图13.28所示。

6 单击工具箱中的贝济埃工具，绘制如图13.29所示的图形。

7 单击图形两次，然后将图形的中心点移动到图形的最底端，如图13.30所示。

图13.28 填充矩形

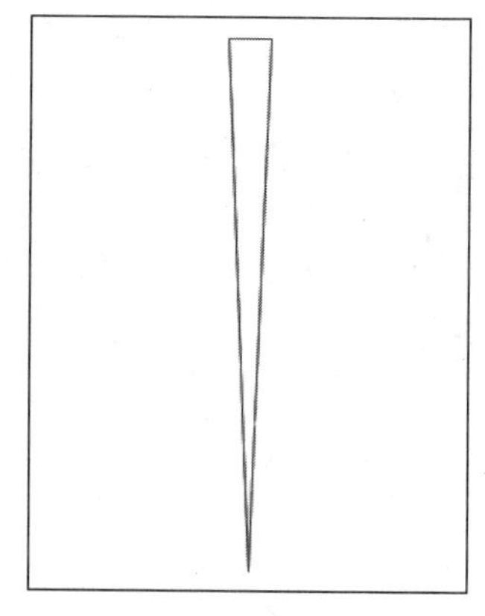

图13.29 绘制图形

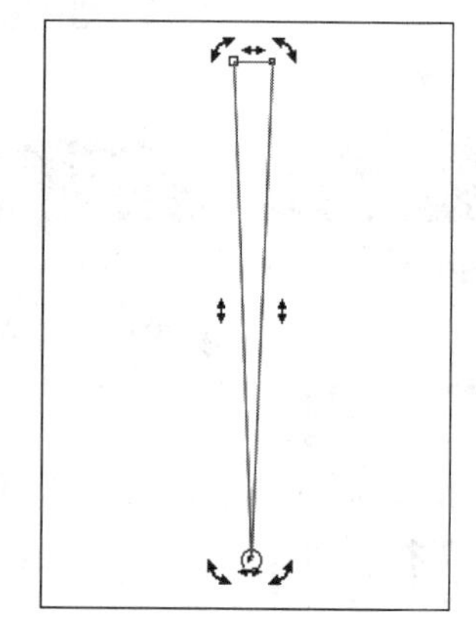

图13.30 移动中心点

8 选择图形，然后按下“+”键进行复制，并在属性栏的“旋转角度”文本框中输入“20° ”，将复制的图形进行旋转，如图13.31所示。

9 多次按下“Ctrl+D”组合键，对图形进行再制操作，效果如图13.32所示。

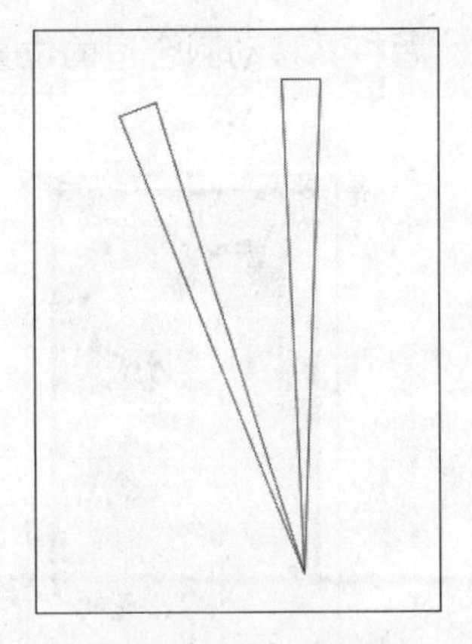

图13.31　复制并旋转图形

图13.32　再制图形

10 选择所有复制得到的图形，然后将图形填充为从“C：5，M：20，Y：100，K：0”到“C：0，M：0，Y：100，K：0”的线性渐变，并删除轮廓线，效果如图13.33所示。

11 选择填充的图形后，按住鼠标右键进行拖动，将其拖动到图形框中后，释放鼠标右键，在弹出的快捷菜单中选择“图框精确剪裁内部”命令，效果如图13.34所示。

图13.33　填充图形

图13.34　图框精确剪裁内部

12 单击工具箱中的椭圆形工具，在页面中绘制一个圆形，然后将圆形颜色填充成为“C：0，M：0，Y：100，K：0”，并删除轮廓线，效果如图13.35所示。

13 选择绘制的圆形，按下“+”键进行复制，然后按住“Shift”键将圆进行缩放，效果如图13.36所示。

图13.35　绘制并填充圆形

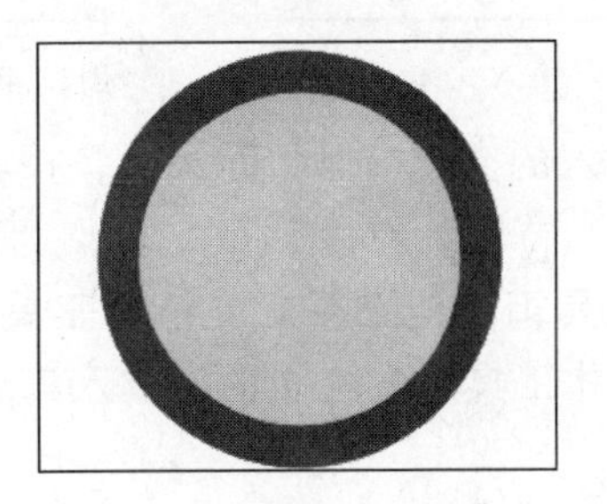

图13.36　复制并填充圆形

14 使用同样的方法，复制多个圆形，然后将其进行组合，效果如图13.37所示。

15 单击工具箱中的挑选工具，选择绘制的多个圆，然后将其移动到合适的位置，效果如图13.38所示。

图13.37 复制并组合圆形

图13.38 选择并移动圆形

16 单击工具箱中的文本工具字，在页面中输入“9”，然后设置字体为“Bauhaus 93”，字号为“200pt”，颜色为红色，效果如图13.39所示。

17 使用文本工具字，在页面中输入“周年”，然后设置字体为“汉真广标”，字号为“36pt”，效果如图13.40所示。

18 使用文本工具字，在页面中输入“倾情回馈”，然后设置字体为“文鼎新艺体简”，字号为“48pt”，颜色为洋红，效果如图13.41所示。

图13.39 输入文本“9”

图13.40 输入文本“周年”

图13.41 输入文本“倾情回馈”

19 选择输入的文本“倾情回馈”，按下“F12”快捷键，在“轮廓笔”对话框中设置文本的轮廓“宽度”为“0.75mm”，效果如图13.42所示。

20 单击工具箱中的交互式立体化工具，为文本添加立体效果，如图13.43所示。

21 使用文本工具字，在页面中输入其他文本信息，效果如图13.44所示。

图13.42　添加轮廓

图13.43　添加立体效果

图13.44　输入其他文本

13.3 提高——自己动手练

根据POP广告设计的基本概念制作了相关的实例后，下面将进一步巩固本章所学知识并进行实例的演练，以达到提高读者动手能力的目的。

13.3.1　制作价目表

价目表也属于POP广告的范畴，漂亮的价目表可以增强顾客的购买欲，本例将制作一个餐馆的价目表。

图13.45　最终效果

最终效果

本例制作完成后的最终效果如图13.45所示。

解题思路

1 绘制价目表的背景。

2 对绘制的背景进行颜色填充。

3 在价目表上输入文本。

操作步骤

1 按下“Ctrl+N”组合键，新建一个文档。

2 单击工具箱中的矩形工具，在绘图区域中绘制一个矩形，如图13.46所示。

3 选择绘制的矩形，然后将矩形颜色填充为“C：40，M：0，Y：0，K：0”，并删除轮廓线，效果如图13.47所示。

4 选择填充后的矩形，按下“+”键复制两份，然后分别将其颜色填充为“C：20，M：0，Y：60，K：0”和“C：0，M：40，Y：60，K：0”，效果如图13.48所示。

5 单击工具箱中的贝济埃工具，勾画“价目表”文本的轮廓，效果如图13.49所示。

图13.46 绘制矩形

图13.47 填充矩形

图13.48 复制并填充矩形

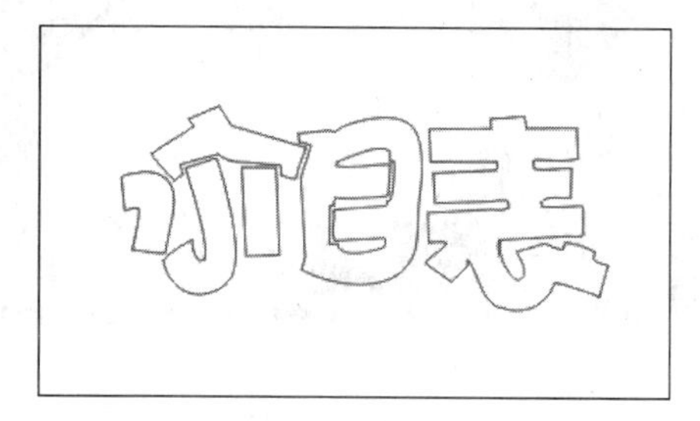

图13.49 勾画文本轮廓

6 选择勾画的图形，然后将图形颜色填充成为“C：0，M：60，Y：100，K：0”，并删除轮廓线，效果如图13.50所示。

7 选择填充后的图形，按下“+”键进行复制，并设置轮廓线宽度为“4.0mm”，效果如图13.51所示。

图13.50 填充图形

图13.51 复制并填充图形

8 使用“挑选工具”，将两个图形进行重叠，然后移动到合适的位置，效果如图13.52所示。

9 单击工具箱中的矩形工具，绘制两个矩形，然后将其焊接在一起，并将其颜色填充为“C：0，M：0，Y：100，K：0”，效果如图13.53所示。

图13.52 移动图形

图13.53 绘制并填充图形

10 单击工具箱中的交互式透明工具，为绘制的图形添加线性透明效果，如图13.54所示。

11 使用同样的方法，绘制矩形并填充，效果如图13.55所示。

图13.54　添加透明效果

图13.55　绘制并填充矩形

12 单击工具箱中的星形工具，设置星形的点数为“30”，然后在页面中绘制一个红色的星形，效果如图13.56所示。

13 使用文本工具，在页面中输入“A餐”，然后设置字体为“方正卡通体”，字号为“72pt”，效果如图13.57所示。

图13.56　绘制星形

图13.57　输入文本

14 使用文本工具，在页面中输入套餐的具体信息和价格，效果如图13.58所示。

15 重复前面的步骤，完成价目表的制作，最终效果如图13.59所示。

图13.58　输入文本信息

图13.59　最终效果

13.3.2 新年POP广告

本例将使用矩形工具、文本工具和钢笔工具等制作一个新年POP广告，让读者巩固并练习POP广告的制作方法和技巧。

最终效果

本例制作完成后的最终效果如图13.60所示。

图13.60 最终效果

解题思路

1. 绘制并填充背景。
2. 导入素材图形，作为背景的底纹。
3. 使用文本工具和钢笔工具制作“庆元旦”文字效果。
4. 输入其他文本，完成广告的设计。

操作步骤

1. 按下“Ctrl+N”组合键，新建一个文档。
2. 单击工具箱中的矩形工具，绘制一个矩形，如图13.61所示。
3. 选择绘制的矩形，然后按下“F11”快捷键，弹出的“渐变填充”对话框。
4. 在对话框中，设置渐变填充“类型”为“射线”，设置颜色为从“C：36，M：100，Y：98，K：2”到“C：1，M：72，Y：62，K：0”的渐变，效果如图13.62所示。

图13.61 绘制矩形

图13.62 填充矩形

5 执行“文件”→“导入”命令，将素材图形导入到页面中，然后调整大小并放置在矩形的底部，如图13.63所示。

6 再次执行“导入”命令，将素材图形导入到页面中作为背景底纹，效果如图13.64所示。

图13.63　导入素材

图13.64　导入素材作为底纹

7 使用文本工具字，在页面中输入“庆元旦”，然后设置字体为“汉真广标”，字号为“150pt”，效果如图13.65所示。

图13.65　输入文

8 选择输入的文本，按下“Ctrl+Q”组合键将其转换为曲线，然后按下“Ctrl+K”组合键将其打散。

9 选择打散的文本，将文本的颜色填充成“无”，然后将文本的轮廓线填充为黑色，效果如图13.66所示。

10 单击工具箱中的钢笔工具，在页面中绘制如图13.67所示的图形。

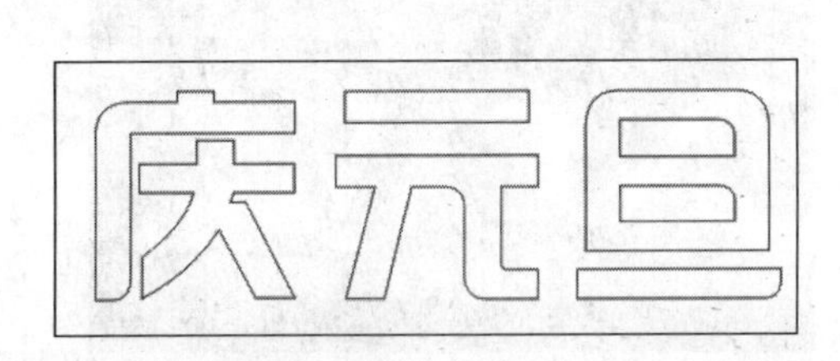

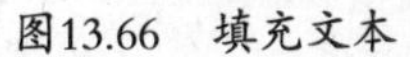

图13.66　填充文本

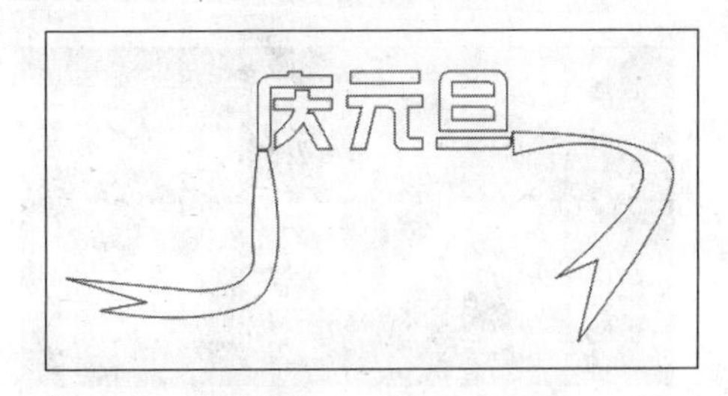

图13.67　绘制图形

11 选择文本和绘制的图形，单击属性栏中的“焊接”按钮，将图形进行焊接，然后再使用形状工具进行调整，效果如图13.68所示。

12 选择调整后的图形，然后按下“F11”快捷键，弹出的“渐变填充”对话框。

13 在对话框中，设置渐变填充“类型”为“线性”，设置颜色为从“C：0，M：0，Y：100，K：0”到“C：5，M：20，Y：90，K：0”的渐变，效果如图13.69所示。

图13.68　焊接并调整图形

图13.69　填充图形

14 选择填充后的图形，然后按下“F12”快捷键，弹出“轮廓笔”对话框。

15 在对话框中，设置轮廓宽度为“2.0mm”，颜色为“白色”，然后使用挑选工具，将图形移动到合适的位置，效果如图13.70所示。

16 单击工具箱中的文本工具字，在页面中输入“HAPPY”，然后设置字体为“Baskerville Old Face”，字号为“36pt”，文本颜色为白色，效果如图13.71所示。

图13.70　设置轮廓线

图13.71　输入文本

17 使用文本工具字，在页面中输入“NEW”，然后设置字体为“Bell MT”，字号为“72pt”，文本颜色为白色，效果如图13.72所示。

18 使用文本工具字，在页面中输入“YEAR”，然后设置字体为“Arial Black”，字号为“24pt”，文本颜色为白色，效果如图13.73所示。

图13.72　输入并设置文本

图13.73　输入并设置文本

19 使用文本工具字，在页面中输入“2010”，然后设置字体为“Berlin Sans FB”，字号为“48pt”，文本颜色为白色，效果如图13.74所示。

20 选择输入的文本，按下“Ctrl+Q”组合键将其转换为曲线，然后按下“Ctrl+K”组合键将其打散，如图13.75所示。

图13.74　输入并设置文本

图13.75　打散文本

21 使用文本工具字，在页面中输入“福”，然后设置字体为“方正综艺体”，字号为“26pt”，文本颜色为红色，效果如图13.76所示。

22 在“福”字上按住鼠标右键进行拖动，拖动到图形中后释放鼠标右键，然后在弹出的快捷菜单中选择“图框精确剪裁内部”命令，如图13.77所示。执行“图框精确剪裁内部”命令后的效果，如图13.78所示。

图13.76　输入并设置文本

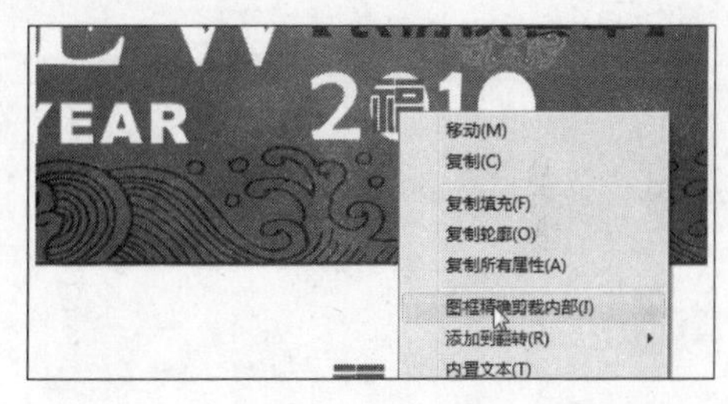

图13.77　图框精确裁剪内部

23 使用同样的方法，将文本精确剪裁到另一个图形中，效果如图13.79所示。

图13.78　图框精确剪裁内部后的效果

图13.79　图框精确剪裁内部后的效果

24 单击工具箱中的文本工具字，在页面中输入“【农历庚寅年】”，然后设置字体为“汉真广标”，字号为“24pt”，效果如图13.80所示。

25 选择绘制的所有图形，然后按下“Ctrl+G”组合键进行群组，最终效果如图13.81所示。

图13.80　输入并设置文本

图13.81　最终效果

结束语

本章详细介绍了POP广告设计的基本概念和基本操作，并通过4个实例向读者展示了POP广告的制作流程。通过本章的学习，希望读者可以举一反三，制作出更多精美的POP广告。

Chapter 14

第14章 书籍装帧设计

本章要点

入门——基本概念和基本操作

- 书籍装帧设计的概念
- 书籍装帧设计的要素

进阶——典型实例

- 儿童书籍封面设计
- 文学类书籍封面设计

提高——自己动手练

- 制作书籍装帧立体效果
- 纪念册封面设计

本章导读

书籍装帧设计是书籍造型的总称。书籍装帧设计是把作者的思想通过印刷在纸张上的油墨文字或符号传达给读者。因此，在设计书籍装帧时，要体现作者以情感和想象力为特性的创意表达，把握书稿的内容，并反映书稿的特点。

14.1 入门——基本概念和基本操作

本节主要介绍书籍装帧设计的概念和要素，通过对本节内容的学习，读者可以对书籍装帧设计有一定的了解。

14.1.1 书籍装帧设计的概念

书籍装帧设计是书籍造型设计的总称。它主要包括选择纸张和封面材料，确定开本、字体、字号，设计版式，决定装订方法以及印刷和制作方法等。

书籍装帧设计需要有效而恰当地反映书籍的内容、特色和著译者的意图；满足读者不同年龄、职业、性别的需要；还要考虑大多数人的审美欣赏习惯，并体现不同的民族风格和时代特征；符合当代的技术和购买能力。

14.1.2 书籍装帧设计的要素

书籍装帧设计是指书籍的整体设计。它包括的内容很多，其中封面、扉页和插图设计是其中的三大主体设计要素。

1. 封面设计

封面设计是书籍装帧设计艺术的门面，它是通过艺术形象设计的形式来反映书籍内容的。在当今琳琅满目的书海中，书籍的封面起了一个无声的推销员作用，它的好坏在一定程度上将会直接影响人们的购买欲。

图形、色彩和文字是封面设计的三要素。设计者就是根据书的不同性质、用途和读者对象，把这三者有机地结合起来，从而表现出书籍的丰富内涵，以传递信息为目的、以一种美感的形式呈现给读者。

当然有的封面设计则侧重于某一点。如以文字为主体的封面设计，设计者在字体的形式、大小、疏密和编排设计等方面都比较讲究，在传播信息的同时给人一种韵律美的享受。另外封面标题字体的设计形式必须与内容以及读者对象相统一。成功的设计应具有感情，如政治性读物的设计应该是严肃的，科技性读物的设计应该是严谨的，少儿性读物的设计应该是活泼的。

好的封面设计应该在内容的安排上有主有次，层次分明，简而不空，这就意味着简单的图形中要有内容，增加一些细节来丰富它。书籍不是一般商品，而是一种文化。因而在封面设计中既要有内容，同时又要具有美感，达到雅俗共赏的目的。

2. 扉页设计

扉页是现代书籍装帧设计不断发展的需要。一本内容很好的书如果缺少扉页，就犹如白玉之瑕，会减弱其收藏价值。爱书之人，对一本好书将会倍加珍惜，往往喜欢在书中写些感受或者缄言之类的警句，若此时书中缺少扉页，该是多么的遗憾！

书中扉页犹如门面里的屏风，随着人们审美观的提高，扉页的质量也越来越好。有的采用高质量的色纸；有的还有肌理，散发出清香；有的还附有一些装饰性的图案或与书籍内容相关并且有代表性的插图设计等。这些对于爱书的人无疑是一份难以用言辞描述的喜悦，从而也提高了书籍的附加价值，吸引了更多的购买者。随着人类文化的不断进步，扉页设计越来越受到人们的重视，真正优秀的书籍应该仔细设计书的扉页，以满足读者的要求。

3. 插图设计

插图是活跃书籍内容的一个重要因素。有了它，更能发挥读者的想象力和对内容的理解力，并获得一种艺术享受。

目前书籍里的插图设计主要是美术设计师的创作稿、摄影和电脑设计等几种。摄影插图很逼真，无疑是很受欢迎的，但印刷成本高，而且有的插图受条件限制通过摄影难以达到，这时必须靠美术设计师创作或电脑设计。在某些方面手绘作品更具有艺术性，或者是摄影力所不及的。总之，不同的插图各有所长。

总之，一本好的书籍不仅要从内容上打动读者，同时还要求设计者具有良好的立意和构思，从而使书籍的装帧设计从形式到内容形成一个完美的艺术整体。

14.2 进阶——典型实例

本节将通过列举的两个书籍装帧设计实例，向读者展示书籍装帧的设计方法和相关技巧。

14.2.1 儿童书籍封面设计

儿童类书籍的形式较为活泼，在设计封面时多采用儿童插图作为主要图形，再配以活泼稚拙的文字来构成书籍封面，本例就制作一个儿童书籍的封面。

最终效果

本例制作完成后的效果如图14.1所示。

图14.1　最终效果

解题思路

1 使用矩形工具绘制书籍封面背景。
2 使用贝济埃工具绘制图形。
3 导入图像素材。

4 输入文本信息。

操作步骤

1 按下“Ctrl+N”组合键，新建一个文档，新建的文档默认为A4大小。

2 执行“版面”→“页面设置”命令，在弹出的“选项”对话框中设置页面的“宽度”为230mm，“高度”为210mm，如图14.2所示。

3 单击工具箱中的矩形工具，在页面中绘制一个矩形，效果如图14.3所示。

图14.2 设置页面大小

图14.3 绘制矩形

4 选择绘制的矩形，然后将矩形颜色填充为“C：20，M：20，Y：0，K：0”，删除轮廓线，效果如图14.4所示。

5 单击工具箱中的贝济埃工具，在页面中绘制如图14.5所示的图形。

图14.4 填充矩形

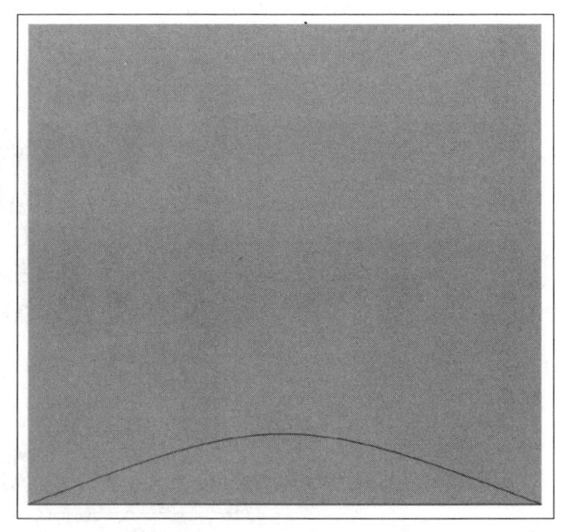

图14.5 绘制图形

6 选择绘制的图形，按下“F11”快捷键，在弹出的“渐变填充”对话框中，设置填充为从“C：0，M：0，Y：100，K：0”到“C：5，M：20，Y：90，K：0”的渐变，效果如图14.6所示。

7 选择填充后的矩形，按下“F12”快捷键，在弹出的“轮廓笔”对话框中，设置轮廓的颜色为“C：0，M：40，Y：20，K：0”，“宽度”为“1.0mm”，效果如图14.7所示。

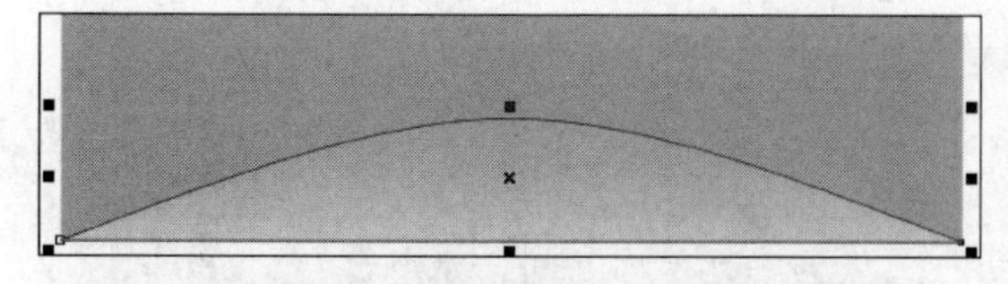

图14.6　填充图形

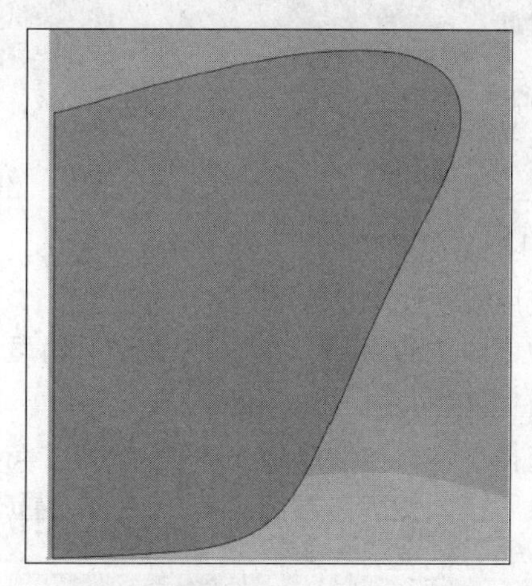

图14.7　设置轮廓线

8 使用贝济埃工具，在页面中绘制如图14.8所示的图形。

9 选择绘制的图形，然后将其颜色填充为“C：40，M：0，Y：0，K：0”，效果如图14.9所示。

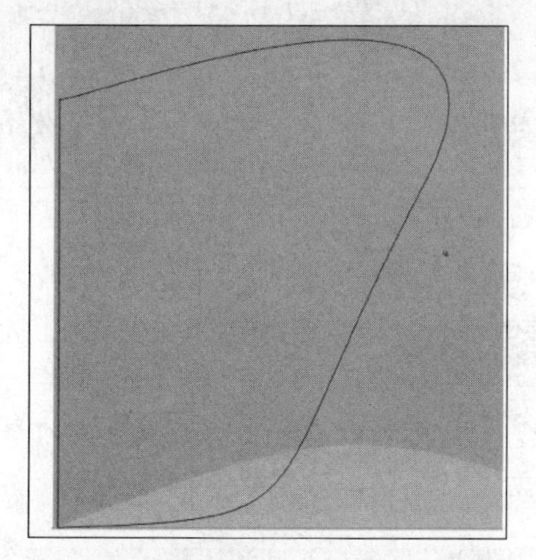

图14.8　绘制图形

图14.9　填充图形

10 选择填充后的图形，按下“F12”快捷键，在弹出的“轮廓笔”对话框中，设置轮廓的“颜色”为“白色”，“宽度”为“4.0mm”，效果如图14.10所示。

11 选择图形，在菜单栏中执行“排列”→“顺序”→“置于此对象后”命令，将图形对象进行顺序排列，效果如图14.11所示。

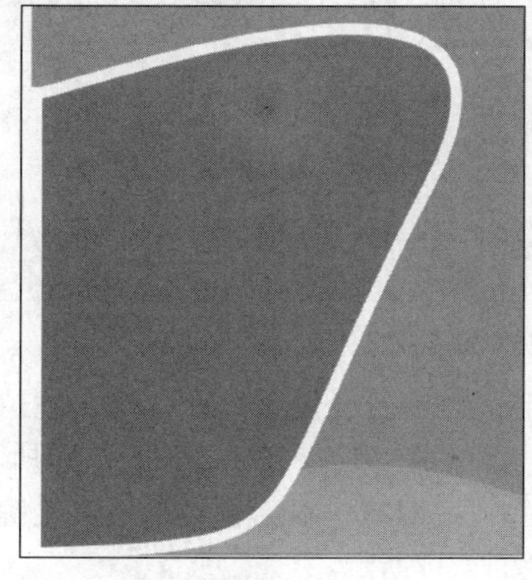

图14.10　设置轮廓线

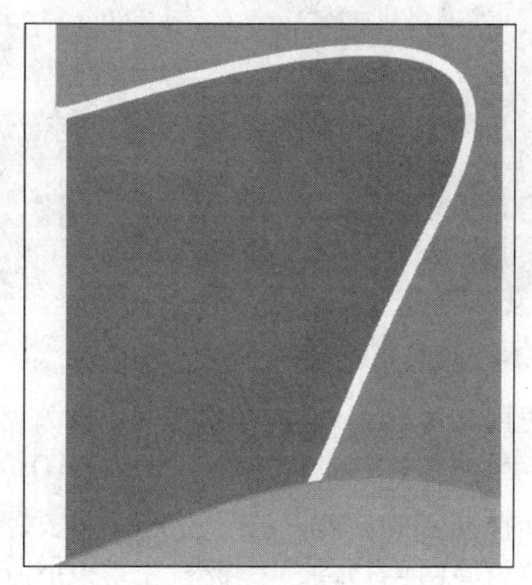

图14.11　设置对象顺序

12 执行“文件”→“导入”命令，将素材图像导入到页面中，效果如图14.12所示。

13 单击工具箱中的文本工具字，在导入的素材图像中输入文本，效果如图14.13所示。

图14.12 导入素材图像

图14.13 输入文本

14 使用挑选工具，选择文本“汉”，设置字体为“方正综艺体”，字号为“100pt”，颜色为“青色”，然后在“旋转角度”文本框中，设置旋转角度为“350°”，效果如图14.14所示。

15 选择文本“hàn”，设置字体为“Arial Black”，字号为“48pt”，颜色为“红色”，然后在“旋转角度”文本框中，设置旋转角度为“10°”，效果如图14.14所示。

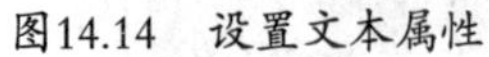

图14.14 设置文本属性

图14.15 设置文本属性

16 使用文本工具字，在页面的顶部输入文本“宝宝”，然后设置字体为“华文琥珀”，字号为“100pt”，颜色为“C：0，M：60，Y：80，K：0”，效果如图14.16所示。

17 选择输入的文本，按下“F12”快捷键，在弹出的“轮廓笔”对话框中，设置轮廓的颜色为“白色”，“宽度”为“1.0mm”，效果如图14.17所示。

图14.16 输入文本

图14.17 设置轮廓线

18 使用同样的方法，输入文本“学汉字”，然后设置其文本属性，效果如图14.18所示。

19 使用文本工具字，在页面中适当的位置输入书本内容的相关信息以及出版社信息，效果如图14.19所示。

图14.18 输入文本

图14.19 输入书本信息以及出版社信息

14.2.2 文学类书籍封面设计

文学类书籍较为庄重，在设计时，多采用内文中的重要图片作为封面的主要图形，文字的字体也较为庄重；整体色彩的纯度和明度较低，视觉效果沉稳，以反映深厚的文化特色。本例将制作一个文学类书籍的封面。

最终效果

本例制作完成后的效果如图14.20所示。

解题思路

1 使用矩形工具、文本工具以及导入的图像素材制作书籍的封面（封一）。

2 使用文本工具和矩形工具制作书脊。

3 使用文本工具和导入的图像素材制作书籍的封底。

图14.20 最终效果

操作步骤

1 按下“Ctrl+N”组合键，新建一个文档，新建的文档默认为A4大小。

2 执行“版面”→“页面设置”命令，在弹出的“选项”对话框中设置页面的“宽度”为400mm，“高度”为266mm，如图14.21所示。

3 执行“视图”→“设置”→“辅助线设置”命令，在对话框中分别选择“水平”和“垂直”选项，然后在其对应的参数框中添加辅助线，效果如图14.22所示。

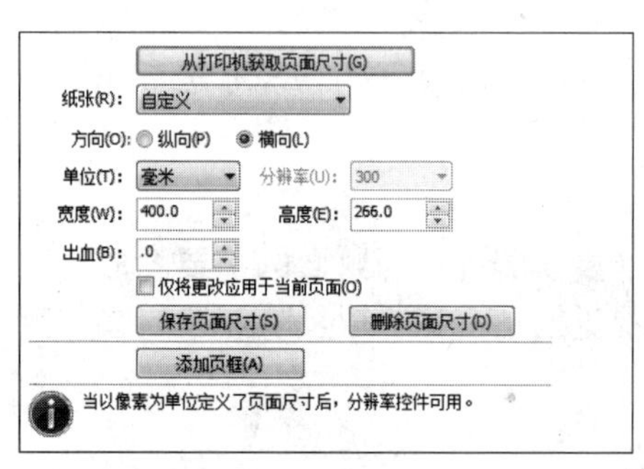

图14.21 设置页面大小

图14.22 添加辅助线

4 单击工具箱中的矩形工具，在页面中绘制一个矩形，效果如图14.23所示。

5 选择绘制的矩形，按下“F11”快捷键，在弹出的“渐变填充”对话框中，设置填充为由“C：50，M：10，Y：0，K：0”到“C：0，M：0，Y：0，K：0”的渐变，然后删除轮廓线，效果如图14.24所示。

图14.23　绘制矩形

图14.24　填充矩形

6 执行“文件”→“导入”命令，将准备好的图像素材导入到页面中，效果如图14.25所示。

7 再次执行“导入”命令，将另一个素材导入到页面中，效果如图14.26所示。

图14.25　导入图像素材

图14.26　导入另一个素材

8 单击工具箱中的文本工具字，在页面中输入“鲁滨逊漂流记”，然后在对应的属性栏中，设置字体为“方正综艺体”，字号为“48pt”，效果如图14.27所示。

9 使用同样的方法，用文本工具字输入相关的文本信息，效果如图14.28所示。

图14.27　输入并设置文本

图14.28　输入文本

10 在导入图像素材的顶部，使用矩形工具□绘制一个长条矩形，效果如图14.29所示。

11 选择绘制的矩形，使用形状工具将其调整成圆角矩形，然后将其颜色填充为“C：20，M：20，Y：0，K：0”，并删除轮廓线，效果如图14.30所示。

图14.29 绘制矩形

图14.30 调整并填充矩形

12 单击工具箱中的文本工具字，在填充的矩形上输入文本，然后在对应的属性栏中，设置字体为“黑体”，字号为“16pt”，效果如图14.31所示。

13 使用同样的方法，制作本书的书脊，效果如图14.32所示。

图14.31 输入文本

图14.32 制作书脊

14 执行“文件”→“导入”命令，将图像素材导入到页面中，并放置到合适的位置，如图14.33所示。

15 单击工具箱中的交互式透明工具，为导入的图像添加线性交互式透明效果，如图14.34所示。

图14.33 导入图像素材

图14.34 添加透明效果

16 使用文本工具字，在封底的左上角输入封面设计的相关信息，如图14.35所示。

17 执行“文件”→“导入”命令，将条形码素材导入到封底的右下角，效果如图14.36所示。

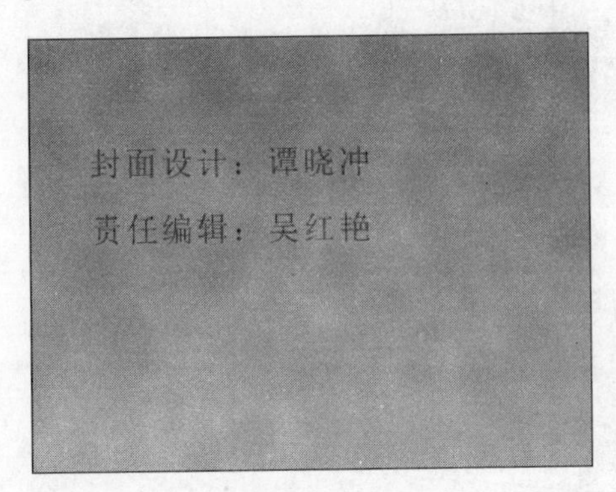

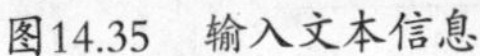
图14.35　输入文本信息

图14.36　导入条形码

18 使用文本工具字，在条形码的下方输入本书的定价以及ISBN编码等信息，如图14.37所示。

19 选择绘制的所有图形，按下“Ctrl+G”组合键进行群组，效果如图14.38所示。

图14.37　输入定价等信息

图14.38　最终效果

14.3 提高——自己动手练

根据书籍装帧设计的概念和要素制作了相关的实例后，下面将进一步巩固本章所学的知识并进行实例的演练，以达到提高读者动手能力的目的。

14.3.1　制作书籍装帧立体效果

在制作了书籍封面的平面展开图后，还可以将其制作成为立体图。本例将制作一个书籍的立体效果图，通过本例可以让读者掌握制作立体效果图的基本方法和技巧。

最终效果

本例制作完成后的效果如图14.39所示。

图14.39 最终效果

解题思路

1 使用“图框精确剪裁”命令将封面放入矩形中。

2 制作封面的倾斜效果。

3 使用同样的方法制作书脊和封底的倾斜效果。

操作步骤

1 执行“文件”→“打开”命令，打开绘制的图书平面展开图，如图14.40所示。

2 选择打开的图形，按下“+”键，将图形复制两份。

3 单击工具箱中的矩形工具□，在页面中绘制书籍封面大小的矩形，效果如图14.41所示。

图14.40 打开平面图形

图14.41 绘制矩形

4 选择书籍封面，在菜单栏中执行“效果”→“图框精确剪裁”→“放置在容器中”命令，然后将鼠标指针移动到刚绘制的矩形中，此时鼠标指针变成黑色箭头，如图14.42所示。

5 单击鼠标左键，此时书籍封面展开图将精确置入绘制的矩形中，如图14.43所示。

6 在菜单栏中执行“效果”→“图框精确剪裁”→“编辑内容”命令，对图形进行调整，将书籍的封面精确置于矩形中，效果如图14.44所示。

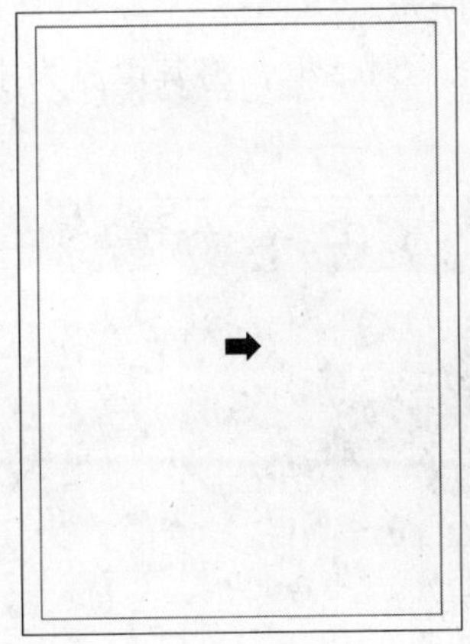

图14.42　光标位置　　图14.43　剪裁效果　　图14.44　调整效果

7 使用同样的方法，将书籍展开面的书脊和封底分离出来，效果如图14.45所示。

图14.45　分离后的效果

8 单击封面图形两次，使其转换为倾斜模式，然后将鼠标指针放置到右侧中间的控制点上，向上拖动，使封面倾斜，效果如图14.46所示。

9 使用同样的方法，将书脊进行倾斜，并移动到合适的位置，效果如图14.47所示。

图14.46　倾斜封面　　图14.47　倾斜书脊

10 单击工具箱中的矩形工具□，在页面中绘制一个矩形，然后按下“Ctrl+Q”组合键将其转换为曲线，并使用形状工具进行调整，效果如图14.48所示。

11 选择调整后的矩形，按下“F11”快捷键，弹出“渐变填充”对话框，将其填充为由浅灰到白色的渐变，效果如图14.49所示。

图14.48　绘制矩形

图14.49　填充渐变

12 使用同样的方法，制作封底的立体效果图，如图14.50所示。

13 选择绘制的所有图形，按下“Ctrl+G”组合键进行群组，效果如图14.51所示。

图14.50　制作封底立体图

图14.51　最终效果

14.3.2　纪念册封面设计

纪念册封面设计也属于书籍装帧设计的范畴，本例将制作一个纪念册的封面，通过本例可以让读者掌握制作纪念册封面的基本方法和技巧。

最终效果

本例制作完成后的效果如图14.52所示。

图14.52 最终效果

解题思路

1 使用矩形工具绘制纪念册的封面背景。

2 导入素材图像并使用文本工具绘制纪念册封面。

3 导入素材图像并使用文本工具绘制纪念册封底。

操作步骤

1 按下“Ctrl+N”组合键，新建一个文档，新建的文档默认为A4大小。

2 执行“版面”→“页面设置”命令，在弹出的“选项”对话框中设置页面的“宽度”为456mm，“高度”为156mm，如图14.53所示。

3 执行“视图”→“设置”→“辅助线设置”命令，在对话框中分别选择“水平”和“垂直”选项，然后在其对应的参数框中，添加辅助线，效果如图14.54所示。

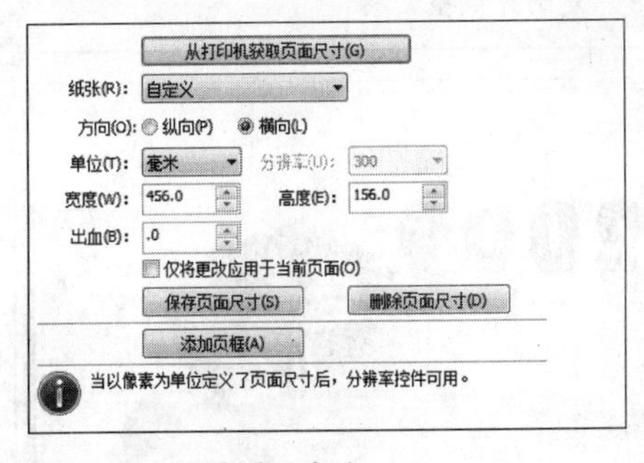

图14.53 设置页面大小

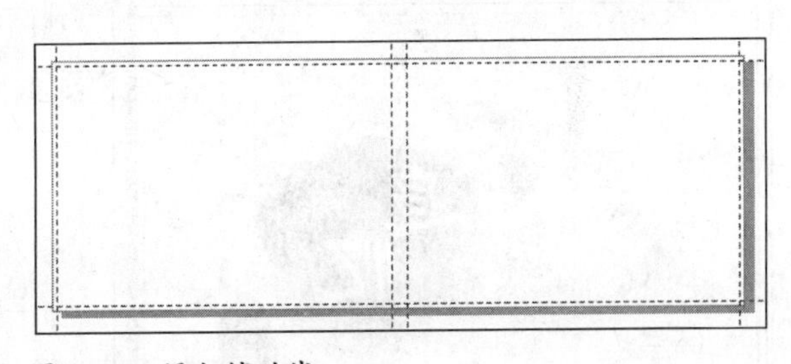

图14.54 添加辅助线

4 单击工具箱中的矩形工具，绘制矩形，然后将矩形颜色填充为“C：0，M：0，Y：20，K：0”，如图14.55所示。

5 执行“文件”→“导入”命令，导入如图14.56所示的图像素材。

6 单击工具箱中的文本工具字，在导入的图像上输入文本，然后设置字体为“华文隶书”，字号为“100pt”，颜色为白色，如图14.57所示。

7 选择导入的图像，将其复制并进行缩放，然后将其填充成红色，如图14.58所示。

8 使用文本工具字，在复制的图像上输入文本，然后设置字体为“汉真广标”，字号为“18pt”，效果如图14.59所示。

9 使用文本工具字，输入文本，然后设置字体为“Bauhaus 93”，字号为“100pt”，效果如图14.60所示。

图14.55　绘制并填充矩形

图14.56　导入图像素材

图14.57　输入并设置文本

图14.58　复制并调整素材

图14.59　输入并设置文本

图14.60　输入并设置文本

10 使用文本工具字，在页面中输入剩余的文本信息，效果如图14.61所示。

11 单击工具箱中的矩形工具□，在封底绘制矩形，然后将矩形颜色填充为“C：0，M：0，Y：20，K：0”。

12 执行“文件”→“导入”命令，将图像素材导入到页面中，如图14.62所示。

图14.61　输入剩余文本信息

图14.62　导入图像素材

13 单击工具箱中的形状工具，对导入的图像素材进行调整，效果如图14.63所示。

14 选择调整后的图像素材，执行“效果”→“调整”→“取消饱和”命令，取消图像的饱和度，效果如图14.64所示。

图14.63　调整图像素材

图14.64　取消饱和度

15 单击工具箱中的交互式透明工具，为图像添加线性交互式透明效果，如图14.65所示。

16 执行“文件”→“导入”命令，导入图像素材，如图14.66所示。

图14.65　添加透明效果

图14.66　导入图像素材

17 单击工具箱中的交互式阴影工具，为图像添加阴影效果，如图14.67所示。

18 使用文本工具字，在页面中输入文本，作为装饰，效果如图14.68所示。

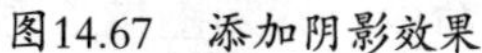

图14.67　添加阴影效果

图14.68　输入文本

结束语

通过本章4个书籍装帧设计实例的介绍，相信读者已经对书籍装帧设计有了一定的了解。在书籍装帧设计过程中，设计者应了解封面在书籍中的位置，它确立了书籍内容和向读者宣传书籍内容两个基本特性。